地基基础设计实例精选

北京市建筑设计研究院有限公司　组织编写
孙宏伟　主编
束伟农　主审

中国建筑工业出版社

图书在版编目（CIP）数据

地基基础设计实例精选 / 北京市建筑设计研究院有限公司组织编写；孙宏伟主编. —北京：中国建筑工业出版社，2023.6（2024.2重印）
ISBN 978-7-112-28808-3

Ⅰ. ①地… Ⅱ. ①北… ②孙… Ⅲ. ①地基—基础（工程）—建筑设计 Ⅳ. ① TU47

中国国家版本馆 CIP 数据核字（2023）第 103765 号

本书收录了 BIAD 在各个历史时期所完成的代表性建筑项目的地基基础设计实例，建设项目包含新建工程、改建扩建以及援外工程。新建工程包括国庆十大建筑（人民大会堂、民族文化宫）、机场航站楼（首都国际机场、北京大兴国际机场等）、高层建筑（北京西苑饭店、长富宫中心、昆仑饭店、LG 大厦、远洋锐中心、北京电视中心等）以及北京、西安、长沙、唐山等地有代表性的超高层建筑及大型公共建筑（国家大剧院、北京汽车博物馆等），地基基础形式涉及天然地基、复合地基及桩基设计，沉降控制设计的经典工程实例记录着地基基础协同作用研究的继承和发展。

本书适合建筑工程领域的设计、施工、勘察、检测、监理、开发、工程管理等相关技术人员和科研人员学习参考。

责任编辑：辛海丽
责任校对：芦欣甜

地基基础设计实例精选
北京市建筑设计研究院有限公司　组织编写
孙宏伟　主编
束伟农　主审
*
中国建筑工业出版社出版、发行（北京海淀三里河路 9 号）
各地新华书店、建筑书店经销
北京雅盈中佳图文设计公司制版
建工社（河北）印刷有限公司印刷
*
开本：787 毫米 × 1092 毫米　1/16　印张：$21^{3}/_{4}$　字数：463 千字
2023 年 6 月第一版　2024 年 2 月第二次印刷
定价：**98.00** 元
ISBN 978-7-112-28808-3
（40935）

本书编写委员会

北京市建筑设计研究院有限公司　组织编写

编写领导小组：束伟农　朱忠义　甄　伟
　　　　　　　苗启松　周　笋　盛　平
编写顾问小组：柯长华　齐五辉　陈彬磊
编写组负责人：孙宏伟　沈　莉　龙亦兵

前　言

至今，北京市建筑设计研究院有限公司（Beijing Institute of Architectural Design，简称北京建院，BIAD）已历经七十余载。听老前辈们讲，BIAD是中华人民共和国第一家建筑设计院，初创时名为“公营永茂建筑公司设计部”。“永茂”二字为时任北京市委书记彭真同志所题，取其“永远茂盛”之意。1949年9月，北京市人民政府时任政府副秘书长李公侠同志筹备建立公营永茂建筑公司。在10月1日开国大典当天，“北京市公营永茂建筑公司”在当时的办公地（金城大楼）楼顶垂挂了两条有公司落款的庆祝标语。那永存的精彩瞬间，记录下BIAD是与中华人民共和国同龄的设计院。

BIAD经历岁月洗磨之厚重，得益于几代“北京建院人”始终坚守使命、责任与价值观，得益于有为中华人民共和国建筑时代书写历程的事件与作品、任务胸怀的奉献精神。大院之所以大，不唯其项目之广，不唯其产值之高，不唯其员工之众，在于其成大事之志。建筑师、工程师的责任担当和家国情怀终将凝结于一座座建筑。

隐于地下的地基基础支承着建筑之重，关乎工程安全，而且影响投资效益。地基基础工程需要精心设计、精心施工。地基与基础紧密相连，地基设计与基础设计各有侧重。做好地基基础设计，既需要结构工程知识，又需要工程地质学、土力学以及岩土工程学的概念与知识，还需要因地制宜、融会贯通之道。求真务实的学风，尊重经验、不拘泥成规的工作作风，需要薪火相传，对于前辈们的最好的纪念是传承，故于2019年恰逢“北京建院70周年”之际启动了地基基础设计实例汇编的编写工作。

本书共收录精选的50个地基基础设计实例，分为6个部分：沉降控制（10篇）、天然地基（15篇）、桩基设计（10篇）、复合地基（6篇）、改建扩建（7篇）、援外工程（2篇）。

汇编的设计实例涵盖了北京建院自成立以来在各个时期所完成的代表性建筑工程项目，不仅包括“国庆十大建筑”的人民大会堂、民族文化宫，以及首都体育馆、北京西站、国家大剧院等大型公共建筑项目，还包括北京中信大厦、丽泽SOHO、国瑞·西安金融中心、北京电视中心主楼、长沙北辰、丽泽远洋锐中心等超高层建筑项目。

中国国际信托大厦、北京西苑饭店、北京长富宫饭店、北京新世纪饭店的设计与建设，见证了改革开放的发展历程。由北京首都国际机场为迎接国庆 50 周年而建的 T2 航站楼，到服务于北京奥运会的 T3 航站楼，再到国庆 70 周年建成投运的北京大兴国际机场航站楼，从中可以感受到国家建设的步伐和时代的特征。

北京西苑饭店从永久沉降缝改设沉降后浇带的工程实践，北京中信大厦桩筏基础协同设计进而取消沉降后浇带的设计创新，沉降后浇带从无到有和从有到无的过程，不仅体现了地基基础沉降变形控制设计的技术发展脉络，更印证了几代工程师们勇于探索、敢于实践的胆识。

北京饭店东楼和北京 LG 大厦是高层建筑地基基础协同作用研究与设计相结合的代表性实例。北京银河 SOHO、包商银行、唐山人民大厦、长沙北辰、月坛金融中心、丽泽远洋锐中心、丽泽 SOHO 和北京中信大厦等项目的地基基础是结构工程师与岩土工程师协同设计的实践成果，记录着地基基础协同作用研究的继承和发展，不断推动着行业技术进步。

每篇实例编写时力求全面记录其工程特点、地质条件、地基特点、问题难点、设计亮点、实测资料等，同时每个实例在篇首位置撰写了“导读”，以期为读者把握重点与参考借鉴提供帮助。

北京建院历史悠久，设计实例繁多，工程时间跨度近 70 年，相关资料庞杂，取舍失当之处，还望大家谅解。因学识不足、精力有限，恐有错疏，恳请批评指正！

此次实例汇编，得到许许多多北京建院同仁给予的积极支持，难以一一具名列举，在此一并深表感谢！

编写组负责人：孙宏伟

2022 年 10 月 31 日

目 录

一、沉降控制

北京昆仑饭店基础短桩与天然地基

北京长青大厦主裙楼差异沉降控制设计

北京 SOHO 现代城地基与基础设计

北京金地中心地基基础

北京市高法办公楼地基基础设计

北京银河 SOHO 地基基础协同设计与分析

北京丽泽 SOHO 桩筏基础设计与验证

包商银行商务大厦地基基础沉降控制设计

北京大兴国际机场航站楼桩筏基础沉降控制设计

北京中信大厦桩筏协同设计差异沉降控制分析

北京昆仑饭店基础短桩与天然地基①

【导读】建筑设计要求高层与相邻裙房之间不设变形缝，高层主楼与裙房相差达 26 层，基底持力层为黏性土层，采用了综合措施控制差异沉降，包括结构措施和地基措施，高层建筑基础用短桩以控制其沉降量不致过大，裙房则采用天然地基独立柱基使其沉降量不致过小，并在主裙楼之间预留沉降后浇带。为了减小地基梁的内力，在地基梁底下换填以松散焦渣，相邻主楼的裙房梁减小截面，以减少沉降差引起的结构次内力并可缩短梁端塑性铰的范围。实测沉降均在许可范围内且符合设计预期，实为结构与地基协同设计沉降控制的实践典范，特刊此例，致敬以胡庆昌总工为代表的老一辈工程师们。

1 工程概况

北京昆仑饭店位于北京市东三环路，总建筑面积约 8 万 m^2（图 1）。地下 2 层，高层部分的一、二层为商业、通信、办公等公共用房，二层以上为客房。塔楼部分为 28 层，塔楼东侧为 24 层，西侧为 21 层，地面以上总高度为 99.7m，塔楼的 27 层为直径 31.5m、有 300 个座位的旋转餐厅（图 2）。

图 1　建筑实景

高层部分平面呈 S 形（图 3），其进深为 17m，纵向东西长度为 114m，内外墙均为现浇钢筋混凝土剪力墙结构，三层以上横墙间距为 4.5m，外纵墙为壁式框架，内纵墙为联肢剪力墙。塔楼为六角形，从上到下墙厚 400mm，中部为电梯井墙，塔楼凸出屋面 21.3m。从地震反应分析可看出有明显的高振型鞭击效应，为了提高塔楼部分的抗震性能，增强延性，在六角形外墙内另设有 11 组钢柱，作为结构抗震的第二道防线。

---

① 本实例编写依据："北京昆仑饭店"《建筑结构学报》1984 年第 5 期（作者：胡庆昌，徐元根）、"北京昆仑饭店工程施工"《建筑技术》1988 年第 11 期（作者：陈慧，唐力刚）、"北京昆仑饭店桩基工程桩、土上涌问题分析"《建筑技术》1987 年第 6 期（作者：杨克新）以及"高层建筑主楼与裙房之间基础的处理"《建筑科学》1993 年第 3 期（作者：李国胜，张学俭）。

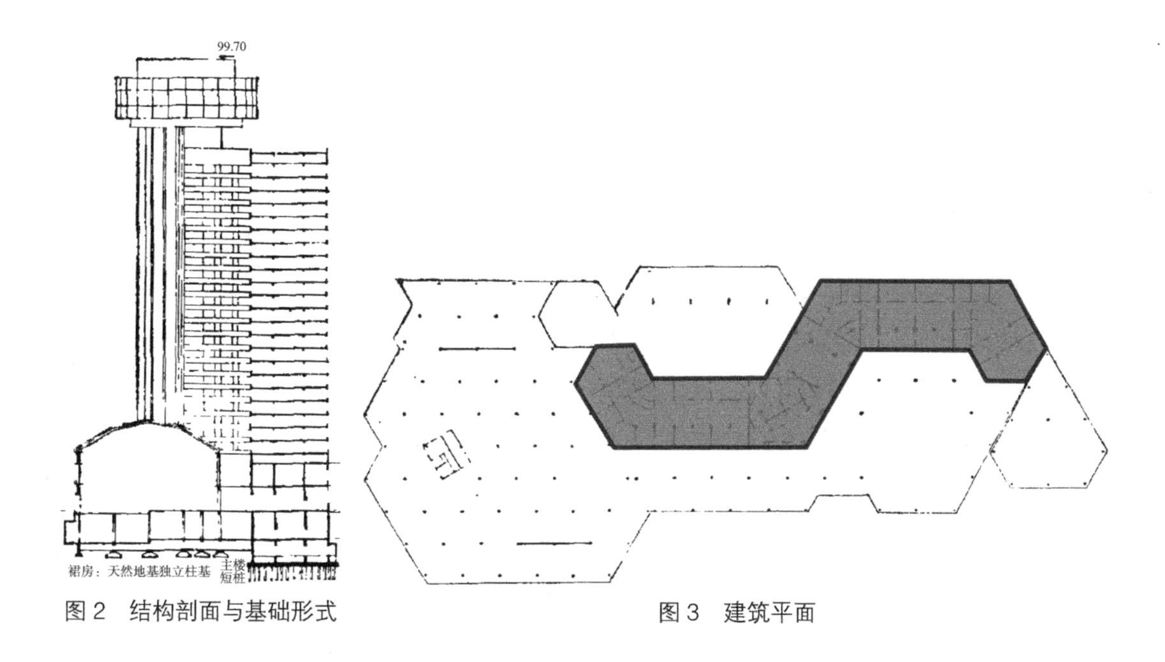

图 2　结构剖面与基础形式　　　　图 3　建筑平面

工程于 1982 年 12 月 29 日开工，1986 年 12 月 31 日竣工，工期为 48 个月。其中，基础部分于 1984 年 1 月 20 日完成，结构部分于 1985 年 9 月 25 日完成。

2　结构措施

建筑设计要求高层与裙房部分不设变形缝，裙房地面以上一、二层为框架结构，施工高层主体结构时，在与其相接部分的裙房梁板上预留 1m 宽的后浇带（后浇带两侧的临时施工支顶措施如图 4 所示），这样可以不计早期沉降差所引起的内力，待高层主体结构完成后再浇预留的后浇带。根据计算，高层与裙房的沉降差可达 3cm，裙房的框架梁刚度越大，沉降差引起梁柱的内力也越大，因此为了减少由于沉降差引起的内力以及缩短梁端塑性铰范围，在邻近高层的一跨采用减小梁截面的做法（图 5）。为了提高梁端塑性的变形能力，梁内纵筋采用 I 级钢，并加密了梁端的箍筋。

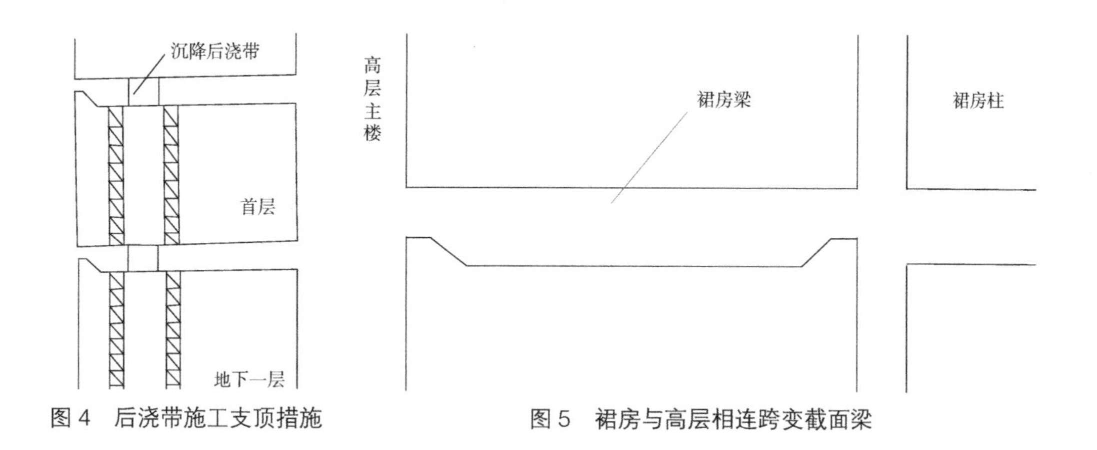

图 4　后浇带施工支顶措施　　　　图 5　裙房与高层相连跨变截面梁

3 地基措施

如前所述，建筑设计要求高层与裙房相接部分不设变形缝，由于基础下有厚的黏性土层，采用天然地基相对沉降较大，约为140mm。为了减少沉降差，在高层部分的箱形基础下打入预制钢筋混凝土桩，这样沉降量可以减少一半。地层分布如图6所示，其中的中轻亚黏土即粉质黏土、黏质粉土，重亚黏土即重粉质黏土。

裙房柱采用独立柱基，埋深约为 -10.2m，结合抗震构造和地下室地面抗水板的支撑需要。独立柱基在两个方向均做了地基梁。独立柱基与高层相连的地基梁，按后期沉降差3cm进行设计，为了减小地基梁的内力，在地基梁底填以松散焦渣（图7）。

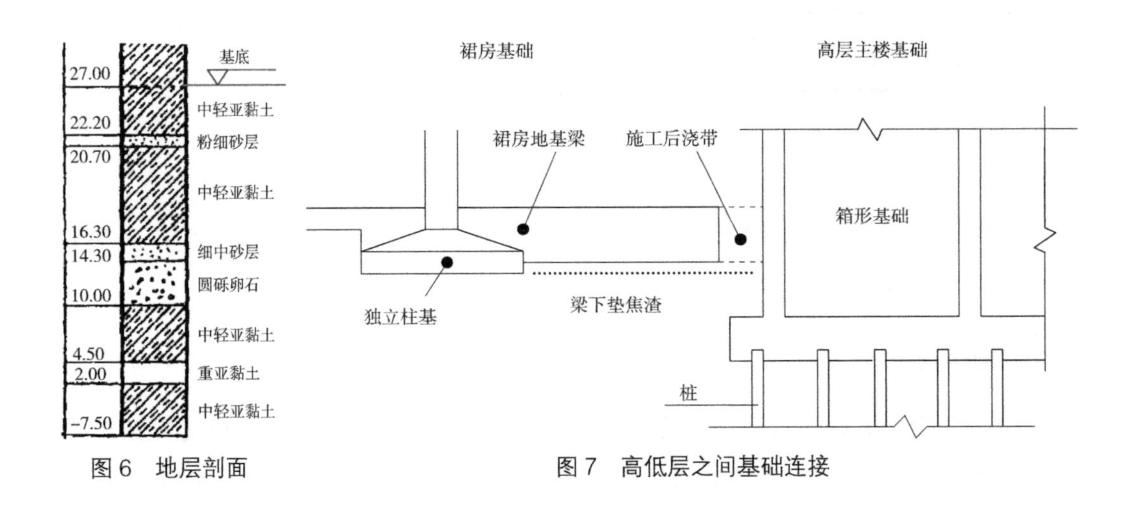

图6 地层剖面

图7 高低层之间基础连接

4 桩基施工

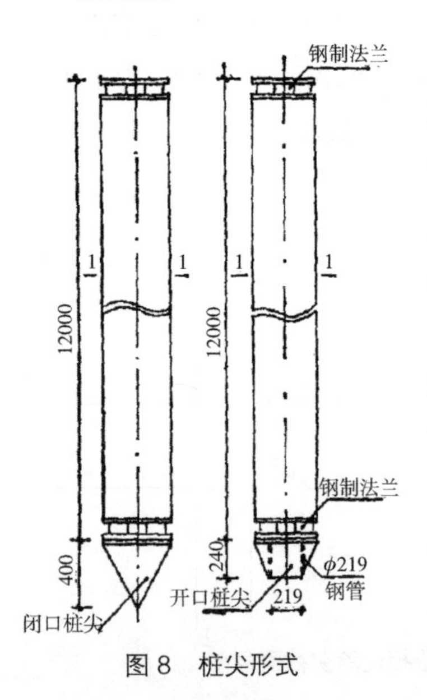

图8 桩尖形式

根据设计要求，单桩承载力需达1000kN。通过试验，开口桩尖穿透夹砂层和试压结果均优于闭口桩尖，故采用开口桩尖，桩尖形式见图8。桩距约为3.75d（d为桩的直径）。为了减少打桩时发生土上涌，决定先钻ϕ300孔，约为5m，然后打ϕ400长度为12m的预应力离心混凝土开口管桩共1152根。采用具备钻孔与打桩两种性能的履带式双导向打桩机，桩锤重2.5t，实际操作贯入度为4~8mm/5锤。

为了方便施工机械行走，打桩前将主楼槽底范围满铺20cm厚3 ∶ 7灰土，以保证基底坚实、平整。为减少打桩后的隆起和地基土扰动，采用先钻孔再打桩的措施，钻孔时每台打桩机配两台小翻斗车运土，钻完孔后马上打桩，以防止孔壁坍塌。两台 2.5t 筒式柴油打桩机分别从东、西两端开始，向中间边退边打，最后由基槽北边坡道撤出。

5 沉降观测

主楼基底埋深约 11.8m，实测地基回弹变形量为 31.3~35.4mm；裙房基底埋深约 10.2m，实测地基回弹变形量为 29.1~32.7mm。

沉降观测至完工后两年，实测平均沉降 5.57cm，最大值 7.30cm，最小值 3.20cm，沉降特征呈碟形，实测沉降等值线见图 9。

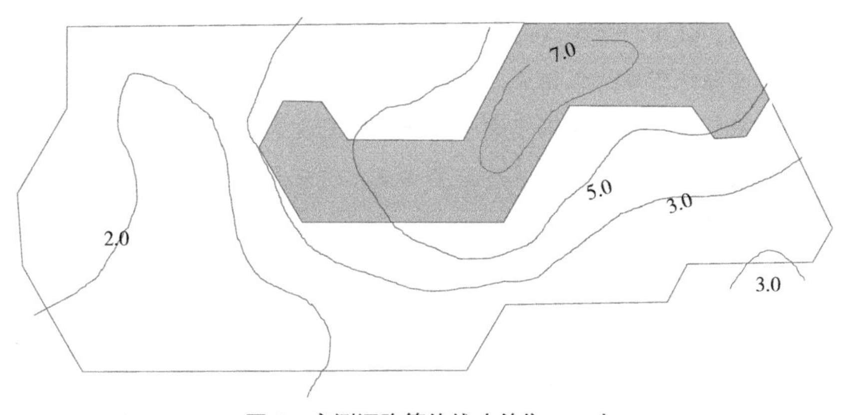

图 9 实测沉降等值线（单位：cm）

北京长青大厦主裙楼差异沉降控制设计①

【导读】北京长青大厦是灌注桩后注浆技术和变刚度调平设计付诸工程实践的代表性项目，同时是抗浮设防水位分析技术研究成果应用于大型公建实际工程的代表性项目。通过现场量测场地孔隙水压力与地下水渗流分析，综合考虑自然与人为多种因素预测水压力分布状态，提出科学合理的抗浮设防水位取值，据此设计未采用抗浮桩或抗浮锚杆，保证了裙房与地下车库采用天然地基方案，有利于主裙楼差异沉降控制。高层主楼采用了灌注桩后注浆技术和变刚度调平设计两项新技术，有效地控制沉降量并且合理优化了桩数、桩长以及筏板厚度。最终，主裙楼之间未设置沉降后浇带，沉降实测证明设计方案合理、可靠。

1 工程概况

北京长青大厦（图1）位于北京市东三环亮马桥东侧，主楼4栋23~26层（2栋为公寓，2栋为办公楼/酒店），办公楼/酒店高99.6m，公寓楼高88.6m，裙楼地上4层，主裙楼均设3层地下室（图2），为典型的大底盘多塔的高层建筑形式，建筑基底面积约2.2万m^2，总建筑面积24万m^2，整体结构模型见图3[1]。

图1 建筑实景

2 地质情况

2.1 地基土层

根据地质勘察报告，在勘探深度范围内，按地层沉积年代、成因类型划分为人工堆积层和第四纪沉积层两大类，并按地层岩性及其物理性质指标，进一步划分为9个大层。

① 本实例根据参考文献以及工作笔记编写。

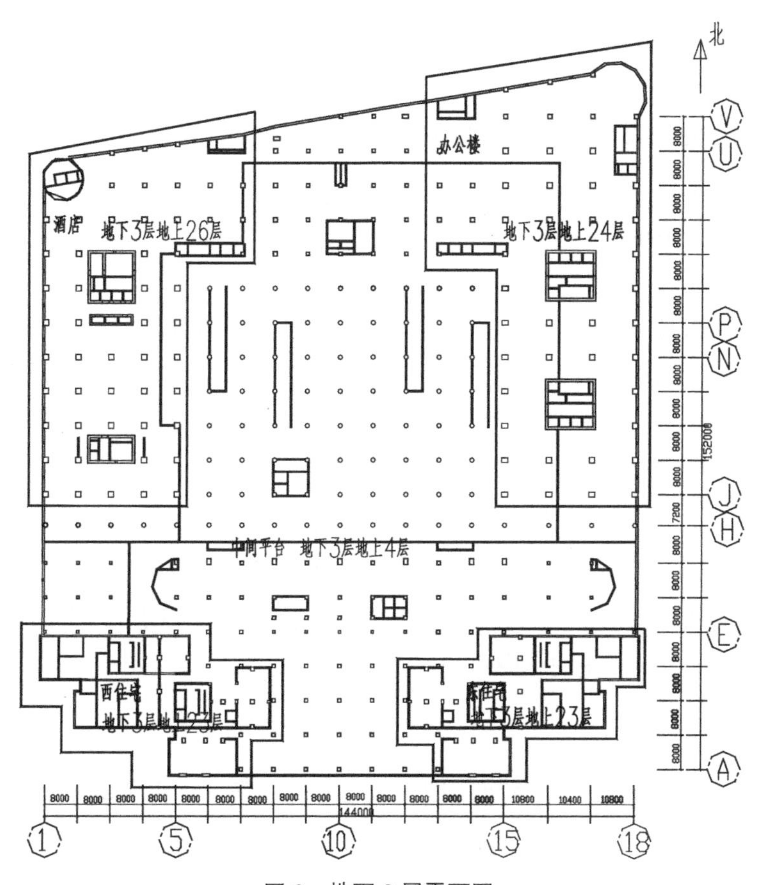

图 2 地下 3 层平面图

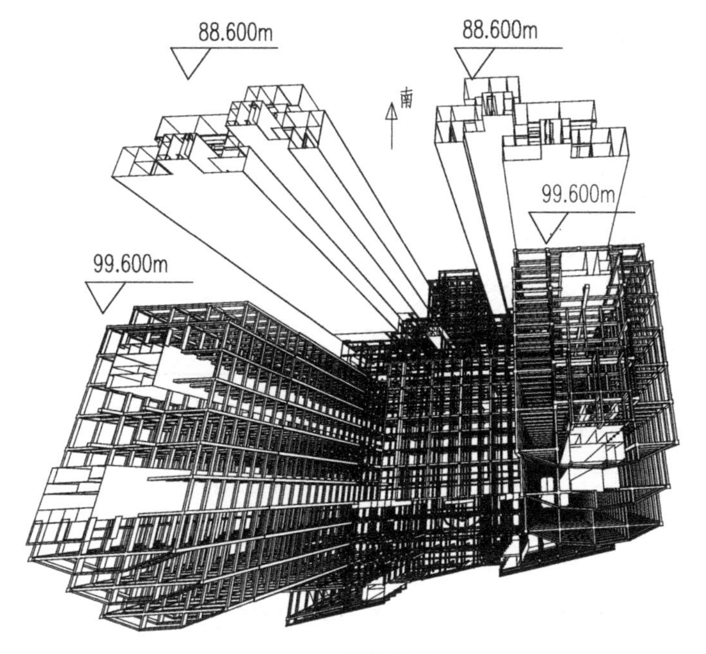

图 3 结构模型

标高 33.93~37.02m 以下的土层为粉质黏土、黏质粉土②层；黏质粉土、砂质粉土②$_1$层及重粉质黏土、黏土②$_2$层。

标高 30.45~32.38m 以下的土层为灰～黄灰色的砂质粉土、黏质粉土③层；灰～黄灰色粉质黏土、重粉质黏土③$_1$层。

标高 27.40~28.83m 以下的土层为粉质黏土、重粉质黏土④层；砂质粉土、黏质粉土④$_1$层。

标高 25.35~26.90m 以下的土层为密实的粉砂、细砂⑤层；密实的圆砾、卵石⑤$_1$层，层间夹有粉质黏土、重黏质黏土⑤$_2$层。该大层为筏板的直接持力层（图 4）。

标高 19.66~23.73m 以下为黏性土和粉土交互沉积的地层，其土层为粉质黏土、黏质粉土⑥层；重粉质黏土、黏土⑥$_1$层；砂质粉土、黏质粉土⑥$_2$层。

标高 14.05~16.36m 以下为密实的卵石、圆砾⑦层；密实的细砂、粉砂⑦$_1$层；局部夹有可塑～硬塑、低压缩性的黏质粉土、砂质粉土⑦$_2$层；可塑～硬塑、低压缩性的粉质黏土、重粉质黏土⑦$_3$。该大层是最终设计选定的桩端持力层（图 4）。

其下仍为黏性土 / 粉土与砂卵石交互沉积层。

2.2 地下水位

工程建设场区地面下 30m 深度范围内主要存在 3 层地下水（图 4），地下水位标高分别为 34.25~36.66m、26.88~27.96m 和 18.07~19.37m，地下水类型分别为台地潜水、层间潜水、承压水。

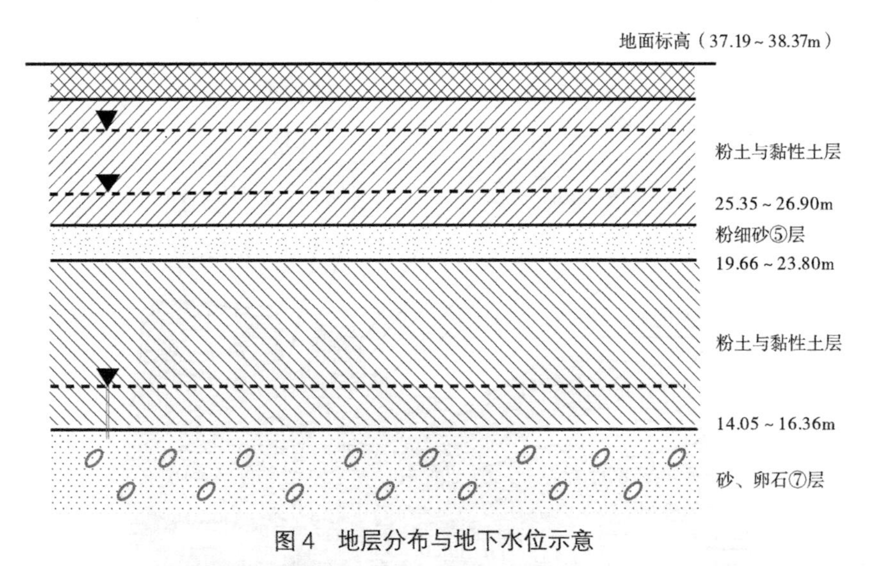

图 4　地层分布与地下水位示意

3　地基分析

本工程属于典型的大底盘多塔的形式，塔楼和裙楼荷载集度差异大，基础埋深约 13.5m，裙房（特别是中心广场）处于超补偿状态，主裙楼沉降量差别显著。同时由于基底处于台地潜水与层间潜水水位之下，且基底直接持力层为粉细砂层，是含水层，按常规方法得出的水浮力作用值大，若中心广场区域采用抗浮桩，则会加大主裙楼之间差异沉降控制难度。因此需要有针对性地开展两项专题分析工作：

（1）抗浮设防水位专项研究；

（2）主裙楼沉降控制设计。

4 水压力分析[2]

4.1 现场量测

根据水文地质背景资料和场区已有岩土工程勘察报告，本工程场区基础影响范围内存在3层地下水，为进一步查明各层地下水的赋存状态、径流规律及相互间的联系，在中心广场和纯地下部分（存在抗浮问题场地）布设3组地下水监测孔，分别监测不同深度和层位的地下水位及孔隙水压力分布状况。采用两种监测方式：对于透水性较好的含水层中的水位采用敞口式观测孔法，而相对弱透水土层中由于水压力较小甚至为负值，相应采用专门的孔隙水压力计进行监测。累计完成25个监测孔。为获取连续、稳定的监测结果，每日1次进行监测，持续15d，得到准确、可靠的实测数据。

4.2 动态规律

依据地下水位动态变化资料和《北京市区浅层地下水位动态规律研究》等成果全面分析了区域地层及相应的地下水分布规律，深入认识了地下水赋存和运动规律，得出场区地下水与区域有密切联系，且地下水位动态变化与区域保持一致，如承压水和层间潜水分布直接或间接受北京西郊潜水的动态影响等。通过分析各层地下水的历史动态变化规律，对比多年地下水补给量和地下水开采量，分析确定各层水位动态的影响因素，如对基底抗浮有影响的承压水和层间潜水主要受人为活动（人为地下水开采和回灌、官厅水库放水和“南水北调”及西郊地下水库的建立等）的控制等；由于人为因素的不确定性，对其定量化研究比较困难，但本次工程咨询与课题研究相结合，建立并运用有效的地下水位定量预测方法，得到了承压水未来最高地下水位值；同时，又通过建立承压水和层间潜水之间的水位动态关系，得到了层间潜水最高水位。

4.3 模拟分析

为确定地下室外墙承载力验算的水压力分布情况，并进一步验证基底最大抗浮水压力，根据地下水的渗流理论、场区地质与水文地质条件，将本工程场区概化为一维非均质稳定流模型，运用加拿大SEEP/W有限单元法模拟计算程序，模拟计算场区未来最不利条件下的基底和地下室外墙水压力分布情况，预测的水压力值低于相应的静水压力计算值，与传统计算方法相比，（等效的）抗浮设计水位降低3.00m（图5）。

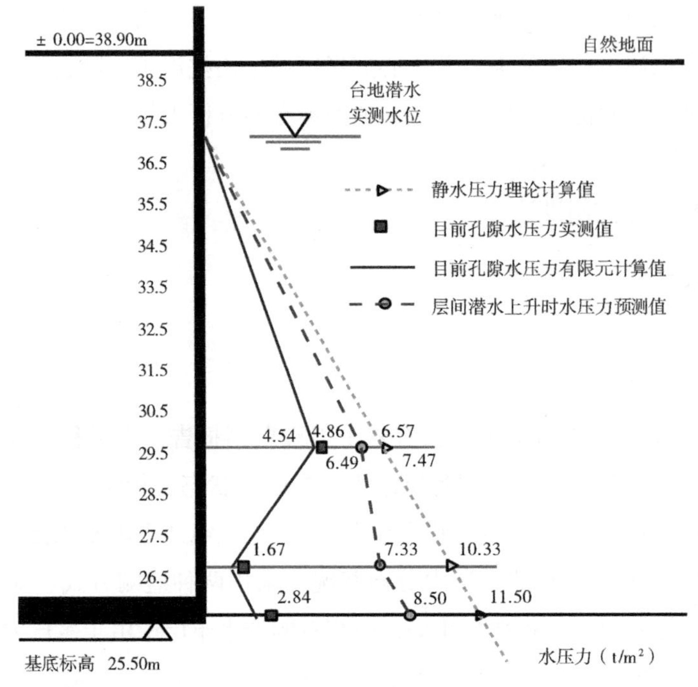

图5 水压力分布示意图

5 基础设计

设防水位研究成果《长青大厦工程场区地下水位监测与分析报告》得到专家论证会（1998年8月18日）的肯定："同意报告的结论，即建筑以抗浮设计水位按标高34.00m考虑"，所建议的抗浮设计水位与传统计算方法相比，（等效的）抗浮设计水位降低3.00m，预测的水压力值低于相应的静水压力计算值。据此结论进行结构抗浮稳定性验算，取消了抗浮桩方案，有利于控制主群楼差异沉降。

基于变形控制原则，对于4个塔楼采用桩筏基础，裙楼采用天然地基筏板基础，主裙楼之间未设置沉降用后浇带。塔楼的筏板厚度为1.40m，裙楼的筏板厚度为1.0m，采用底层柱放脚来满足底板冲切要求，采用变基桩支承刚度以调整差异沉降，从而最大限度地减小筏板厚度。桩基设计采用两项新技术：灌注桩后注浆技术、变刚度调平设计，进行桩基设计合理优化，由桩数1251根、直径800mm灌注桩，设计为桩数860根，直径800mm、平均有效桩长14.0m的后注浆灌注桩，桩端进入⑦层2.0m左右，单桩极限承载力标准值为7000kN。

变刚度调平设计的概化示意图参见图 6。“调整地基、桩土刚度分布不仅可行，而且调平效应显著，是变刚度调平设计的核心。主裙楼的地基、基础可采用不同形式，一般情况下应成为合理模式。当采用桩基或复合地基时，可通过调整处理范围和布桩，形成桩土的变刚度分布。地基、桩基变刚度调平设计的步骤是：①按建筑物性质、荷载、地质条件等选定天然、复合地基或桩基方案，进行初始布桩，并确定基础板厚。②进行共同作用分析绘制沉降等值线。③对沉降等值线进行分析，当天然地基总体沉降不大而局部沉降过大时，根据具体条件，可对沉降过大部分采用局部处理（桩基或复合地基），破除采用天然地基就无需局部加强处理的传统观念；在桩基沉降较小部位，应抽掉一部分桩，对沉降较大部位，适当加密布桩，或适当调整桩径桩长（视土层竖向分布）；重新形成桩土刚度矩阵。④进行共同工作迭代计算，直至差异沉降减至最小；在此过程中，应根据沉降等值线，判断主裙楼间是否需设置沉降后浇带或沉降缝，是否需对基础板厚和构造进行调整等。”[3]

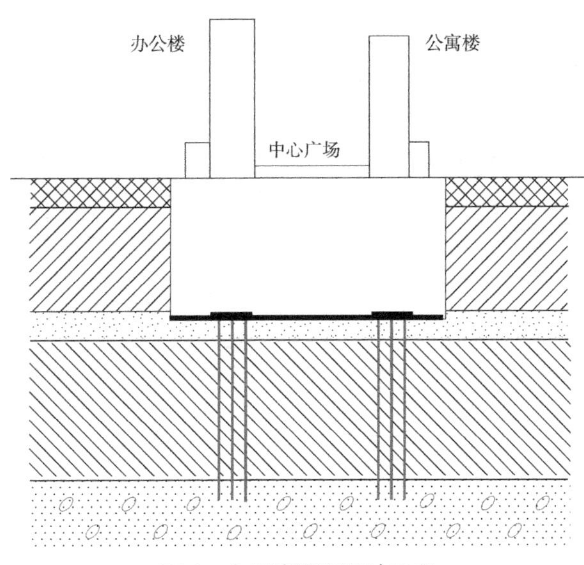

图 6　变刚度调平设计示意

6　沉降实测

至装修阶段的沉降观测数据见图 7，主裙楼基础沉降均匀，沉降量和沉降差均满足设计要求，实现了变刚度调平的设计预期，主裙楼大底盘基础差异沉降控制设计合理、可靠。

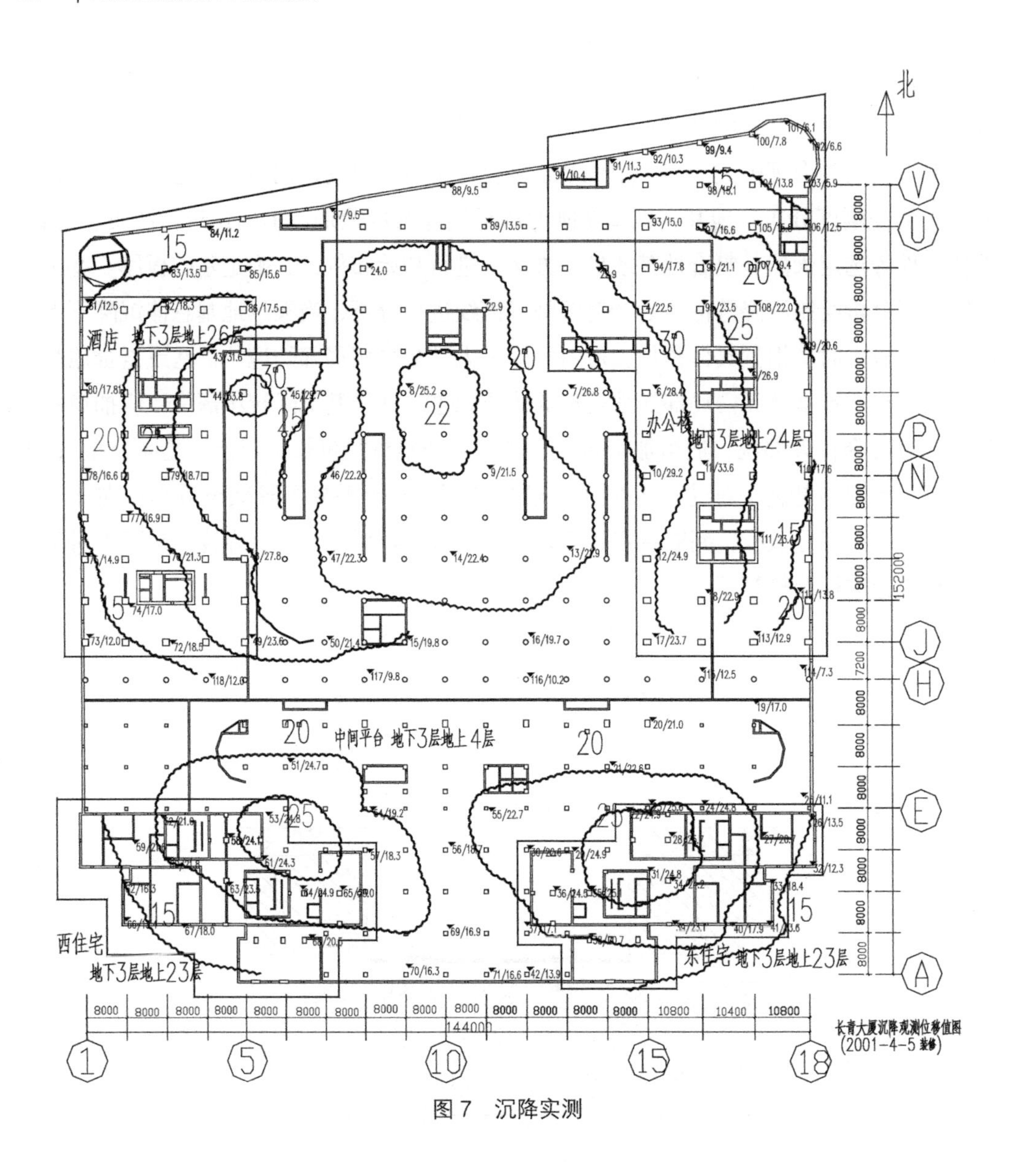

图 7 沉降实测

参考文献

[1] 刘金砺，迟铃泉．高层建筑地基基础的变刚度调平设计 [A]//21 世纪高层建筑基础工程 [C]. 北京：中国建筑工业出版社，2000，75–85.

[2] 孙保卫，魏海燕．建筑场地孔隙水压力分析在工程中的应用 [A]// 第八届土力学及岩土工程学术会议论文集 [C]. 北京：万国学术出版社，1999，89–92.

[3] 刘金砺，迟铃泉．桩土变形计算模型和变刚度调平设计 [J]. 岩土工程学报，2000，22（2）：151–157.

北京 SOHO 现代城地基与基础设计①

【导读】北京 SOHO 现代城是代表性的高低错落多塔大底盘基础的建筑形式，根据沉降控制要求，最终采用的是天然地基 + 复合地基 + 桩基的地基基础设计方案，实测表明沉降均匀稳定，实现了沉降控制目标。地基与基础设计时正处于世纪之交，后注浆灌注桩当时尚处于试验研究与应用探索阶段，CFG 桩复合地基也尚未列入建筑地基处理技术规范，本着科学严谨、求真务实的态度，成功应用新技术，推动了行业技术进步。

1 工程概况

北京 SOHO 现代城建设用地位于长安街东延线建国路南侧，东邻通州区，西靠北京中心商务区（CBD），地理位置十分重要。项目占地 7.9hm^2，分一、二期建设，沿建国路为一期建设工程，其南侧住宅群为二期工程。北京 SOHO 现代城为一期部分，占地 2.57hm^2，东西长约 288m，南北宽约 88m，根据业主要求一期计划建设高级住宅、办公和配套商业服务用房。

图 1 建筑实景

本工程总建筑面积达 44 万 m^2，建筑群分为四个平面基本相同的建筑单体。从东到西分别是 A、B、C、D 座。同时，利用空间桁架结构将 A 座超高层建筑的第一个避难层和 B、C 座的屋顶以及 D 座连接在一起，形成一个“绿色”长廊，使得分散的四个建筑单体形成一个整体（图 1）。四座建筑以三层裙房连通，形成建筑群中较大的商业办公空间。A 座首层商场出入口旁设地铁出入口，在建筑群的地下一层与地铁直接连通。

① 本实例依据“北京 SOHO 现代城结构设计”《建筑结构学报》2002 年第 3 期（作者：刘军），《建筑结构优秀设计图集 3》北京 SOHO 现代城结构设计（作者：刘军，苏文元）以及工作笔记编写。

2 地质条件

2.1 地基土层

本场区表层为人工堆积层，其下为第四纪沉积层。地层岩性在水平方向上大致均匀，自上而下为黏性土、黏土层和砂卵石土层的多个沉积交替。按照岩性、物理力学性质及工程特性，本场区的地基划分为 12 个大层。

2.2 地下水位

本工程位于"北京市区浅层地下水位特征分区图"中水文地质分区的 AB 地区。与地基基础方案密切相关的地下水有三层（详见表 1）。受邻近工程场区施工降水的影响，本次勘察仅于 10 号钻孔中量测到台地潜水的水位。

地下水位一览表　　表 1

序号	地下水类型	地下水静止水位	
		埋深（m）	标高（m）
1	台地潜水	7.00	30.03
2	层间潜水	10.20~12.05	24.55~25.84
3	承压水	15.60~16.90	19.02~20.44

2.3 场地类别

本场区地面下 15m 深度范围内的土层剪切波速平均值 v_{sm}=247~249m/s，根据《建筑抗震设计规范》GBJ 11—89 的标准判定，本场区的场地土类型属于中软场地土。本场区的覆盖层厚度 d_{ov} >80m。如直接由上述两条判定，本场区的建筑场地类别应为Ⅲ类。考虑到：①地面下 15m 深度范围内的土层剪切波速平均值非常接近场地土类别划分的临界值（250m/s），为慎重考虑，勘察院按场地的土层典型剖面和北京市土的动力特性进行了地震反应分析，结果表明，反应谱的特征周期为 0.32s；②根据北京市勘察设计研究院近年完成的"北京市区地震场地类别区划研究"成果，本工程场地在宏观上具有Ⅱ类建筑场地的特性；综合上述实测数据，地震反应分析结果和区域研究成果，本工程的建筑场地类别可按Ⅱ类考虑。

3 地基基础

3.1 地基分析

本工程 A 座地上 40 层，B、C 座地上 17 层，D 座地上 28 层，地下及地上裙房均为 3 层（图 2）。A、B、C、D 座之间及其与外围的纯地下室部分之间的基底压力分布差异很大，而裙房及外围纯地下室部分的基底平均压力仅相当于基底标高处土自重压力的 35% 左右。从建筑荷载分布和基础埋深等条件分析，B、C 座塔楼、裙房及纯地下室部分的基础接近或处于超补偿状态。因此，在上部荷载的作用下，A、D 座的地基沉降量是由基坑开挖卸荷后的回弹再压缩沉降和正常的固结压缩沉降两部分组成，

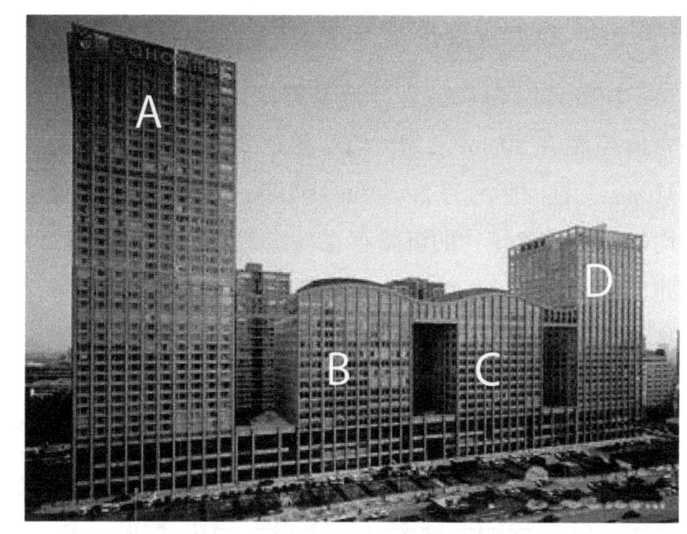

图 2　北京 SOHO 现代城一期建筑

而 B、C 座塔楼、裙房及纯地下室部分的地基沉降主要为基坑卸荷后的回弹再压缩变形。因此，如何控制高低层建筑之间基础的差异沉降是本工程十分关键的问题。

根据建筑条件和地基土层工程条件，对地基承载力和地基变形分析并归纳结果如下：

（1）作为直接持力层的第四纪圆砾、卵石③层和中、粗砂③$_1$层，其地基承载力可满足 B、C 座及裙房、纯地下车库的设计要求。

（2）在最大基底荷载（A 座）作用下，上述直接持力层及其以下的相对弱下卧层（黏性土层）无法满足 A 栋对地基的承载力设计要求，且基础沉降较大。

（3）直接持力层之下相对弱下卧层的地基承载力可以基本满足 D 座的设计要求，但其沉降量可能偏大，将对建筑物基础沉降的协调控制要求较高。

（4）按照矩形均布荷载假定简化计算，若不考虑相邻基础间的相互影响和上部结构刚度的作用，A 座的地基最终平均沉降量达到 200mm 以上，D 座的地基最终平均沉降量达到 80~100mm。B、C 座沉降量约为 30~50mm，其外围的纯地下车库则因基础处于超补偿状态，沉降会更小。

3.2　A 座桩基

A 座采用桩筏基础。基础底板厚 2.3m，筏板持力层为圆砾、卵石层，地基承载力标准值 f_{ka}=400kPa。基桩采用水下钻孔灌注桩，桩端持力层为卵石、圆砾层和细砂层，桩端进入持力层 1.0m，并采用桩端桩侧后压浆技术，以提高基桩承载力。

A 座共布设 1m 直径桩 92 根，0.8m 直径桩 70 根，桩长平均 29.5m，桩身混凝土强度等级 C35。单桩极限承载力标准值为 15000kN（1m 直径桩）、12000kN（0.8m 直径桩），桩位平面布置见图 3，遵循了变基桩刚度调平设计的技术思路。

3.3　D 座复合地基

D 座采用 CFG 桩复合地基方案，复合地基承载力标准值为 500kPa，总沉降量最大值控制在 80mm 之内。CFG 桩的有效桩长 16.5m，桩端持力层为卵石⑥层，桩径 410mm，桩间距分为 2m × 2m 及 1.8m × 1.8m 两种（图 4）。根据建筑物的荷载分布情况，均匀布桩后建筑物的沉降存在一定差异，且北半部偏大，这是由荷载偏心造成的。因此，经计算分析，对北半部采用加密桩距的设计方案，从而达到减小北部沉降的目的。这一做法实际上是复合地基的变刚度调平设计。

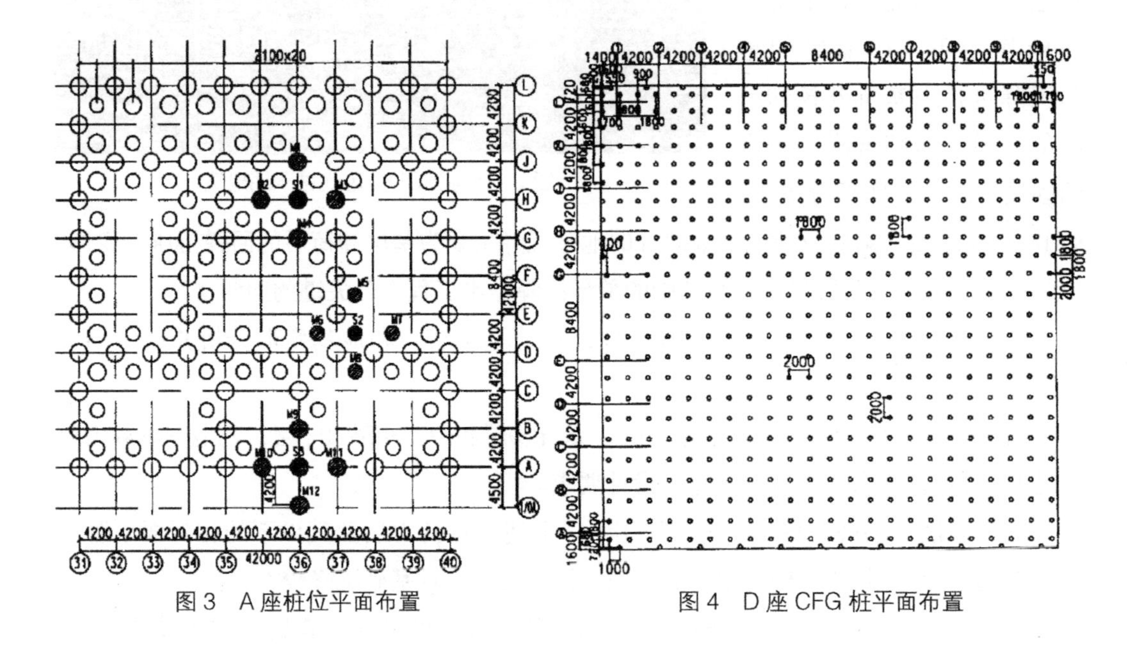

图 3　A 座桩位平面布置　　　　图 4　D 座 CFG 桩平面布置

3.4　天然地基

B、C 座及裙房采用天然地基，为钢筋混凝土筏板基础，持力层土质为中、粗砂$③_1$层和卵石、圆砾③层。

3.5　地库抗浮

纯地下车库因其自重小于水浮力，故采用抗浮桩。共布设抗浮桩 316 根，有效桩长为 10m，桩径为 600mm。

3.6　沉降后浇带设置

本工程东西向总长为 288m，南北向宽约 88m。综合考虑温度、地基、防震、防水及建筑功能诸多因素，± 0.000m 以下不设防震缝，仅将地下至地上三层以沉降后浇带的形式分为四个部分（图 5）。各区段长度为 62m 左右，该后浇带位于 A 与 B、B 与 C、C 与 D 各栋之间，沉降后浇带宽 1m。

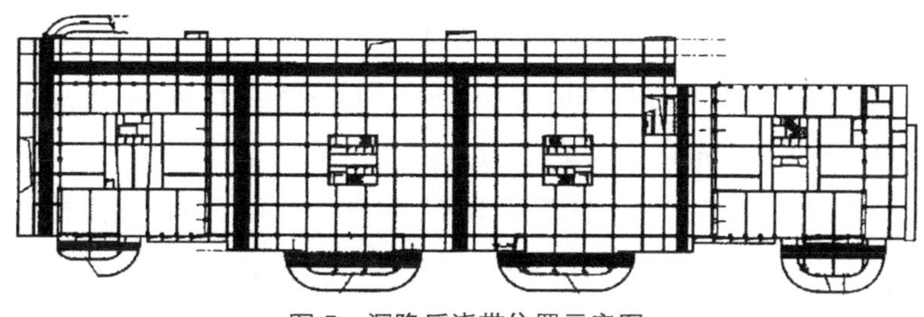

图 5　沉降后浇带位置示意图

4　沉降观测[①]

4.1　监测点布设

（1）基点布设

根据基准点布设原则，在远离施工现场的稳定区域埋设了 RJ1、RJ2、RJ3 三个基准点。

（2）监测点布点原则

①建筑物的四大转角处及沿外墙每 10~15m 处或每隔 2~3 根柱基上。

②高低层建筑物、新旧建筑物、纵横墙等交接处的两侧。

③建筑物裂缝和沉降缝两侧、基础埋深相差悬殊处、人工地基与天然地基接壤处、不同结构的分界处及挖填方分界处。

④宽度大于等于 15m 或小于 15m 但地质复杂以及膨胀土地区的建筑物，在承重内隔墙中部设内墙点，在室内地面中心及四周设地面点。

⑤筏形基础、箱形基础底板或接近基础的结构部分之四角处及其中布置。

根据以上原则并考虑到建筑物结构反力作用的不同，本次监测点共布设了 119 个，其中 A 座为 24 个点，B、C 座各 30 个点，D 座 35 个点。

4.2　成果分析

（1）通过对该建筑物的沉降监测数据分析可看出，在结构封顶时单点最大沉降量是：A 座 33.6mm，B 座 25.5mm，C 座 38.3mm，D 座 39.2mm；平均沉降量分别为：A 座 26.4mm，B 座 25.6mm，C 座 28.7mm，D 座 22.4mm。

（2）从沉降数值表及趋势图可看出，随着建筑物荷载的增加，沉降的速率基本保持匀速，沉降后浇带两侧的裙房由于荷载增加很小而使其沉降减小。

（3）从平均总沉降量来看，该建筑物的日平均沉降量分别为：A 座 0.08mm，B 座 0.07mm，C 座 0.08mm，D 座 0.08mm。

---

① 资料来源：刘军 . 北京 SOHO 现代城结构设计 [J]. 建筑结构学报，2002，23（3）。

（4）相邻点较大沉降差为：A 座 A–5 和 A–1 点 11.6mm，两点距离为 6.0m；B 座 B–24 和 B–29 点 7.8mm，两点距离为 6.15m；C 座 C–15 和 C–16 点 6.3mm，两点距离 12.6mm；D 座 D–28 和 D–33 点 16.7mm，两点距离为 7.5m。

（5）后浇带两侧相邻点最大沉降差为 D–28 和 D–33 点 16.7mm，由相邻两点较大沉降差可看出：沉降后浇带同侧相邻点的沉降差变化不大，未超过规范的限差要求。

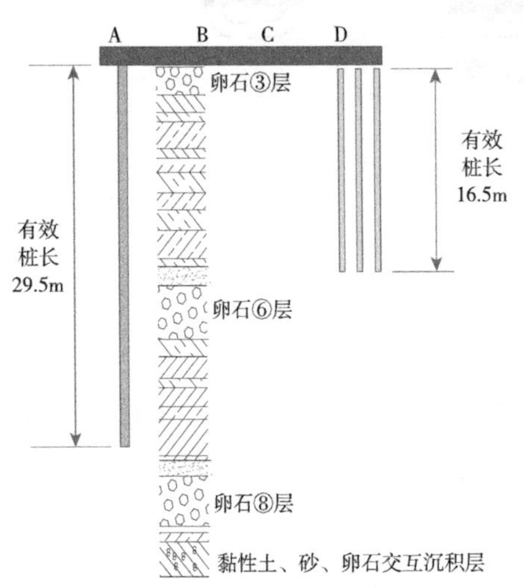

图 6　地基基础与地层配置关系示意

4.3　分析结论

为了控制差异沉降，北京 SOHO 现代城工程的大底盘基础采用了桩基（A 座）、天然地基（B、C 座）及 CFG 桩复合地基（D 座）设计方案，地基基础与地层配置关系如图 6 所示。通过对沉降监测成果的分析，可以认为该建筑物在施工过程中的沉降未出现异常变化，沉降量及沉降差均在设计和规范规定的限差范围内。该建筑物的沉降属均匀沉降，且沉降基本稳定。

北京金地中心地基基础[①]

【导读】北京金地中心工程为典型的大底盘双塔结构形式，其中塔楼A和塔楼B高度分别约150m、100m，是北京地区较早期所完成的沉降控制设计的有代表性的工程项目，塔楼A采用了后压浆钻孔灌注桩，塔楼B采用了CFG桩复合地基，裙房C采用了天然地基，形成了由桩基、复合地基和天然地基构成的复杂地基，整个基础的形式为整体平板式筏板基础，施工期间在主裙楼之间设置沉降后浇带。

1 工程概况

北京金地中心工程由一幢地上35层的办公楼（塔楼A），其地面到屋顶高149.1m和一幢地上27层的办公楼（塔楼B，地面到屋顶高96.2m）以及地上三层的裙房（裙房C地面到屋顶高16.2m），三幢建筑组成，在±0.000处用防震缝分开，地下连为一体（图1）。

图1 建筑透视图

塔楼A上部钢筋混凝土结构高度已超过《高层建筑混凝土结构技术规程》JGJ 3—2002的B级高度限值。结构抗侧力体系为钢筋混凝土框架－核心筒结构。核心筒位于中央。框架置于建筑物四周，分成两种梁柱布置不同的框架。建筑物东、南方向的框架为普通钢筋混凝土框架，位于建筑物外挂玻璃幕墙的里侧，柱距为6m，框架梁柱在每个楼层处与楼板相连。结构形式见图2。建筑物西、北面的钢筋混凝土框架为一种新型框架——窗格框架（图3），暴露在玻璃幕墙的外面，每隔三层才有一道通长的主框架梁与主框架柱连在一起。主框架柱柱距为9m。在每个9m×（3×4.1）m的高度范围内，另外设

---

① 金地中心结构设计获全国第五届优秀建筑结构设计一等奖（主要设计人：赵毅强、柯长华、程懋堃、刘笛），本实例编写依据资料："金地中心钢筋混凝土窗格框架－核心筒结构设计、试验与施工"《建筑结构优秀设计图集7》中国建筑工业出版社2008年出版、"金地中心钢筋混凝土窗格框架－核心筒结构设计、试验与施工"《建筑结构》2008年第1期（作者：赵毅强、柯长华、程懋堃）、"北京金地中心不规则框架模型抗震性能试验研究"建筑结构学报，2005年第5期（作者：钱稼茹、戴夫聪、赵作周、赵毅强、程懋堃、柯长华、李莹、佟晓鸥）以及相关工程资料。

置次框架柱和次框架梁，并按建筑要求构成窗格状。楼板后退与窗格框架间形成空隙，仅靠与主框架柱相连的楼面连接大梁以及拉接次框架柱的小楼面梁联系窗格框架。靠近窗格框架处的楼面连接大梁在主框架柱处形成了“脖颈”。1~3 层及标准层层高分别为 5.8，5.19，5.19，4.1m。竖向承重系统由钢筋混凝土剪力墙、框架及楼面梁构成。

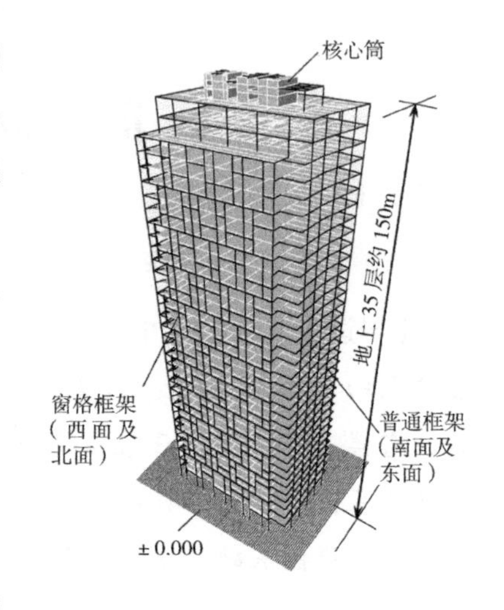

图 2　结构空间形式

2　沉降控制

2.1　地基基础

北京金地中心工程为大底盘多塔结构，根据各楼的荷载和工程地质及天然地基承载力情形，塔楼 A 采用了后压浆钢筋混凝土桩基础，塔楼 B 采用了 CFG 桩复合地基，裙房 C 采用了天然地基，形成了由桩基、复合地基和天然地基构成的复杂地基。整个基础的形式为整体平板筏板基础。在主裙楼之间设置沉降后浇带。

图 3　窗格框架的平面拟动力试验

2.2　沉降分析

塔楼 A 采用灌注桩后注浆工艺使得桩端以下范围和桩侧土的变形性状改善，对于压浆群桩而言，表现为桩土工作性能增强，桩的刺入变形减少，桩基的沉降量减小。塔楼 B 考虑到 CFG 桩复合地基的特点，其基础最终沉降量按照分层总和法计算。裙房 C 采用有限压缩层地基模型进行计算，考虑基坑开挖产生的回弹影响以及塔楼沉降对邻近裙房产生的附加沉降影响。有限压缩层地基模型以分层总和法为基础，地基土根据其性质划分为不同厚度的土层，考虑到应力历史对地基沉降的影响，再利用对室内压缩试验成果进行修正后所得到的“原始压缩 e-log$P$ 曲线”计算沉降。经计算分析表明，沉降量以及差异沉降可控制在规范允许范围内，计算沉降等值线见图 4。

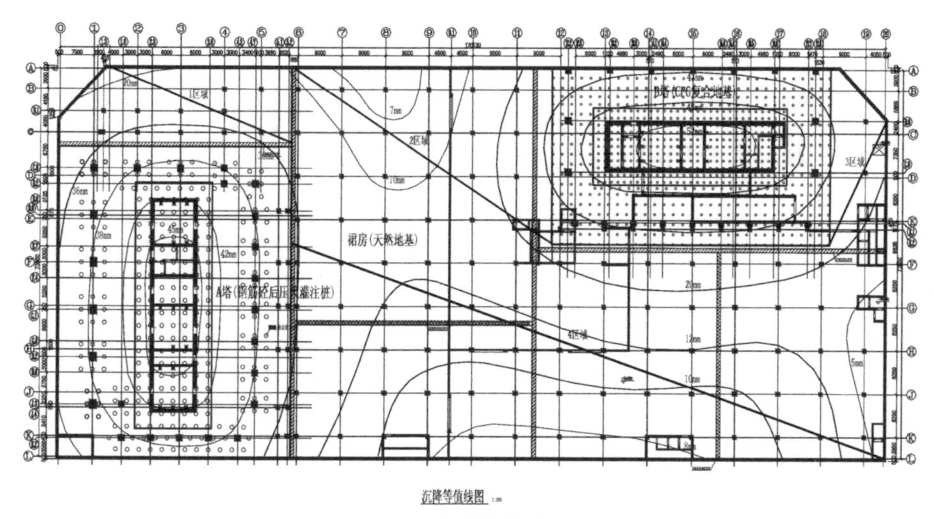

图 4　沉降计算等值线图

【编者注】本工程整个基础的形式为整体平板式筏板基础，地基方案为桩基、复合地基和天然地基构成的复杂地基，施工期间在主裙楼之间设置沉降后浇带。根据工程研究的深入和实践经验的积累，对于大底盘多塔建筑形式，当高层建筑与相连裙房的差异沉降满足主楼与相邻裙房柱的沉降差不大于其跨度的 0.1% 时，紧邻主楼的裙房一侧可不设沉降后浇带。

北京市高法办公楼地基基础设计①

【导读】建筑师始终不渝地探索司法建筑设计观念的更新，致力于实现社会服务型的公共建筑，共享中庭是空间开敞性和公共性的重要体现，配合建筑师设计创作，结构设计不断优化结构方案，通过选择合适的结构体系、合理划分结构单元，保证结构传力明确，并通过全面的计算分析，从实际结构受力变形出发，采取有针对性加强措施。地基土质条件复杂，采用人工地基方案，根据不同的荷载集度、地质条件，分别采用复合地基、大直径人工挖孔灌注桩，以控制不均匀沉降变形，沉降观测证明地基基础设计方案合理可行。

1 设计理念——走向社会服务型公共建筑

“北京市高级人民法院（简称高法）办公楼工程的筹备始于2001年，司法建筑设计观念的更新是首先要考虑的问题，实现其空间的公共性和社会服务的便利性贯穿在高法工程设计的始终。在场地设计中，以空间的公共性为基点，高法审判楼面向东二环展开，临东二环留出开阔的城市广场。来访者可以从西入口广场，沿台阶拾级而上，通过一个30m宽、7.5m高的巨大门洞，到达顶部采光的共享中庭（内景见图1）。这个流线是来访者对法院空间的第一个体验过程。在这个过程中，法律被作为体验的对象，其形象是严肃、公平、无私的。参照西方古典空间样式，在高大空间的相互连接和连续升高的线路中完成来访流程。难能可贵的是，从空间开敞性和公共性的设计上，我们一直得到业主的支持和鼓励。”②

图1 共享中庭内景

① 节选自“北京市高级人民法院审判业务用房结构设计”《建筑结构优秀设计图集8》，全国第五届建筑结构优秀设计三等奖，主要设计人：王国庆，祁跃，甘明，张翀，刘春玲，常坚伟。

② “走向社会服务型公共建筑”《建筑创作》2006年第7期（作者：张江涛，摄影：杨超英）。

2 建筑结构

基地位于北京市建国门南大街 10 号，东便门立交桥的东北角，西侧临东二环，南侧临通惠河，作为重要的城市公共服务设施而列为北京市重点工程，包括审判楼、立案信访楼、安检厅三个单体。工程总建筑面积 47430m^2，地上八层，建筑高度 38.7m，整个建筑按结构缝分为东西南北中五段（图 2、图 3）。

在结构设计过程中，不断优化结构方案，通过选择合适的结构体系、合理划分结

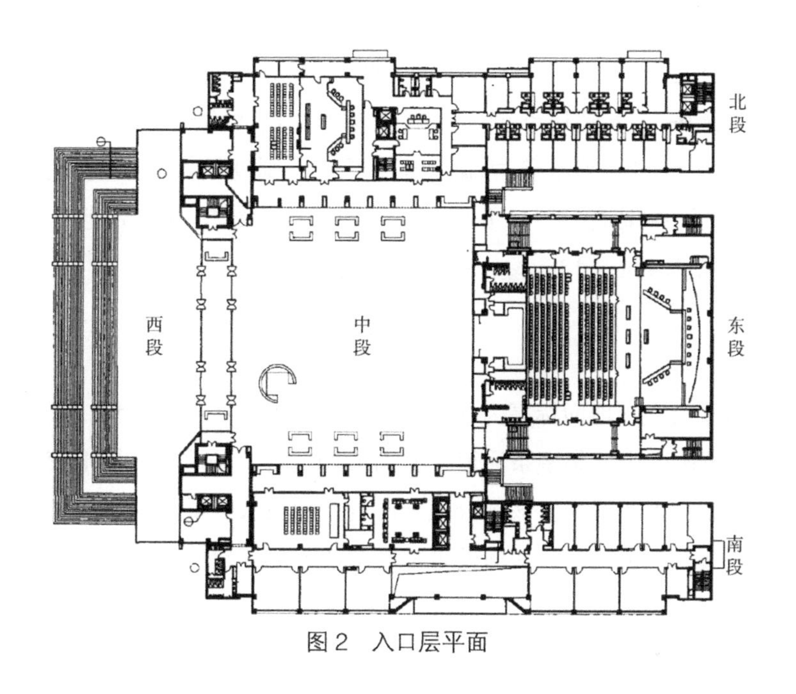

图 2 入口层平面

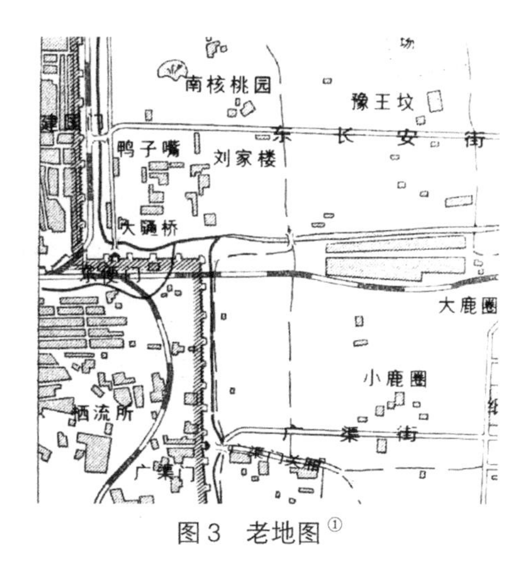

图 3 老地图[①]

① 侯仁之主编《北京历史地图集》，北京出版社，1988 年。

构单元，保证结构传力明确，并通过全面的计算分析，从实际结构受力变形出发，采取有针对性的加强措施。南、北为办公楼，地下1层，地上8层，为框架–剪力墙结构，地下1层南段为人防、后勤用房，北段为设备机房。西侧为整个建筑物的主立面及入口，入口门洞建筑尺寸30m宽、7.5m高，在入口上方设两榀钢结构转换桁架承托上部4层办公用房，跨度分别为34m、44m，上部为钢结构，为提高整个结构的抗侧刚度及抗震性能，钢桁架两端设钢筋混凝土剪力墙筒体。中段为整个建筑物的中央大堂，地上2层，首层高度4.5m，2000m^{2}的共享中庭7层通高，金字塔造型的玻璃屋顶，高度约5.4m，方钢管网架，单向跨度44m，分别支撑于南、北段的楼顶。东段为大法庭，地上2层，观众席为阶梯状变标高混凝土楼面，屋顶采用钢网架，平面尺寸24.0m×24.0m，上铺压型钢板混凝土楼面，由于大法庭为空旷结构，沿法庭周边及利用建筑楼梯间设置了剪力墙，提高了整体刚度及抗震性能。大堂东侧标高19.500m以上设置钢网架墙封边，下部支撑于东段屋顶结构，上部连接于大堂屋顶钢网架下弦，立面尺寸42m×12m。

3 地基方案

场地地形高差较大，地面标高为37.31~41.10m。由图2可以看到，工程场地位于通惠河北岸，其附近范围内汇集多条河道，根据地勘报告，场地东部填土较厚，呈南北向条带状分布，贯穿整个建筑物，该部分填土厚度变化较大，成分杂乱，工程性质差。由于各段建筑的荷载差别也较大，如何处理地基解决不均匀沉降问题是基础设计的首要问题，方案阶段考虑了三种情况。

方案一：填土全部换填，带地下室部分采用筏形基础，无地下室部分采用独立基础或条形基础。

方案二：全部采用桩基础，选用卵石层作为桩端持力层。

方案三：带地下室部分采用筏形基础，其下进行地基处理，无地下室部分采用桩基础。

考虑工程进度、造价、质量控制等问题，最终选定方案三，即带地下室部分采用带梁的筏形基础（肋梁上反），地基采用CFG桩复合地基。根据上部荷载情况，针对不同部位提出地基承载力标准值f_{spk}分别为200kPa、380kPa。无地下室部分采用大直径人工挖孔灌注桩，桩端持力层为④$_2$层卵石。为解决桩基与复合地基衔接部分的差异沉降问题，在施工顺序上，要求在完成主体结构后再施工连接部分的承台梁。复合地基具体范围如图 4 所示。筏形基础与挖孔桩之间采用护坡桩分隔。

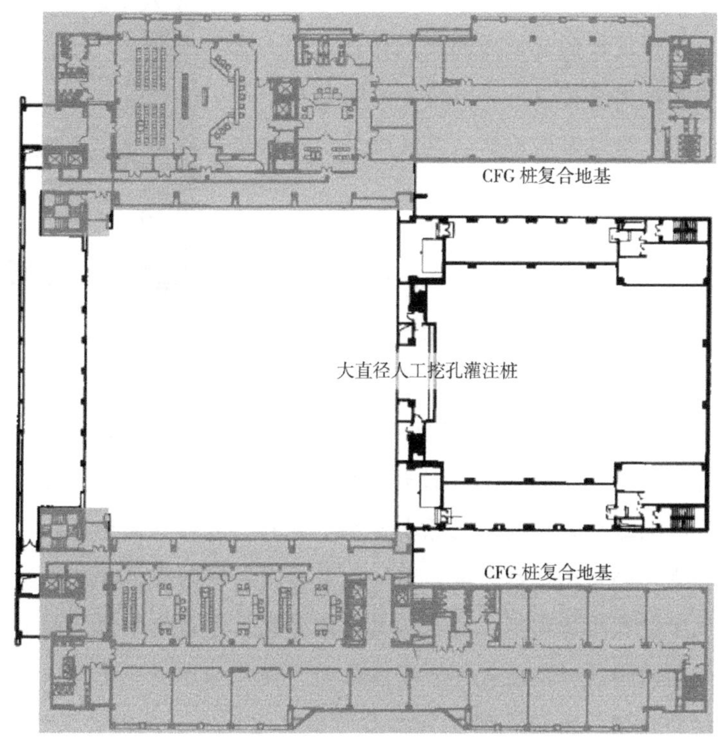

图 4　不同范围的地基形式

4　沉降观测

为掌握建筑物的局部和整体沉降，在基底和主体结构上设置了沉降观测点，检测从基础施工开始到建筑物总体沉降稳定。目的之一是有效控制施工后浇带及连接部位承台梁的浇筑时间；二是能了解建筑物沉降的分布及发展规律，为今后此类工程的设计提供可参考的经验。

沉降观测数据表明，基础的不均匀沉降和绝对沉降均能满足基础设计规范的要求。从沉降曲线可以看出，到结构封顶时，沉降已大部分完成，到装修完成时已基本稳定。建筑物总体沉降基本均匀，最大沉降约为 12mm。

“高法的石头”①

缅怀英年早逝的建筑师张江涛

“高法的石头”，这是怎么回事呢？

原来，由他主持设计的北京市高级人民法院，由于考虑到该建筑严肃庄重等特性，张江涛不忽略任何一个细节，该建筑的外立面所需的石头，都是他亲自一块块去挑的。

“他自个儿一个礼拜去了好多次大兴石材厂，在那里张工亲自一块块地挑，他要求所选的所有石头的纹理、色泽等都要协调统一”参与过选石头的设计师孟繁星回忆道。

而这个工程，当初还差点落到了别人手里，正是张江涛认真的态度争取到了这个项目。和他一起参与这项工作的第四设计所的范凤毅讲过这样一件事，“出于种种原因北京市高级人民法院这个工程我们院原本是拿不到的，有件事使甲方改变了态度。一次投标设计单位看地，那天正好刮大风，现场一片弥漫，别的设计单位很快都走了，甲方负责人注意到风尘中有两位年轻人还在认真讨论研究，于是走到他们面前询问他们的姓名和单位，就是江涛和另一名建筑师。甲方认为，这样的态度一定能设计出让甲方满意的工程。事实证明，他的看法没错。在之后的项目竞标中，我们的设计方案一举中标，使甲方又一次刮目相看”。

这就是张江涛，蓦然转身留华章，他一直都在，不曾离开。

① 摘自“蓦然转身留华章——记北京市建筑设计研究院优秀青年建筑师张江涛”《中华建设》2007年第12期（记者：王庆）。

北京银河 SOHO 地基基础协同设计与分析

【导读】北京银河 SOHO 由已故国际知名女建筑师扎哈·哈迪德（Zaha Hadid）设计，为典型的大底盘多塔连体结构，塔楼核心筒与中庭荷载差异显著。为更好地解决差异沉降问题，在地基基础设计过程中，结构工程师与岩土工程师密切合作比选分析了不同基础形式与不同地基类型组合方式，基础形式包括梁板式筏形基础、平板式筏形基础，地基类型包括天然地基和人工地基（钻孔灌注桩、CFG 桩复合地基），并通过合理调整筏形基础及上部结构的刚度，同时优化地基支承刚度，经过反复计算与分析论证，最终采用天然地基与局部增强 CFG 桩复合地基的地基设计方案，有效地解决了差异沉降控制与协调问题，优化了地基基础设计方案，节约了造价。经过沉降实测验证，地基基础设计方案科学合理、安全可靠。北京银河 SOHO 地基与结构协同设计，即岩土工程师与结构工程师协作团队工作模式（team work），有助于推动岩土工程发展，本文所记述的地基基础协同设计与分析过程及成果供大家参考。

1　工程概况

北京银河 SOHO（图 1）位于北京朝阳门立交桥西南角，总建筑面积 33 万 m^2，为地标性大型公共建筑。工程出地面起四栋高层均含中庭，外围柱自下而上呈弧线形，形成四个中空椭圆形建筑，各建筑之间在不同楼层有连体相连，组成大底盘多塔连体结构。工程于 2010 年 8 月开工建设。

图 1　建筑实景

结构整体模型如图 2 所示。工程为由 4 栋地上 15 层框架 - 剪力墙结构商业办公楼及附属框架结构，地上 3 层裙楼、纯地下车库组成，均设 3 层地下室。塔楼及裙房采用筏形基础，纯地下车库采用独立柱基 + 抗水板基础形式。

2　地基条件

本工程地基直接持力层为④层卵石、圆砾及④$_1$ 层细砂、中砂，其典型地层剖面详见图 3，各土层岩土指标见表 1。现场勘察期间地下水情况见表 2。抗浮设防水位为标高 36.50m。

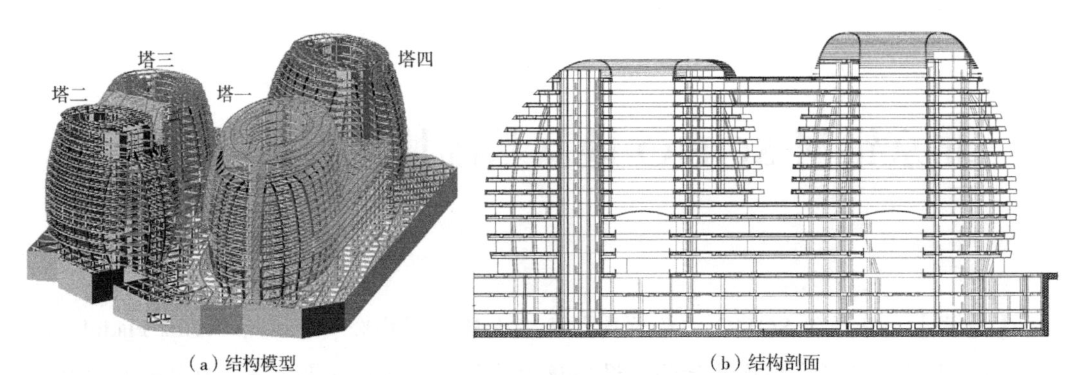

（a）结构模型　　（b）结构剖面

图 2　结构示意图

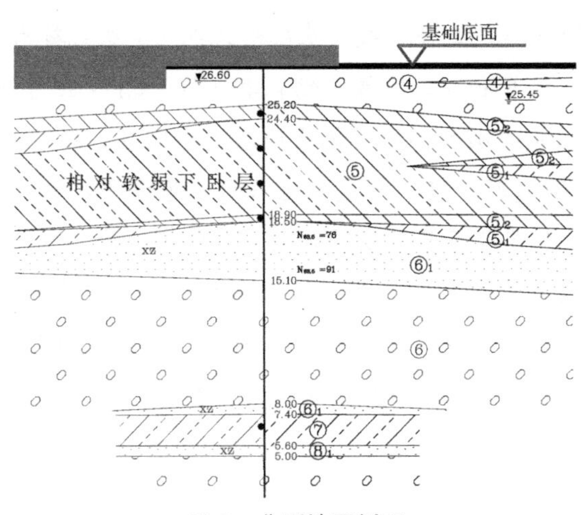

图 3　典型地层剖面

各土层岩土工程参数　　　　表 1

层号	岩性名称	天然重度 γ（kN/m^3）	固结快剪		压缩模量 E_s（MPa）
			c（kPa）	φ（°）	
④	卵石、圆砾	22	1	38	75
④$_1$	细砂、中砂	21	1	35	35
⑤	黏质粉土、粉质黏土	20	30	18.9	18.9
⑤$_1$	黏质粉土、砂质粉土	20	24	25	29
⑤$_2$	黏土、重粉质黏土	19	52	11.7	13.3
⑥	卵石、圆砾	21	1	42	100
⑥$_1$	细砂、中砂	21	1	38	45
⑦	粉质黏土、黏质粉土	19	30	15	20.3
⑦$_1$	黏质粉土、砂质粉土	20	20	20	28.2
⑦$_2$	黏土、重粉质黏土	19	40	10	15.2
⑧	卵石	22	1	45	120
⑧$_1$	细砂、中砂	21	1	35	50

地下水情况 表 2

序号	地下水类型	地下水静止水位（承压水测压水头）	
		水位埋深（m）	水位标高（m）
1	层间水	15.30~17.90	25.34~27.81
		15.10~17.20	25.29~27.56
2	承压水	23.10~25.50	18.04~19.72
		21.00~24.20	18.39~21.49

3 地基基础方案分析

3.1 天然地基沉降分析

如图 2 和图 4 所示，高层塔楼设有通高中庭，与其两侧的核心筒荷载差异显著。从差异沉降角度来看，工程基础埋置较深，纯地下车库基础处于超补偿状态，其天然地基沉降有限，主楼与其之间的差异沉降较大；同时，依据抗浮设防水位分析，纯地下车库尚需要考虑抗浮措施，如采用抗浮构件（抗拔桩或抗拔锚杆），该构件以微型桩形式存在，将更不利于纯地下车库的沉降。因此，主楼与纯地下车库之间的差异沉降控制成为工程基础的设计难点和重点。差异沉降的控制与协调应与抗浮措施一并进行整体性的分析，以保证地基基础工程技术经济的科学性、合理可行性，提高投资效益。由于塔楼数量较多，塔一与塔四基底压力相近，塔二与塔三基底压力相近，因此重点介绍塔一和塔二的地基基础设计。

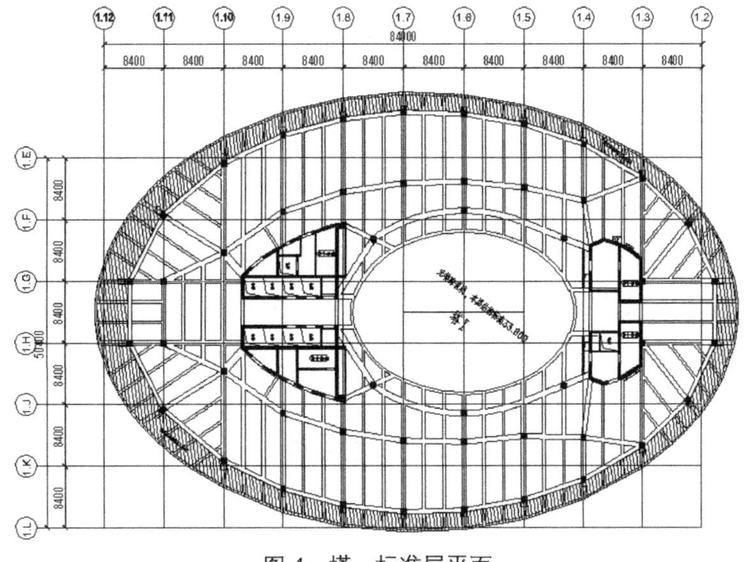

图 4 塔一标准层平面

根据地勘报告，本工程地基直接持力层为砂卵石层（第4大层），其自身工程性状良好，但第5大层构成了相对软弱下卧层（图3），经初步验算及分析，地基持力土层及下卧土层的地基承载力可满足采用天然地基方案的要求，因此首先进行了天然地基方案的沉降计算。从最大沉降较大来看，主楼荷载较大，且集中在核心筒位置，在常规基础结构刚度情况下，工程天然地基沉降计算见图5，可见核心筒区域最大沉降量达173mm，判断天然地基方案难以满足差异沉降控制要求。在常规设计情况下，主楼核心筒需采用人工地基，比选方案包括复合地基和桩基方案。

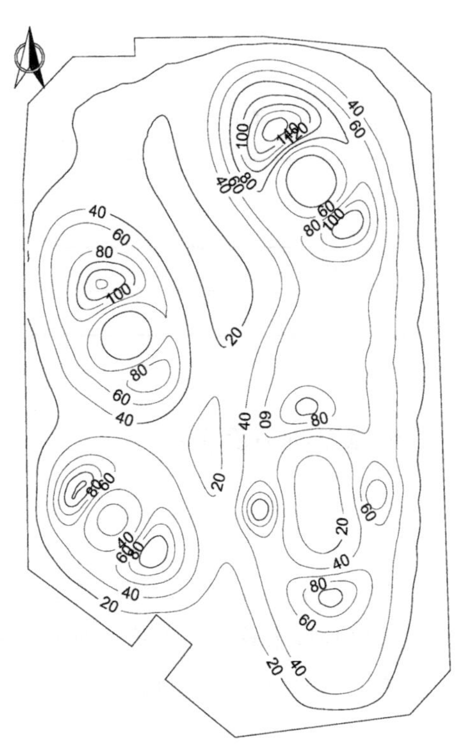

图5　天然地基沉降计算（单位：mm）

3.2　基础选型

根据本工程荷载要求和工程特点，提出三种基础方案，以下一一分析。

（1）方案一：桩基础 + 抗拔构件方案。桩基设计参数为：桩径0.6m，桩长15.0m，单桩承载力标准值取2950kN，桩数531根。抗拔构件可采用抗拔桩或抗拔锚杆两种方案，抗拔桩设计参数如下：桩径0.6m，桩长8.0m，单桩竖向抗拔承载力标准值400kN，抗拔桩约需布置505根。抗浮锚杆设计参数如下：锚杆长度12.0m，锚杆成孔直径127mm，单根锚杆抗拔承载力标准值100kN，锚杆间距1.40m × 1.40m，抗浮锚杆约需布置2020根。

方案相对保守，其中桩基础钢筋混凝土方量为2252m^3，抗拔桩钢筋混凝土方量约为1142m^3（抗拔锚杆总长度约为24240m），工程量较大，造价较高，工期较长；同时，由于施工组织因素，出土马道位于塔二之上，如采用人工地基，将会给工期安排带来较大压力。经与业主、顾问单位沟通交流，弃用本方案，变更地基基础方案。

（2）采用厚筏板以增强基础刚度，尽可能扩散基底压力，既可减小沉降量，同时可兼顾有抗浮要求区域的抗浮荷载。具体方案为：塔一、塔四采用复合地基和加强基础结构刚度的方案，塔二、塔三采用天然地基和加强基础结构刚度的方案，取消纯地下车库区域抗浮构件。

其中加强基础结构刚度的方案有以下两种：①方案二：大面积厚板筏基，核心筒板厚2.4m，主楼范围内板厚2.0m，裙房及纯地下车库板厚1.6m；②方案三：平板式筏基，中庭板厚1.8m，主楼区域板厚2.4m，裙房采用梁板式基础。

首先，对于抗浮构件的取舍，由图 2 可见，纯地下车库位于主楼之间或位于主楼外侧，呈带状分布，且跨度较小，在基础刚度足够大的情况下，两侧或一侧荷载足以消除水浮力的影响，因此取消纯地下车库抗浮构件，采用基础刚度加强的方案是可行的。

其次，对于方案二，全部基础底板加厚，将减薄卵石层的厚度，同时将趋近相对软弱下卧层，进而削弱调整结构刚度的效用，尤其对于主楼与纯地下车库之间连接处尤为明显。因此，考虑既适当调整结构刚度，又有效增强地基刚度的技术思路，即采用方案三。

4 地基基础协同设计

地基计算包括地基承载能力计算、地基基础沉降变形计算和抗浮稳定性计算。基于 3.2 节基础选型分析，塔一、塔二基础均采用平板式筏形基础，其中塔一主楼区域和中庭板厚均为 1.8m，塔二中庭板厚 1.8m，主楼区域板厚 2.4m。裙房采用梁板式基础，板厚 0.5m，梁截面 0.9m × 1.8m（宽 × 高），主楼周边一圈梁截面 1.5m × 2.8m（宽 × 高）。

4.1 塔一复合地基方案

塔一核心筒区域采用北京地区较为成熟的 CFG 桩复合地基方案，具体设计方案见表 3，承载力术语符号按照《北京地区建筑地基基础勘察设计规范》DBJ 11—501—2009 执行。

塔一核心筒 CFG 桩复合地基设计参数　　表 3

设计参数	参数取值	设计参数	参数取值
桩间土承载力标准值 f_{sa}（kPa）	250	桩径（mm）	400
设计复合地基承载力标准值 f_a（kPa）	720	有效桩长（m）	14.0
单桩竖向承载力标准值 R_v（kN）	800	桩间距（m）	1.25
桩身混凝土强度等级	C25	实际面积置换率（%）	8.04

采用 PLAXIS 三维有限元软件进行地基沉降变形计算，基础梁和板按实际设计图纸，土体采用表 1 中岩土指标，采用摩尔 – 库仑弹塑性模型，计算结果见图 6。可见地基沉降变形能够满足总沉降变形量和差异沉降变形量的控制要求。

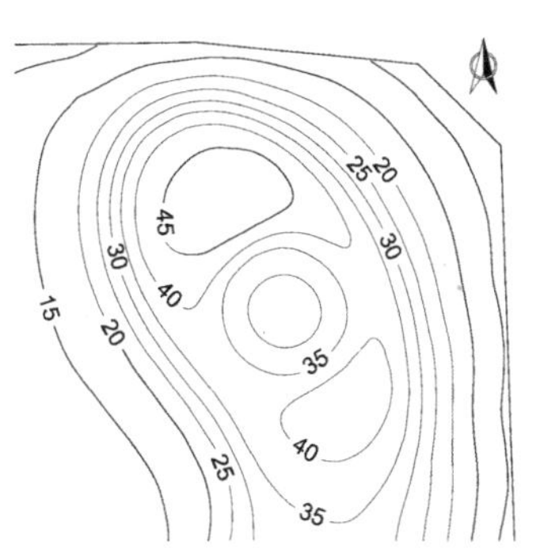

图 6　塔一 CFG 桩复合地基沉降变形计算

CFG 桩施工完成后，进行了承载力检测，不仅进行了单桩复合地基静载荷试验，还特别强调了增强体单桩静载试验，相关的 Q–s 曲线和 p–s 曲线分别参见图 7、图 8。

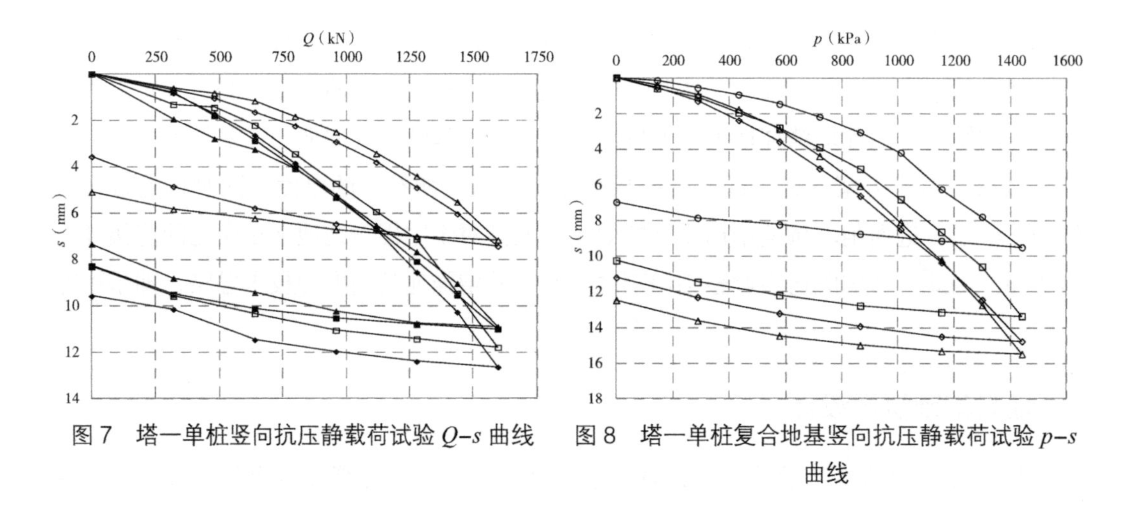

图 7　塔一单桩竖向抗压静载荷试验 Q–s 曲线　　图 8　塔一单桩复合地基竖向抗压静载荷试验 p–s 曲线

由检测结果可见，在设计复合地基承载力标准值 f_a 为 720kPa 和单桩竖向承载力标准值 R_v 为 800kN 时，其对应的沉降值分别为 2~4mm 和 2~5mm，完全满足工程设计要求。

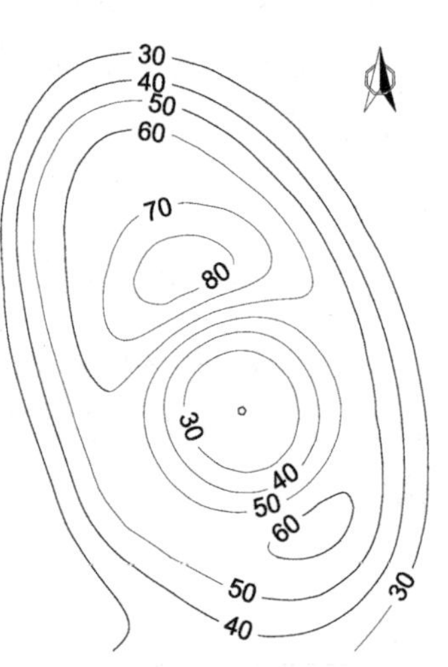

图 9　塔二天然地基沉降变形计算

4.2　塔二天然地基分析

基础变更后，对塔二天然地基进行地基沉降变形计算，计算结果见图 9，可见该方案亦可满足设计要求。

5　沉降观测数据分析

塔一和塔二沉降观测值见图 10、图 11，观测时间为装修竣工后第 3 个月。塔一、塔二及其周边的纯地下车库

图 10　塔一沉降观测值等势线图

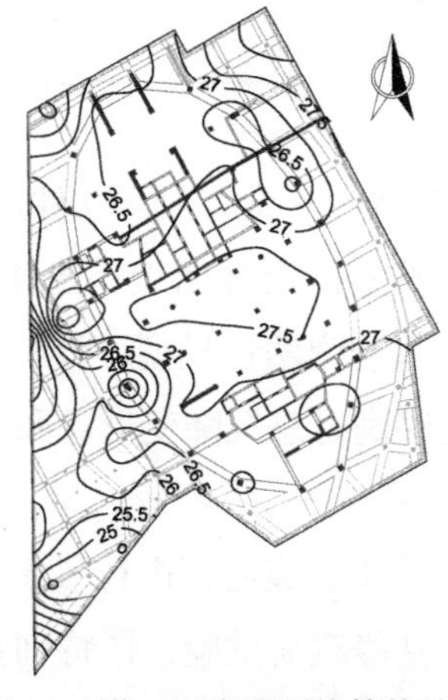

图 11　塔二沉降观测值等势线图

的时间与沉降变形关系见图 12，图中范围为主楼、裙房及部分纯地下车库，以沉降后浇带为界。

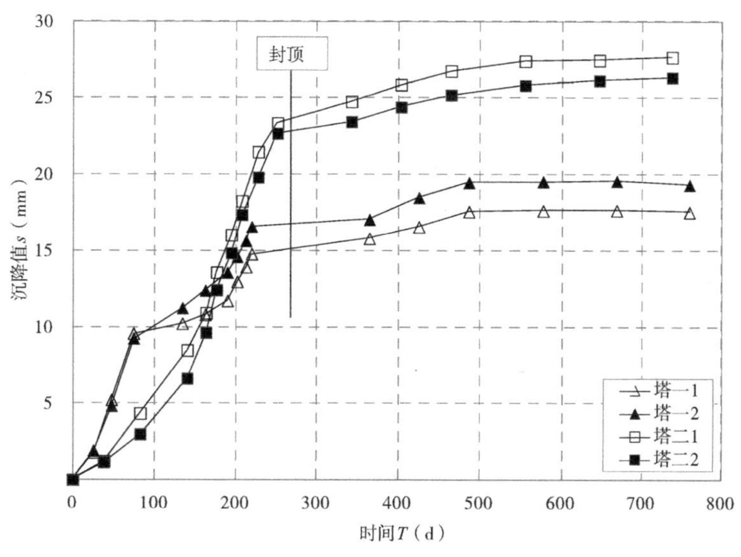

图 12　典型观测点时间与沉降变形关系

可见，工程沉降较为均匀，差异沉降较小，完全满足结构设计需要；同时，CFG 桩具有明显的减沉作用，在塔一荷载明显大于塔二荷载的情况下，塔一沉降值小于塔二沉降值。

封顶和沉降后浇带封闭时各塔楼沉降观测值统计于表 4。

封顶和沉降后浇带封闭时各塔楼沉降观测值　　表 4

参数	封顶		沉降后浇带封闭	
	沉降量（mm）	与总沉降比值（%）	沉降量（mm）	与总沉降比值（%）
塔一	13.8	79.9	15.1	87.3
塔二	22.9	85.7	24.0	89.7
塔三	24.2	90.5	25.1	94.0
塔四	20.1	90.5	21.0	94.6

注：表中“总沉降”为当前最新一期的沉降观测值，为主体封顶后第 480d 左右。

根据《北京地区建筑地基基础勘察设计规范》DBJ 11—201—2009，北京地市平原区多层及高层建筑主体结构完工时的沉降量占最终沉降值的比值，即时间下沉系数 λ_t，对于一般第四纪沉积土，粉、细砂地基土的 λ_t 为 0.85。由于沉降仍在继续，表 4 中各比值还将相应减小，可见该规范建议值 0.85 还是合适的，尤其对于天然地基。

6 总结

本工程在岩土工程师与业主及结构工程师的大力合作下，进行了地基基础的设计、计算和地基基础协同作用分析，最终采取科学、合理的结构措施与地基措施，既作为控制协调差异沉降的有效措施又兼顾抗浮设计措施，确保了工程的安全质量并提高了投资效益。主要结论如下：

（1）在主裙楼荷载差异较大、存在抗浮问题情况下，进行整体考虑、综合分析、协同设计、各出所长，合理利用有利因素，消除或回避不利因素，如此可以制定科学、经济、合理的设计方案。

（2）在科学合理的结构措施与地基措施下，经过精心分析和设计，CFG 桩复合地基方案可以解决主裙楼差异沉降较大情况下的地基问题，并比桩基更加具有经济和工期优势。增强体单桩承载力检测，对于评判施工质量与实际承载性状至关重要。

（3）纯地下车库采用取消抗浮构件、增强基础与结构刚度方案，在有效控制主楼与纯地下车库差异沉降的同时，减少了造价，节约了工期。

北京丽泽 SOHO 桩筏基础设计与验证

【导读】北京丽泽 SOHO 工程由两个反对称单塔建筑组成，建筑造型独特，双塔荷载集中，核心筒与中庭荷载集度差异显著，地铁联络线隧道自西北向东南贯穿地下室，因此沉降控制要求严格。结构工程师与岩土工程师密切合作通过桩筏协同设计实现了差异沉降控制，主塔楼按沉降控制确定桩筏基础的基桩支承刚度与筏板刚度，针对纯地下室抗浮设计采用配重适量增加并调整抗浮桩的优化方案。结合试验桩现场静载试验数据的对比分析，考量不同桩长、不同持力层的单桩承载变形性状，考虑地基（桩土）与筏板基础协同作用计算分析，经过反复调整桩筏与沉降分析，最终设计采用充分发挥砂卵石层侧端阻力的“短桩”方案，工程桩承载力检验测试全部达到设计预期。沉降实测表明，沉降计算值与实测值相吻合，验证了沉降控制桩筏协同设计思路的科学、合理与安全、可靠。

1 工程概况

北京丽泽 SOHO 位于北京市丰台区丽泽金融商务区。其所在的 E04 地块内，自西北向东南有一条贯穿用地的地铁联络线。扎哈·哈迪德建筑事务所（ZHA）的方案中将两个流线型塔楼分立于地铁联络线两侧，如 DNA 双螺旋结构盘旋而上，各层平面逐层旋转至 45°，围绕成一座高 200m 的中庭空间，形成复杂丰富的建筑形体（图 1）。北京市建筑设计研究院有限公司（BIAD）与 ZHA 运用数字化设计手段，联手完成这一大规模非线性复杂建筑设计。

图 1 建筑效果图

其结构高度 190.3m，地上 45 层，地面以上主楼由两个反对称复杂双塔连接组成，每个单塔采用混凝土筒体 - 单侧弧形钢框架结构体系（图 2），整个地块设有 4 层地下室。丽泽 SOHO 项目东侧为地铁 16 号线，北侧为地铁 14 号线，两者联络线隧道自西北向东南贯穿整个地下 3~4 层。主塔楼核心筒与地铁联络线的相对位置关系见图 3，因地铁联络线的存在，要求结构主体封顶后沉降不大于 5mm。结构工程师与岩土工程师密切合作，通过桩筏协同设计实现了差异沉降控制。

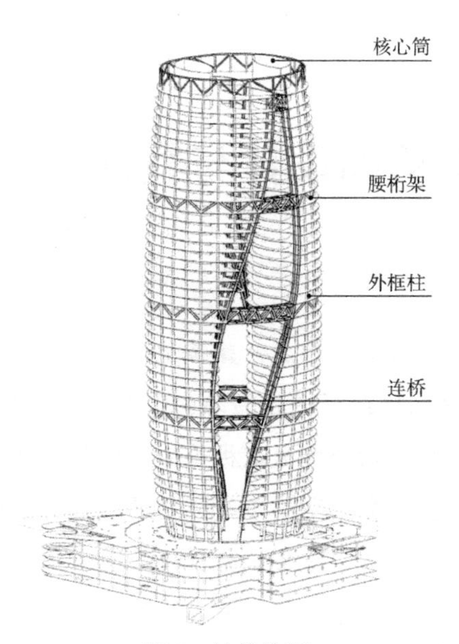

图 2　结构体系

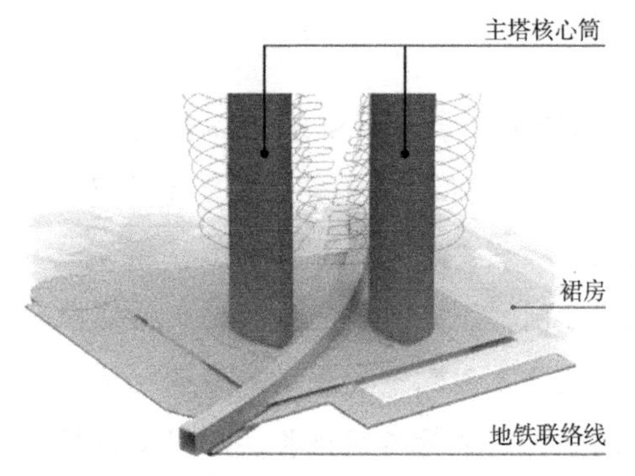

图 3　主塔楼核心筒与地铁联络线关系示意

2　地质条件

2.1　地层分布

拟建场地地面标高为 43.53~44.61m，最大勘探深度 70m 范围内的地层划分为人工堆积层、新进沉积层、第四纪沉积层及古近纪沉积岩层四大类，并按地层岩性及其物理力学数据指标，进一步划分为八个大层及亚层，各地层岩性及分布特征如下。

（1）人工堆积层：房渣土①层，粉质黏土素填土、黏质粉土素填土$①_1$层。

（2）新近沉积层：砂质粉土、黏质粉土②层，粉砂、细砂$②_1$层，粉质黏土、重粉质黏土$②_2$层；卵石、圆砾③层，细砂$③_1$层。

（3）第四纪沉积层：卵石④层，细砂、中砂$④_1$层；卵石⑤层，细砂$⑤_1$层；卵石⑥层，细砂$⑥_1$层。

（4）古近纪沉积岩层：全风化 ~ 强风化黏土岩⑦层，全风化 ~ 强风化砾岩$⑦_1$层，全风化 ~ 强风化砂岩$⑦_2$层；中风化黏土岩⑧层，中风化砾岩$⑧_1$层，中风化砂岩$⑧_2$层。

2.2　地下水位

根据区域水文地质资料，工程场区自然地面下 40m 深度范围内的揭露 1 层地下水，地下水类型为潜水。潜水主要赋存于标高 25.55~26.33m 以下的砂卵石层中。本工程抗浮设防水位按标高 39.00m 考虑。

3　桩型比选与试桩

本工程塔楼建筑高度约 200m，双塔荷载集中，中庭通高，荷载集度差异显著。同时，本项目东侧和北侧地铁线低于本工程基底标高，为降低后期地铁施工对本工程的影响，同时考虑到地铁联络线的严格沉降控制要求，最终确定主塔楼采用桩筏基础方案，纯地下车库区域采用梁板式基础，并采用配重 + 抗浮桩的抗浮措施。

3.1 桩端持力层选择

勘察报告将古近纪沉积岩层作为备选桩端持力层。但需注意到，该岩层干燥时，承载力高，耐压力强，但胶结差 ~ 中等，成岩性差，岩样吸水饱和后快速膨胀以致崩解。尤其是⑧层中风化黏土岩具有吸水快速膨胀、浸水软化特征明显的特点，表现在野外钻孔中取得的岩样吸水饱和后快速膨胀以致崩解，因此，卸荷和干湿变化会导致黏土岩发生膨胀变形，会使暴露的黏土岩的结构发生显著变化，强度快速降低，甚至发生岩体破坏。故桩基施工采用泥浆护壁施工工艺时，如采用该层作为桩端持力层，单桩承载力难以保证。

同时，为对比各桩型的承载能力，进行了各桩型单桩承载力的计算结果对比分析，桩端持力层与地层配置关系见图 4，图中 D 为桩径，R_a 为单桩承载力特征值。可见，在相同桩径的情况下，以⑥层卵石和⑦层全风化 ~ 强风化黏土岩作为桩端持力层，其单桩承载力特征值 R_a 的计算值几乎接近。同时，⑥层卵石桩端后注浆提高系数均高于其他土层，且以⑥层卵石为桩端持力层时，桩短，施工效率高，故最终确定以⑥层卵石为桩端持力层。同时，考虑到基础形状的特殊性，进行了不同桩径方案的平面布设（桩间距取 3 倍桩径）综合比选，最终桩径采用 850mm。

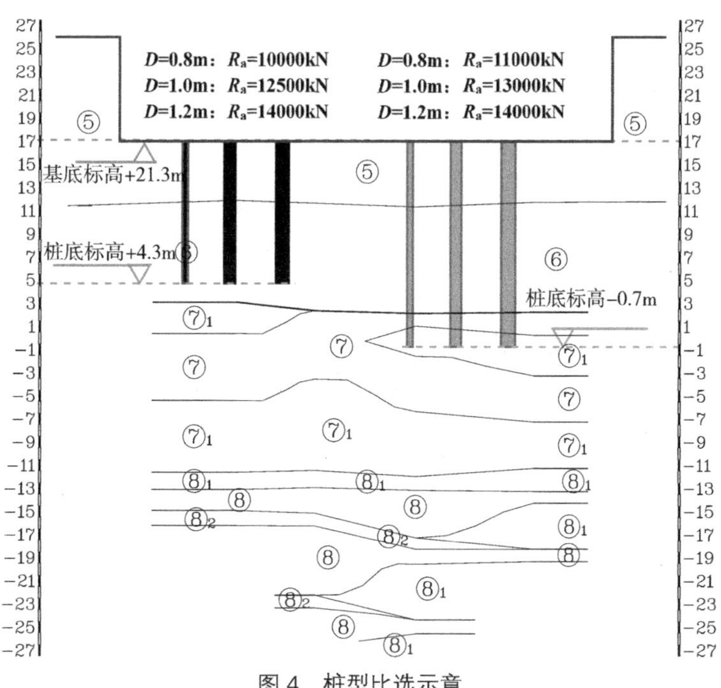

图 4　桩型比选示意

3.2 试验桩设计

根据桩型比选结果，进行了试验桩工程，试验桩方案为一组抗压试验桩和一组抗拔试验桩，具体如下：① TP1~TP3 为抗压试验桩，桩径 850mm，有效桩长 17.0m，桩身混凝土强度等级 C50，单桩试验荷载 25000kN，采用桩底及桩侧联合后注浆工艺，桩侧注浆管位于设计桩顶以下 10m 处，采用锚桩法加载；② SP1~SP3 为抗拔试验桩，桩径 600mm，有效桩长 12.0m，桩身混凝土强度等级 C35，单桩试验荷载 3000kN，采用桩侧后注浆工艺，注浆管位于桩端处，借用锚桩为支墩桩进行加载；③ 8 根锚桩 M1~M8，桩径 850m，设计桩长 17.0m，桩身混凝土强度等级 C50，采用桩侧后注浆工艺，注浆管分别位于设计桩顶以下 10m 和 16m 处。试验桩平面布置如图 5 所示。

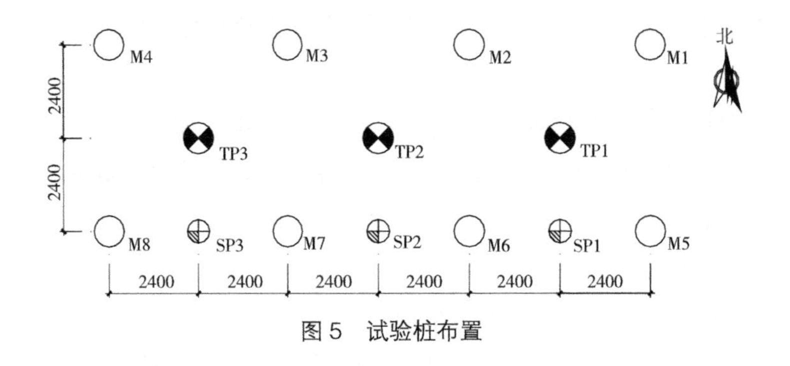

图 5　试验桩布置

其中，对抗压试验桩 TP1 和抗拔试验桩 SP1 进行了桩身轴力监测，对抗压试验桩 TP1，从其设计桩顶以下每隔 2m 设置一组应变计，共 8 组；对抗拔试验桩 SP1，从其设计桩顶以下 1m 处开始每隔 2m 设置一组应变计，共 6 组。

3.3 试桩数据分析

（1）抗压试验桩检测数据分析

抗压试验桩、锚桩均采用低应变检测法和声波透射法进行桩身完整性检测，低应变法检测结果如下：波速 3608~4084m/s，桩身完整，为 I 类桩。声波透射法变检测结果如下：波速 4135~4490m/s，为 I 类桩。

抗压试验桩桩顶荷载 - 累计沉降（Q–s）曲线见图 6，在加载至 25000kN，桩顶累计沉降 11.47~14.90mm，回弹率 62.5%~86.0%，单桩抗压承载能力完全达到并超过预期，且回弹率较高，仍有潜力可发挥，单桩竖向抗压承载力不小于 25000kN。

抗压试验桩 TP1 桩身轴力监测结果见图 7。结果表明，桩端阻力与加载值的比值从 6.4% 增加至 19.0%，随着加载值的增大，桩端承担的端阻力及其比重越来越大。加载至 25000kN 最大加载值时的桩侧摩阻力随深度的发挥值见图 8。可见，后注浆对桩侧摩阻力提高较多，但埋深 6m 以内后注浆对桩侧摩阻力的影响较小，此时桩端阻力为 6299kPa，是勘察报告提供的桩极限端阻力标准值 2400kPa 的 2.62 倍，为《北京地区建

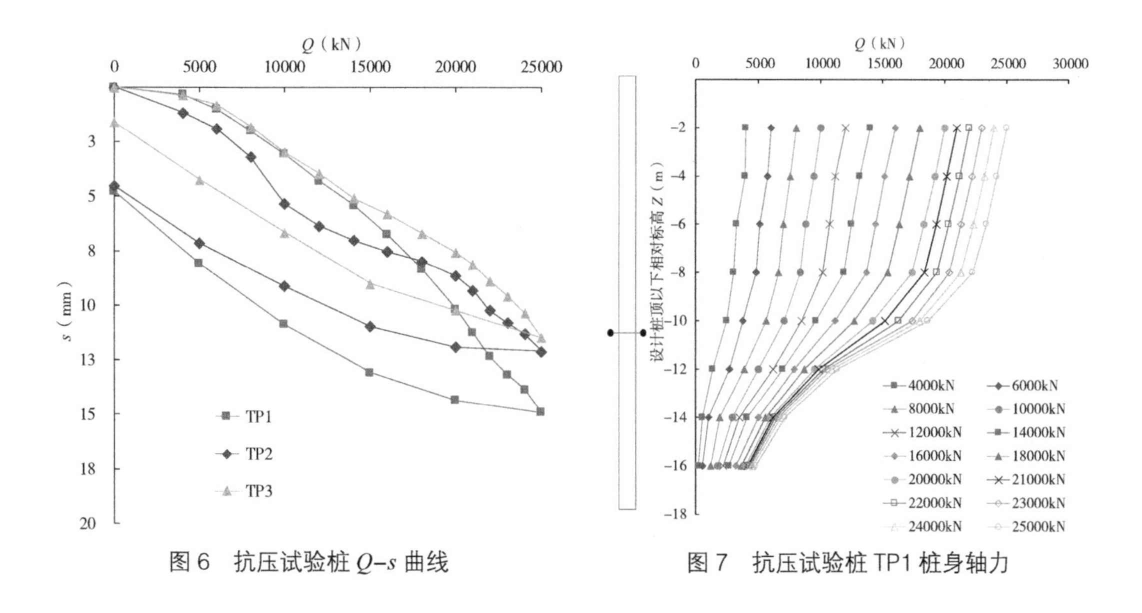

图 6　抗压试验桩 Q–s 曲线

图 7　抗压试验桩 TP1 桩身轴力

筑地基基础勘察设计规范》DBJ 11—501—2009 给出的端阻力增强系数参考值（2.6~3.6）的下限。

（2）抗拔试验桩检测结果

抗拔试验桩桩顶上拔荷载 – 累计上拔量（U–δ）曲线见图 9，可见，在加载至 3000kN，桩顶累计上拔量为 13.31~18.23mm，回弹率 22.0%~24.7%，单桩抗拔承载能力完全达到并超过预期，单桩竖向抗拔极限承载力不低于 3000kN。

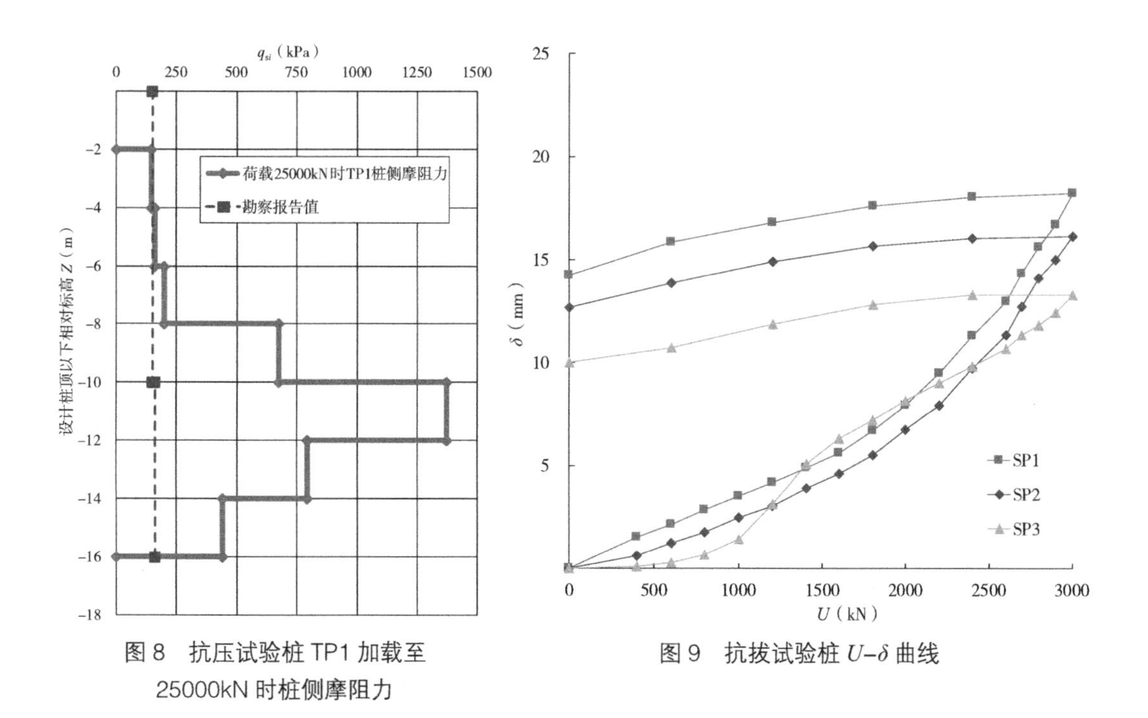

图 8　抗压试验桩 TP1 加载至 25000kN 时桩侧摩阻力

图 9　抗拔试验桩 U–δ 曲线

图 10 为抗拔试验桩 SP1 桩侧摩阻力发挥值随深度的变化。可见，随着埋深增加，桩侧摩阻力逐渐增加，在 8m 埋深区域，桩侧摩阻力稍有降低。抗拔试验桩 SP1 实测的桩侧摩阻力与考虑抗拔系数的桩侧摩阻力的比值为 1.3~2.5，即其后注浆侧阻力增强系数为 1.3~2.5，略低于《北京地区建筑地基基础勘察设计规范》DBJ 11—501—2009 的后注浆侧阻力增强系数 2.2~3.0，且呈上小下大趋势，后注浆对桩身下部分增强效果明显。

4　主楼桩筏设计

主楼采用桩筏基础，按沉降控制确定桩筏基础的基桩支承刚度与筏板刚度，筏板厚 3.0m，外扩一跨半，抗压桩采用后注浆钻孔灌注桩，桩径 850mm，有效桩长优化为 16.5m，桩端持力层为⑥层卵石，采用旋挖成孔灌注桩施工工艺，桩侧与桩端均后注浆，单桩竖向抗压承载力标准值为 10000kN。其中，注浆水泥采用 P.O 42.5，浆液水灰比为 0.5~0.6，注浆量如下：抗压桩桩端不小于 2.0t/ 桩，桩侧不小于 1.0t/ 管。筏板与桩基平面布置见图 11。

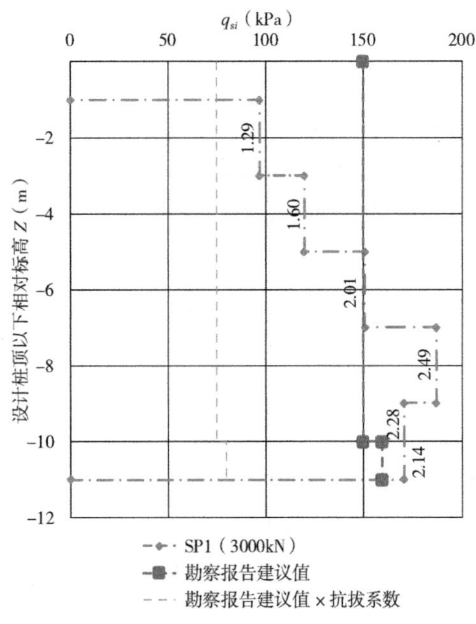

图 10　抗拔试验桩 SP1 加载至 3000kN 时桩侧摩阻力

（图中数值为 SP1 实测桩侧摩阻力与考虑抗拔系数的桩侧摩阻力两者的比值）

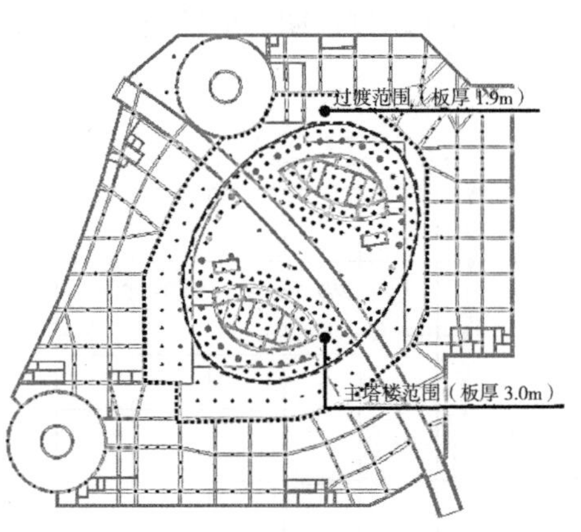

图 11　桩筏平面布置

5　抗浮设计

纯地下车库区域采用梁板式基础，板厚 0.6m，两者间过渡区域板厚 1.9m。根据《建筑地基基础设计规范》GB 50007—2011 式（5.4.3）进行了抗浮验算，经验算，纯地下室需采取抗浮措施。考虑到抗浮设防水位较高，结合结构基础形式，纯地下车库区域抗浮措施采用压重（素混凝土回填）+ 抗浮桩。抗浮桩的设计桩径 600mm，设计桩长 12m，桩侧后注浆，抗拔桩桩侧不小于 0.8t/ 管，单桩竖向抗拔承载力特征值取 1200kN。纯地下室区域基础剖面做法示意见图 12，抗浮桩布置于柱下及梁下（图 13）。

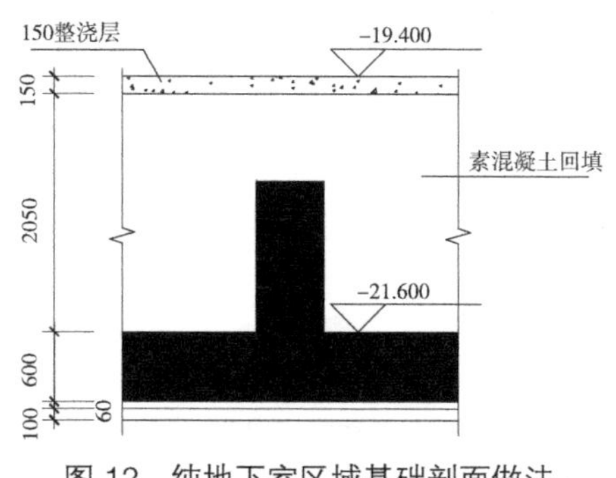

图 12　纯地下室区域基础剖面做法

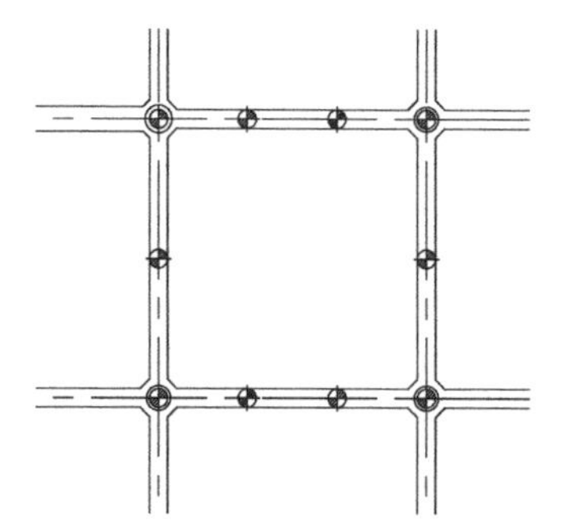
图 13　抗拔桩布设示意图

6　工程桩检测

6.1　检测内容及数量要求

根据《建筑基桩检测技术规范》JGJ 106—2014，且考虑到工程的重要性，本桩基工程桩检测内容和数量如下：采用低应变法进行桩身完整性检测 373 根，采用声波透射法进行桩身完整性检测 56 根，采用单桩竖向抗压静载荷试验检测抗压桩 3 根，采用单桩竖向抗拔静载荷试验检测抗拔桩 4 根。

6.2　工程桩检测结果数据分析

经检测，工程桩桩身完整性检测均为 I 类桩。抗压工程桩桩顶荷载 – 沉降（Q–s）曲线见图 14，加载荷载最大时，3 根抗压桩桩顶累计沉降量为 14.68~20.53mm，承载力特征值对应的累计沉降量为 4.48~6.15mm，3 根抗压桩的单桩竖向抗压承载力特征值均达到 10000kN。

抗拔工程桩桩顶上拔荷载 – 累计上拔量（U–δ）曲线见图 15，加载荷载最大时，3 根抗拔桩累计上拔量为 7.74~9.15mm，承载力特征值对应的累计上拔量为 2.16~3.22mm，3 根抗拔桩的单桩竖向抗拔承载力特征值均达到 1200kN。

7　沉降控制

根据岩土工程条件及结构设计，应用国际地基基础与岩土工程专业数值分析软件 PLAXIS 3D 2013，通过地基（桩土）与结构相互作用，进行了基础底板 + 主塔楼地下室整体模型的计算分析，计算模型见图 16 和图 17。土体采用摩尔 – 库仑本构模型。计算

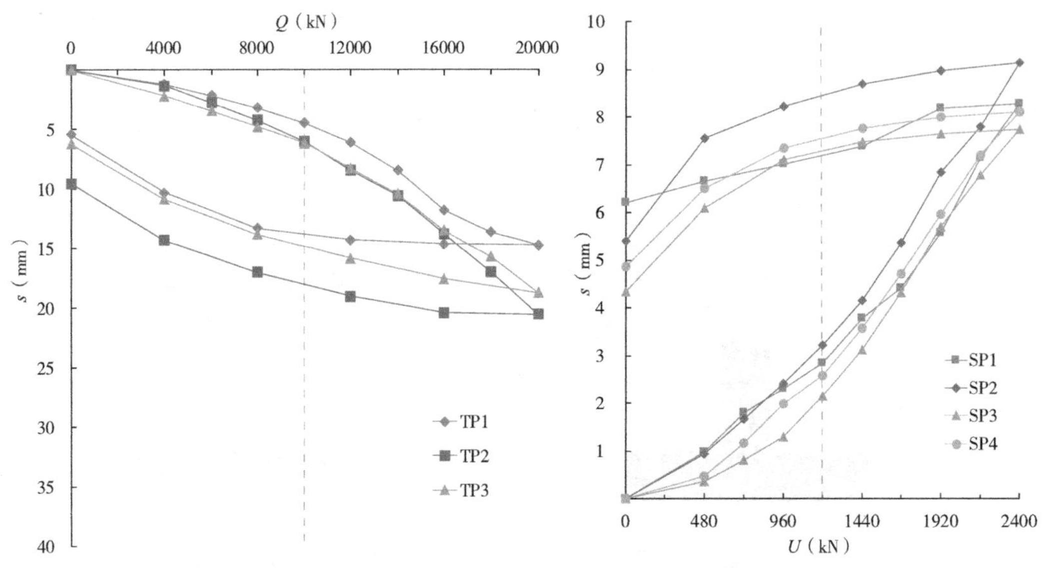

图 14　抗压工程桩 Q–s 曲线　　图 15　抗拔工程桩 U–δ 曲线

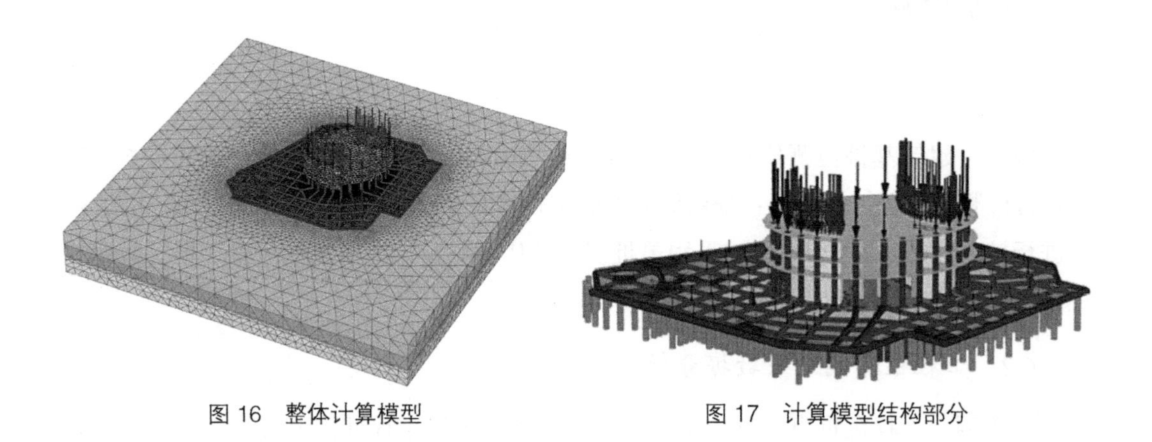

图 16　整体计算模型　　图 17　计算模型结构部分

模型考虑了基础梁板和地下 3 层结构刚度，使用 VB 编制的前处理软件读取 PKPM 计算的准永久荷载、输出 PLAXIS 命令流。

沉降计算等值线图见图 18，沉降计算结果统计见表 1，主楼总沉降变形量、主楼筏板挠度均小于地基变形允许值，满足规范要求，主裙楼之间的差异沉降略大于规范规定限值，考虑到结构形式特殊性，在主裙楼之间设置沉降后浇带。

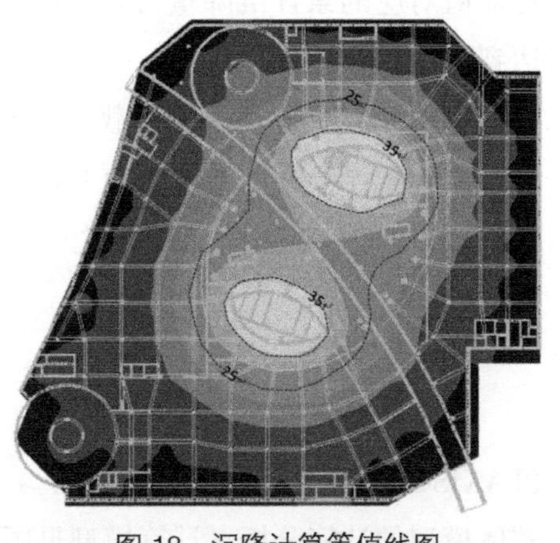

图 18　沉降计算等值线图

沉降计算结果统计 表 1

建筑物	最大沉降量（mm）	筏板挠度（%）	主楼与纯地下车库差异沉降	主楼核心筒与中庭差异沉降
主楼	40	0.025	0.12% L（局部）	0.06% L
裙房	22	—		
规范限值	—	≤ 0.05	≤ 0.10	≤ 0.10

8 沉降实测验证

本工程进行了系统的沉降监测，直至达到沉降稳定标准。2018 年 4 月 8 日 ~ 9 月 28 日，174d 内平均沉降速率为 0.0073mm/d，远小于测量规范 100d 内 0.01mm/d 的稳定标准，表明地基变形已进入稳定阶段。根据 CJ36 号联络线观测点的实测数据（图 19），2017 年 12 月 31 日沉降为 28.35mm，沉降稳定后数据为 29.45mm，工后沉降小于 5mm，符合轨道建设管理要求的沉降控制限值要求。实测沉降等值线见图 20，最大沉降值为 38.63mm，沉降实测值与沉降计算预测值相吻合，实现了沉降控制设计目标，验证了沉降控制桩筏协同设计思路科学合理与安全可靠。

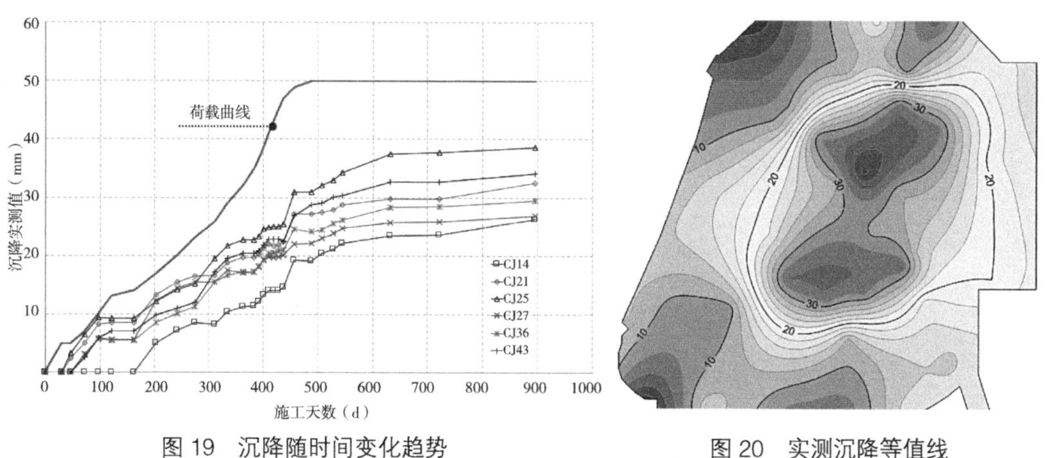

图 19 沉降随时间变化趋势

图 20 实测沉降等值线

9 结论

（1）鉴于丽泽 SOHO 结构体系的复杂性、周边环境的特殊性，地基基础选型时综合考虑了岩土工程条件，确定了主楼区域采用桩筏基础，纯地下车库区域采用梁板式基础方案及压重（素混凝土回填）+ 抗浮桩的联合抗浮措施。

（2）北京市区西部古近纪沉积岩层中的黏土岩具有膨胀性，部分黏土岩浸水软化特征明显，反复干湿交替作用会使暴露的黏土岩的结构发生显著变化，强度快速降低，甚至发生岩体破坏，桩基设计时应充分考虑该不利因素。

（3）地基基础设计及施工流程应严谨，基础选型、基桩选型、试验桩设计与检测、试验桩成果分析、工程桩设计、沉降计算分析、工程桩检测、沉降观测应环环相扣、前后衔接，确保工程安全。

（4）工程桩检测结果表明，基桩施工质量满足工程需求，有力地保证了沉降控制设计目标的实现。

（5）沉降实测表明沉降计算值与实测值相吻合，验证了沉降控制桩筏协同设计思路科学合理与安全可靠。

包商银行商务大厦地基基础沉降控制设计①

【导读】包商银行商务大厦工程是典型的大底盘多塔的建筑，A塔地上28层，B塔地上11层，C塔地上15层，裙房地上5层，整个基地设4层地下室，超限结构是设计难点，同时因荷载集度差异明显，主楼与裙房之间差异沉降控制极为重要，按变调平设计概念与方法进行地基基础设计，大底盘基础的地基形式由桩基（A塔）、复合地基（B、C塔）与天然地基构成，A塔采用后注浆灌注桩，其核心筒与外框柱的有效桩长分别为60m、50m，大底盘基础的地基形式由桩基、复合地基与天然地基构成，应用数值分析软件通过地基与结构相互作用进行沉降变形计算分析，确保总沉降量和差异沉降均控制在规范限值范围内，工程桩和复合地基检验表明均达到设计要求。

1 工程概况

工程位于包头市新都市区的重要城市节点，是一座集银行办公、金融交易、特色商业、五星级酒店等多种业态的综合开发项目。该项目由商业裙房和三栋塔楼组成，塔楼和裙房之间不设变形缝。总建筑面积为25.27万m^2，地上裙房平面尺寸为115m×135m，地下平面尺寸为148m×165m。该工程地下4层，地下1层至地下4层层高分别为6m、4.5m、3.6m、3.6m；裙房地上5层，首层层高为6.0m，其余各层层高均为5.2m；A塔地上28层，11层为避难层，结构高度为135m，功能为银行办公；B塔地上11层，结构高度为61.9m，功能为金融交易；C塔地上15层，结构高度为63.9m，功能为五星级酒店。建筑效果图如图1所示。

图1 建筑效果图

本工程的特点是3栋塔楼质量、刚度差异较大，5层裙房楼面开洞率高、连接薄弱，裙房上部A塔、B塔之间设平面尺寸为40m×40m的负高斯曲面单层钢网壳，合理地处

① 本实例由刘长东、方云飞执笔，孙宏伟统稿。

理B级高度高层结构、多塔结构、裙房楼板严重不连续等多项超限特征是本工程的设计难点。基于性能化抗震设计，根据构件的重要性分别提出不同的性能目标，采取相应抗震加强措施，通过不同程序分别进行了中震弹性、中震不屈服设计及大震弹塑性验证分析。分析结果表明，所提出的各项性能化目标均得到实现，性能化抗震设计和采取的抗震措施能满足结构“小震不坏、中震可修、大震不倒”的抗震设防要求①。本工程地基基础设计等级为甲级，建筑功能上大底盘难以设缝，结构形式复杂，主楼与裙房之间差异沉降控制极为重要。

开工日期：2013年12月1日，竣工日期：2018年6月28日。

2 基础设计

2.1 地基形式

根据结构形式及荷载集度，按变刚度调平的概念与方法进行地基基础设计，选择合理的地基基础形式，减小差异沉降，A塔楼荷载较大，采用桩径1000mm的后压浆钻孔灌注桩基础+厚板筏形基础，筏形基础厚度为2500mm，核心筒的有效桩长为60m，单桩竖向抗压承载力特征值为8000kN，周圈框架柱的有效桩长为50m，单桩竖向抗压承载力特征值为6000kN；B、C塔采用CFG复合地基+梁式筏板基础，增强体CFG桩桩径600mm，桩中心间距1.8m，桩长23m（B塔）、20m（C塔），桩端进入第⑦层（粉质黏土层）不小于1倍桩径，增强体单桩竖向承载力特征值R_a=1200kN，处理后要求复合地基承载力特征值$f_{spk} \geqslant$ 410kPa，桩体材料强度等级取C25；裙房采用天然地基+梁式筏形基础。大底盘基础的地基形式由桩基、复合地基与天然地基构成。基础平面布置见图2。

2.2 沉降分析

根据地基土质及结构设计条件，应用数值分析软件PLAXIS3D 2013，通过地基与结构相互作用进行沉降变形计算分析，计算模型见图3。

土体采用摩尔－库仑本构模型，各土层计算参数见表1。计算模型考虑了基础梁板结构刚度，荷载采用PKPM计算的准永久荷载。

沉降计算结果见图4，可见，A塔核心筒荷载较大、沉降量最大，其他部位荷载相对较小、沉降量较小，整个筏板沉降分布比较规律，沉降量变化比较均匀、连续。A塔最大沉降量为85.8mm，相邻柱间最大沉降差为6mm，A塔的整体挠度值不大于0.05%，塔楼与相邻裙房柱的差异沉降不大于跨度的0.1%，满足《建筑地基基础设计规范》GB 50007—2011的要求。

---

① 另详“包商银行商务大厦超限结构设计”《建筑结构》2015年第1期（作者：卢清刚，刘长东，刘永豪，阚东东，展兴鹏，詹延杰，方云飞）。

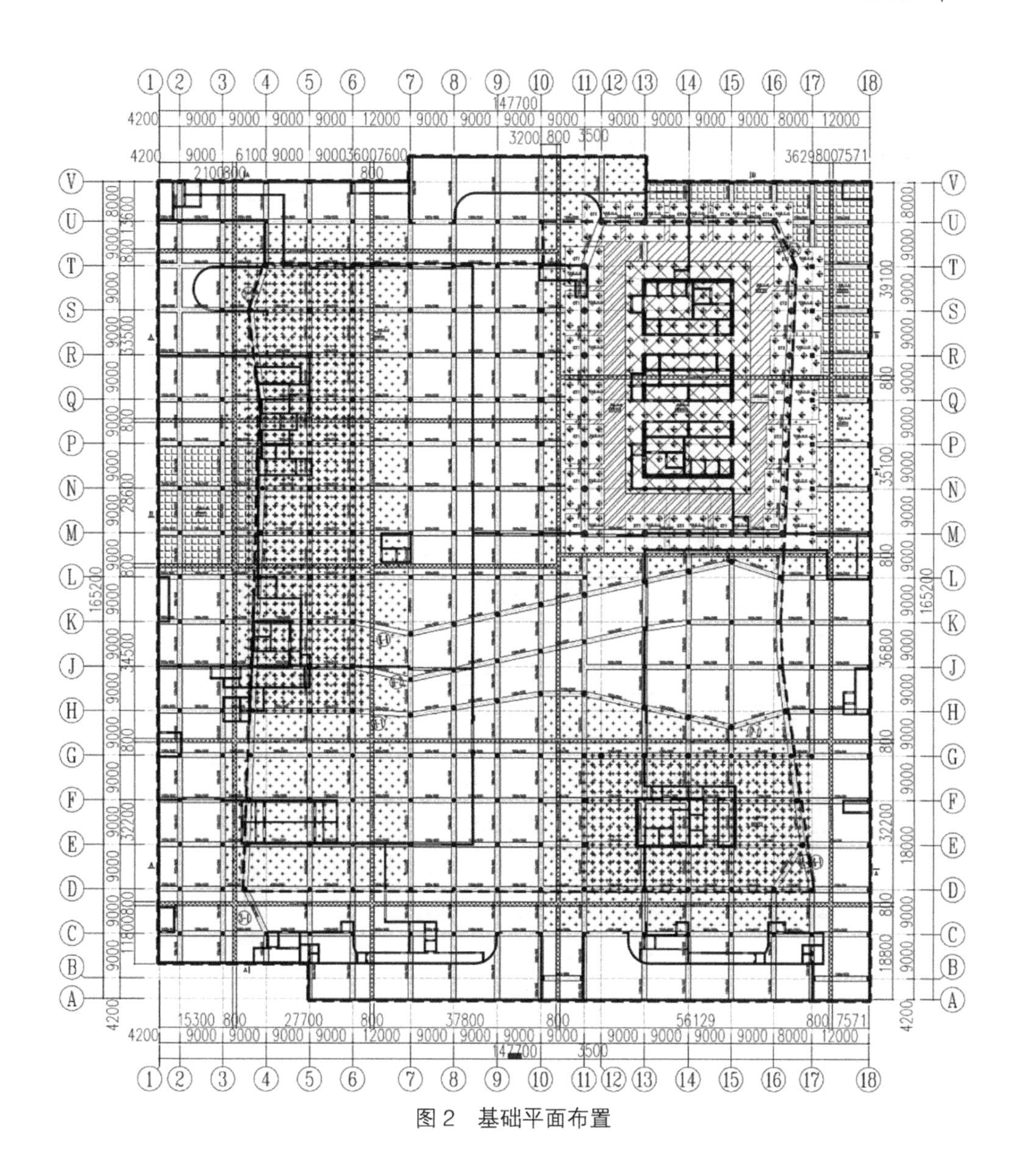

图 2 基础平面布置

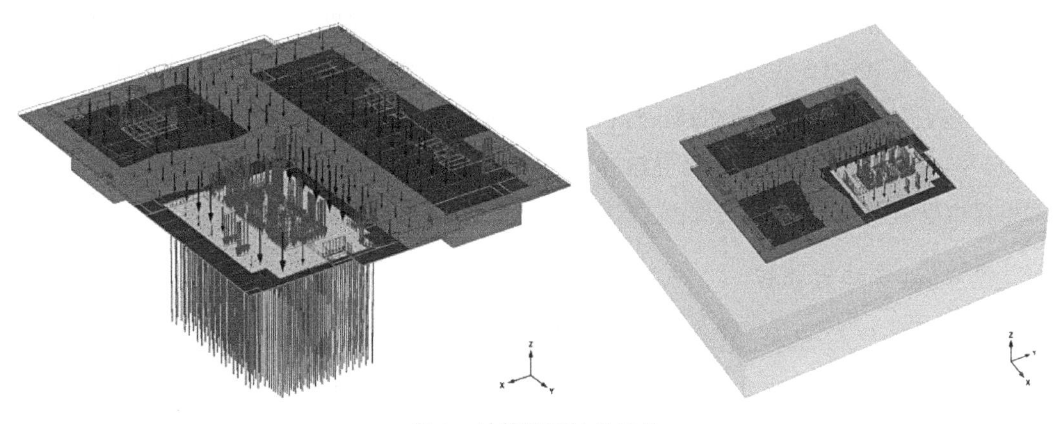

图 3 计算模型结构部分

试验桩地层及监测信息 表 1

5~7 号试验桩地层		16~18 号试验桩地层		桩身轴力监测
相对标高（m）	地层层序	相对标高（m）	地层层序	
-12.8~-20.6	①~⑥	-12.8~-20.6	①~⑥	无（双套筒）
-20.6~-51.6	⑥	-20.6~-51.6	⑥	3m 一个
-51.6~-62.6	⑦、$⑦_1$	-51.6~-62.6	⑦、$⑦_1$	
-62.6~-90.6	⑧、$⑧_1$	-62.6~-70.6	⑧、$⑧_1$	

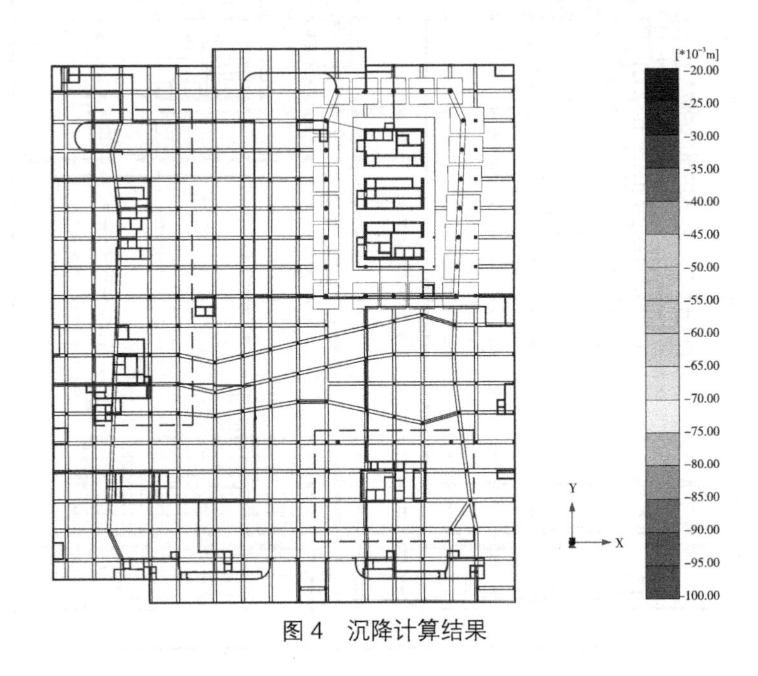

图 4 沉降计算结果

3 试桩分析

3.1 试桩方案

为确定 A 塔抗压灌注桩承载力，共设计了 2 组 6 根试验桩，桩径均为 1.0m，设计有效桩长分别为 70m（5~7 号桩）和 50m（16~18 号桩），均为后注浆钻孔灌注桩，在现状地面完成施工和检测，现状地面到设计桩顶标高约 7.3m，该部分采用双套筒措施消除其侧阻力，同时为了优化桩长，对 7 号桩和 16 号桩进行了桩身轴力监测。每根试验桩由 4 根锚桩提供反力进行加载。各试验桩设计信息见表 1，各试验桩检测成果见表 2。

3.2 桩身轴力分析

试验桩 7 号和 16 号桩桩身轴力监测结果见图 5。图 6 为桩侧摩阻力实测值，可见 -45m 以下桩侧摩阻力要大于该标高以上的摩阻力，基本上为第七大层和第八大层侧阻力大于第六大层。图 7 为各大层摩阻力平均值与加载值的变化曲线，可见随着加载

单桩竖向抗压极限承载力试验结果 表2

桩号	桩径（m）	试验桩长（m）	最终加载（kN）	最终沉降量（mm）	单桩承载力极限值（kN）	综合结果对应的沉降量（mm）	卸载后的残余变形量（mm）
5	1.0	77.3	28800	36.21	28800	36.21	12.84
6	1.0	77.3	28800	31.59	28800	31.59	9.07
7	1.0	77.3	28800	33.47	28800	33.47	12.14
16	1.0	57.3	20400	23.65	20400	23.65	12.36
17	1.0	57.3	20400	26.32	20400	26.32	14.43
18	1.0	57.3	20400	24.90	20400	24.90	15.18

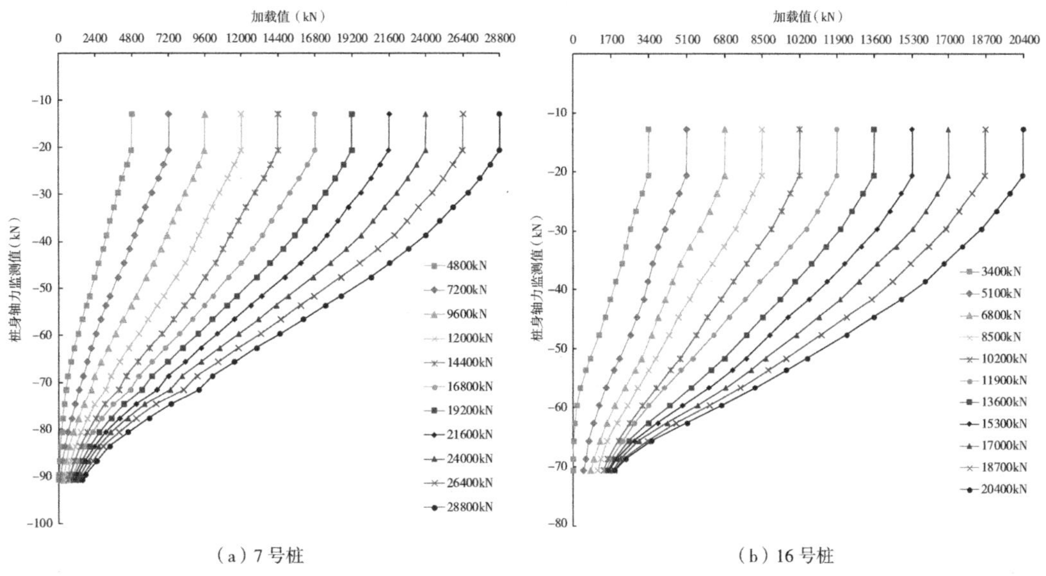

（a）7号桩　　（b）16号桩

图5 桩身轴力分布

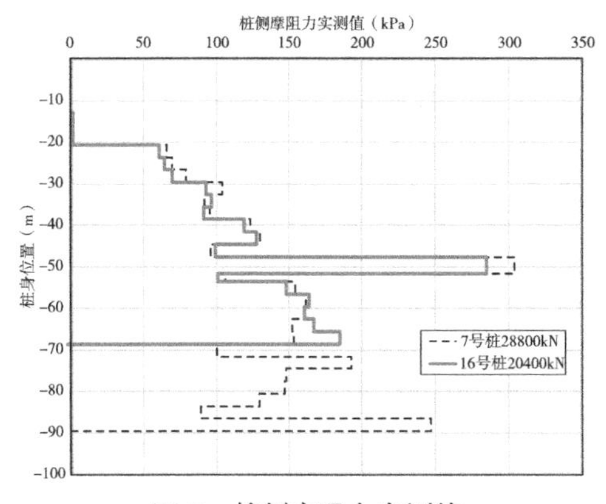

图6 桩侧摩阻力实测值

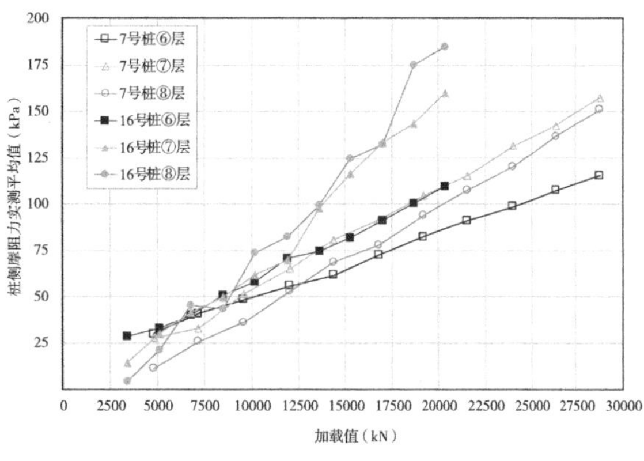

图7 各大层摩阻力平均值与加载值的变化曲线

值的增大，桩侧摩阻力越来越高，发挥越充分，但长桩与短桩发挥的效用是不一样的。图 8 为桩端阻力与加载值的变化曲线，可见随着加载值的增大，桩端承当的端阻力及其比重越来越大，且短桩的桩端阻力曲线越来越平缓，接近极限状态。

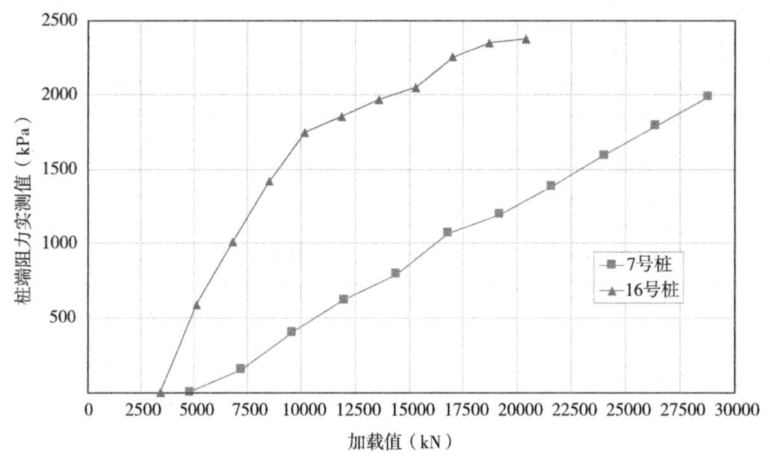

图 8 桩端阻力与加载值的变化曲线

4 实施检验

4.1 A 塔：抗压桩检测

抗压工程桩桩顶荷载－沉降（Q–s）曲线见图 9，加载荷载最大时，6 根抗压桩桩顶累计沉降量为 18.24~22.97mm，抗压桩单桩竖向抗压承载力特征值均达到设计要求（在基底以上进行的工程桩检测，增加了侧阻力 1600kN），试验结果见表 3。

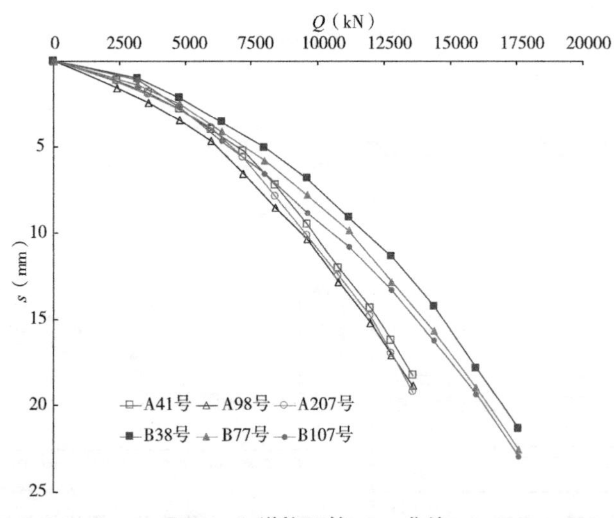

图 9 A 塔抗压桩 Q–s 曲线

单桩竖向抗压极限承载力试验结果　　表 3

序号	桩号	龄期（d）	桩径（mm）	试验桩长（m）	最终加载（kN）	最终沉降量（mm）	单桩承载力极限值			综合结果对应的沉降量（mm）
							Q–s 曲线（kN）	s–lg$t$ 曲线（kN）	综合结果（kN）	
1	A41	55	1000	47.0	13600	18.24	13600	13600	13600	18.24
2	A98	21	1000	47.0	13600	18.85	13600	13600	13600	18.85
3	A207	69	1000	47.0	13600	19.18	13600	13600	13600	19.18
4	B38	41	1000	57.0	17600	21.35	17600	17600	17600	21.35
5	B77	28	1000	57.0	17600	22.56	17600	17600	17600	22.56
6	B107	43	1000	57.0	17600	22.97	17600	17600	17600	22.97

4.2　B、C 塔：CFG 桩复合地基检验

CFG 桩复合地基的增强体单桩及单桩复合静载试验成果曲线分别见图 10、图 11。

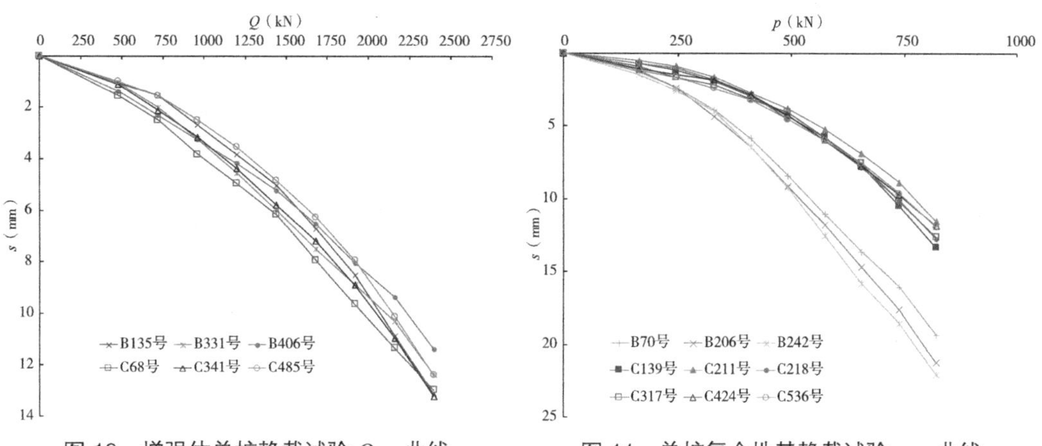

图 10　增强体单桩静载试验 Q–s 曲线　　图 11　单桩复合地基静载试验 p–s 曲线

由图 10 可见，加载荷载最大时，6 根抗压桩桩顶累计沉降量为 11.37~13.21mm，加载至单桩承载力特征值时桩顶沉降为 3.55~4.96mm；如图 11 所示，9 根单桩复合桩顶累计沉降量为 11.57~22.09mm，加载至单桩承载力特征值时桩顶沉降为 2.79~6.45mm，均达到设计要求。

4.3　沉降观测

本工程沉降观测从 2015 年 4 月 28 日开始，至 2017 年 7 月 4 日结束，实测沉降均在限值范围内，与计算分析沉降趋势吻合，表明地基基础设计方案合理、施工质量合格。

5　结语

本工程是典型的大底盘多塔的建筑形式，结构工程师与岩土工程师紧密合作，完成地基基础沉降变形控制的协同设计，技术路线科学合理，技术措施安全可靠。

北京大兴国际机场航站楼桩筏基础沉降控制设计[①]

【导读】北京大兴国际机场综合交通枢纽由航站楼、综合换乘中心（中心区、轨道交通、指廊、登机桥）、停车楼和综合服务中心（办公、酒店和连接段）等建筑组成，建筑规模宏大、结构体系复杂，航站区B2层下穿轨道交通，设计复杂程度高，施工完成难度大，加之地层土质相对软弱，沉降变形控制难度高。通过勘察过程跟踪、勘察成果分析、基桩承载力计算大数据统计、试验桩工程、数值分析等，针对各建筑区域荷载和岩土工程条件，比选确定基桩桩型、桩端持力层与桩长、成桩施工工艺及后注浆工艺参数，基于差异变形控制准则确定的桩基设计方案。考虑基桩－筏板基础－地基土协同作用并依据岩土工程数值计算分析结果指导桩基设计方案的调整优化，经过多次反复迭代循环，最终所确定的桩筏基础设计方案满足差异沉降变形控制的严格要求，并根据沉降变形协调计算成果和施工相互影响分析，优化桩基平面布置设计。桩基工程量巨大，桩基和基坑施工交叉作业，施工难度大。工程实施结果表明桩筏基础差异沉降变形控制设计方案合理可靠。

1 工程概况

1.1 建筑概况

北京大兴国际机场（图1）位于永定河北岸，北京市大兴区礼贤镇、榆垡镇和河北省廊坊市广阳区之间，北距天安门46km，西距京九铁路4.3km，南距永定河北岸大堤约1km，距首都国际机场68.4km，属国家重点工程。

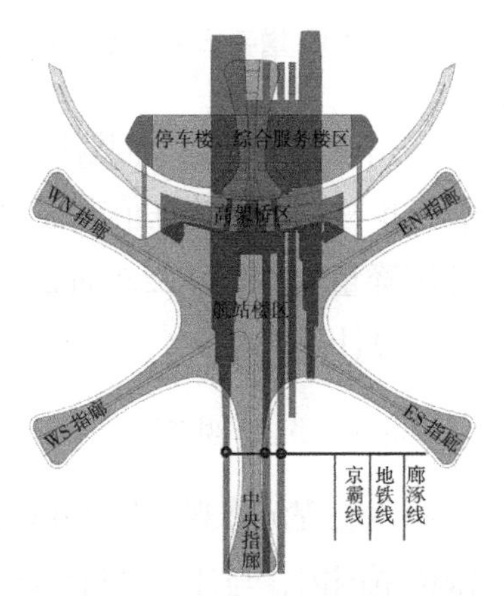

图1 总平面示意图

航站区主要包括航站楼及综合换乘中心、停车楼和综合服务中心三个主要的建筑单元，航站楼及综合换乘中心又由航站楼中心区、指廊、登机桥等建筑组成。航

① 本实例依据："北京新机场航站楼结构设计研究"《建筑结构》2016年17期（作者：束伟农，朱忠义，祁跃，秦凯，张琳，孙宏伟，王哲，周忠发，梁宸宇）、"北京新机场航站楼桩筏基础基于差异变形控制的设计与分析"《建筑结构》2016年17期（作者：王媛，孙宏伟，束伟农，方云飞）、"北京新机场航站区桩基础设计与验证"《建筑结构》2017年18期（作者：方云飞，王媛，卢萍珍，杨爻，宋闪闪）。

站区总用地面积约 27.9ha，南北长 1753.4m，东西宽约 1591m，总建筑面积约 113 万 m^2（含地下一层），其中航站楼总建筑面积约 70 万 m^2，综合换乘中心总建筑面积约 8 万 m^2，停车楼总建筑面积约 25 万 m^2，综合服务中心总建筑面积约 10 万 m^2。

主体建筑航站楼由中央大厅和 5 个互呈 60° 夹角的放射状指廊构成（图 2）。在航站楼以北的中轴线上是综合服务楼，在综合服务楼的东西两侧是两栋停车楼，综合服务楼的平面形状与航站楼的指廊相同，由此与航站楼共同形成了一个形态完整的总体构形。

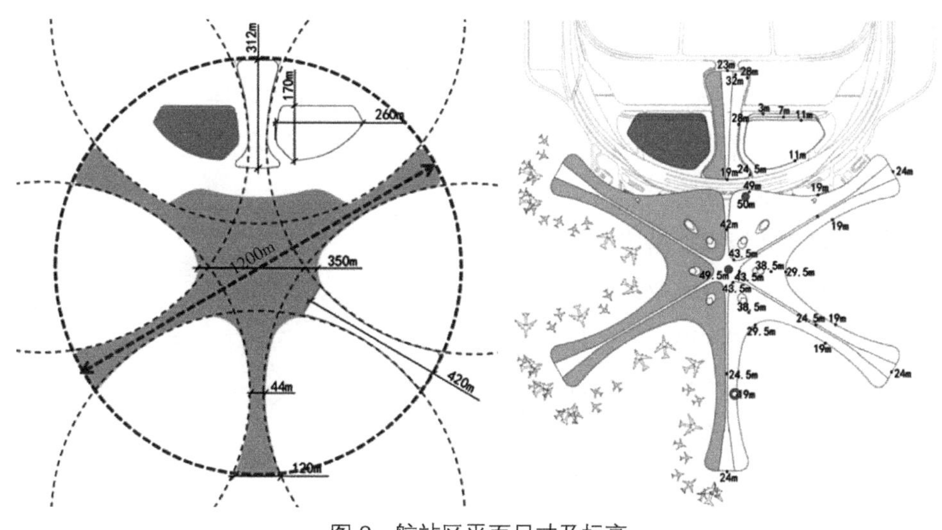

图 2　航站区平面尺寸及标高

航站楼地下共两层，主要功能是连接轨道交通，所有轨道均垂直于航站楼布置，地下二层站台标高 -18.00m，自西向东依次排列京雄城际高铁、新机场快线地铁、R4 线地铁、预留线地铁、廊涿城际高铁，5 条线路共 8 台 16 线，站台区总宽度约 270m，除预留线为尽端站以外，其他 4 条线路均贯穿航站楼向南延伸。两侧高铁线采用两列岛式站台（京雄高铁站台间还有 1 对高速正线通过），中间 3 条地铁线采用两列侧式站台，以上下行直线并列为主的线路布置，利于车辆顺南北向平行柱网下穿航站楼①。

1.2　结构概况

航站楼主体为钢筋混凝土框架结构，南北长 996 m，东西宽 1144 m，由中央大厅、中央南和东北、东南、西北、西南 5 个指廊组成，中央大厅地下 2 层、地上 5 层，其他区地下 1 层，地上 2~3 层。停车楼地上 3 层，框架剪力墙结构，办公楼地上 6 层，框架斜撑结构，酒店地上 10 层，框架斜撑结构，均为地下 1 层。连接段地下 2 层，框架结构。

---

① “北京大兴国际机场航站区建筑设计”《建筑学报》2019 年第 9 期（作者：王晓群）。

钢结构设计结合放射型的平面功能，在中央大厅设置六组C形柱，形成180m直径的中心区空间，在跨度较大的北中心区加设两组C形柱减少屋盖结构跨度；北侧幕墙为支撑框架，可以给屋盖提供竖向支承及抗侧刚度，同时设置支撑筒，支撑筒顶与屋盖连接处按照方案比选结果采用不同的连接方式，为主楼C区屋盖提供可靠竖向支承和水平刚度。指廊区由布置在采光顶两侧的钢柱和外幕墙柱形成稳定结构体系。C形柱在平面中占据的空间较大，根据建筑造型需要，C形柱与混凝土柱位并无一致关系，为保证建筑功能的连续性提高建筑面积的利用效率，每个C形柱下均通过型钢混凝土交叉结构梁将荷载转换到相邻的混凝土柱，转换结构部位受力复杂，为实现屋盖支承结构传力的关键部位，需通过可靠的分析计算和构造措施实现。C形柱布置见图3。

结构设计的关键问题，包括隔震设计、复杂钢结构、结构转换、温度作用对主体结构的影响、高铁穿越航站区对结构影响控制、桩筏基础差异沉降变形控制设计与分析。

振动控制措施的系统解决方案：①对地铁振源采用轨道特级减振措施钢弹簧浮置板技术。②对薄弱区域采取结构加强措施，加厚楼板，增大主次梁高度，加密布置结构构件等。③结合项目实际情况，采用桩基础方案及较厚的筏板。④针对列车风影响突出的情况，适当降低高铁正线的运行速度。⑤在噪声控制方面，对关键区域采用铺设楼面弹性面层的做法。工程实践表明桩筏基础有利于有效控制振动影响。

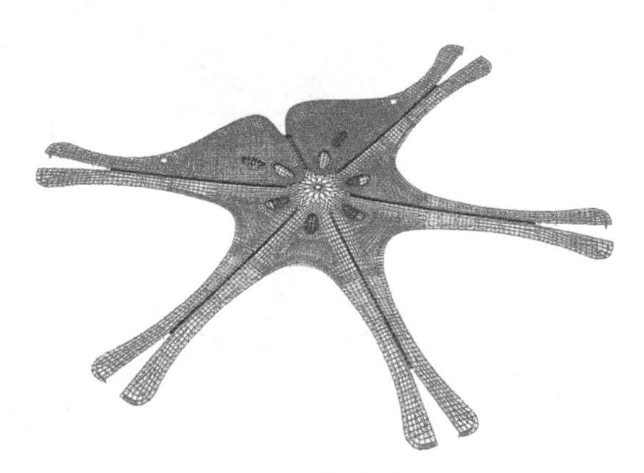
图3　C形柱布置示意

2　地质条件

2.1　地层分布

本工程场地位于永定河冲积扇扇缘地带，区内地形地貌较简单，主要为冲积、洪积平原。总体地形开阔，地势较平坦，地面绝对标高为21.00~23.00m左右。最大勘探深度120.00m范围内所揭露土层按成因年代分为人工堆积层、新近沉积层和一般第四纪沉积层三大类，按土层岩性进一步分为13个大层及其亚层，各土层岩性及物理力学性质指标与参数见表1，代表性地层分布参见表2。

2.2　地下水位

根据勘察报告，目前钻孔内共揭露3层地下水，分别为上层滞水、层间潜水和承压水。其主要含水层除⑥$_3$细砂~粉砂层及⑦细砂~中砂层外，分别为⑨、⑩$_1$层及⑪细砂层。本工程场地建筑抗浮设防水位标高按19.00m考虑，防渗设防水位按自然地面考虑。

场地地下水在长期浸水情况下对钢筋混凝土结构中的钢筋具有微腐蚀性。在干湿交替情况下上层滞水及层间潜水具有弱腐蚀性，承压水具有微腐蚀性。

土层物理力学性质指标与参数 表 1

土层	黏聚力 c（kPa）	内摩擦角 φ（°）	压缩模量 E_S（压力段：P_Z+100）（MPa）	桩极限侧阻力标准值 q_{sjk}（kPa）	桩极限端阻力标准值 q_{pk}（kPa）
②粉砂～砂质粉土	（5）	（25）	11.69	40	—
$②_1$黏质粉土	15.68	24.16	6.25	40	—
$②_2$重粉质黏土～黏土	26.03	8.93	4.67	35	—
$②_3$砂质粉土	13.70	24.57	11.46	45	—
③有机质泥炭质黏土～重粉质黏土	29.57	8.86	5.09	35	—
$③_1$黏质粉土～砂质粉土	11.64	25.00	14.61	50	—
$③_2$粉砂～细砂	（0）	（28）	（15~18）	45	—
$③_3$重粉质黏土～粉质黏土	22.95	9.10	7.18	45	—
④黏质粉土～砂质粉土	11.57	22.20	16.38	65	—
$④_1$重粉质黏土～粉质黏土	31.71	11.53	9.12	55	—
$④_2$细砂	（0）	（30）	（20~25）	55	—
⑤细砂～粉砂	（0）	（32）	（25~28）	65	1000
$⑤_1$重粉质黏土～粉质黏土	（30）	（10）	10.15	60	800
⑥粉质黏土～重粉质黏土	35.47	11.24	12.86	65	850
$⑥_1$粉质黏土～重粉质黏土	10.01	25.55	24.01	65	900
$⑥_2$粉质黏土～重粉质黏土	47.46	10.98	11.73	70	850
$⑥_3$粉质黏土～重粉质黏土	（0）	（32）	（30~35）	70	1000
⑦细砂～中砂	（0）	（34）	（35~40）	80	1500
$⑦_1$粉质黏土～重粉质黏土	36.6	16.20	15.20	75	850
$⑦_2$黏质粉土～砂质粉土	4.70	29.20	32.8	75	1100
⑧粉质黏土～重粉质黏土	—	—	16.87	80	1200
$⑧_1$细砂	—	—	（40~45）	80	1500
$⑧_2$黏质粉土～砂质粉土	—	—	32.88	80	1200
⑨细砂	—	—	（45~50）	85	1500
$⑨_1$重粉质黏土～粉质黏土	—	—	19.7	80	1000
$⑨_2$黏质粉土～砂质粉土	—	—	36.19	80	1100
⑩粉质黏土～重粉质黏土	—	—	21.12	80	1000
$⑩_1$细砂	—	—	（50~55）	85	1500
$⑩_2$黏质粉土～砂质粉土	—	—	37.47	80	1100
⑪ 细砂	—	—	（50~55）	85	1600

3 单桩承载性状分析

本工程勘察工作量巨大，其中航站楼中心区和指廊区域勘察钻孔共659个，进尺51308m。在勘察方案制定和具体实施过程中，设计人员积极参与勘察技术要求、勘察孔平面布置、勘察孔深等方案的制定，并在勘察施工期间，不定期现场考察，确保勘察方案具体落实，并及时反馈勘察技术人员的意见和建议。

本工程场区地表层人工填土及新近沉积的黏性土属软弱土，其下至20m左右的黏性土、粉土及粉、细砂属中软土，20m以下一般第四纪沉积的各土层属中硬土。总体呈多层土体结构，为粉土、黏性土与砂土交错，具体见表2。

本工程占地范围广，各区域地层有一定的变化，尤其是桩端持力层变化大，为确保工程安全，查找岩土工程条件较差区域，根据勘察报告钻孔资料，对中心区轨道和非轨道区的桩基单桩竖向抗压承载力进行大数据统计分析。结合桩基施工钢筋笼一次性吊装要求，设计计算桩长控制在40m以内。

地层及桩基剖面　　表2

成因年代	地层	揭露最大厚度（m）	最低层底标高（m）	基础底板板顶标高（m）			
				轨道区	中指廊	中心非轨道区余下指廊	综合服务中心
新近沉积层		9.0	12.72		17.85～11.55	20.55～13.55	17.95～12.55
		13.3	5.67				
一般第四纪沉积层		10.8	−0.63	6.30			
		11.4	−8.56				
		17.4	−19.80				
		15.9	−31.09				
		18.5	−44.38				
		17.8	−53.44				

注：1. 各土层序号与表1各序号及地层名称一一对应；
2. 各区域基础底板板顶标高不等，表中给出相应范围。

中心区桩基计算参数如下：轨道区域桩径 1.0m、桩长 40m，非轨道区域桩径 1.0m、桩长 35m，桩侧桩端复式后注浆。桩侧摩阻力、桩端阻力及后注浆提高系数均按照勘察报告提供的设计参数计算，单桩竖向抗压承载力特征值云图见图 4。

可见，计算的基桩的竖向抗压承载力特征值差异较大，故在工程桩承载力取值时适当考虑该因素，同时工程桩检测桩位选取时，在确保均匀选取和不影响施工进度的情况下，优先选取竖向抗压承载力特征值计算值较低区域的基桩。

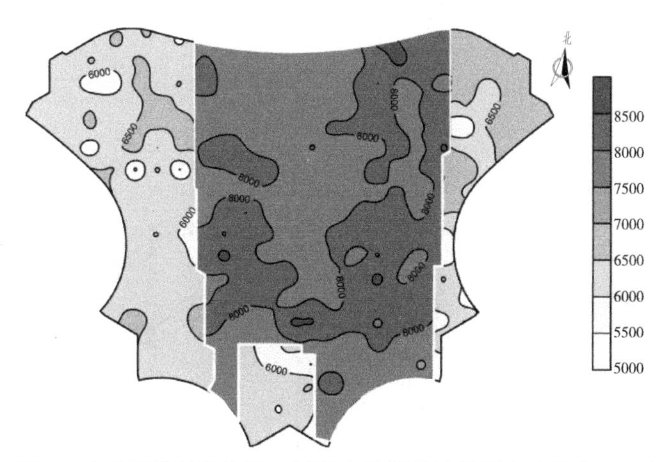

图 4　中心区单桩竖向抗压承载力特征值计算结果（单位：kN）

4　试桩分析

4.1　试验设计

在初步计算分析基础上，分别选择了 3 个区域进行试验桩工程，试验桩设计参数见表 3。

试验桩工程汇总　　表 3

试验区域	应用区域	桩编号	桩径（m）	设计有效桩长（m）	单桩试验荷载（kN）	桩身混凝土强度等级	主筋
区域一	中心非轨道区	TP4~TP6	1.0	36.0	1500	C40	16 ⌀ 20
		TP7~TP9	1.0	37.0	15000	C40	8 ⌀ 28
	中心轨道区	TP12~TP14	1.0	36.0	20000	C40	16 ⌀ 28
区域二	综合服务中心 + 停车楼	TP18~TP20	1.0	32.0	15000	C40	16 ⌀ 28
区域三	指廊	TP21~TP23	1.0	36.0	15000	C40	16 ⌀ 28
	登机桥	TP24~TP26	1.0	19.0	800	C40	8 ⌀ 28

注：1. 试验桩均采用桩底桩侧复式注浆，锚桩法加载；
2. 部分试验桩施工桩长大于设计有效桩长，采用套筒方式消除设计桩顶标高以上桩侧摩阻力。

4.2 试桩数据

航站楼中心非轨道试验桩 Q–s 曲线见图 5，试验荷载 15000kN 对应的试验桩沉降量最大值 19.67mm，小于 40mm，满足设计要求。综合勘察报告、试验桩报告以及专家论证会咨询建议：C/D 形桩单桩承载力特征值分别取 5000kN/5500kN。

航站楼轨道区域试验桩 Q–s 曲线见图 6，试验荷载 20000kN 对应的试验桩沉降量最大值 23mm，小于 40mm，满足设计要求。综合勘察报告、试验桩报告以及专家论证会建议：A 形桩单桩承载力特征值取 7500kN。

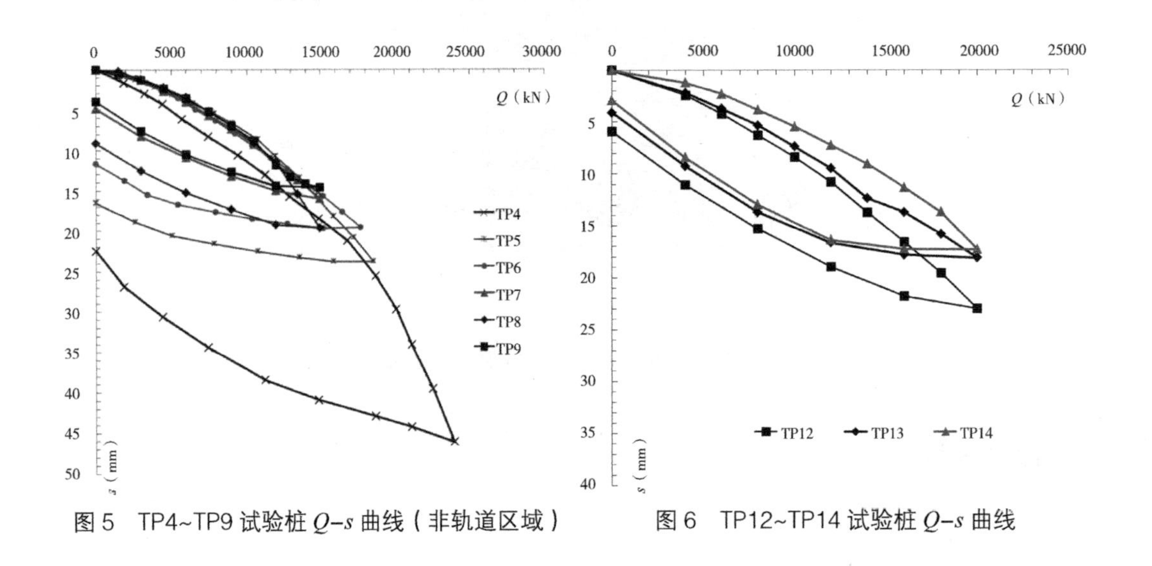

图 5 TP4~TP9 试验桩 Q–s 曲线（非轨道区域）

图 6 TP12~TP14 试验桩 Q–s 曲线

5 沉降控制

5.1 桩基设计参数

依据勘察报告、试验桩检测数据、结构导荷图进行桩基设计，应用国际地基基础与岩土工程专业数值分析有限元计算软件 ZSOIL，基于基桩－筏板基础－地基的相互作用进行航站楼区的沉降变形计算分析，并依托北京市建筑设计研究院有限公司多年相关经验，进行基于桩筏基础变形控制的桩基设计。

根据 3 个试验区试验成果，并结合施工质量控制和施工工艺要求，设计最长桩长不超过 40m，最终确定各建筑区域桩型和设计参数，具体见表 4。基于变刚度调平原理进行桩基平面布置设计优化，布桩见图 7。

桩基设计参数汇总 表 4

区域	基础形式	桩型	桩径（m）	桩长（m）	单桩承载力特征值（kN）	桩身混凝土强度等级	主筋
中心轨道区	桩筏	抗压	1.0	40	7500	C40	12Φ20
		抗拔	0.8	21.0	1600/3000	C40	20Φ28
中心非轨道区	桩基承台＋抗水板	抗压	1.0	32.0~39.0	5000~5500	C40	12Φ20
综合服务中心		抗压	1.0	29.0~35.0	5000	C40	12Φ20
高架桥		抗压	1.0	30.0~39.0	5000	C40	12Φ20
指廊		抗压	1.0	29.0~40.0	5000~5500	C40	12Φ20
登机桥		抗压	1.0	22.0~37.0	2000~5000	C40	12Φ20

注：各桩型均采用桩底桩侧复式注浆。

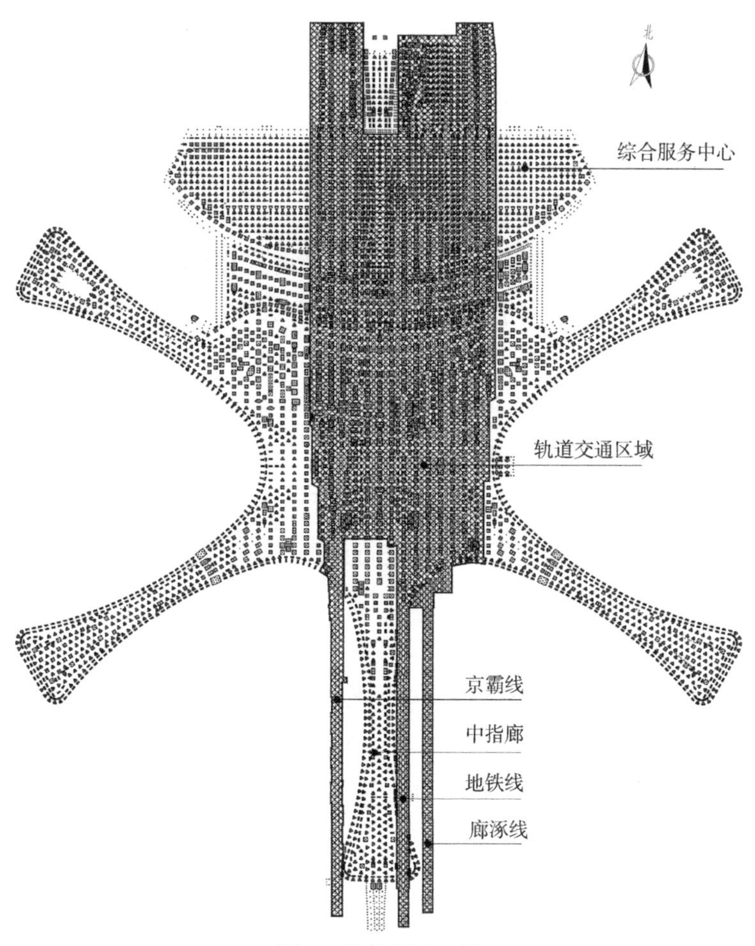

图 7 桩基平面布置

5.2 计算建模

整体轨道区模型和航站楼轨道区模型分别见图 8 和图 9。采用岩土工程数值软件 ZSOIL 建模计算。建模过程：①由于线荷载和点荷载信息量大，采用命令流直接导入“inp”文件的形式进行点、线、荷载以及桩信息的建立；②由于工程占地范围广，地层起伏大，地层信息的输入中采用 Borehole 方法；③桩单元采用 Beam+ Pile interface + Pile foot interface 三部分单元组合建立；④基础底板和地梁分别采用 Shell 和 Beam 单元；⑤由于数值模型偏大，地层单元、桩基单元及基础结构单元分别建模后进行整体拼接，节点处理采用 Nodal link 单元。

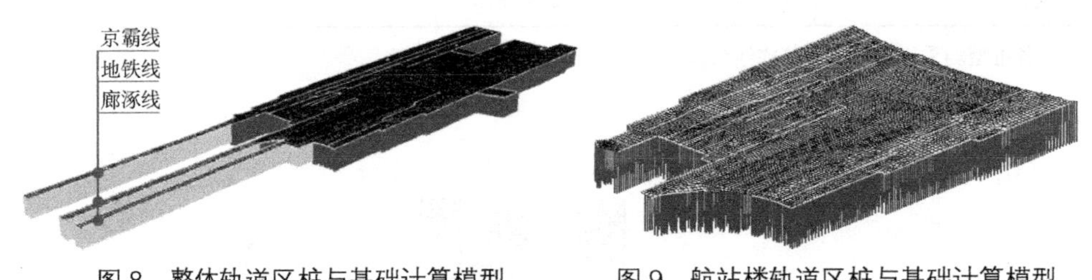

图 8 整体轨道区桩与基础计算模型　　图 9 航站楼轨道区桩与基础计算模型

5.3 沉降计算

航站区地下 2 层均设有高铁和地铁车站，且从南到北有高铁等轨道贯穿，高铁高速穿越时产生的振动应控制在旅客能接受的合理范围内，故在进行主体结构基础设计时对基础沉降控制提出了更高的要求。

采用沉降变形控制和承载力控制双控设计准则进行桩筏基础设计。目前，利用岩土工程数值软件进行桩筏协同作用整体建模计算分析，已经越来越多地在超高超大型桩筏基础的建筑物中使用，且差异沉降预测效果可靠。航站楼区通过命令流操作整体建模，对轨道区总沉降量、差异沉降等变形进行计算分析，通过反复迭代“数值建模计算分析—调整优化桩基方案”过程，确定的桩筏基础设计方案满足设计和规范要求的沉降变形。

经过多次优化调整计算分析，最终航站楼中心轨道区最大差异沉降 0.04%l，小于 0.1%l 的规范限值要求，沉降计算值见图 10。航站楼轨道区工后沉降平均小于 5mm，满足高铁和地铁设计及运行需求，工后沉降计算值如图 11 所示。

6 桩基施工与质量控制

6.1 成桩施工难点分析

本工程桩基工程量巨大，工期紧，施工质量要求高，故施工单位压力很大。尤其

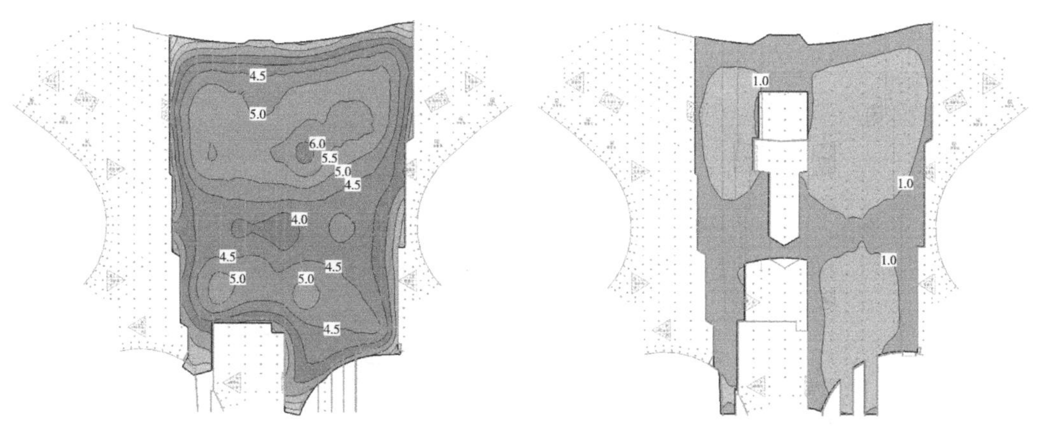

图 10 航站楼轨道区总沉降等值线图（单位：mm） 图 11 工后沉降等值线图（单位：mm）

是中心区桩基工程，桩基共计 8275 根：轨道区 5983 根，非轨道区 2292 根。成桩施工现场实景见图 12。

图 12 成桩施工设备密集排布

为确保工程质量，要求成孔采用旋挖钻机施工，且钢筋笼一次吊装，即钢筋笼下放过程中不再拼接，采用履带式起重机运输，深槽轨道区内基础桩的总数量达 5983 根（占总桩数的 72%），桩数量多，施工场地及交通运输受限，施工组织难度大。经过施工单位的精心组织和施工，圆满完成施工任务，且桩基均达到设计要求。

6.2 工程桩检测成果分析

（1）检测内容及数量要求

根据《建筑基桩检测技术规范》JGJ 106—2014 和相关各方会商内容，本桩基工程检测内容和数量如下：成孔检测 20%（为桩基总数的比例，余同）、低应变法桩身完整性检测 100%、声波透射法桩身完整性检测 10%、单桩竖向抗压静载检测 1%、单桩竖向抗拔静载检测 1%。

（2）工程桩检测成果数据分析

各区域工程桩检测成果汇总于表 5，图 13 为轨道区典型 *Q–s* 曲线。根据检测成果，$2R_a$ 加载值下最大变形不超过 25mm，均满足规范和设计要求。

桩身完整性检测成果如下：中心轨道区共Ⅰ类桩 5890 根，Ⅱ类桩 93 根，无Ⅲ类桩，Ⅰ类桩占总桩数的 98.4%；中心非轨道区共Ⅰ类桩 2115 根，Ⅱ类桩 29 根，无Ⅲ类桩，Ⅰ类桩占总桩数的 98.6%。桩身完整性满足规范要求。

工程桩检测成果汇总　　表 5

区域	桩型	单桩承载力特征值（kN）	对应的平均变形值（mm）			回弹率平均值（%）
			R_a	$2R_a$	残余变形	
中心轨道区	抗压	7500	4.59	13.22	6.81	50.1
		3000	2.08	6.60	2.84	58.3
中心非轨道区	抗压	5000/5500	2.68	8.00	3.55	57.0
综合服务中心	抗压	5000	2.91	9.05	4.94	45.8
高架桥	抗压	4500	5.54	15.20	9.91	35.7
指廊	抗压	5500	3.02	9.01	4.55	50.3
轨道区抗拔桩	抗拔	1600	2.08	6.60	2.84	58.3

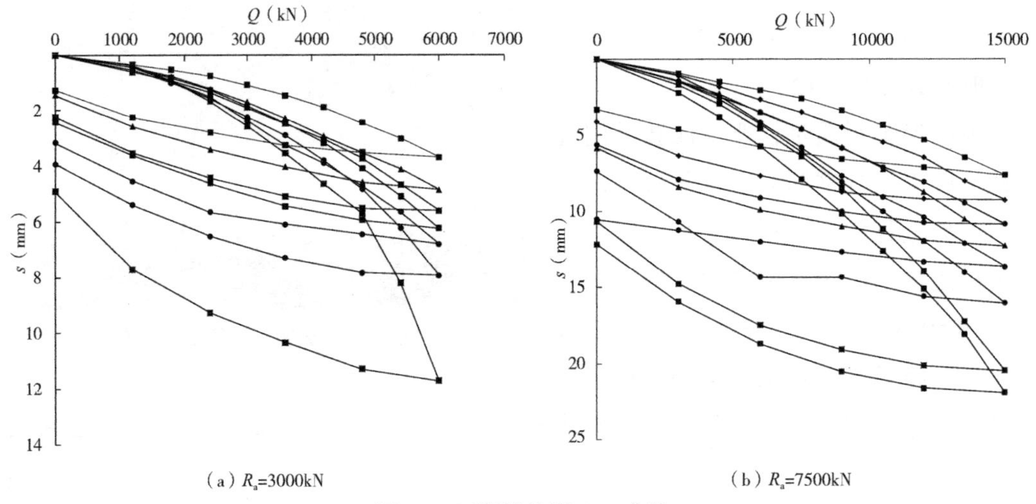

（a）R_a=3000kN　　（b）R_a=7500kN

图 13　工程桩检测 Q–s 曲线

7　结语

（1）结构设计的关键问题，包括隔震设计、复杂钢结构、结构转换、温度作用对主体结构的影响、高铁穿越航站区对结构影响控制、桩筏基础差异沉降变形控制设计与分析。工程实践表明，桩筏基础有利于有效控制振动影响。

（2）北京新机场综合交通枢纽占地面积大、地质条件复杂，采用沉降变形控制和承载力控制双控设计准则进行桩筏基础设计。应用通用岩土有限元软件进行整体建模，通过反复迭代“调整桩基设计方案—数值建模计算—沉降变形结果分析反馈”计算过程，确定的桩筏基础设计方案满足设计和规范要求的沉降变形。

（3）大面积工程进行桩基工程的单桩承载力大数据分析十分必要，在此基础上对桩基进行针对性设计、施工及检测，加强试验桩设计与数据分析，有利于全面掌握承载性状，在确保工程安全的前提下提高桩基设计方案的技术经济合理性。工程桩检测成果表明，北京新机场航站区桩基设计和施工满足工程需求。

（4）因结构体系特殊与地基条件复杂，本工程桩基工程量巨大，且土方工程、降水工程、支护工程与桩基础工程施工交叉作业，为确保在规定工期内完成工程任务，设计主导至关重要，由设计方牵头经与指挥部和施工单位会商，确定桩长控制在40m内保证钢筋笼整体吊装，施工组织制定需合理有序，采用双机抬吊的方式吊装钢筋笼，有效缩短成桩时间，有利于桩身成桩质量控制。

北京大兴国际机场航站区结构专业设计团队：

专业负责人：束伟农，祁跃，朱忠义，周思红，张翀，秦凯，张琳，孙宏伟

航站楼和换乘中心：冯俊海，张硕（大），张硕（小），杨轶，吴建章，常坚伟，赵胤，耿伟，计凌云，王哲，梁宸宇，周忠发，崔建华，王毅，李华峰，邓旭洋，卜龙瑰，袁林华，方云飞，王媛，卢萍珍，杨爻

停车楼 / 综合楼 / 制冷站：张世忠，池鑫，沈凯震，王伟，庞岩峰，耿伟

北京中信大厦桩筏协同设计差异沉降控制分析①

【导读】梳理总结北京中信大厦（“中国尊”）超高层建筑桩筏基础设计创新的技术思路和设计成果，应用地基与结构相互作用原理，将主塔楼与其相邻裙房作为一个整体进行研究与分析，遵循差异沉降控制与协调的设计准则，设计过程中桩筏协同作用的三维数值分析与桩基础设计密切结合。通过试验桩载荷试验研究超长钻孔灌注桩的荷载传递规律、荷载－沉降的工程性状、侧阻力变化特征，考虑桩筏协同作用按变形控制条件合理选择桩端持力层，优化设计桩长、桩径和桩间距，桩基础结构设计计算考虑桩土－筏板基础－结构共同作用分析。岩土工程师与结构工程师通力协作的团队工作完成了桩筏基础设计优化，超高层主塔楼与裙房之间不再设置沉降后浇带，实现了桩筏协同设计的创新。

1 工程概况

北京商务中心区核心区的标志性超高层建筑项目——北京中信大厦，建筑实景见图1。工程场地位于北京市朝阳区东三环北京商务中心区（CBD）核心区Z15地块，东至金和东路，南至规划绿地，西至金和路，北至光华路。建筑面积约43.7万m^2（地上约35万m^2，地下约8.7万m^2）。主要建筑功能为办公、观光和商业。该塔楼地上108层，地下7层（局部设夹层）。建筑高度528m。基础形式为桩筏基础。

图1 建筑实景

主塔楼结构体系由周边巨型柱＋巨型斜撑框筒和中央核心筒组成，外框筒传力路径由边梁柱、转换桁架、巨型斜撑，通过巨型柱传至基础。上部荷载（1.0×恒荷载+1.0×活荷载）分布：核心筒荷载为4018MN，巨

① 本实例编写依据：“中国尊大厦外框筒建筑－结构一体化设计方法”《建筑结构》2014年第20期（作者：齐五辉，宫贞超，常为华，杨蔚彪）、“中国尊大厦桩筏协同作用计算与设计分析”《建筑结构》2014年第20期（作者：孙宏伟，常为华，宫贞超，王媛）、“北京Z15地块超高层建筑桩筏的数值计算及分析”《建筑结构》2013年第17期（作者：王媛，孙宏伟）。

型柱荷载为3354MN，约占上部荷载的比例分别为55%、45%。

设计之初，组建了包括结构工程师与岩土工程师的地基基础设计团队，两者通力协作完成了桩筏基础设计优化，超高层主塔楼与裙房之间不再设置沉降后浇带，实现了桩筏设计的创新。

2 地基土层构成

工程详细勘察阶段的钻孔最大深度达184m，钻至第三纪基岩层，完整地揭示了第四纪沉积层，其构成表现为9个沉积旋回，每一沉积旋回均呈现由粗粒土过渡为细粒土的沉积特征，典型地层构成为卵石（圆砾）层～砂层～粉土层/黏性土层。基础底面以下地基土层分布见图2。

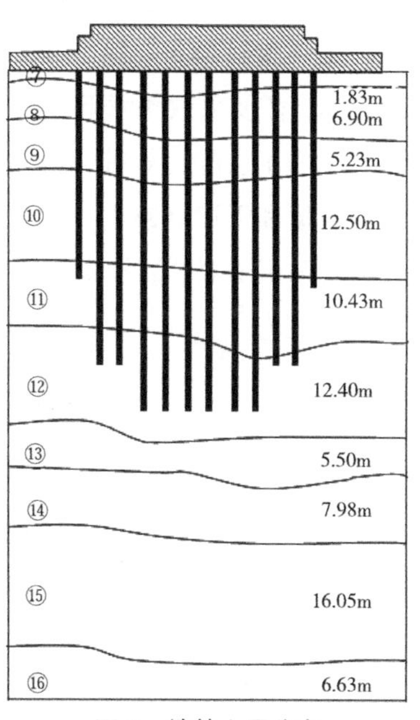

图2 地基土层分布

图2中，概括为5个沉积旋回。其中卵石、圆砾⑫层是本工程试验桩和最终选定的基桩桩端持力层，而中砂、细砂⑭层为设计过程中的备选桩端持力层。需要说明的是，粉质黏土（$10< I_P \leqslant 14$）和重粉质黏土（$14< I_P \leqslant 17$）均按《北京地区建筑地基基础勘察设计规范》DBJ 11—501—2009定名，若按《建筑地基基础设计规范》GB 50007—2011，则统称为粉质黏土（$10< I_P \leqslant 17$）。

3 试验桩数据分析

超高层建筑的建造，地基基础工程已经成为影响工程总工期和总造价的重要因素之一。然而，目前对其“基础方案的分析、比选与现场试验研究缺乏必要的经费和时间”[1]。与本工程场地相毗邻的CCTV新台址，曾为选择合理的桩端持力层，提高桩的利用效率，对两个可能的持力层作了比较，进行了两个不同持力层单桩承载力测试[2]，根据冶金工业工程质量监督总站检测中心完成的检测报告，CCTV新台址的试验桩桩长分别为53.40m（长桩）和33.40m（短桩），由于其中的长桩持力层为卵石、圆砾⑫层，因而需要认真加以分析，文献[2]给出造成这一现象的原因是黏质粉土吸水崩解出现严重的塌孔，形成2m左右厚的沉渣，为此在详勘阶段专门进行了共12组湿化试验以测定崩解量。

需要基于现场的试验桩测试数据分析，对于超长钻孔灌注桩的荷载传递规律、荷载–沉降的性状、侧阻力变化特征以及后注浆工艺增强效果进行比较研究，以期为今后更好地把握后注浆超长钻孔灌注桩的工程性状（力学行为）提供可参考的依据。

3.1 试验桩设计参数

由于本工程基坑为超深开挖，因此需要结合土方和支护施工进度，进行试验桩的施工和静载试验。前后两批试验桩设计参数：①第一批试验桩：桩径为 1.0m，有效桩长约为 42m，试验桩总长达 62m；②第二批试验桩：桩径为 1.2m，有效桩长为 44.6m，试验桩总长约为 54.6m。其中第一批试验桩后压浆水泥浆采用 P·O 42.5 水泥，水灰比为 0.6~0.7，桩侧三道注浆管，每个注浆管压浆量为 900kg，桩端注浆管压浆量为 2200kg。

第一批试验桩、第二批试验桩作业的基坑底面标高距离设计桩顶标高分别有 20m 和 10m，需要采取侧摩阻力的隔离措施，试验桩与地层配置关系如图 3 所示。根据前期调研，为了去除无效桩长段侧阻力对试桩承载力的影响，北京国贸三期 A 阶段、上海中心大厦和天津高银 117 大厦的试验桩均采用双套筒的技术措施 [3-5]。本工程的两批试验桩均采用了双套筒技术作为侧阻力隔离措施。试验桩在成桩后采用了桩端与桩侧组合后注浆工艺。

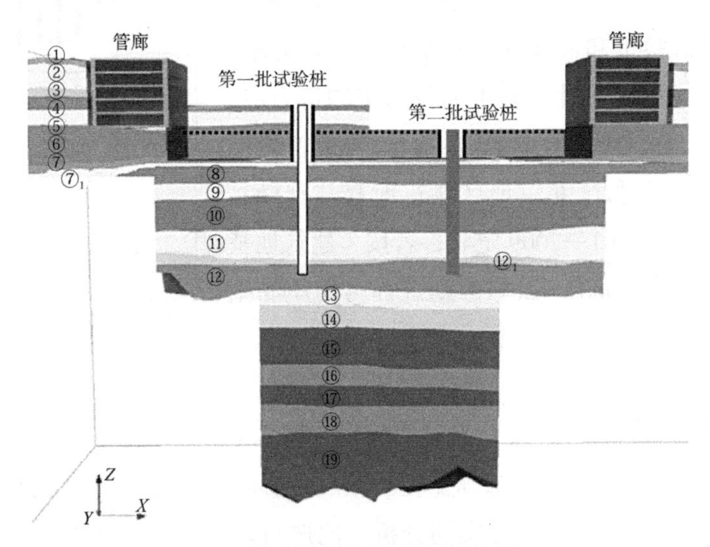

图 3 试验桩与地层配置关系示意

3.2 静载荷试验方法

北京的国贸三期、CCTV 新台址、上海中心大厦，天津高银 117 大厦、主塔楼试验桩均采用锚桩反力法 [3-5]。温州鹿城广场塔楼（350m）的 110m 桩长的试桩静载荷试验采用的是桩梁式堆载支墩 - 反力架装置 [6]。天津滨海新区地区采用自平衡测试技术对 90m 超长钻孔灌注桩进行原位测试 [7]，滨海新区于家堡金融区则采用的是锚桩反力法 [8]。经过慎重比较，本工程最终选定锚桩反力法。

3.3 试验数据分析

北京中信大厦、天津高银 117 大厦、上海中心大厦试验桩的最大试验荷载分别为

40000kN，42000kN，30000kN。北京中信大厦与津沪超长桩 *Q-s* 曲线对比分析如图 4 所示。可以看出，三地超长灌注桩试验桩 *Q-s* 曲线均为缓曲变形。京、津、沪的超高层建筑的试验桩桩顶沉降量恰好依次增大，北京中信大厦、天津高银 117 大厦、上海中心大厦试验桩桩顶沉降量分别为 24.82mm，47.62mm，50.66mm。由图 5 所示的实测桩身轴力变化可以看出，双套筒较好地消除了无效桩长段的桩侧摩阻力。图 6 为桩侧阻力计算图。

图 7 为桩侧黏性土层侧阻力变化情况，可知，本工程试验桩桩侧的埋深相对较浅的黏性土层的侧阻力与文献[5]中的 CCTV 新台址长短试桩的浅部黏性土层侧阻力变化规律不同。第⑦层以黏土为主，第⑨层则以粉质黏土为岩性，随试验压力增大，表现为先增强后软化的总体趋势。因此对于置于软硬交互土层的超长基桩的承载性状需要全面考量和深入研究。

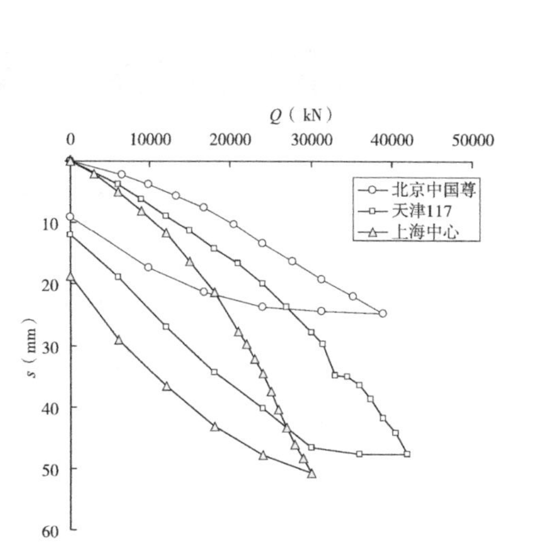

图 4　北京中信大厦与津沪超长桩 *Q-s* 曲线对比

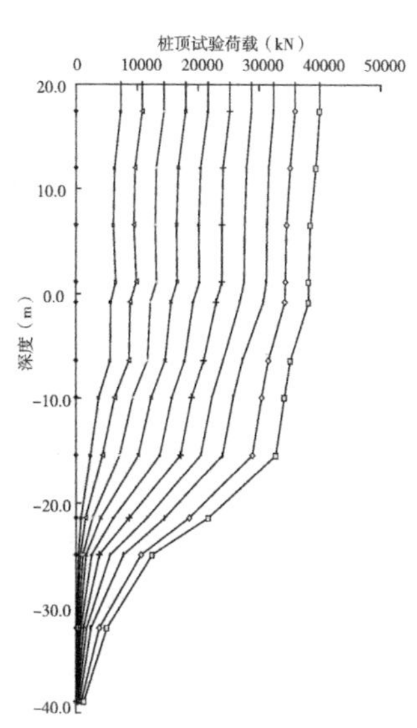

图 5　桩身轴力实测

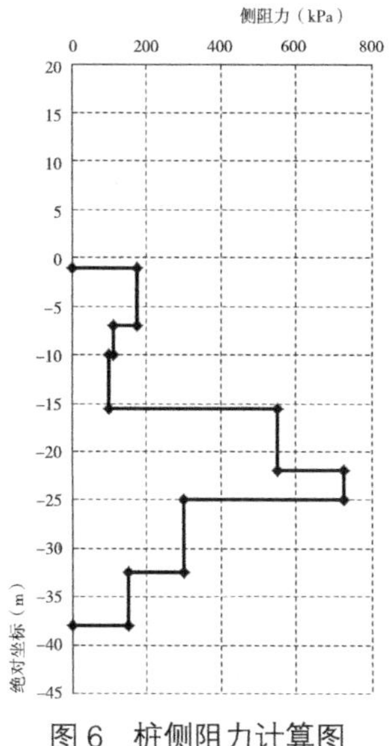

图 6　桩侧阻力计算图

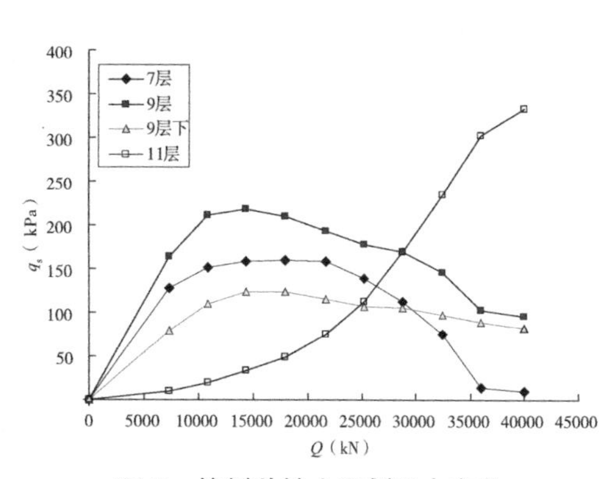

图 7　桩侧黏性土层侧阻力变化

研究表明，通过对超长灌注桩的桩顶和桩端沉降的量测，桩端沉降量较小，其桩顶沉降量主要来自桩身的压缩变形量[4, 5]。虽然北京地区后注浆灌注桩取得了较为丰富的工程经验，采用后压浆工艺确实能有效提高钢筋混凝土灌注桩的承载能力，一般可在1.6~2倍左右[1]，但是对于超长灌注桩，不可盲目套用既有经验，今后尚需进一步研究。上海地区，文献[4]为了判断后注浆工艺对于超长钻孔灌注桩承载力增强效果，专门进行了对比分析，即在同一场地内进行了桩端桩侧联合后注浆的试验桩与未进行后注浆的试验桩静载试验对比，后注浆效果非常显著。文献[8]给出了天津地区于家堡金融区超高层建筑项目为了验证后注浆工艺的必要性，专门进行了单桩静载试验，*Q-s*曲线并非平缓曲线，而且均出现了陡降，经过分析比较，认为与沉渣过厚有关，因此对于超长桩，不可盲目套用既有桩端及桩侧后注浆参数经验值，应当针对土层性质、成桩工艺和成桩质量进行适当调整。

4　桩筏基础设计

桩筏体系可理解为是地基土－桩－筏板相互作用（图8）的一个有机整体。本工程桩基础设计使用年限为50年，耐久性100年；建筑桩基设计等级甲级，安全等级一级；主要抗震性能目标为桩身强度满足中震弹性和大震不屈服要求。工程桩主要包括三种类型：分别是位于核心筒和巨型柱下P1型（桩径1200mm、桩长44.6m），塔楼下其他区域P2型（桩径1000mm、桩长40.1m）和塔楼与纯地下室间过渡桩P3型（桩径1000mm、桩长26.1m，为边缘过渡桩），桩位布置见图9。工程桩P1

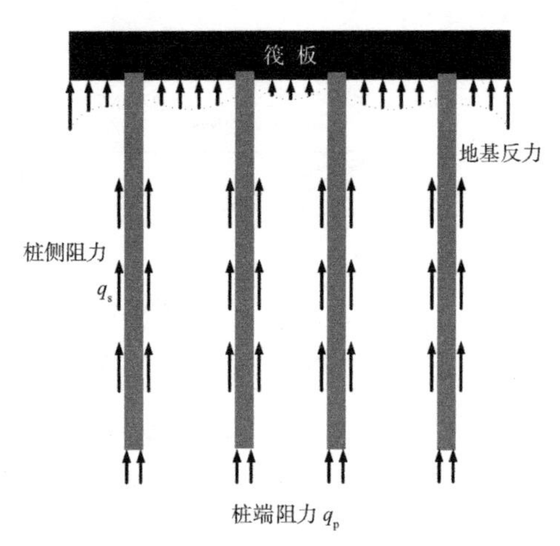

图8　桩筏共同工作示意图

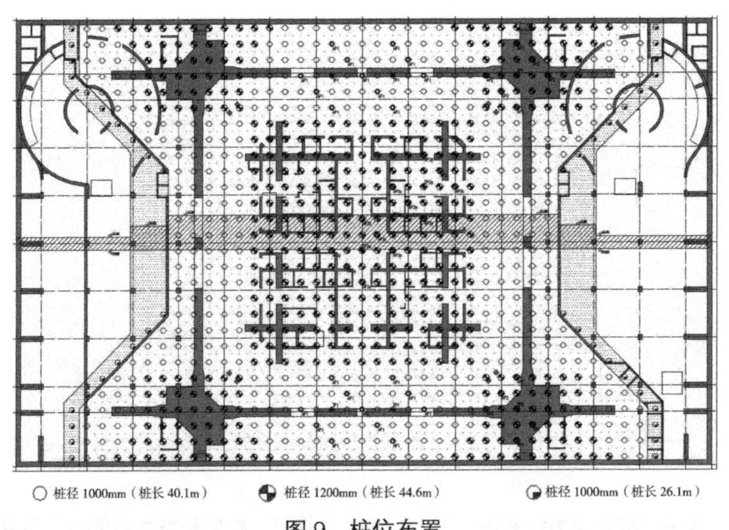

图9　桩位布置

和工程桩 P2 以卵石、圆砾⑫层为桩端持力层，要求进入持力层的深度不小于 2.5m。纯地下室部分采用天然地基。所有工程桩均采用桩侧桩端组合后注浆工艺。

桩筏基础设计总体思路：考虑桩筏协同作用，按变形控制条件合理选择桩端持力层，优化设计桩长、桩径和桩间距。桩基础结构设计计算应考虑上部结构、筏板基础和地基（桩与土）共同作用分析。经过反复比选，最终将超高层主塔楼与裙房之间的沉降后浇带予以取消，实现了桩筏基础设计的创新。桩与筏板基础联合变调平设计的构想与技术思路如图 10 所示。数值分析得出的基底反力在主楼区域约为 150kPa；上部结构传递到基础底面的平均压力值约 1200kPa；桩间土承担的荷载约为总荷载的 12.5%。

根据计算软件特点和设计需求，应用 PLAXIS 和 ZSOIL 数值分析软件进行沉降变形分析（荷载的准永久组合工况）；关于桩基础结构设计计算（地震与风的组合工况），主要采用 ETABS 和 ABAQUS 等有限元分析软件对整体结构和桩筏基础协同计算分析，其中采用 ETABS 进行协同分析时，整体模型包括上部结构和桩筏基础，其中桩基础采用输入基床系数模拟，基床系数初始值按岩土工程软件计算得到的单桩反力和变形推算。并通过迭代法不断调整不同区域的桩基基床系数，直到基床系数连续迭代取值在容许范围内，上部结构和桩筏基础内力和变形基本协调一致。

全部工程基桩施工完成以后，通过单桩静载荷试验进行了工程桩承载力检验，其 *Q-s* 曲线如图 11 所示。通过施工质量检测检验资料表明桩基施工质量良好，100% 为 I 类桩，为实现设计构想奠定了坚实的基础。

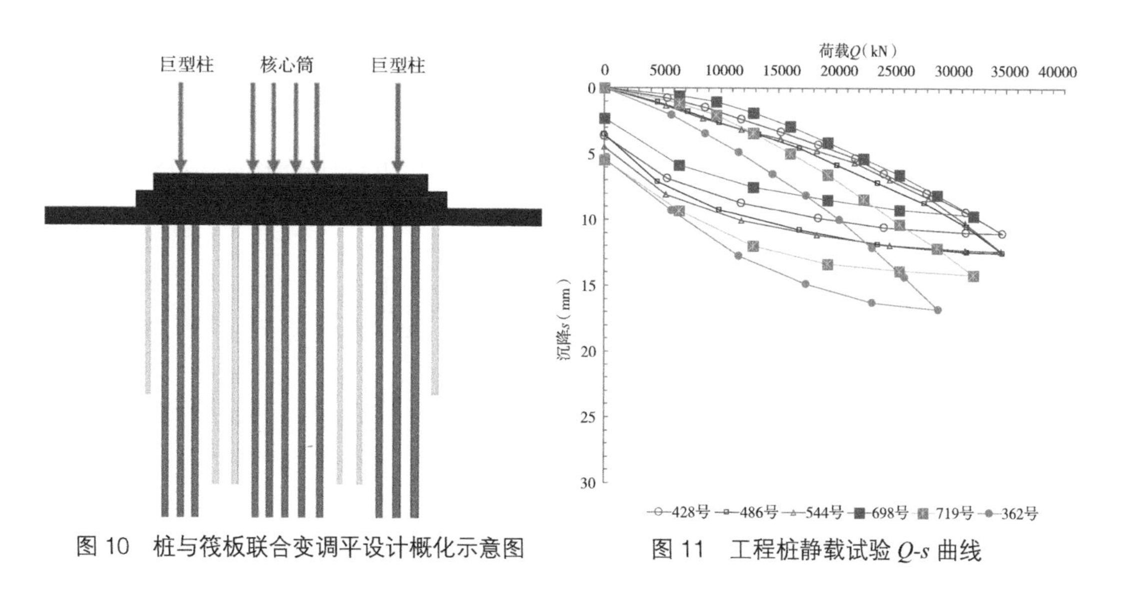

图 10　桩与筏板联合变调平设计概化示意图

图 11　工程桩静载试验 *Q-s* 曲线

5　桩筏协同作用与沉降分析

超高层建筑需要按沉降变形控制条件进行地基基础设计，而关键是如何正确分析判断总沉降量和差异沉降量。数值分析将发挥越来越有力的作用，已成为不可或缺的设计依据。

应用土与结构相互作用原理，将主塔楼与其相邻裙房作为一个整体进行研究与分析，遵循差异沉降控制与协调的设计准则，设计过程中桩筏协同作用的三维数值分析与桩基础设计密切结合。为此设计团队应用PLAXIS和ZSOIL数值分析软件进行了地基土–桩–筏板–地下结构协同作用的计算分析。桩土–筏板–基础结构协同作用的数值分析详细论述另见文献[9]。图12为桩筏基础的二维参考面。三维计算模型如图13所示，包括桩筏基础和地下结构。

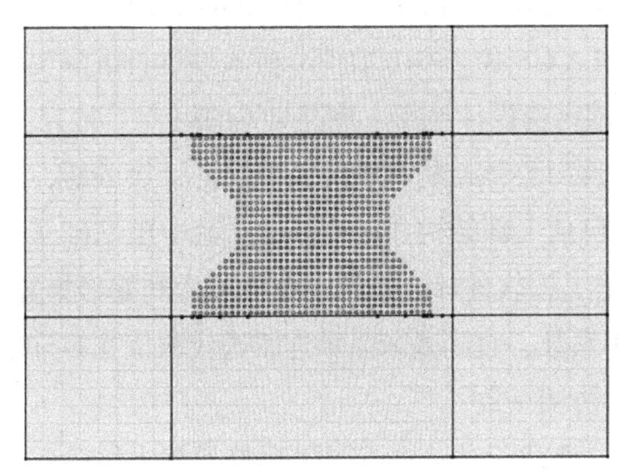

图12 计算模型二维参考面

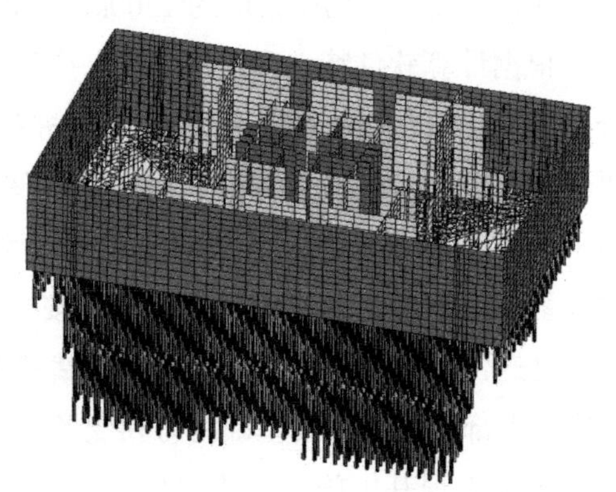

图13 桩筏基础与地下结构三维模型

数值分析的准确度往往取决于计算参数的正确合理性。为了能更准确地预估桩筏沉降变形量，采用了北京市建筑设计研究院有限公司已有的非线性地基模量M_{I}，M_{II}（亦可称为地基土的应力–应变模量）研究成果，可通过下列公式计算分别得出，并应结合应力–应变阶段、应力水平、荷载条件、土的应力历史及时间效应等因素综合判断确定地基模量取值。

$$M_{\mathrm{I}}=\frac{(1-\nu)^{2}}{1-2\nu}\cdot B\cdot\left(\frac{p_1}{p_{cr}}\right)^{\frac{1}{\mu_1}}p^{\left(1-\frac{1}{\mu_0}\right)}p_{cr}^{\frac{1}{\mu_0}} \tag{1}$$

$$M_{\mathrm{II}}=\frac{(1-\nu)^{2}}{1-2\nu}\cdot B\cdot p^{\left(1-\frac{1}{\mu_1}\right)}\cdot p_1^{\frac{1}{\mu_1}} \tag{2}$$

式中，p_{cr}为平板载荷试验lg$p$–lg$s$曲线的折点压力（kPa）；μ_0，μ_1为平板载荷试验lg$p$–lg$s$曲线的折点前、折点后的曲线斜率；p_1为标准宽度基础底面的附加压力（kPa）；p为附加压力（kPa）；B为载荷板宽度或直径（m）；ν为土的泊松比。

地基模量有着不同的概念及表达方式，压缩模量亦可看成为其中之一，以卵石层（充填砂）的压缩模量为例加以进一步阐述。根据研究成果以及北京地区工程经验，建立了卵石层压缩模量的计算公式：

$$E_s=\frac{(1+e_0)\ p_0}{C_c\cdot\lg\left(\frac{\sigma_v+p_0}{\sigma_v}\right)}\times10^{-3}\qquad(3)$$

式中，E_s 为土的压缩模量（MPa）；e_0 为有效覆盖压力为零时的孔隙比，取 0.4~0.5；C_c 为压缩指数，取 0.01~0.02；σ_v 为有效覆盖压力（kPa）。

由式（3）可知，压缩模量不仅取决于卵石层密实度，而且与其所处深度处的有效覆盖应力相关，因而对于不同埋深的卵石层，附加压力相同时（p_0=100kPa），其影响程度是不同的。

勘察报告给出本地块的土层物理参数，见表 1。通过旁压试验研究黏性土、粉土层的压缩模量取值，可以作为今后的研究课题。

土层物理力学指标参数 表 1

岩土编号	岩土名称	黏聚力 c（kPa）	内摩擦角 φ（°）	压缩模量 E_s（MPa）	标准贯入锤击数 N（击）	剪切波速 v_s（m/s）
⑦	黏土、重粉质黏土	65	11	14.8	19	321
⑧	卵石、圆砾	0	40	115	（63）	498
⑨	粉质黏土、重粉质黏土	64	10	18.6	24	351
⑩	中砂、细砂	3	38	59.5	（112）	458
⑪	粉质黏土、重粉质黏土	28	10.5	20.3	29	427
⑫	卵石、圆砾	0	42	155	（103）	595
⑬	粉质黏土、重粉质黏土	24	26	25.8	38	529
⑭	中砂、细砂	4	37	99.6	（160）	566
⑮	重粉质黏土、粉质黏土	64	27.6	23.1	72	517
⑯	卵石、圆砾	0	43	190	（117）	769

注：引自岩土工程勘察报告；括号内为重型动力触探锤击数 $N_{63.5}$ 值。

本工程桩基础设计过程中所完成的对比与优化包括：（1）三角形布桩、正方形布桩的比较；（2）桩长的比选，即持力层第 ⑫ 层与第 ⑭ 层的比较；（3）桩径 1.0m 与 1.2m 的比较；（4）桩间距 3d（桩径 d 为 1.0m 时）与 2.5d（桩径 d 为 1.2m 时）的比较；（5）设抗浮桩与不设抗浮桩对于差异沉降影响的比较；（6）多工况组合的比较分析；（7）在调整桩的设计参数的同时，分析比较筏板厚度的调整对于差异沉降协调的影响。

国际知名学者 Harry G Poulos 在文献 [10] 中通过中东地区的 3 个超高层工程实例（Emirates Twin Towers，Burj Dubai，Nakheel Tall Tower），从地基土性状、基础设计（基础选型、筏板厚度、桩基设计）、理论分析方法、单桩静载荷试验、建筑物沉降观测等诸多方面对中东地区超高层建筑的地基基础设计要点进行了阐述，对于超高层建筑的变形控制指标，给出如下限值：①沉降：100mm；②倾斜值：1/500~1/1000（H>100m）。由于超高层建筑地基基础设计牵涉的因素很多，其强调岩土工程师与结构工程师需加强合作，同时需通过大量的工程实践和原位测试分析总结来提高超高层建筑地基基础的设计能力和精确性。

本工程通过数值分析，确认主塔楼筏板挠度、主裙楼之间的差异沉降量均满足《建筑地基基础设计规范》GB 50007—2011 的要求，而且总沉降量小于 100mm，计算沉降等值线图见图 14。

图 15 为根据沉降实测数据绘制的沉降等值线图，北京中信大厦核心筒沉降量在 95.90mm，由图 14 与图 15 对比可知，实测沉降与数值计算分析的蝶形沉降趋势及数值均非常吻合。

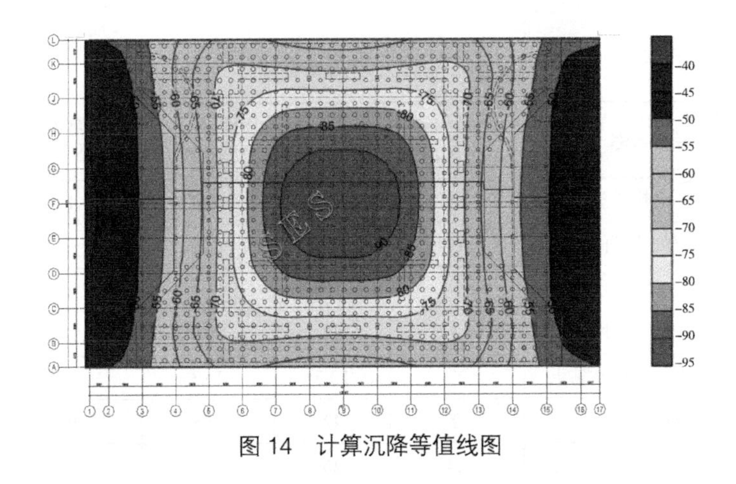

图 14　计算沉降等值线图

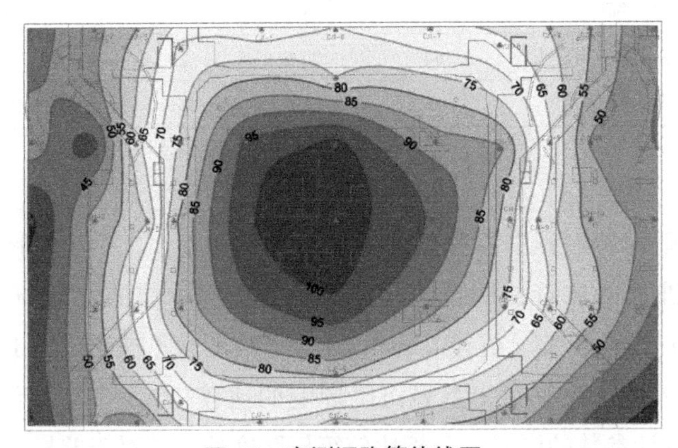

图 15　实测沉降等值线图

通过计算分析及实测数据对比，应用岩土工程数值计算软件可以为开展更加精细、可信的共同作用分析精细建模和精细计算提供有力的支持。需要说明的是，模型参数确定是数值分析计算中的关键问题。努力提高变形计算的精度，使其尽量接近于实际，是土木工程师的重要任务。

6 结语

（1）超高层建筑桩筏基础设计应遵循差异变形协调及控制的准则，其关键问题是沉降变形的准确预估与正确判断。数值分析将发挥越来越有力的作用，已成为不可或缺的设计依据。应用岩土工程数值计算软件可以为工程师开展更加精细、可信的共同作用分析精细建模和精细计算提供有力的支持，有助于实现桩筏基础精细设计。

（2）本工程桩筏基础设计过程中，应用土与结构相互作用原理，将主塔楼与其相邻裙房作为一个整体进行研究与分析，遵循差异沉降控制与协调的设计准则，考虑桩筏协同作用按变形控制条件合理选择桩端持力层，优化设计桩长、桩径和桩间距，桩基础结构设计计算考虑上部结构、筏板基础和地基（桩与土）共同作用分析。设计过程中桩筏协同作用的三维数值分析与桩基础设计密切结合。

（3）北京第四纪地基土层构成可以概括为黏性土层 – 粉土层 – 砂卵石层若干旋回沉积层，置于软硬交互土层的超长基桩的承载性状需要全面考量。

（4）试验桩测试数据是重要的设计依据之一，通过试验桩载荷试验正确把握超长钻孔灌注桩的荷载传递规律、荷载 – 沉降的工程性状、侧阻力变化特征，希望建设单位和设计单位给予更多的重视。基础工程设计过程中还应加强对试桩方案的策划及试验数据的分析。

（5）根据研究，超长桩的桩顶沉降量主要来源于桩身压缩变形量，需要通过增加桩身配筋及提高桩身混凝土强度等措施减少桩顶沉降变形量。

（6）设计过程中，岩土工程师与结构工程师的团队协作完成了桩筏协同作用计算与桩基础结构设计，密切结合的工作模式是实现地基基础设计创新的保证。

致谢：北京中信大厦地基基础设计团队还包括束伟农副总工、杨蔚彪、祁跃、薛红京等诸位结构工程师，李伟强、方云飞两位岩土工程师，衷心感谢诸位同仁精诚合作。设计过程中，柯长华设计大师、薛慧立副总工给予了审核指导。在地基基础设计过程中，齐五辉总工程师给予了充分信任和关键把控，在此衷心感谢。

参考文献

[1] 张在明 . 北京地区高层和大型公用建筑的地基基础问题 [J]. 岩土工程学报，2005，27（1）：11–23.

[2] 汪大绥，姜文伟，包联进，等 . CCTV 新台址主楼结构设计与思考 [J]. 建筑结构学报，2008，29（3）：1–9.

[3] 邹东峰，钟冬波，徐寒 . CCTV 新址 ϕ1200 钻孔灌注桩承载特性研究 [C]// 桩基工程技术进展（2005），北京：知识产权出版社，2005：90–96.

[4] 王卫东，李永辉，吴江斌 . 上海中心大厦大直径超长灌注桩现场试验研究 [J]. 岩土工程学报，2011（12）：1817–1826.

[5] 孙宏伟 . 京津沪超高层超长钻孔灌注桩试验数据对比分析 [J]. 建筑结构，2011，41（9）：143–146.

[6] 张忠苗，张乾青，张广兴，等 . 软土地区大吨位超长试桩试验设计与分析 [J]. 岩土工程学报，2011，33（4）：535–543.

[7] 穆保岗，龚维明，黄思勇 . 天津滨海新区超长钻孔灌注桩原位试验研究 [J]. 岩土工程学报，2008，30（2）：268–271.

[8] 孙宏伟，沈莉，方云飞，等 . 天津滨海新区于家堡超长桩载荷试验数据分析与桩筏沉降计算 [J]. 建筑结构，2011，41（S1）：1253–1255.

[9] 王媛，孙宏伟 . 北京 Z15 地块超高层建筑桩筏基础的数值分析 [J]. 建筑结构，2013，43（17）：134–139.

[10] Harry G Poulos. Tall buildings and deep foundations–Middle East challenges[C]// Proceedings of the 17th International Conference on Soil Mechanics and Geotechnical Engineering，2009：3173–3205.

二、天然地基

人民大会堂地基基础与古河道
国家大剧院地基基础与地下水控制
民族文化宫地基问题探讨
北京饭店东楼地基基础与沉积环境
北京西苑饭店地基基础设计创新
北京新世纪饭店地基基础与地下结构
北京长富宫中心高低层联合基础的设计
北京西站地基基础工程
中国建设银行总行大楼箱形基础设计
北京 LG 大厦变厚度筏形基础设计与验证
北京国际竹藤大厦地基基础与抗浮设计优化
国家体育馆地基基础与抗浮设计
长沙北辰 A1 地块软岩天然地基与基础设计
北京月坛金融中心地基基础设计
丽泽远洋锐中心超高层建筑天然地基工程实践

人民大会堂地基基础与古河道

【导读】人民大会堂工程场地分布三条旧河道，地基土质极其复杂，调整建筑位置，避开了其北侧的元大都护城河，但古高梁河和金中都运粮河仍在建筑范围内，古河道给地基基础带来了风险和挑战，考虑工期实在紧迫，通过多方协商，最终决定保留一部分古河道的有机土和近代土，通过设计加强基础刚度，实践证明地基基础设计是安全可靠的。温故而创新，人民大会堂工程经验值得学习借鉴，老一辈工程师求真务实的精神需要传承。

1 工程概况

人民大会堂于1959年9月10日全部胜利竣工。1958年提出修建时，称为“万人大礼堂”，还未考虑宴会厅和人大常委会办公楼部分。设计开始后以及建造过程中，曾称为“人民代表大会堂”“全国人民大会堂”“人大会堂”“大会堂”。1959年9月9日，正式竣工前，毛主席视察工地，讨论后将其命名为“人民大会堂”。

“人民大会堂是天安门广场的重要组成部分，应当和天安门、天安门广场的一切建筑统一起来，广场离不开建筑，没有建筑形不成广场。经过对84个平面图、189个立面图的认真探讨，选发给全国征求意见的有8个综合方案。（1958年）10月14日国务院总理办公厅通知，为了争取时间，在当天夜间周总理由外地返京后，立即审查大会堂设计方案，（送审）方案共3份。周总计反复比较了这三个方案，多次提出询问，并一再征求在场同志们的意见。最后决定采用方案三，此时已是下半夜一点钟左右了。北京市建筑设计院党委决定把设计院承担的各个国庆工程项目统交沈勃同志负责领导，同时确定由张镈总建筑师和朱兆雪总工程师分别负责大会堂的建筑与结构的技术设计与施工图纸。”①

“对工程的紧迫性和重要性，我们大家是心里有数的。因此早在人民大会堂方案尚未确定之前，设计院就有部分同志对该工程的结构、计算和绘图方法的统一等问题，预先做了一些准备。所以能在10月14日人民大会堂方案确定之后，使总体布置、体形

① 最终选定的方案的设计者是赵冬日和沈其。详见“回忆人民大会堂设计过程”（作者：赵冬日），《纵横》1997年第8期。

轮廓、柱网安排、各层高度、结构类型、设备条件等原则问题迅速确定下来。同时确定了大会堂的大礼堂和宴会厅的 8 度烈度抗震标准。10 月 17 日，建筑组就绘制出柱网尺寸图，并把建筑位置放线图提交给施工单位。10 月 22 日绘出了各主要部位的剖面草图。根据建筑图纸，结构组连夜计算，于 10 月 25 日向施工单位发出基础刨槽图，并于 10 月 28 日发出全部基础图。人民大会堂的建设牵涉多方面的科学技术问题，于 1958 年 11 月 13 日开会正式成立了科学技术委员会，下设七个专门委员会，其召集人如下：

主体结构专门委员会召集人：朱兆雪、何广乾；

地基基础专门委员会召集人：张国霞、黄强；

施工专门委员会召集人：钟森、徐仁祥、黄浩然；

材料专门委员会召集人：蔡君锡、沈文论；

供暖通风专门召集人：许照、汪善国；

建筑物理及机电设备委员会召集人：马大猷、胡麟、吴华庆、董天铎；

建筑装饰委员会召集人：刘开渠、王华彬、张镈。”①

“在工程正式开工以后，首先就遇到了地基处理、结构方式和材料准备等问题”，人民大会堂是极其重要而又特殊的建筑工程，为何首先就遇到了地基难题，这是因为工程场地范围内地下埋藏三条旧河道，包括古高粱河、元大都护城河、金中都运粮河（亦称金闸河），后经调整建筑位置，避开了北侧的元大都护城河，但古高粱河和金中都运粮河仍在建筑范围内，地基土质极其复杂，古河道给地基基础带来了风险和挑战，考虑到 2014 年出版了《人民大会堂专辑》和 2019 年 9 月在北京市规划展览馆举办了“新中国大工匠智慧——人民大会堂”特展，本次汇编主要整理编写地基基础与古河道的相关内容。

2 古河道

“经天安门广场的两条人工开挖而成的旧河道，却使我们遇到了很大麻烦。这两条人工河，一条是金朝（公元 1115—1234 年）为从通州运粮到北京（金中都）而修建的金闸河，它从东西方向穿过大会堂的南侧，深约 7m，宽有 50~70m。由于这条旧河道中沉积有机物较多，且年代又近，所以地基松软，成为当时设计处理上一大难题；第二条旧河道，是元朝修建元大都时于公元 1267 年开挖的南护城河，深 6~7m，宽约 30m，东西方向越过天安门广场，紧靠大会堂的北侧。这两条旧河道，我们虽从史书上有所考证，有一些了解，但在开始设计大会堂时，对具体情况并不清楚。随着设计方案的不断修正，经过北京市勘测处三个阶段的勘探，才逐渐把情况搞清楚。第一阶段的勘探，自 9 月 9 日开始，在天安门广场东西两侧的四块场地（各为 220m × 150m）上，调用 18 台

① 沈勃．人民大会堂建设纪实，《建筑创作》2014 年 12 月“人民大会堂专辑”。

钻机，按方格网的布置进行钻孔，要求一星期完成任务。第二阶段的勘探，从9月23日开始，到27日完成。由于设计方案变更，将南北两块场地连成一片，所以要求补充中间一段勘探资料（126m×180m）。第三阶段的勘探，是由于9月14日确定的大礼堂主席台设计方案往西突出，才进行的补探。通过以上三个阶段的勘探，查明了大会堂地基范围内几种不同的地层土质。经过设计、勘探、施工和规划等部门的共同反复研究，确定了大会堂地基北侧沿元护城河南岸施工，以躲开这条人工河的松软基础。至于大会堂地基南缘，设想压金运粮河北岸进行施工，但由于没能全躲开，故在结构处理上比较费力。”[①] 旧河道分布范围见图1（李国胜先生提供）。

斜穿大会堂地基的古河道，因贯穿什刹海、北海、南海，故曾被称为“三海大河”，因其上游有高粱河，现在命名为“古高粱河”，是全新世永定河故道之一。“关于北京小平原上的全新世永定河故道，已有多位研究者做过论述，划分出多条不同时期的河道（图2），指出了河流由北向南摆动的总趋势。”[②] 根据编者多年来搜集到的资料，古河道地层剖面见图3，古河道与建筑的关系见图4。

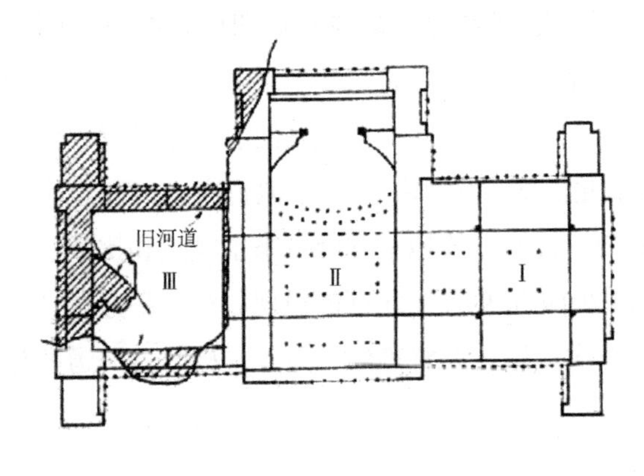

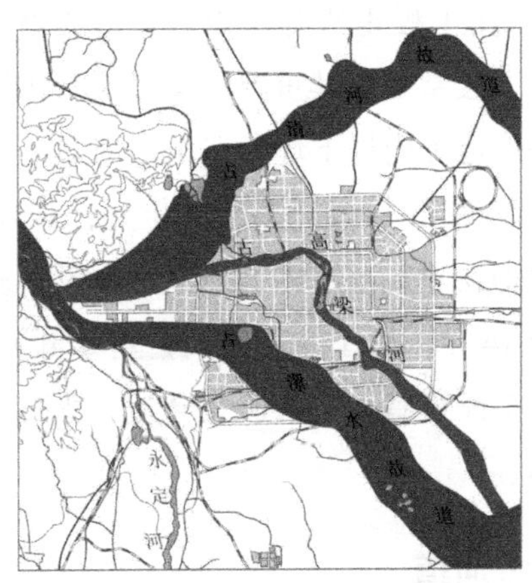

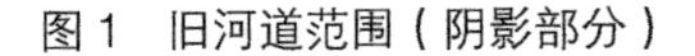

图1　旧河道范围（阴影部分）

图2　全新世永定河故道示意

3 设计总结[③]

3.1 地基和基础

本工程地基上层为约4 m厚的房杂土，下层大部分地区为砂黏老土，土壤密实性

---

① 沈勃.人民大会堂建设纪实,《建筑创作》2014年12月“人民大会堂专辑”。

② 岳升阳先生绘制，引自《新近沉积土及其基础工程条件的区域性研究》北京市科学技术委员会合同研究项目（编号：954320200）。

③ 此份结构总结原为油印件，作者为人民大会堂结构设计组，由北京市建筑设计研究院李国胜先生收藏。原文配有大量结构分析插图，已遗失。保留文中插图位置及编号，以期望为将来搜寻这些插图原物留下线索，本次汇编编写时有所节选，全文收录于《建筑创作》2014年12月“人民大会堂专辑”。据李国胜先生回忆：人民大会堂结构设计是朱兆雪负责，当时是设计院的结构总工，具体执行是两个结构组长，郁彦、张浩。

不够均匀，压缩模量在 100~300MPa 之间，南部为金朝旧河道，北部是元朝护城河的旧址。河底深达 9m，河道内土层为灰褐色及黑色近代沉淀层，土质压缩性大，压缩模量在 20~70MPa 之间①。

本工程建筑布置开间大，楼层高，立柱的荷重大、分布极不均匀，一方面基础设计根据建筑初步方案进行，方案中的一些细节布置均未确定，在设计施工进行中上部建筑方案不断有很多改动，荷重标算不能切实准确；另一方面工程任务紧迫，施工急待图纸。由于本工程的重要性，质量要求高，设计上考虑的控制沉降量，绝对沉降量不得超过 6cm，相对沉降不超过 1/500。

根据上述条件及情况，设计院与市规划局、勘测处、建筑科学院地基室及施工单位工作同志研究决定：在老土上采用带有钢筋混凝土刚性墙的带形基础；在旧河道上采用带有钢筋混凝土刚性墙的满堂基础。刚性墙基础的优点是：①刚度大，加强了立柱间的连系，使荷重较均匀地传递到地基上。②能将荷重越过局部松软的地区传递到临近土质较好的部分去。③即使设计荷载计算不准确，有些出入，影响不显著，例如大会堂东门厅基础施工完毕后设计方案有变更，有些柱子荷重较原设计多了 20%，有些荷重少了 30%，建筑建造完工后实地观测，结果沉降量还是比较均匀。④较弹性基础钢筋用量少。⑤计算和制图简便，及时供应施工图纸，保证了施工进度。

所采用的基础墙一般的高度为 4.35m，厚度 40cm，下端与基础板相连接。墙顶均在室内设计地坪以下，避免暴露户外受到温度伸缩的影响，原设计墙身加 10% 块石，因施工单位提出突击赶工填加块石现场操作不方便而取消。

当两邻柱的间距在刚性角交线限度内，墙身只复核横切剪力而不考虑挠曲，配筋按构造要求决定。在荷重特别大的立柱下，或柱距较大的两邻柱的刚性角线不能相交时，则将立柱下的基础板局部加宽，按单独基础计算及配筋，其间的基础墙只考虑拉结作用不加核算。这样的计算简洁省时，在物理概念上明确合理。过去设计中也常遇到类似的问题，总是局部按弹性地基基础计算，不但计算繁杂费时，在与刚性基础连接处计算理论根据也不一致，在本工程中打破了习惯的计算方法，加快了设计，也解决了采用刚性墙基础而有部分立柱间距过大的问题。

宴会厅及大会堂除观众厅西南角基础外，均砌置在砂黏老土层上，基础墙以上的上部结构温度伸缩及抗震要求分隔成若干独立单元，基础则相连成整体，最大的连续长度达 240m，施工时每隔约 30m 在西立柱中间留置施工缝，事后浇成整体。观众厅西南角地基为旧河道，地基的处理曾考虑用挖出坏土回填砂石的办法，经与施工负责人研究认为水下挖土困难，不但费用大，并且工期长，因而未采用；也考虑过用矽化法加固

① 编者注：老土压缩模量 E_s 在 10~30MPa，近代土压缩模量在 2~7MPa 之间，根据《北京地区建筑地基基础勘察设计规范》DBJ 11—501—2009，$E_s \leq 4$MPa 属于高压缩性，$4 < E_s \leq 7.5$MPa 属于中高压缩性，可见土质之软弱。

地基，由于缺乏加固管材而放弃；又拟打混凝土桩，但打桩事前必须做一系列的准备工作，且打桩耗费工时，再三与有关方面联系研究决定挖出部分上层坏土，下面仍保留2m原坏土，避免了水下施工。基础结构采用了与常委办公楼相同的满堂基础以降低地基压应力。与观众厅西南角相连接的基础墙按土质不同，由沉降差异（4cm）所引起的挠曲（1560 t·m）进行计算配置纵向钢筋，现场沉降观测说明这种设计措施收获了良好的效果。

基础相连不断的优点是可以避免沉降缝的复杂结构，便利设计及施工并可避免结构缝间可能产生的沉降差使上部建筑楼板面高低不平。基础埋置地下不受温度变化的影响。

常委办公楼的地基大部分是旧河道，基础下保留1.5m厚的河底淤积层，为了避免地基沉降大而引起基础结构过大的内力，基础结构以6道沉降缝分开，采用带有刚性墙及基础次梁的满堂基础，上部覆盖预制板，其间保持空间不回填土，减轻了结构的重量，使地基附加压力不超过0.65kg/cm^2，保证了建筑不产生过大的沉降。

在荷重大的立柱下，如观众厅台口立柱及挑台后面立柱的基础砌置深度加深1m，因基础以下约5m为砂卵石层，基础降低减薄了砂石层以上压缩层的厚度，平衡由于基础面积大而沉降大的问题。

为了减小地下室顶板梁的跨度，地下室另加只承托一层地板结构的小立柱。立柱下做单独基础，估计到大小柱子间由于荷重悬殊，同基础面积的差距可能发生过大的差异沉降，因而适当地增加小柱子下的地基计算压应力，来调整沉降。

观众厅台口立柱荷重为3350t，基础面积为13m×13m，基础采用肋梁式结构，由挑梁及底板组成。每立柱基础混凝土用量为370m^3，如做同样高的棱台式实体单独基础，混凝土用量将达520m^3，肋梁式基础节省混凝土量约30%，同时也减小了基础的自重，降低了地基的压应力。

在基础设计的过程中对方案进行反复研究，集合了群众的智慧，找出了合理的基础方案，自基础施工开始到全部建筑建造完成，市规划局勘测处进行系统的沉降观测，观测资料说明全部基础沉降是均匀的，施工完总的沉降量在3~4cm，沉降缝量均在估计控制数字之中，这说明所采取的基础形式和措施是妥当和有效的。

3.2 技术上的几点经验体会

（1）对建筑荷重大而土质又不够均匀的重要建筑，宜采用有刚性基础墙的基础。

（2）建筑地基绝大部分为老土层时可采用连续不断的基础结构，在局部松软土层上可用局部加强基础结构的方法解决。

（3）当地基情况复杂，土质不良，按地基和上部建筑情况将基础用沉降缝隔开，不使基础连续太长。

（4）在老土上采用带形基础时，由于结构布置上的限制，在小荷重立柱的下面也可局部采用单独基础，但单独基础上的荷重应计算准确，用调整地基压应力的办法调整与带形基础的沉降差。

（5）采用带有刚性墙的基础，当有局部荷重过大或两邻柱刚性角线不相交时，可将柱下局部基础板放宽，按单独基础计算及配筋，基础墙仍连续不断起拉结作用。

（6）荷重极大的基础采用肋梁式的单独基础，可节约混凝土用量。

由于历史缘故以及人民大会堂工程特殊性，搜集到的与地基基础相关的照片资料有限，图 5 反映的是正在进行基础挖槽。可以看出，人民英雄纪念碑已然矗立，人民大会堂工地热火朝天的施工场面。

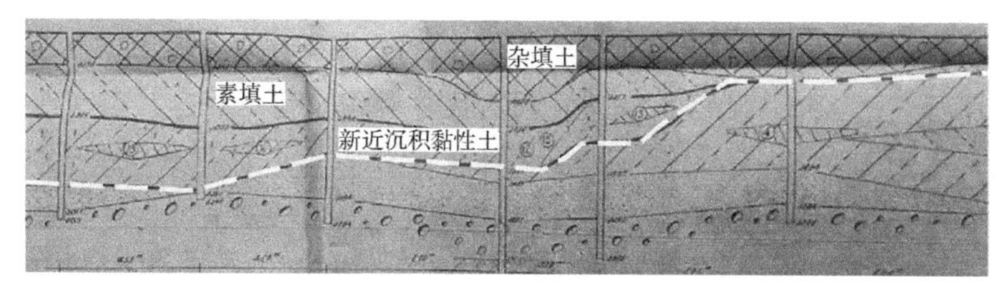

图 3　地层剖面

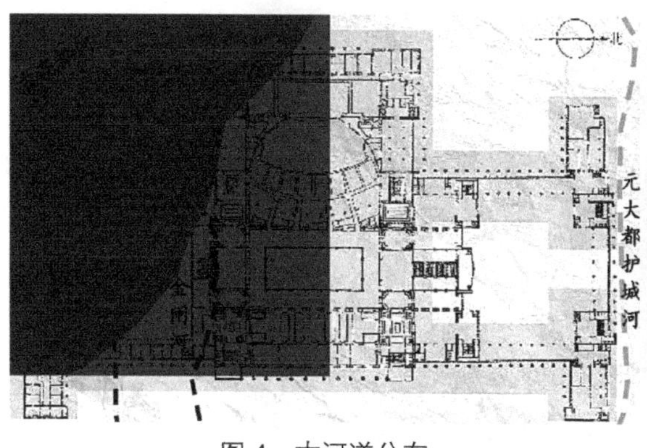

图 4　古河道分布

图 5　基础挖槽

关于地基基础设计，根据张国霞先生回忆[①]，“永定河的古河道，从西北到东南通过大会堂主席台的一角，土质较难辨认，须进行载荷试验来确定其强度和变形性能。但由于人民大会堂的工期十分紧迫，而报告稍一拖延就会威胁到施工工期。所以立即向上级反映，甚至追查到这片工地的施工负责人是否已知此事。最后，经过协商才同意我们进行载荷试验后交出勘察报告。元大都护城河及金闸河沉积土中含有机质须清除，考虑工

① 张国霞．回忆当年二三事，《岩土工程理论实践家》中国建筑工业出版社，2015 年。

期实在紧迫，通过多方协商，决定保留一部分古河道的有机土和主席台下的近代土[①]，通过协同作用计算，由设计人员加配钢筋解决。这个方法也就是以后编写十字梁协同作用电算程序的思想基础。”

老一辈工程师实践经验的启示是，地基与基础、勘察与设计、岩土与结构应当更紧密地合作，协同设计是做好地基基础沉降变形控制设计的有力保证。

工程之重要、规模之宏大、工期之紧迫、地基之复杂、设计之巧妙、措施之合理，人民大会堂堪称典范，实践证明“它没有辜负几万建设者和全国人民的期望，肩负着时代重托，担当起伟大的历史使命。”[②]

【编者注】1958年8月，为庆祝新中国成立十周年，中央设想在北京建设一批包括万人大礼堂在内的重大建筑工程，要求这些工程在1959年国庆节时投入使用（图6）。在近一年的设计和建设过程中，几经变更，最终确定十大国庆工程是：人民大会堂、中国革命历史博物馆、全国农业展览馆、中国人民革命军事博物馆、民族文化宫、钓鱼台国宾馆、北京工人体育场、北京火车站、民族饭店和华侨大厦（拆除后在原址已建新建筑）。这些工程就是后来被广为传颂的“国庆十大建筑”。

图6 人民大会堂东立面（侯凯沅 摄影）

---

① 近代土，新近代土，即新近沉积土，指第四纪全新世中、晚期形成的土，呈欠压密状态、强度相对较低，随沉积类型不同而变化较大，是一种特殊类型的土，具有独特的工程特性。援引《新近沉积土及其基础工程条件的区域性研究》北京市科学技术委员会合同研究项目（编号：954320200）。

② 沈勃．人民大会堂建设纪实，《建筑创作》2014年12月“人民大会堂专辑”。

国家大剧院地基基础与地下水控制

【导读】国家大剧院工程包括202区及其北侧201区和南侧203区，202区（戏剧院、歌剧院、音乐厅）同时在一个整体大底盘基础之上，基础埋深大（最深达32.5m），地下水赋存条件复杂、承压水头高。经分析论证，合理确定等效抗浮设计水位并采取结构措施控制地下水渗流降低了基底浮力，解决了建筑抗浮难题，不再需要设置抗浮桩，最终全部采用天然地基方案，实测沉降表明地基基础方案安全可靠。施工期间深基坑采取分步支护方案，并用隔离、疏干和减压相结合的地下水控制措施，保证基坑施工的顺利进行。通过采取一系列工程措施，保证了本工程的地基基础工程得以安全、经济地顺利实施。

1 工程概况

国家大剧院项目位于北京最重要的交通动脉长安街上，位于天安门广场和人民大会堂西侧。总占地11.89万m^2，总建筑面积约21.944万m^2。国家大剧院工程由中心主体建筑（202区）、北侧建筑（201区）及南侧建筑（203区）三部分所组成（图1）。该工程使用要求复杂，建筑设计要求高，因此结构设计相应比较复杂，地下室四周为箱形截面挡土墙，上面承托环梁及屋顶网壳结构，为满足建筑设计要求，采用了多样的结构形式：钢管混凝土柱、劲性钢筋混凝土结构、预应力混凝土结构、地下连续墙、张弦桁架等。屋顶为钢网壳结构并进行了几何非线性分析，对多塔大底板结构进行了时程分析，地下室最深处为-32.5m，采用了地下水控制措施，网壳下面的整体环梁展开长度约600m，采用了劲性钢筋混凝土的结构形式，下面为固定铰支座，大面积水池为预应力混凝土结构，支撑在吸收变形的橡胶支座上。

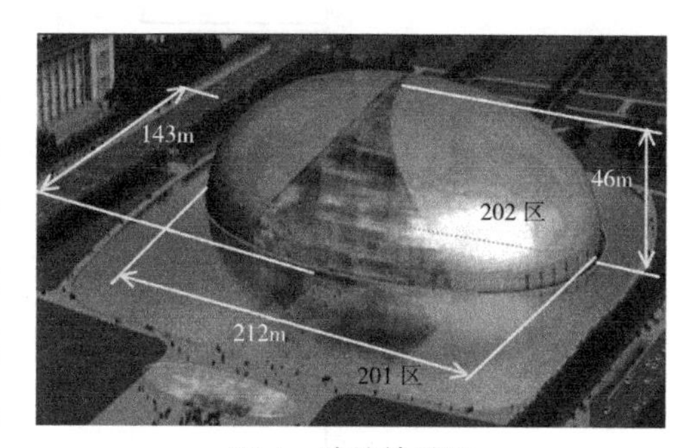

图1 建筑效果图

2 地质条件

本工程拟建场地处于永定河冲洪积扇中部，地层土质以黏性土、粉土与砂、卵石交互层为主并存在多个沉积旋回。为了研究沉积相变化情况，专门在202区基坑西南约15m处钻探了一个研究性地质钻孔，“西南钻孔”钻深达84m，穿透第四纪地层达到第三系基岩层，根据研究成果①，呈现为五大沉积旋回，位于底层的第五沉积旋回形成于中更新世，是中更新统冲积扇上的河道及扇间地沉积。第四沉积旋回为扇顶沉积。至第三沉积旋回已进入晚更新世，第二沉积旋回为晚更新世中期的冲积扇沉积。第一沉积旋回底层为古永定河沉积，其上为古高粱河沉积，古高粱河位置见图2，沉积相序图见图3。

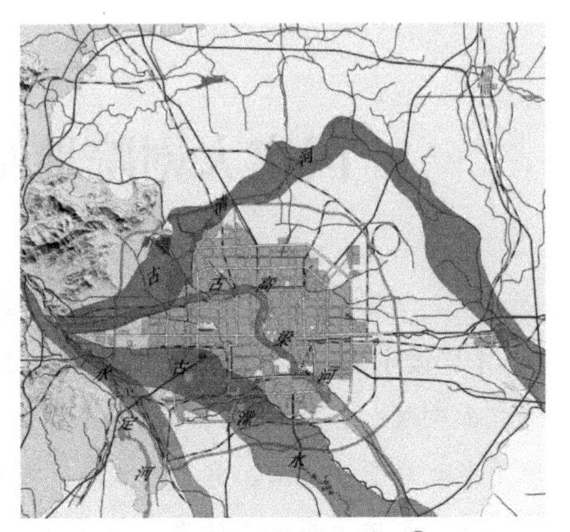

图2 北京平原古河道②

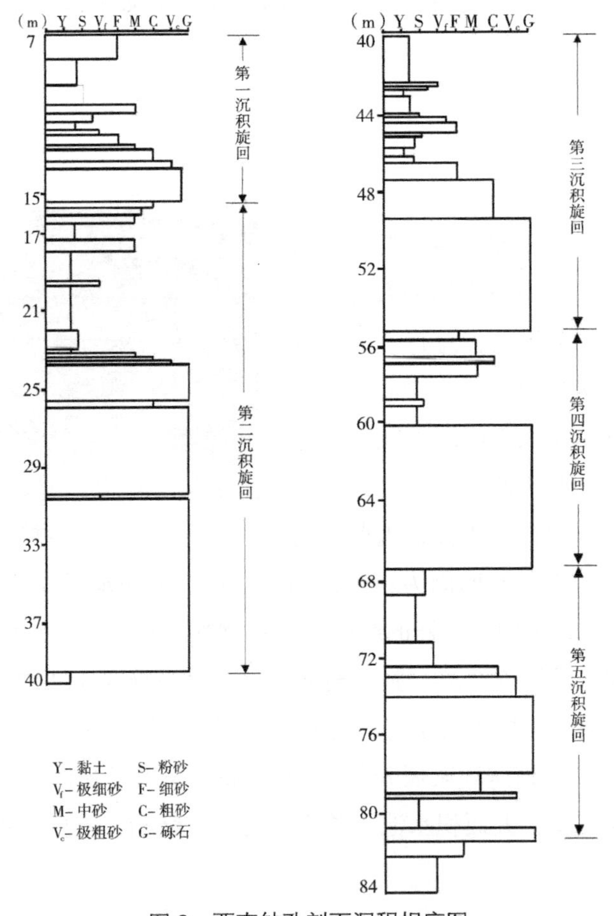

图3 西南钻孔剖面沉积相序图

① 岳升阳.国家大剧院岩土工程剖面的多学科综合研究，北京市自然科学基金会资助项目。

② 北京大学岳升阳先生绘制。

场地分布多层地下水，包括上层滞水、潜水和承压水，实测水位埋深、标高以及承压水测压水头标高见表1。从地表到基岩顶板有多层黏性土和含水的砂卵石地层的交互沉积。由于各含水层都与北京市区西部单一砂卵石含水层有较好的连通性，造成了在各砂卵石中，除③层为潜水含水层外，其下有三个承压水含水层，包括⑤层、⑦层、⑨层，基底（-26m）落于⑤层，承压水头为2~6m，⑤层的渗透系数达235m/d；⑦层和⑨层的承压水头分别达15m、23m；再以下承压水头则会更高。场地地下水位与基础埋深关系见图4。

实测地下水　　表1

地下水位	地下水类型	埋深（m）	标高（m）
第1层	上层滞水	3	41.27~42.48
第2层	潜水	13	30.18~30.48
第3层	第1层承压水	16.5	28.61~28.85

3 地基方案

202区三个剧场（戏剧院、歌剧院、音乐厅），同时在一个整体基础之上，形成大底盘多塔的结构受力形式，荷载分布差异大且基底埋置深度不同（图5），地基变形控制要求严格，经计算分析，最终全部采用了天然地基方案，未设置抗浮桩，抗浮设防水位及地下水渗流分析详见4.1、4.2节。为了掌握实际沉降变形特征，按设计要求进行了沉降观测。202区观测至装修阶段的实测沉降值见图6，表明天然地基方案是安全可靠的。

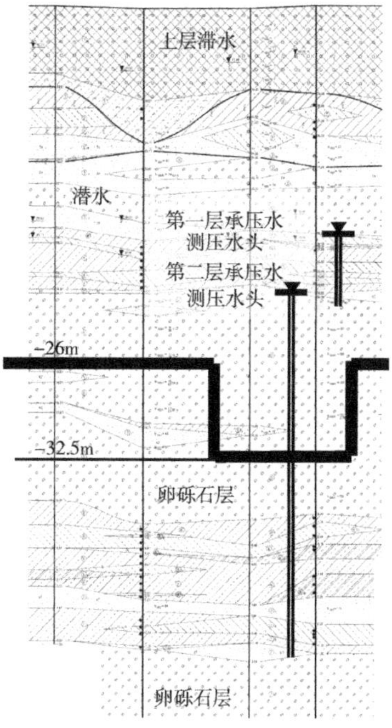

图4　场地地下水位与基础埋深关系示意

4 地下水控制

基础最大埋置深度达32.5m，由于地下水条件复杂，结构抗浮问题突出，设置隔水措施控制地下水渗流，优化取消了抗浮措施，在施工期间采取了稳妥的地下水控制措施，保证了基础施工的顺利和安全。

4.1　抗浮设防

由图5、图6可以看出，国家大剧院工程（特别是202区）结构抗浮问题十分突出。在长200余米，宽近150m的椭圆形底板以上，由于基础埋置深，很大部分基础处于超

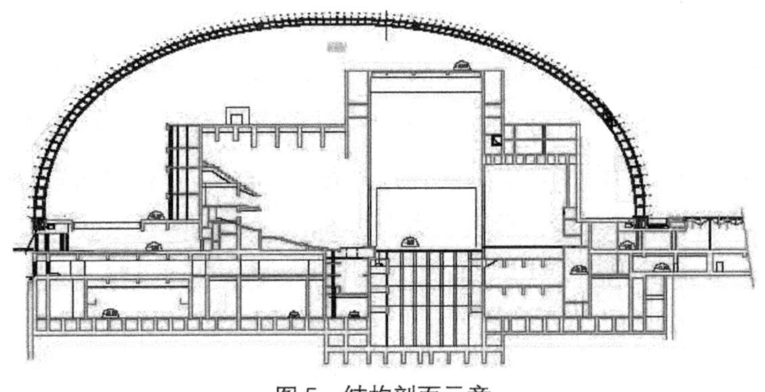

图 5　结构剖面示意

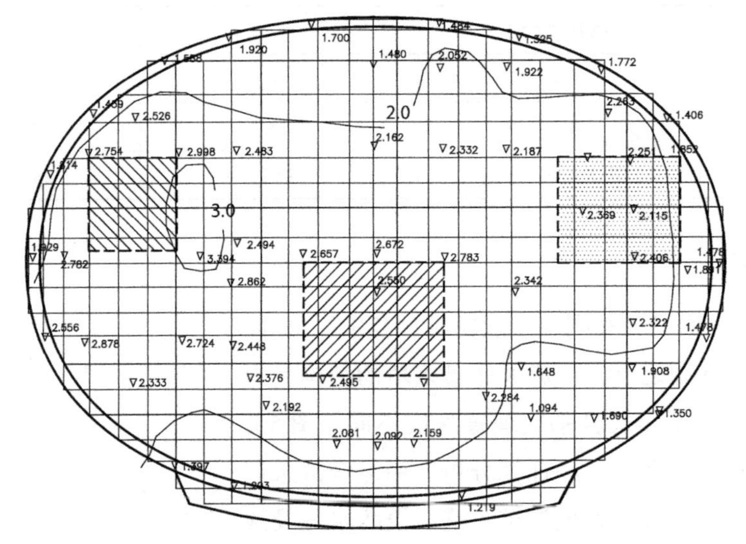

图 6　202 区实测沉降图（单位：cm）

补偿状态，“这样一个类似大船的结构坐落于承压水含水层中，抗浮稳定性自然成为设计中的一个关键问题。”① 根据北京市勘察设计研究院水文地质系统中的资料，场区近 50 年的最高水位达到 42.30m，距地面仅 2.7m 左右。近 3~5 年上层滞水的水位与历史水位相当。若按历史最高水位或近 3~5 年最高水位作为抗浮设防标准，202 区浮力作用值将达到 235.5 kN/m^2，对于深埋台仓，浮力作用值将会更大，这对结构抗浮的代价会构成很大的困扰。故委托北京市勘察设计研究院进行设防水位论证，分析工作第一步是建立对地下水位影响因素的分析模型，得出未来地下水位在主要影响因素（开采量、侧向补给和南水北调等）干扰下的动态与趋势；第二步是用区域性长期观测资料与场区实测水位进行拟合与比较，得到包括场区在内的区域性最高水位预测值和发生最高水位事件时对应的研究域的两类边界条件；第三步是根据上述边界条件进行 FDM 分析，得到场区

① 张在明，等 . 国家大剧院工程中的几个岩土工程问题，《土木工程学报》2009 年第 1 期。

孔隙水压力沿深度的分布，从而得到抗浮及其他基础设计的参数。本工程 202 区的“等效抗浮设计水位”建议值为 39.00m，比历史最高水位和近 3~5 年水位降低了 3.3m。

4.2 渗流控制

经分析论证，降低了“等效抗浮设计水位”，若考虑不设置抗浮桩，为确保安全，需要采取有效措施控制地下水渗流，包括施工期间和使用期间。

经过试算与分析研究，勘察与施工单位共同提出 3 种地下水控制方案。这些方案，包括了两种措施的单独或联合使用，即对地下水进行阻隔，或在结构运营期间高水位事件发生时连续抽降。针对 3 种具体的结构措施进行下列分析：①计算分析不同措施引起的渗流场的变化；②分析比较连续墙下端在隔水层中的嵌入深度对基底水压力的影响；③计算在消防通道下采取长期抽水措施的可行性和必要性；④提出在采取一系列结构措施后，各建筑基础埋置深度处的等效抗浮设计水位。故委托勘察院进行结构措施对场地渗流场及建筑设防水位影响分析。

在 3 种方案的比较中，分析证明长期降水方案弊大于利，处理失当可能形成局部过高的渗流梯度对地基的渗流稳定性造成危害。对各种隔水措施的方案比较分析得到以下主要结论和建议：①将主体结构周边的连续墙和外圈消防通道的结构墙分别嵌入弱透水层中，可有效地降低基底浮力。连续墙与结构墙间距对本工程基底处的水压力无明显影响；② 201 区周边的连续墙和外围消防通道结构墙各自插入弱透水地层中深度对地基渗流场无明显影响，但考虑到地层分布的变化，为确保封闭要求，建议嵌入深度以不小于 1m 为宜；③在基底处抽水所产生的渗流场表明，局部弱透水地层中的水力坡降很大，易造成某些部位砂卵石层面附近的粉土、粉细砂地层产生流土现象；④在采取上述结构措施后，基底的水头标高一般可降至 37.50 m，考虑到计算模型的近似性，特别是二维分析与实际情况的差异，因此等效抗浮设计水位标高按 38.00m 考虑；⑤由于弱透水地层顶板标高差异较大，并且不同结构措施对施工质量要求不同，因此，封隔措施，包括结构墙、不透水材料回填等，在设计、施工时应严格满足对不同含水层的封隔要求，确保工程安全。图 7 给出了研究 202 区周边连续墙嵌入弱透水层深度为 2m 时的分析模型与结果。

4.3 台仓降压

按施工步序，202 区施工期间地下水控制措施[①]分为下列三步：

（1）基坑第一步开挖至 –15.7m，采用桩锚支护，主要受上层滞水和潜水的影响，由于潜水和第一层承压水的混合水位低于 –15.7m，因此采用管井抽渗结合方案控制基坑周边潜水补给以及疏干坑内滞水和潜水。

---

① 张志林，等 . 国家大剧院深基坑地下水控制设计及施工技术，《水文地质工程地质》2005 年第 3 期。

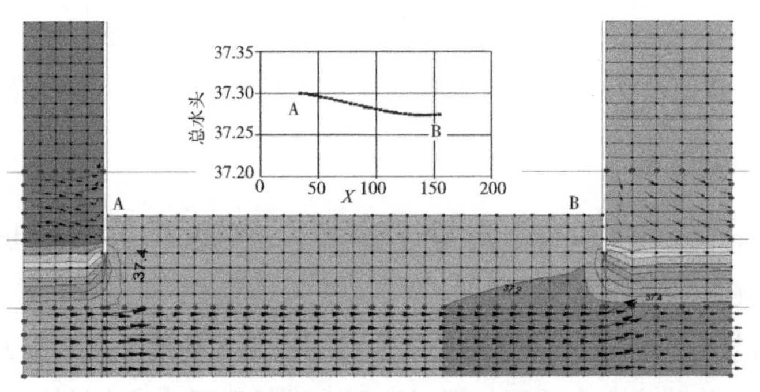

图7 结构措施（连续墙嵌入弱透水层深度2m）影响分析

（2）基坑第二步开挖至 -26m，采用连续墙加锚杆方案，连续墙作为基坑的支护结构，同时起隔水作用。为了疏干连续墙结构内第一层承压含水层中的滞留水，并控制下部含水层对第一层承压含水层的越流补给，在连续墙结构内 -15.7m 处布设疏干井。

（3）基坑第三步开挖（即台仓部分从 -26~-32.5m）仍在第一层承压含水层中进行，根据连续墙的稳定验算，第一层承压水疏干水位不能超过 -26.5m，因此在台仓开挖部分采用素混凝土连续墙止水帷幕隔水，使202区大范围第一层承压水水位保持在 -27m，而台仓部位水位需降至 -33.5m（台仓基底以下1.0m）。第三步开挖后，第二层承压水水位高于基底约17.0m，存在基坑底突涌破坏和基础上浮问题。通过分析，采用在台仓周边布置管井，一方面将台仓部位的第一层承压水水位控制在 -33.5m，另一方面对台仓部位的第二层承压水进行减压控制（图8）。

工程于2000年5月开工，经过近3个月的施工，至10月8日工程已具备疏干和对台仓进行减压控制的条件。基坑第二步开挖于10月到 -26m，台仓开挖于12月至 -32.5m，台仓减压井封井于2002年3月完成，现场见图9。由于设计合理、施工质量控制好，基坑每步挖土和台仓地下结构施工均未受到承压水影响。

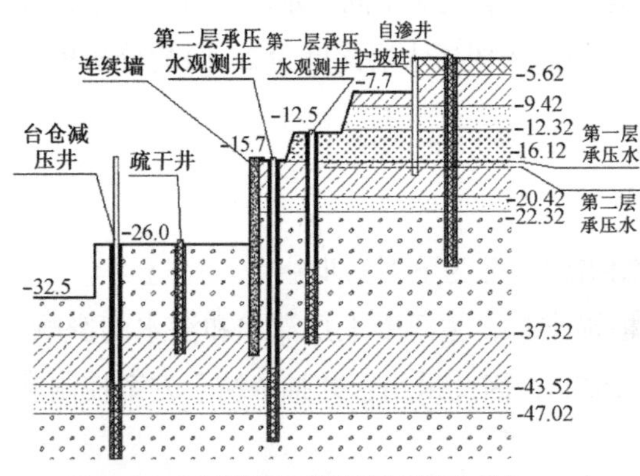

图8 202区地下水控制剖面图（单位：m）

图9 台仓基坑施工地下水控制系统

（通过周边立管对水位进行监测、反馈、控制）

民族文化宫地基问题探讨①

【导读】20世纪50年代曾经"全面学习苏联"，在当时，苏联地基规范被"一致认为是最先进的规范，是解决地基问题的有力武器"，老一辈在总结使用苏联地基规范时就曾这样告诫"不过我们也不应把它看作万灵丹来机械地使用。规范是做初步设计时用的，技术设计阶段应用力学试验结合上部结构来决定，而更不可少的是设计工程师的经验和他的理论基础，规范可以促使他们在考虑问题时更有根据而不应死板地套用"，民族文化宫恰恰是这一历史时期的代表性工程，胡庆昌先生在内的老一辈工程师根据现场载荷试验以及工程经验加以综合判断，突破了苏联规范的限值，实测沉降量均在许可范围内，证明了所采用的地基承载力值是安全可靠的。在实践、研究、总结的基础上，1960~1961年间编制了《北京市区建筑地基设计暂行办法》。"地方性规范对于土的分类，土的物理性质和力学性质的相互关系，以及在建筑物的极限变形值（最大的容许变形值）等各方面，都能够认真分析当地的地质条件，建筑经验和沉降观测资料，制订了切合当地条件的条文，这和我国过去的某些规范搬用外国经验完全不同了。"为传承老一辈求真务实的精神和作风，为纪念中国结构工程设计大师胡庆昌总工，特刊此例。

1 地基问题

民族文化宫建筑面积共30770m^2（图1）。中央部分为13层，高62.3m，其余则为3~4层建筑，建筑的剖面形状如图2所示。据张镈老总回忆"在设计国庆十大建筑之一的民族文化宫时，中央高耸的塔楼要求塔心必须中空，而不是在中心放置电梯和交通核，为此专门找了胡庆昌总工和张浩，在高塔四角设立了四根顶天立地的L形角柱，从地下室穿过塔身到塔顶，这四根柱承担全部荷载又起着抵抗地震的作用，采取四根大角柱把跨度拉到14m是科

图1 国庆十大建筑——民族文化宫

① 本实例内容节选自"民族文化宫工程地基中若干问题的探讨"《土木工程学报》1960年第5期。

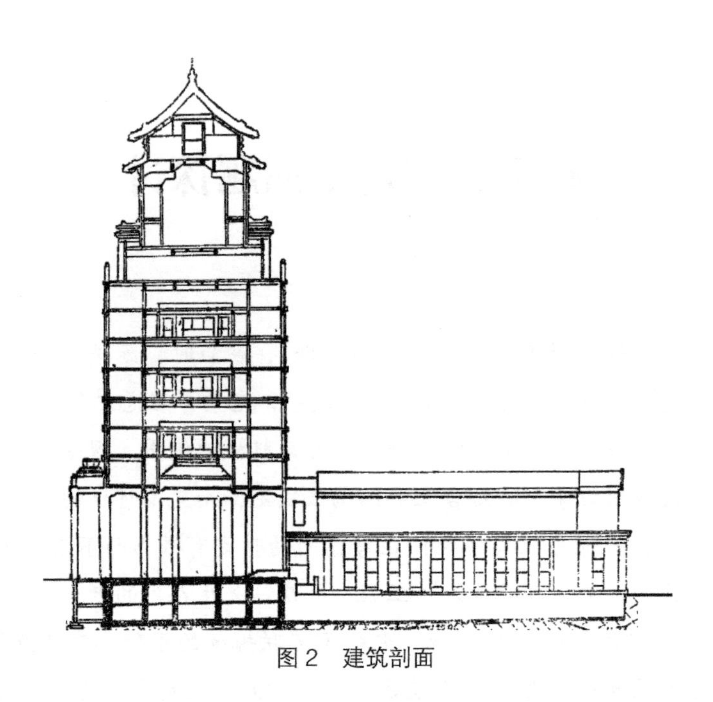

图 2 建筑剖面

学的、适度的、经济的、灵活的。”[①]

中央高层部分考虑七级设防烈度地震，采用框架结构和整块的箱形基础，并用沉降缝与相邻低层建筑断开。低层部分为半框架结构，采用单独柱基及带形基础。

在勘探设计过程中曾经碰到下列问题：

（1）持力层粉细类土的计算强度的选定；

（2）如何考虑厚度变化较大的重砂黏土层对地基沉降的影响；

（3）中央高层部分基础类型的选择；

（4）中央高层部分与邻近低层之间以及其他部分较重的单独柱基与较轻的带形基础之间的差异沉降之处理。

根据上述问题的性质可以归纳为土的工程性能（计算压力与压缩模量）的评定、沉降计算的方法以及箱形基底接触压力的计算三个问题。由于差异沉降的处理也主要决定于地基差异沉降量的大小，因此实际上也可以包括到上述三个问题之中，不另论述。由于土的工程性质的评定与沉降计算的方法有密切关系（前者是后者的依靠，而前者的正确可靠性又必须通过后者与实际沉降观测资料核对方能肯定），因此在本文中合并叙述。

2 地基计算

2.1 地层分布

根据场区勘察和钻探资料，场地范围内地形自东南向西北倾斜，地面标高为

---

① 马国馨 著《南礼士路 62 号：半个世纪建院情》，北京：生活 · 读书 · 新知三联书店，2018。

47.5~46.4m，一般在 47.0m 左右，地表下人工杂填土厚约 3.50~4.00m，其下除局部为旧王府建筑残余基础外，其他均为永定河第四纪交互的和循环沉降的砂土、黏性土与卵石层。至 50~60m 深处为第三纪洪积砾卵石层。中央高层部分地层的代表性剖面如图 3 所示。

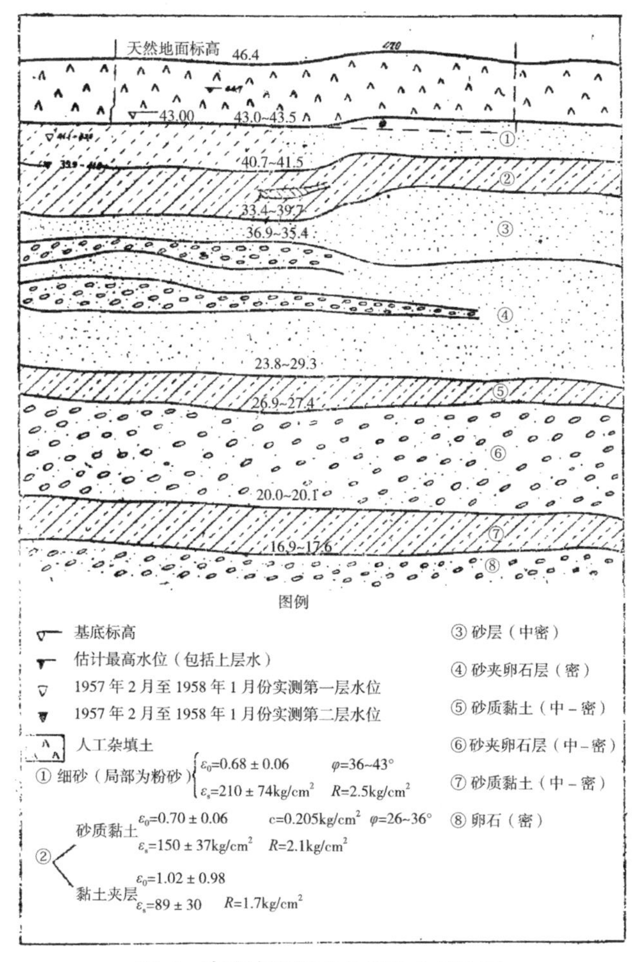

图 3　中央高层部分地层综合剖面图

2.2　地基计算强度

地基土的基本计算强度按野外描述为密实的细砂考虑，采用了 2.5kg/cm^2（即 250kPa）。

根据室内试验的结果，该砂层的平均孔隙比为 0.68（粉砂）与 0.65（细砂），按苏联 127–55 地基规范尚不够密实的要求，因此计算强度只有 1.0kg/cm^2（饱和中密的粉砂）与 1.5kg/cm^2（饱和中密的细砂）。但根据载荷试验该层土的比例限界压力至少在 3.5kg/cm^2 以上；另外结合过去已有建筑经验这种土的计算强度比规范规定要高得多，因此决定一律采用 R=2.5kg/cm^2。第一层砂与黏性土上的野外荷重试验结果见图 4。

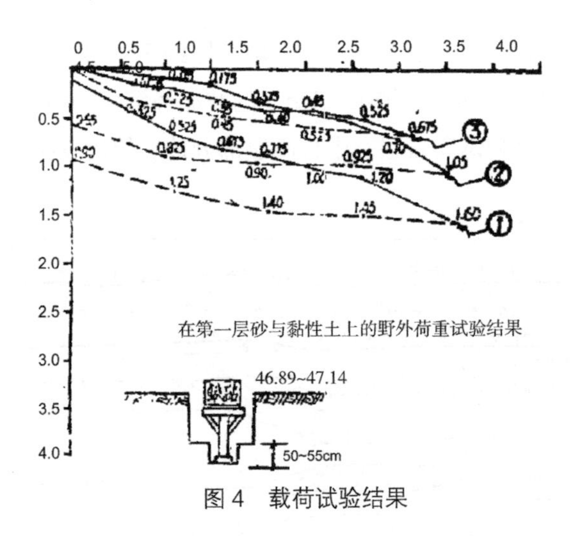

图 4 载荷试验结果

2.3 压缩模量

关于土的计算压缩模量，根据室内试验与野外载荷试验的结果，结合已有沉降观测的资料，综合判断如下：

①第一层细砂层 E_s=30MPa

②第一层黏性土层 E_s=20MPa

③砂层 E_s=50MPa

④砂夹卵石层 E_s=100MPa

⑤第二层砂质黏土层 E_s=30MPa

⑥第二层砂夹卵石层 E_s=100MPa

⑦第三层砂质黏土层 E_s=40MPa

⑧卵石层 E_s=100MPa

3 实测验证

沉降观测点平面布置见图 5，实测沉降与时间关系变化曲线见图 6。

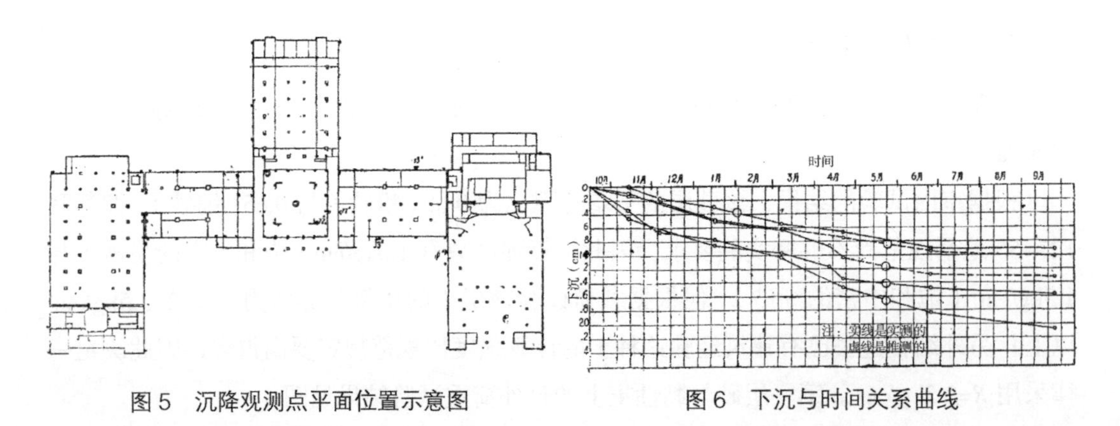

图 5 沉降观测点平面位置示意图

图 6 下沉与时间关系曲线

根据刨槽后验证结果，除西翼南部为粉砂外，其他均为细砂。又据施工完毕后的沉降观测结果，所有基础的下沉量都在许可的范围以内，而且大部分只有2cm，证明所采用的基本计算强度值是很安全的；这也说明北京砂类土的密实度按孔隙比的划分标准应该根据北京地区的实际情况重新统计求得。苏联127-55规范所列数字只可作为一般性的指示来采用。

【编者注】第一届全国土力学及基础工程学术会议于1962年12月3~9日在天津召开，会议总结写到“地区性地基规范是大家注意的问题。在北京、天津、成都、上海等地，都已经制订了试用的地区性地基规范；地区性地基规范的编制工作中，对于土的分类、土的物理性质和力学性质的相互关系，以及在建筑物的极限变形值（最大的容许变形值）等各方面，都能够认真分析当地的地质条件，建筑经验和沉降观测资料，制订了切合当地条件的条文，这和我国过去的某些规范搬用外国经验完全不同了。”其中北京地基规范指的是1960—1961年间编制的《北京市区建筑地基设计暂行办法》。

纪念中国结构工程设计大师胡庆昌总工
厚德载物的学者人生[①]

写给青年工程师：

设计绝不等于规范加软件，
设计可以说仍是一种艺术，
很大程度依赖于工程师的判断，
而判断则来自概念的积累。

——胡庆昌

① 胡明、金磊主编，《厚德载物的学者人生：纪念中国结构工程设计大师胡庆昌》，天津大学出版社，2018年。

北京饭店东楼地基基础与沉积环境

【导读】北京饭店东楼是20世纪70年代首都北京中心区第一栋高层大型宾馆，1973年兴建，高层主楼荷载重，基底下分布有相对软弱的黏性土下卧层，通过不同方法进行地基容许承载力验算并经过沉降分析，最终采用了天然地基箱形基础方案，设计计算方法时至今日仍具有重要的工程意义。该工程沿用了设置沉降缝的做法，但开启了高层建筑地基基础共同作用研究，沉降实测数据对于研究高低层主裙楼沉降变形特征具有重要价值，为后来改沉降缝为沉降后浇带奠定了技术基础。

1 工程简况

北京饭店东楼是20世纪70年代首都北京中心区第一栋高层大型宾馆，1973年兴建，原设计主楼25层，后改为17层，框架剪力墙结构，地下3层，采用箱形基础，基础埋深11.3m。北京饭店东楼建筑实景见图1。设沉降缝分成了高层主楼的Ⅰ段、Ⅱ段、Ⅲ段、前厅与小餐厅共5个部分，如图2所示。

图1 北京饭店东楼

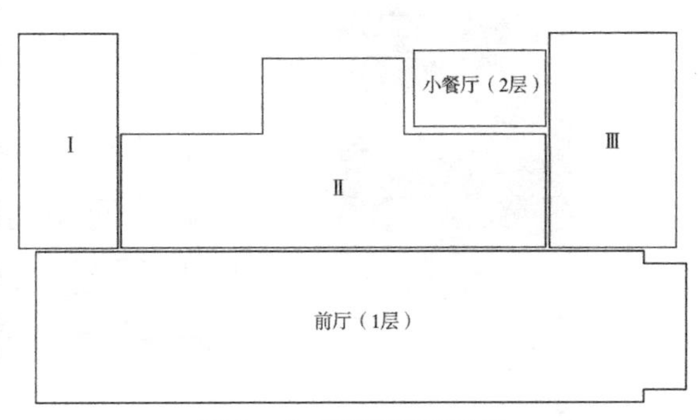

图2 北京饭店平面示意

2 地基计算

该工程的主要持力层为平均厚约5.5m的中~密实的洪冲积砂卵石层，基本承载力为500kPa，其下为平均厚约4.5m的中密的黏质粉土层，其基本承载力为230kPa[①]，再下

① 基本承载力，即地基承载力标准值f_{ka}=230kPa（《北京地区建筑地基基础勘察设计规范》）；国家标准《建筑地基基础设计规范》地基承载力特征值f_{ak}=230kPa。

为厚约 17m 的厚层砂卵石层，地层分布见图 3。

箱基的平均宽度约为 22m，因为 z/b=5.5/22=0.25，只能按压力扩散角为零来计算。因此该工程箱基的容许承载力是由该软弱下卧层（黏质粉土层）所控制，按不同工况条件，计算所得出的基底容许承载力在 530~600kPa 之间，而当时的基底计算压力为 550kPa（按地上 25 层考虑）。因此采用薄层挤压理论来验算该软弱下卧层的容许承载力。

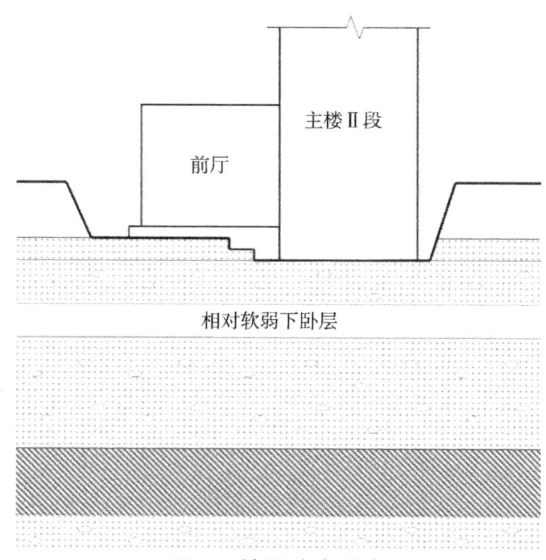

图 3　地层分布示意

对于 $\phi\neq0$ 情况，根据薄层挤压理论可以推导得出修正 Prandtl 条形荷载下的平均极限荷载公式：

$$\bar{p}=N_{\mathrm{ct}}\cdot c+N_{\mathrm{qt}}\cdot\gamma\cdot z \tag{1}$$

式中，$N_{\mathrm{qt}}=\xi_{\mathrm{t}}\cdot N_{\mathrm{q}}$

$$N_{\mathrm{ct}}=\xi_{\mathrm{t}}\left(N_{\mathrm{c}}+\frac{1}{\tan\phi}\right)-\frac{1}{\tan\phi}$$

$$\xi_{\mathrm{t}}=\frac{2b_0}{b}-\frac{t}{ba}\left(1-e^{\frac{b-2b_0}{t}a}\right)$$

其中 b 为基础宽度；b_0 为假定不受摩擦影响的边缘恒压段的宽度；t 为薄层的厚度。

经验算，取安全系数为 3 时，并扣除基底至弱下卧层顶的土重，则基底计算压力为 686.6kPa，可满足工程需要。

3　沉降实测

由图 2 可知，该工程沿用了设置沉降缝的做法，但是由于高层建筑基底压力之间的相互影响，Ⅰ段和Ⅲ段沉降表现为短向倾斜的趋势，Ⅱ段呈盆形（碟形）沉降特征。同时，实测沉降数据反映出裙房基础受主楼基底压力影响而沉降量会有所加大。沉降实测数据见表 1。

沉降情况一览表 表1

建筑部位	层数	基础埋深（m）	基底平均压力（kPa）	平均沉降（mm）	最大沉降（mm）	最小沉降（mm）	观测时间
Ⅰ段	17	11.3	472	60.7	70.7	47.7	完工后12年
Ⅱ段	17		462	79.5	84.6	68.5	
Ⅲ段	17		418	60.6	77.0	48.9	

4 沉积年代

基槽开挖过程中，发现了古河道遗迹和古树，北京大学的曹家欣老师等前往调查。“侯仁之先生对此发现十分重视。他也曾应约前去调查，将采集回来的砂土和草炭标本放在一个玻璃面的标本盒中，视为珍贵样品，摆在书案旁边，并在标本上做了文字标签，以便随时可以看见。”① 以曹家欣同志调查结果，略作删补，自下而上简述如下（图4）②：

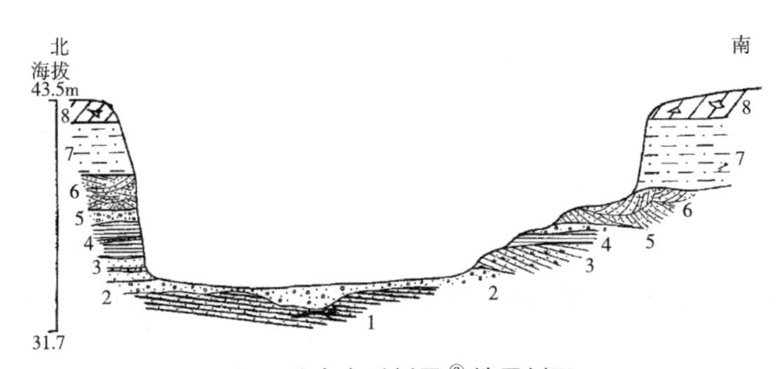

图4 北京市乐新居③ 地层剖面

（1）青灰色淤泥。上部为褐黄色砂夹黏土，下部为青灰色细砂，两者之间夹有黏土薄层，细砂层具明显斜层理，层理倾向东，倾角2°，该层出露厚度1.1~1.8m。该层中保存一棵古树，胸径约50cm，并有许多树杈残留其中，根向北，冠朝南。经农林科学院鉴定为榆树。中国科学院考古研究所以该古榆树木材作C^{14}年龄测定，其结果为29300 ± 1350年。

（2）砂砾石层。厚约60cm，厚度变化很大，褐黄色，砾石磨圆度很好，有些呈扁圆形，砾石成分有石英岩、灰岩、火成岩等，砾石直径最大8~10cm，小者1cm，大多数为2~4cm，该层底部亦含有树干和树枝。

（3）棕黄色中砂夹薄层粗砂小砾石，粗砂中含木块，该层向北方向逐渐变细，成为细砂与黏土，其中有完整的砂浪，厚度为1m多。该层在剖面南侧，变为黄色纯流砂

① 岳升阳.北京饭店地下的古河道——阅读大地文献（五），微信公众号“勺海棠”。
② 周昆叔，严富华，梁秀龙，叶永英.北京平原第四纪晚期花粉分析及其意义[J].地质科学，1978年第1期。
③ 当时北京饭店东楼项目属于保密工程，故代称“乐新居”。

（中细砂），具有极清楚的大型斜层理，层理倾向 290°、倾角 20°，层理面上残留大量的小草根茎，此拟为河滩砂，经过风吹扬重堆积而成，南侧吹扬砂厚 2m。

（4）黏土夹薄层细砂，厚 1.2m。

（5）~（6）粗砂小砾石层，棕黄色，厚 1~1.2m，具明显交错层理，北侧剖面中有砂浪。

（7）深棕色粉砂黏土层，厚 3~4m，呈块状。

（8）人工堆积，厚度不等。

根据现场采样花粉分析，剖面中上部 19 号样品中出现松的花粉占明显的优势，达 72%，而云杉只占 5.1% 多，冷杉仅占 2%，云杉和冷杉消退的情况，说明了气温的抬升，变得较之前暖和了，标志着迈入了全新世，晚更新世与全新世的分界处可能在 8 米半[①]（即地面下 8.5m 处）。

上述资料对于北京平原区的气候环境变迁、沉积相及沉积环境等领域研究有重要价值，是辨别地基土层的沉积年代、分析其工程特性的重要依据。

---

① 周昆叔，严富华，梁秀龙，叶永英．北京平原第四纪晚期花粉分析及其意义 [J]. 地质科学，1978（1）。

北京西苑饭店地基基础设计创新[①]

【导读】北京西苑饭店新楼是改革开放之初，有代表性的中外合作设计项目，是国内第一个在高层建筑与裙房之间取消沉降缝的工程，实现了地基基础设计创新。高层主楼为剪力墙结构采用箱形基础以砂卵石层为地基持力层且外扩基础底板以减小沉降量，裙房（大厅和宴会厅）框架结构采用交叉条形基础并将基底埋深减小，以粉细砂、粉土层作为地基持力层而加大其沉降值，创造性地解决了主裙楼差异沉降控制的工程难题，并在高层主楼与裙房之间首次采用了设置沉降后浇带的方案，沉降实测证明地基基础设计方案科学合理、安全可靠。

1 工程概况

北京西苑饭店（图1）新楼位于北京市西直门外大街三里河路北口西侧，工程用地面积1.17ha。全楼由高层楼（客房）A、低层大厅B和宴会厅C三段组成（图2），建筑面积共61367m^2。高层楼地下3层，地上23层，顶部另有高21.86m的塔楼（26层为旋转餐厅），高出地面93.51m（图3、图4）。工程于1979年开始方案设计，1982年3月1日破土动工，1984年7月1日竣工，施工工期为40个月。

图1 建筑实景

2 结构设计

2.1 结构选型

高层楼为L形平面，采用钢筋混凝土剪力墙结构，隔墙开间4m，预制与现浇结合施工。为提供部分大空间用房，地下2层地上3层的局部横向剪力墙改用框支。为使地震剪力较

① 本实例编写依据：高层建筑主楼与裙房之间基础的处理《建筑科学》，1993年第9期（作者：李国胜、张学俭）、《建筑结构优秀设计图集1》（北京西苑饭店主要设计人：程懋堃、胡庆昌、苏立仁、李国胜、曲莹石）。

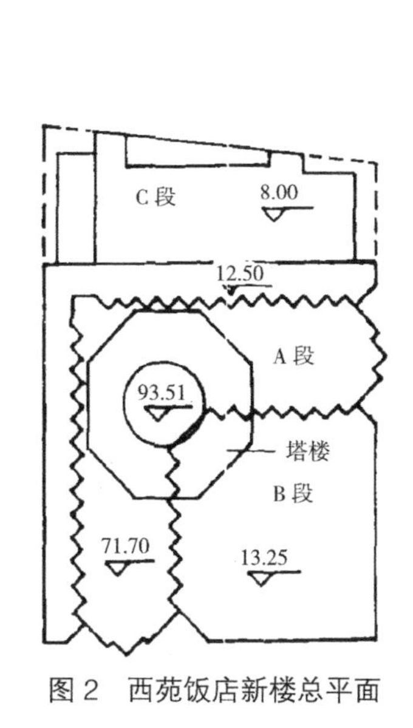

图 2　西苑饭店新楼总平面

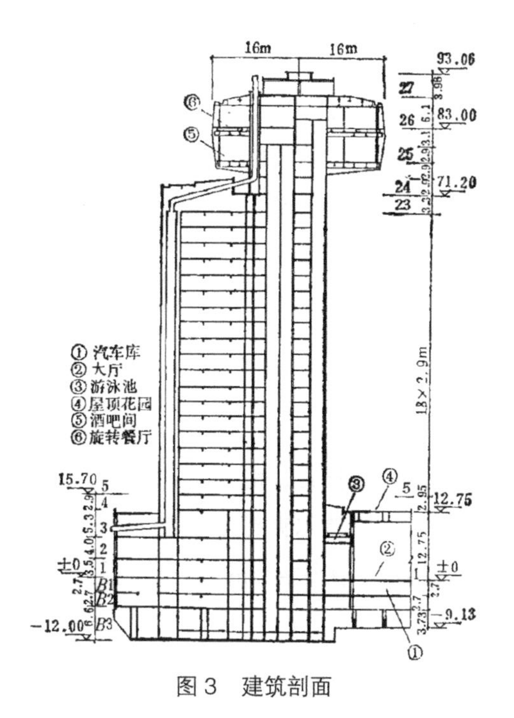

图 3　建筑剖面

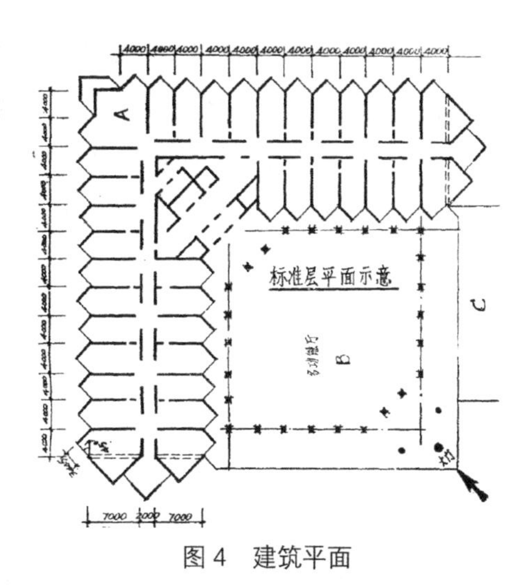

图 4　建筑平面

好地分配到落地剪力墙，加大地上第 3 层的楼顶板结构厚度，使其成为刚性隔板。低层裙房部分，全部用框架结构。

正八角形平面的塔楼，对边间最大距离为 32m，分两层，上层为旋转餐厅，下层为酒吧间，其楼面和塔顶结构均由不规则的八角形核心墙支承。核心墙坐落在第 23 层楼刚性顶板上，伸至塔顶，顶部设放射形的承重钢挑梁，在挑梁处用钢管悬吊下面两楼面的挑出端。楼面用钢梁和陶粒混凝土建成，以减轻结构自重。

采用预制预应力混凝土叠合楼板，总厚 14cm，钢筋布设在 5cm 厚的预制预应力薄板中间。设计计算参照法国建筑科学技术中心 1979 年出版的《用预制混凝土薄板和现浇混凝土层组成的实心楼板的技术规定》。由于在本工程首次大面积采用这种构件，故特别与有关单位合作，进行了板的受力试验。

B 段两层地下室层高仅 2.7m，中部柱网为 6m × 8m，采用无柱帽无梁楼盖，即在楼板高度内设剪力架代替一般柱帽，以争取层高空间，满足汽车库的使用要求。

2.2　构造措施

由于使用阶段，外墙和屋顶保温质量较好，内有完备空调，温差影响小，结构上不考虑温度收缩，但 A 段的长边在过梁和楼板的中点处均留 1m 宽的施工缝，待两边混凝土浇筑两星期后再浇筑，以减小混凝土硬化的收缩应力。

为方便管道和建筑装修工作，高低层楼间不设沉降缝，为防止沉降差异过大，A 段与 B、C 段结构连接处先留 1m 宽的施工缝，待完成 A 段第 23 层结构、初期沉降消除后再浇筑施工缝。

3 地基基础

3.1 地基条件

根据地质勘察报告，地表层 –10m 以上为黏性土及粉细砂层，以下为卵石层为主的粗颗粒地层，其中偶尔夹有厚度在 1m 左右的薄层黏性土。在 –34m 以下为带有轻微风化的泥质胶结层，在约 –53m 处开始见第三纪长辛店红黏土与砾岩层。地基土层分布见图 5。

3.2 地基基础设计

高层主楼采用了箱形基础，高度 6.45m，西、北侧底板挑出 4.2m，南、东侧挑出 2m，主楼箱形基础底板宽 16m，故总宽 22.2m，基底标高 –11.50m，基底压力控制在 440kPa 左右，且使基底反力中心与基底形心尽量重合。大厅（B 段）和宴会厅（C 段）采用了交叉条形基础。基底标高 –7.55~–9.50m，为粉细砂层，[R]=200~250kPa，基底反力一般用到 300~400kPa，以加大基础的沉降，减少与主楼 A 段的差异沉降。基础平面如图 6 所示。A、B、C 段地基基础设计情况如表 1 所示。

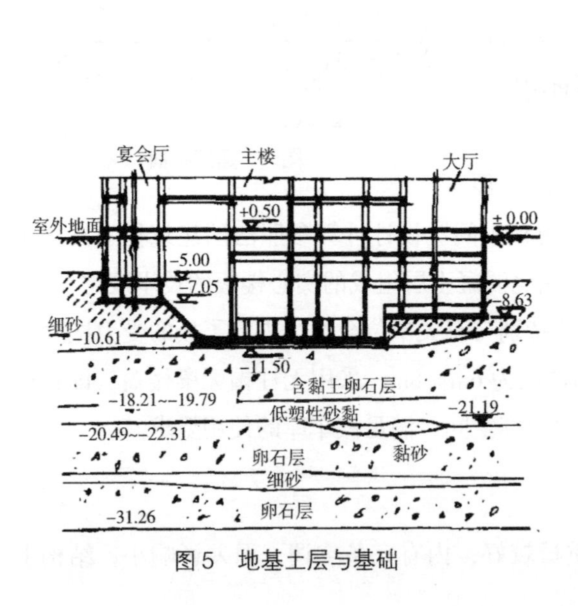

图 5 地基土层与基础

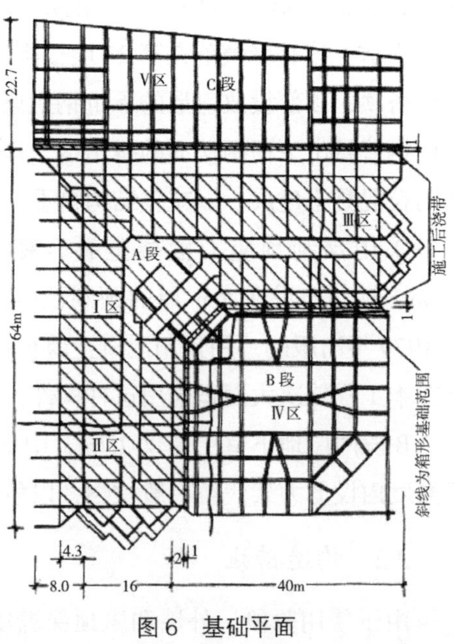

图 6 基础平面

地基基础设计情况 表1

项目	主楼（A段）	大厅（B段）	宴会厅（C段）
地上/地下层数	（23+6）/3	3/2	（1~2）/2
地上高度（m）	93.51	12.8	7.5~8
基础底深（m）	-12.00	-9.13	-7.55~-9.50
挖土深（m）	11.40	8.53	6.59，8.90
持力层承载力（kPa）	砂卵石400	粉细砂200	黏质粉土、砂土200
调整后承载力（kPa）	830	467	400~467
基底实际反力（kPa）	平均400 270~820	平均300 186~400	平均285 60~540

为减少高层主楼与裙房之间差异沉降引起的内力，A段与B、C段连接处设置了宽1m的施工后浇带（即沉降后浇带），从基础到裙房屋顶全部断开，等到A段完成23层结构后再将梁钢筋焊接并浇灌混凝土连接成整体。

3.3 沉降分析

A段与B、C段未连成整体前，A段荷载按总重量的80%，B、C段则按100%，影响半径30m，有效深度45m进行电算。按电算结果A段L形两端沉降值最小，其值为14.1mm，转角处最大，其值为29.7mm。A段与B、C段按铰接连成整体后，A段荷载再取总荷载的60%，B、C段均取100%荷载减去土重计算后期沉降量。计算结果是A段L形两端沉降值为10.0~14.0mm，转角处沉降值达20.9mm；B段与A段连接部位沉降值为15.0mm；C段与A段连接部位沉降值约5.0mm。该工程总计算沉降量，A段最大值达50.3mm，一般为45.0mm，最小值在35.0mm左右；B段东南角最小，中部为5.0~10.0mm，与A段连接部位为35.0~45.0mm；C段除北侧局部有少量回弹外，一般由北向南倾斜，其沉降值为0~23.0mm。

4 实测分析

为观测工程沉降变形特征，不仅进行了沉降观测，还专门进行了地基回弹变形观测，以及基底反力和钢筋应力实测。

4.1 地基回弹变形观测

由于基础埋置较深，土方开挖将引起地基回弹变形，回弹再压缩变形量需要引起重视。本工程的地基回弹量实测值见表2。

实测地基回弹量　　表 2

点号	基础埋深（m）	实测回弹量（mm）
4	8.63	9.01
5	8.63	9.69
7	9.00	7.00
6	11.50	8.46
8	11.50	10.26

4.2　基础沉降观测

共设置了 167 个沉降观测点。由图 7 可知，在工程竣工时，A 段转角处最大沉降量为 32.1mm，平均 26.7mm，两端最大沉降量为 26.9mm，平均 15.0mm；B 段最大沉降量为 20.8mm，平均 15.0mm；C 段最大沉降量为 16.2mm，平均 12.5mm。

A 段与 B 段在 1983 年 4 月连成整体后，历时 16 个月差异沉降为 2.6mm，A 段与 C 段在 1983 年 5 月连成整体后，历时 14 个月差异沉降为 2.2mm。对比沉降计算值与实际观测情况，其趋势是基本一致的。

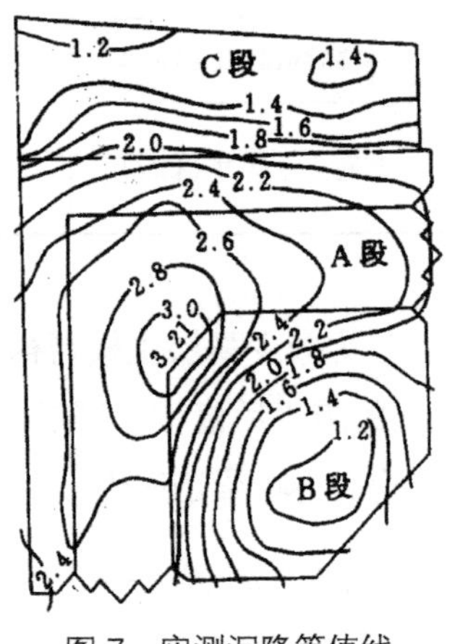

图 7　实测沉降等值线（单位：cm）

4.3　基底反力

为实测基底反力，在基底埋设了钢弦式压力盒。A 段基底为砂卵石或砾石层，故在埋压力盒前先挖一个直径 200mm、深 100mm 的圆洞，用细砂填满夯实，夯实程度尽量与周围砂卵石的密度相同，再放压力盒，使受力膜与砂土垫层紧密接触。A 段 L 形转角处上部荷载较大，实测基底反力平均值为 370kPa，与计算值很接近。

4.4　钢筋应力

为了测定 L 形平面箱形基础底板的钢筋随荷载和结构刚度改变的应力变化及分布规律，在 A 段箱形基础下共埋设了钢弦式应力计 16 个，大部分布置在纵墙和横墙下面或墙侧边。钢筋应力实测结果表明，一般钢筋拉应力在 $20N/mm^2$ 左右，最大值为 $27.7N/mm^2$。

追忆程总

“在过去的规范中有规定，主楼和周围的裙房之间要留一道缝，叫“沉降缝”。因为主楼较高，重量大，基础下沉会较多，而裙楼下沉少，留“沉降缝”是怕主楼下沉时带坏裙楼。但美国建筑师不希望留沉降缝，说“美国人都不做这个”。另外，因为西苑饭店的主楼和裙房之间有个室内游泳池，留沉降缝的话就没法做游泳池了，星级饭店又必须要有。喜欢挑战的程总想：“美国人能做到的，我们为什么不能做到？”经过论证，决定不做沉降缝，而是在主楼和裙楼之间留一条“后浇带”——就是留下一段地方暂时不浇灌混凝土，等主楼和裙楼都完工后，沉降程度已经稳定的时候，再把这段混凝土补起来，这样就不会影响结构安全了。西苑饭店还是全国首次在高层建筑中采用“预应力叠合板”技术的工程，节约了模板。当时施工单位想采用一种“预应力叠合板”的新技术。与此同时，上海也有施工单位想采用，可上海的设计院认为没有这方面的规范，不能做。北京的施工单位找到程总，在参考国外规范的基础上，他经过深思熟虑后，告之没问题，可以做。“总是先有工程实践，后有设计规范；不可能先有设计规范，后有工程实践。”①

老一辈工程师求真务实、勇于探索、大胆创新的精神

激励着年轻工程师们不断前进

① 程懋堃：艺高人胆大，《北京规划建设》，2010 年第 4 期，记者：文爱平。

北京新世纪饭店地基基础与地下结构 ①

【导读】北京新世纪饭店是继北京西苑饭店之后，又一幢代表性高层建筑，同样是大底盘高低层建筑的形式，同样是天然地基的方案，主裙楼不均匀沉降控制措施独具匠心，主楼扩大基础面积以降低基底压力，裙房提高地基承载力并减小基础尺寸且不设基础拉梁，增大柱基沉降而减小主裙楼沉降差的独到做法，地下结构因地制宜“桩柱合一”的做法，依然可为今后工程设计所借鉴。

1 工程概况

北京新世纪饭店是一座合资饭店，位于西苑饭店西侧，北临西直门外大街，与首都体育馆隔路相望，建筑面积 103500m^2，包括旅馆、办公和商业服务（康乐中心）三大部分。建筑设计始于 1986 年，1991 年投入使用。

北楼为 35 层国际旅游旅馆（图 1），南楼为 17 层办公楼，南北楼均设有地上 3 层裙房，南北楼之间地上为绿化地带和内部通道，并设有天桥连接南北楼的裙房。地下部分南北楼及裙房连成一片，地下 2 层。北楼建筑总高度 111m（图 2），南楼总高度 71m。本工程按 8 度抗震设防。

结构分成三部分：北楼、南楼、裙房及地库。其间不设防震缝、沉降缝，但在高低层之间低层一侧留出后浇施工缝（即沉降后浇带），待高层主体结构完成后再行浇灌。

2 基础形式

南北楼高层均采用筏板基础，基础底板南楼为 1m 厚，北楼为 1.1m 厚。基础梁南楼为 1m × 3m，北楼为 1.2m × 3.5m，裙房采用独立柱基。基础平面见图 3。

3 沉降差控制

本工程基础深度为地面以下约 15m，持力层为砂卵石层，f_k=400kPa（高层部分）；局部为细粉砂层 f_k=250kPa（部分裙房）。高低层相连处不设沉降缝、防震缝，采用下列

① 节选自“新世纪饭店主楼结构”《建筑结构优秀设计图集 2》，全国第二届建筑结构优秀设计一等奖，主要设计人：程懋堃，刘小琴，毛增达，昌景和，裘贵香。

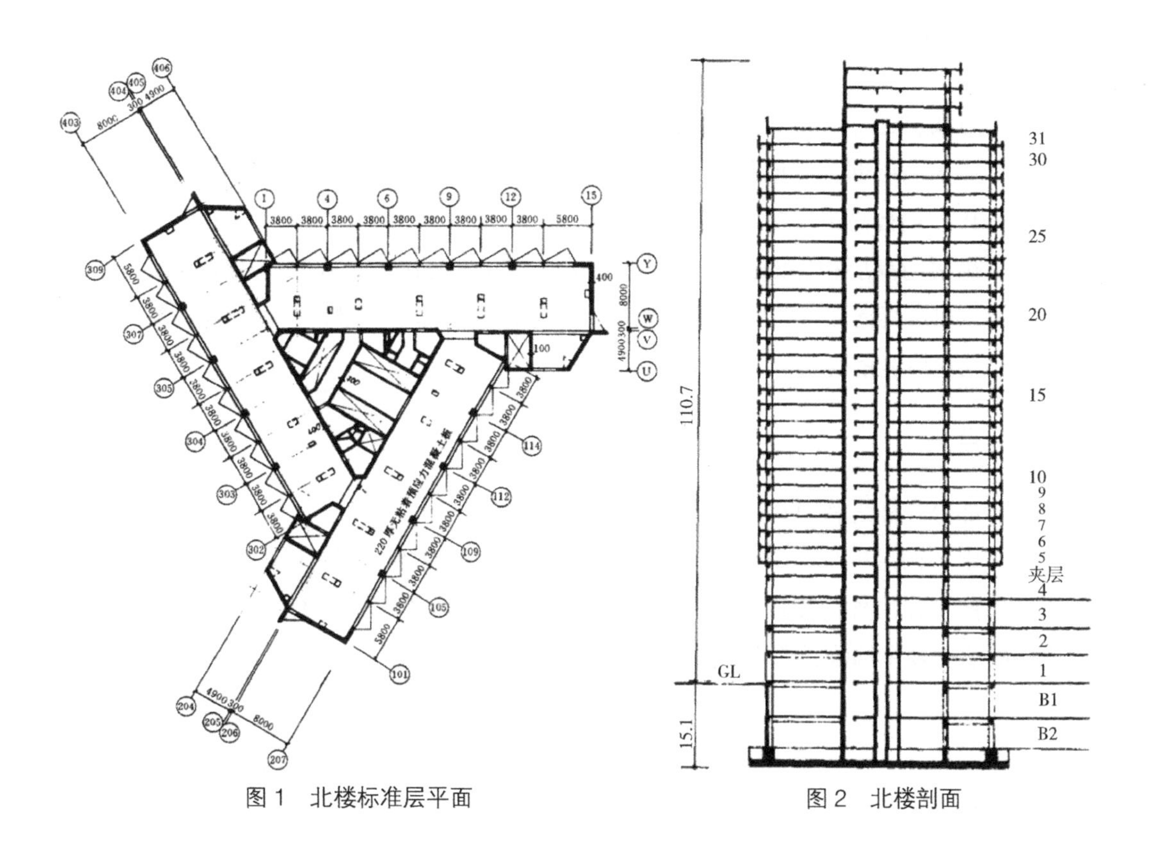

图1 北楼标准层平面

图2 北楼剖面

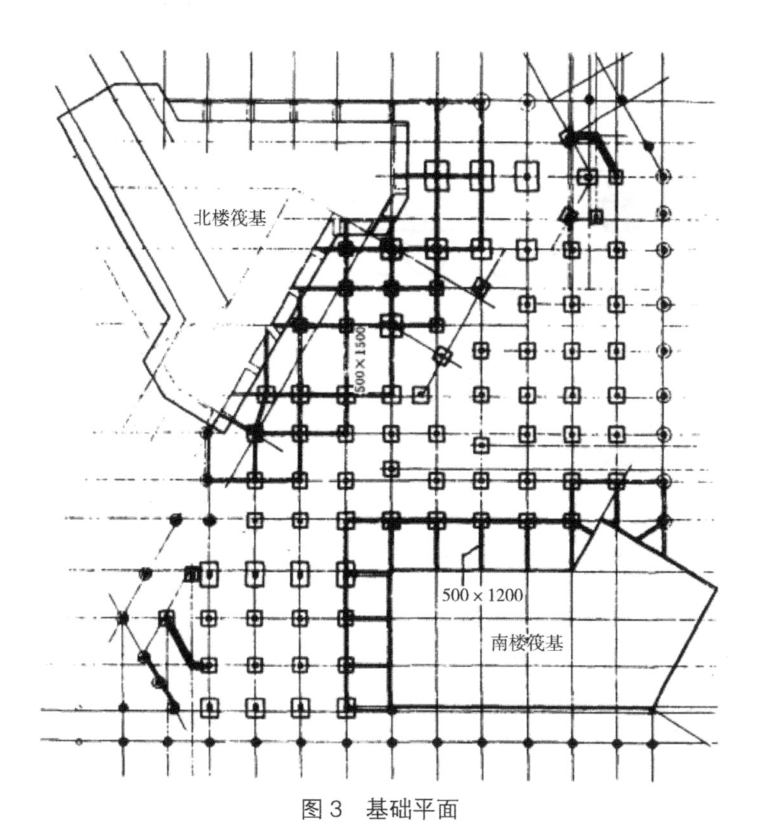

图3 基础平面

措施解决由于不均匀沉降产生的不利影响：

（1）高低层之间设沉降后浇带，待高层主体完工后再浇灌；

（2）扩大高层部分的地基面积，降低基底压力。北楼实际基底压力为475kPa，南楼为350kPa，而提高裙房单独柱基地基的承载力，按600kPa进行基础设计。

（3）裙房与高层相邻的柱基处设置0.5m×1.2m（南楼）及0.5m×0.5m（北楼）的基础拉梁。裙房其他部位的柱基由于地基比较好，不设基础拉梁，仅在地面混凝土垫层中沿柱网设置构造钢筋。

4 桩柱合一

裙房部分外柱是利用ϕ800mm护坡桩兼作工程柱。

地下室为两层框架，轴线交会处的护坡桩均成为框架的边柱（图4），为此该桩配筋除考虑挡土作用外尚需按边柱荷载设计，桩端扩底（图5）。梁柱（桩）节点满足铰支梁端的承剪及主筋锚长要求（图6）。

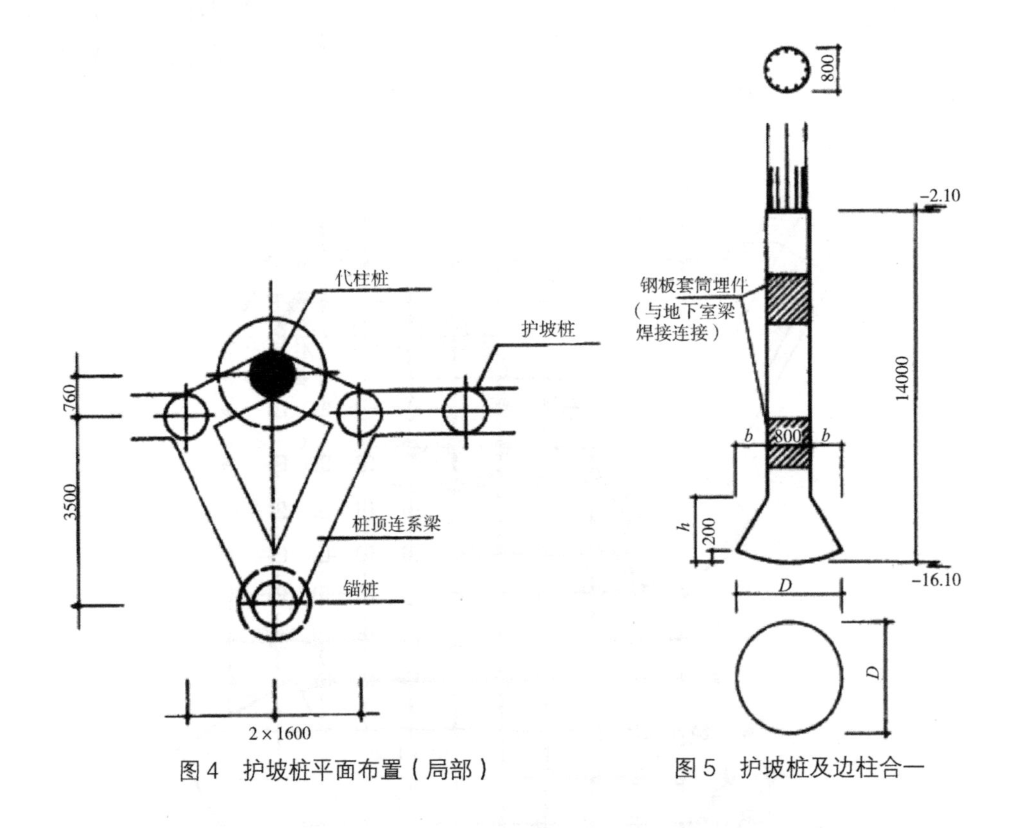

图4 护坡桩平面布置（局部）

图5 护坡桩及边柱合一

护坡桩间设钢丝网喷射混凝土层作为挡土墙，内侧砌240mm厚砖墙。此墙与护坡桩间形成空腔，使地表水流入空腔，直接渗入地下室底部的卵石层内（图7）。取消了地下室外墙及卷材防水的传统做法。

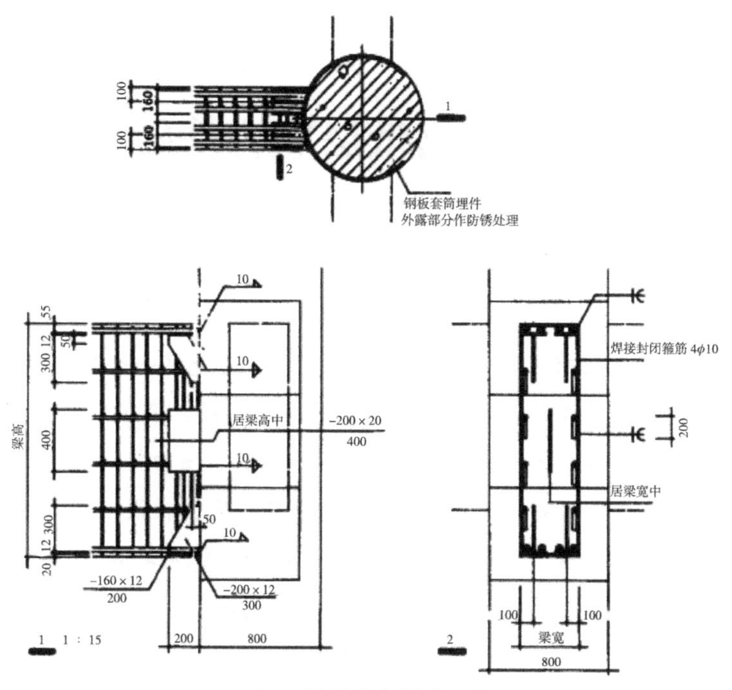

图 6　梁桩节点做法示意

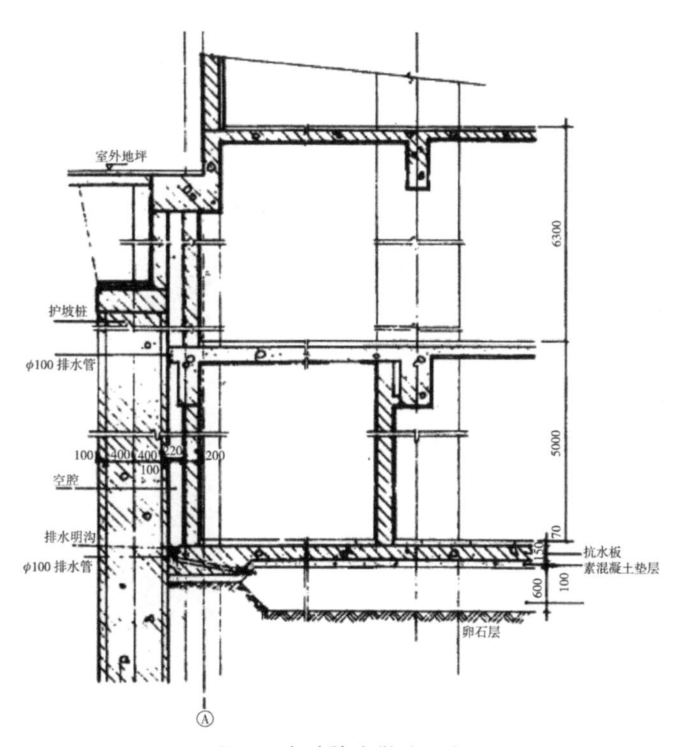

图 7　空腔防水做法示意

【**编者注**】所有用图均摘自《建筑结构优秀设计图集 2》之"北京新世纪饭店主楼结构"，以期让年轻工程师得以感知不同于 CAD 绘图的针管笔绘图的质感。

北京长富宫中心高低层联合基础的设计①

【导读】北京长富宫中心可谓是具有里程碑意义的建筑，是北京市第一个中日合资建造的大型综合建筑，北京第一个高层钢结构建筑，又是第一个实行施工总承包的项目。是高低层联合基础设计的代表性工程，成功实现了设计高、低层联合基础的实践。在中密至密实土上建造高、低层联合整体基础，当基底总压力接近天然土的自重压力时是优于设立沉降缝的传统做法，可以突破过去的习惯规定，较设置沉降缝的传统做法能够达到更好的经济技术效果。预测差异沉降是设计高、低层联合基础的一项关键性工作，开展了许多开创性的研究。设计高、低层联合基础的基本原则是减少高层部分的沉降，增加低层部分的基础延性，适应变形及内力的变化。低层部分的基础形式、埋深、持力层的选择及与高层基础的连接形式等问题的确定，需要经过仔细地计算和经验的判断，得到切合实际的经济合理的方案。结构工程师与岩土工程师密切合作设计的经典实例。

1 工程简况

北京长富宫中心（图1）是北京市第一个中日合资建造的大型综合建筑，其正面126m长的裙房象征着万里长城，而宴会厅顶部的大屋顶则寓意为富士山，正是“长富宫”命名之本意②。此建筑群是北京第一个高层钢结构建筑，又是第一个实行施工总承包的项目③。

图1 建筑实景

长富宫中心位于北京建国门（图2），其饭店客房楼为26层，建筑总高88.95m，地下两层，地下一层及地上二层为劲性钢筋混凝土结构，三层以上

① 本实例编写依据：“长富宫中心高层钢结构设计”《建筑技术》1989年第12期（作者：崔鸿潮、王桂云）、“长富宫中心工程高、低层联合基础的设计”《建筑结构》1989年第5期（作者：张国霞、张乃瑞、崔鸿超、王暐）以及工程资料。

② “北京长富宫中心”《建筑创作》2002年增刊（作者：魏大中）。

③ “从长富宫中心谈中外合作设计”《世界建筑》1993年第4期。

为纯框架钢结构，标准层层荷重为 0.8/m²，高层部分对地基的压应力平均为 221kPa（考虑了高层箱形基础四周挑出后的总面积），较基底以上天然的常驻压力低。低层两层包括地下室及基础的平均荷重为 65kPa，相当于 1/3~1/2 的天然常驻压力。主楼、裙房、办公楼及地下车库的基底埋置深度见图 3。

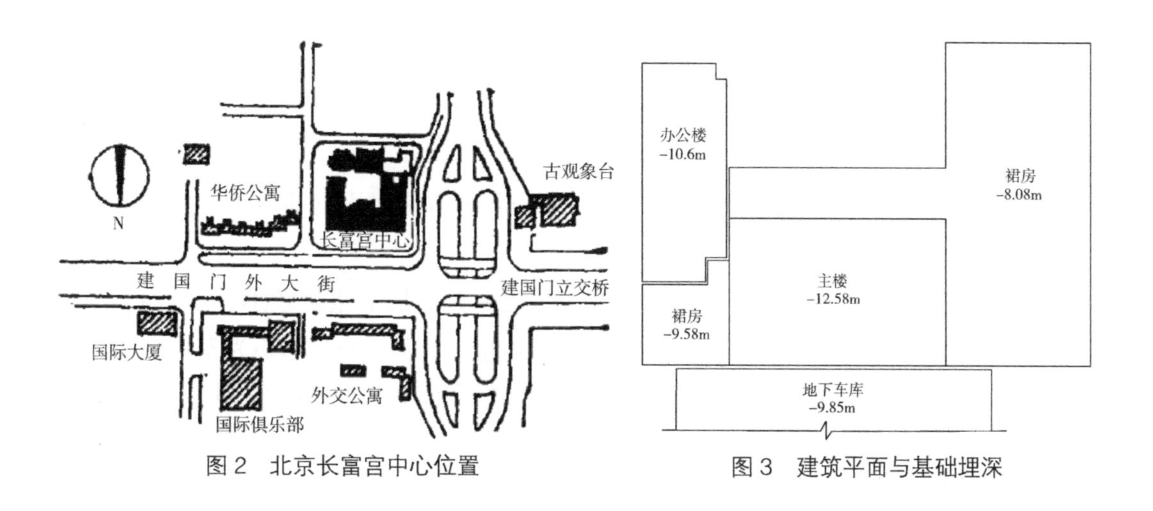

图 2　北京长富宫中心位置　　图 3　建筑平面与基础埋深

2　地基条件

该建筑场地处于永定河冲洪积扇的外围地带，该地区第四沉积层的厚度为 100m，主要由黏性土与砂卵石交互层组成，临近本建筑的实测沉降资料表明，当采用附加压力 150~250kPa 时，平均沉降为 5~15cm。建筑剖面及地层情况见图 4。

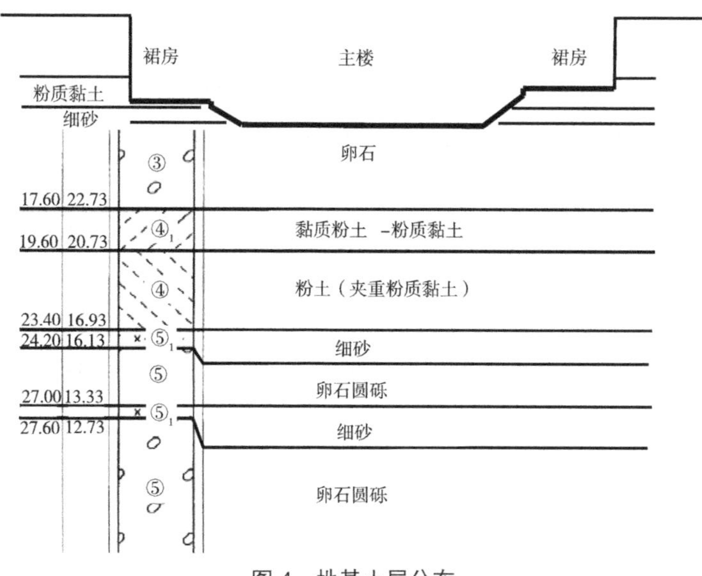

图 4　地基土层分布

3 基础设计

3.1 方案比较

方案①：高、低层整体连续箱形基础，均置于同一砂卵石层上，埋深 12.60m。高层四周设置沉降后浇带。

方案②：高层为箱形基础，置于砂卵石层上，低层采用独立柱基及条形基础，置于粉质黏土上，较高层箱形基础提高 3~4.5m，用斜地基梁将低层基础与箱形基础相连，在高层四周设沉降后浇带。

方案③：高、低层间设永久性沉降缝。需设双墙双柱多用钢筋混凝土及需耗费大量防水材料。

高层基础计算弯矩及沉降差别较小，原因之一是高层的重量较小。方案①在高、低层交界处的弯矩大很多，方案③由于有永久沉降缝，交界处整体弯矩为零。

方案①及②由于减少了沉降缝，增加了建筑有效面积，尤其对于公共建筑，可为建筑布局提供极有利的条件。总之，方案②在经济、技术上是合理的，所选择的基础方案能与地基变形的实际情况相适应，可以实现安全和经济的目标。

3.2 高低层基础间的连接

由图 5 可以看到，高、低层间的最大沉降应是 2.32cm，此沉降差两点之间的距离为 51m，而在高、低层交界处的沉降变形是连续的。因此，可以认为交界处沉降差对结构变形影响极小，可以做成刚性，不会形成很大的附加内力以及造成不安全或材料浪费。其具体做法为：

（1）基础连接

高层部分箱形基础向外扩大 4~7m，埋深从 –12.58m 升到 –9.58m（见图 4），箱形基础底面积由 1238m^2 增到 2318m^2。其目的是减小单位面积对地基土的压力，以减少沉降差。自高层至低层基础梁高由 7.5m 过渡到 4.5m，再由箱形基础端部通过变高度地基梁过渡到 3m 高的低层基础梁，使刚度逐渐变化，适应持力层的变化而可能产生的不均匀沉降。由于高层为钢结构，低层为钢筋混凝土结构，其交界处在图 6 的 AB 间，内力变形是较复杂的，尤其在地震作用下尤为突出，在将箱形基础扩大后，使高低层连接于 BC 之间，避开了 AB 间上部结构的复杂因素，这样使结构更为合理，构造处理较为简单。

低层部分采用独立柱基与地基梁共同承受上部荷载，这样，既避免独立柱基过大，又充分发挥了地基梁的强度及刚度的作用，高层箱形基础连接的变断面地基梁中加强了纵向钢筋，提高其延性以适应可能产生的不均匀沉降（图 7）。

（2）设置后浇施工带

为消除部分高低层间的差异沉降，在它们的交接部位从上部结构到基础设置施工

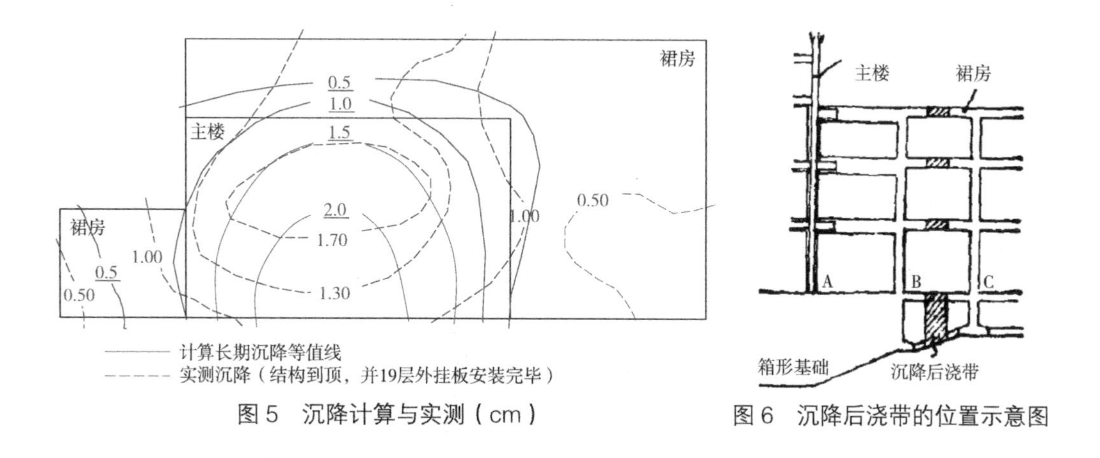

图 5　沉降计算与实测（cm）

图 6　沉降后浇带的位置示意图

后浇带，其位置详见图 6，缝的宽度为 1.50m，施工缝处只是钢筋连通，待高低层结构全部完成后进行浇筑。考虑施工过程中缝间钢筋可能被损坏及锈蚀，该部位的配筋量适当加大。

（3）上部结构的连接

由于高低层的沉降差较小，又考虑其变形的连续性，上部结构也采用刚性连接，具体做法为：将高层部分一、二层的劲性钢筋混凝土结构的钢骨架向外挑出 2m，伸入低层的钢筋混凝土梁中，钢梁上下翼缘上焊锚固钉以加强与钢筋混凝土的锚固，其断面为 500mm × 950mm，并在连接部位增加箍筋量，以提高延性（图 8）。

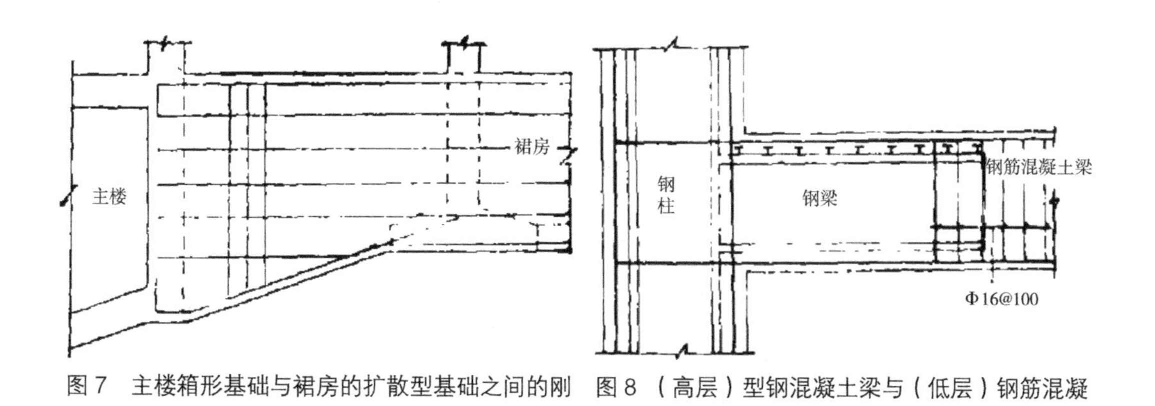

图 7　主楼箱形基础与裙房的扩散型基础之间的刚性构造

图 8　（高层）型钢混凝土梁与（低层）钢筋混凝土梁的连接

（4）地下车库与主楼相邻处基础做法[①]

本工程的饭店主楼地下部分与地下车库相邻，仅有 30cm 的伸缩缝相隔。主楼基底深，车库基础埋深浅，两者高差如图 9 所示。按正常施工程序，应先施工深基础部分，

① 黄德如. 北京长富宫中心工程施工 [J]. 建筑技术，1989 年第 12 期。

后施工浅基础部分。但根据总体施工进度安排，为解决施工用地狭小的矛盾，同时为加快饭店主楼钢结构安装速度，需在地下车库的顶面设 1 台塔式起重机。故需要先施工地下车库，也就是先施工浅基础。经设计院同意，将地下车库的Ⓟ$_G$轴墙体延伸至如图 9 所示深度，配筋与墙体相同，解决了高基础差的施工难点。

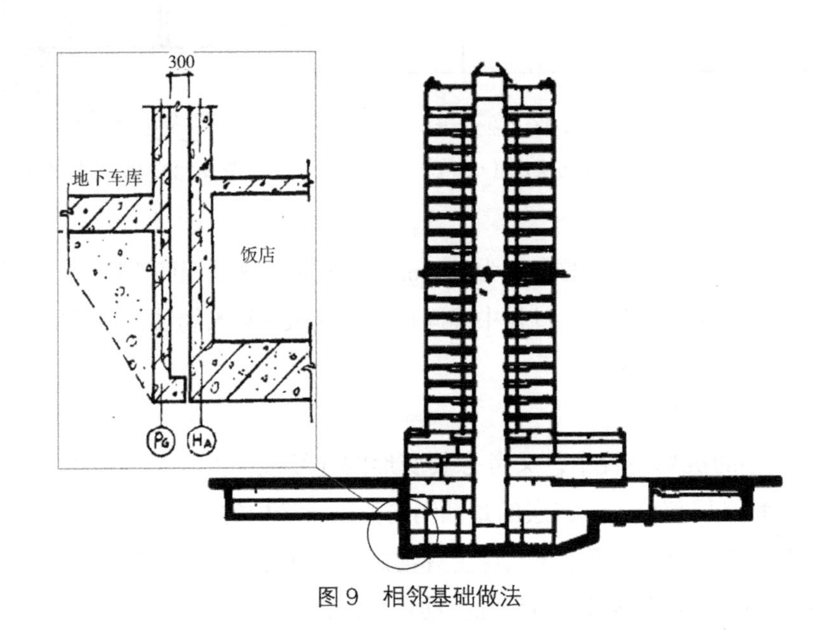

图 9　相邻基础做法

4　结论及建议

（1）在中至密实土上（如北京地区）建造高低层联合基础是可行的，而且较设置沉降缝的传统做法能够达到更好的经济技术效果。

从长富宫中心三个基础方案的计算结果表明，当建筑物总重与所挖土重基本相等时，设置沉降缝与否，对高层箱形基础的变形及内力的影响很小，不致影响实际设计中的基础构件截面及配筋量，有的地方甚至较设沉降缝做法内力更小，配筋更少。

联合基础将高、低层建筑连成一体，免去双墙双柱及沉降缝的防水处理，节省了材料。为使用带来明显效益。

因此，可以认为在中至密实土上建造高、低层联合整体基础，当基底总压力接近天然土的自重压力时是优于设立沉降缝的传统做法，可以突破过去的习惯规定。

（2）差异沉降是设计联合基础的重要依据，而预测差异沉降是设计中最重要和难度较大的工作，一般高层基础埋深十米以上，在此持力层下各建筑场地的土层变化不尽相同，比较复杂。而建筑物本身的结构形式及荷载也是重要的影响因素。因此较准确地预测差异沉降或提供切合实际的变形模量，需要做大量科学、细致的工作及采用有效的计算手段，其中包括坚持长期的沉降观测和工程实际的资料积累，认真进行拟建场地地基土质的试验以及采用电算方法作综合分析对比，在当前为解决以上问题是一种较好的具有一定代表性的方法。

（3）设计高、低层联合基础的基本原则是减少高层部分的沉降，增加低层部分的基础延性，适应变形及内力的变化。

低层部分的基础形式、埋深、持力层的选择及与高层基础的连接形式等问题的确定，需要经过仔细地计算，根据经验进行判断，得到切合实际的经济合理的方案，这是设计高、低层联合基础的一项关键性工作。

（4）在高、低层联合基础设计中的一个重要因素是减轻高层部分自重，减小对持力层地基土的压力，对于中至密实土尤为重要。

但是，即使附加压力是零或是负值时，由于基坑的回弹再压缩所引起的弯矩和剪力仍然是相当可观而不容忽视的。

（5）高、低层基础及其上部结构的连接：在高低层间的差异沉降及基础方案确定之后，连接形式将是保证结构正常工作的重要因素。地基土变形的连续性决定了在交界点两端的变形基本一致，这是设计连接的重要条件。一般可根据土质、荷载及结构形式选择刚性连接或铰接。基础变形较小时可用刚性连接。要注意加强构件的延性，以防止在差异沉降下影响正常工作。刚性连接在构造和施工上简单方便，本工程采用的是刚性连接，差异沉降较大时宜采用铰接或半刚接。在交界处的基础梁及上部结构梁的支座采取铰接形式，以适应差异沉降，减小构件内力。但铰接形式的构造复杂。

北京西站地基基础工程

【导读】北京西站北站房主楼采用了框支剪力墙巨型结构体系。北站房综合楼主楼全部坐落在地铁结构上，南北向地铁在建筑物中轴穿越。结构设计的重点在于确保巨型结构体系在地震作用下的整体抗震能力以及控制不均匀的沉降变形。结构荷载集度差异显著，地基工程特性差别明显，基岩属于极软岩。地铁深埋所形成的基底高差，使得沉降变形控制难度加大。温故而知新，解决不均匀沉降变形的设计思路方法和施工措施以及岩层松动控制爆破技术对今后的工程依然具有指导与借鉴意义。

1 工程概况

北京西站（图 1）是“八五”计划国家重点建设项目。“从 1990 年 8 月开始方案征集到 1991 年总体规划方案审定，到 1993 年 1 月 19 日正式开工建设，1995 年底达到通车条件，1996 年 1 月 21 日正式开通运营，一座宏伟的建筑群体矗立在莲花池畔。”[①] 主站区及广场站前街总规划面积达 62 公顷，主站房综合楼 43 万 m^2，配套工程 25 万 m^2，南北广场及站前街商住楼开发 107 万 m^2，设计总建筑面积达 175 万 m^2。

图 1 建筑实景：从莲花池公园望北京西站

西站主站房综合楼是北京的大门，也是中国的一个大门，是南来北往火车的中心枢纽，又是京九铁路的始发站，称之为京九线的龙头，具有重要的象征意义；同时西站地处金中都遗址公园——莲花池公园一侧，在一定意义上可称为历史地段的建筑，有纪念北京建都七百余年和建城三千零四十年的历史意义。因此北京西站既是中华民族悠久历史的纪念碑，也是现代中国改革开放走向世界、阔步迈向 21 世纪的纪念碑。

2 结构设计

根据北京西站建筑艺术和建筑功能的要求，北站房主楼采用了框支剪力墙巨型结构体

① 金磊 . 跨世纪的规划设计精品——北京西站 [J]. 工程质量管理与监测，1996 年第 3 期：5–7。

系。“大门”上部大梁及主亭为钢结构，“大门”两侧筒体为钢骨混凝土（SRC）结构，其他部分为钢筋混凝土结构。北站房中楼（主楼）两侧 64m 高的建筑物在顶部由 45m 跨大梁连接，形成“首都的大门”。“大门”之上坐落有 38m 高的三重檐亭阁。主楼内部由于建筑功能的要求，下部为旅客进站、出站、售票、候车的大空间，上部为乘务员公寓小开间，中段公寓中设置了贯穿六层的“共享空间”。“共享空间”的上部又承托了三层公寓和一层连廊。综合上述两点，结构整体形成了含有三次空间转换的巨型结构体系（图 2、图 3）。南北向地铁在建筑物中轴穿越，北站房综合楼主楼（中楼）全部坐落在地铁结构上。

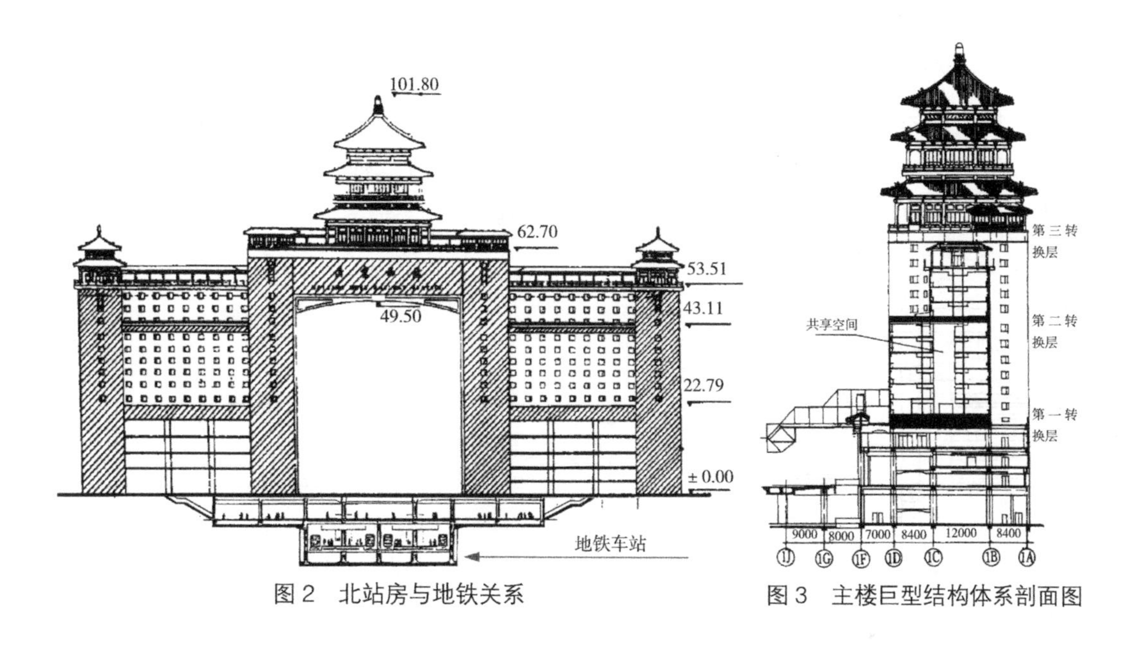

图 2　北站房与地铁关系　　图 3　主楼巨型结构体系剖面图

结构设计的重点在于确保巨型结构体系在地震作用下的整体抗震能力以及控制不均匀的沉降变形。“我们依照抗震设计三准则及二阶段设计步骤，对结构体系进行了全面的抗震设计。并在国内建筑工程中首次采用三维杆系弹塑性动力分析手段，将结构设计水平提高到一个新的高度。”①

3　软岩地质

区域地质研究结果表明，西客站地铁的围岩为中新世天坛组（N1）。由于成岩时间短，成岩胶结程度差，因此它们比下第三纪以前的泥岩性质软弱得多，是泥质岩系列中最差的一类。加之第四纪覆盖层薄和上第三纪晚期以来的古风化作用，更进一步导致这种岩石性质的弱化，而似乎成为“岩不岩土不土，岩土难分”的灰色领域。采用直径与高度比 1 ： 2 的圆柱形试件，试验结果表明，其单轴抗压强度一般仅为 0.79~2.00MPa，

① 张青，陈彬磊，丁宗梁，霍焕德. 北京西站北站房主楼抗震设计与研究 [J]. 建筑结构学报，1996 年第 5 期：14–21（在站房设计及本文成文过程中，得到了胡庆昌、程懋堃两位总工程师的指导及李康宁博士的帮助，在此深表谢意）。

平均值为1.493MPa；埋深20m以下的砖红色泥岩强度略高，为1.53~2.00MPa，小于20m的泥岩强度为0.79~1.41MPa。崩解耐久性极差（遭受一次干湿循环便崩解破坏），而且具有显著的膨胀性，属极软的泥质膨胀岩[①]。地铁站的地表和地下开挖将对地下工程的稳定性造成极为不利的影响。因此地表开挖季节的选择，防风化、防膨胀工程措施的实施对确保施工质量和工程稳定具有重要意义。

4 地基基础

北京西站的站房工程由北站房综合楼及站前广场、高架候车室及南站房三部分组成（图4）。根据地基勘察报告，北站房的地基持力层构成复杂。北站房综合楼基础采用天然地基方案，持力层土质共分为三个区六个类型[②]，其类型、区域、持力层岩性见图5，相应的地基承载力值见表1。北站房综合楼基础共分三种类型（表2）：箱形基础，交错反梁结构的筏板基础，地下车库采用独立柱基。

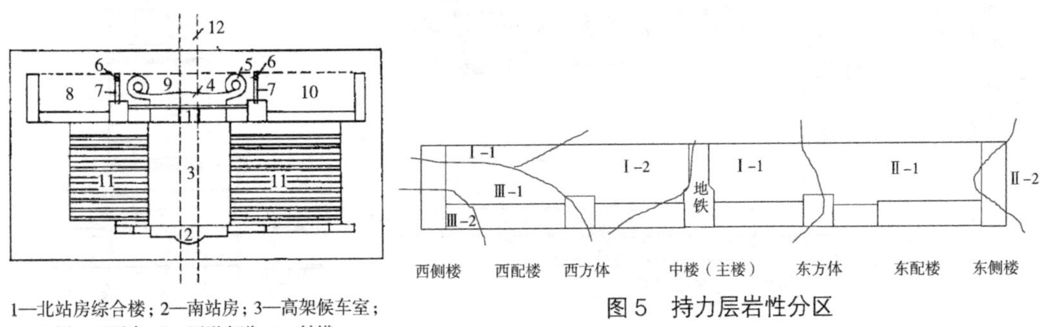

1—北站房综合楼；2—南站房；3—高架候车室；4—二层人口平台；5—环形车道；6 钟塔；7—人行钢桥；8—西副广场；9—中央主广场；10—东副广场；11—站台；12—地铁

图4 站房平面示意图

图5 持力层岩性分区

持力层分区说明 表1

区号	持力层性质	承载力 R（kPa）[③]
Ⅰ-1	第三纪砾岩	400
Ⅰ-2	第三纪黏土岩、局部薄层砾岩	280
Ⅱ-1	新近沉积卵石、圆砾局部及其下卧层为轻、重粉质砂土及细砂	260
Ⅱ-2	新近沉积卵石、圆砾及其下卧层为第三纪砾岩	280
Ⅲ-1	新近沉积轻、中粉质黏土	180
Ⅲ-2	新近沉积卵石、圆砾	300

① 曲永新，吴芝兰，徐晓岚，成彬芳．北京西客站地铁站的膨胀岩[A]// 第三届全国岩土工程实录交流会岩土工程实录集[C]. 北京：兵器工业出版社，1993.

② 丁宗梁．北京西站结构设计[J]. 建筑结构学报，1996年第5期：2-13.

③ 承载力 R 值为修正后地基土的容许承载力，相当于现行《北京地区建筑地基基础勘察设计规范》DBJ 11—501—2009的地基承载力标准值f_a、国家标准《建筑地基基础设计规范》GB 50007—2011的地基承载力特征值f_a。

北站房基础类型　　表 2

各段名称	槽底标高（m）	地下层数	基础类型
主楼	−13.10	二层	箱基
东方体	−12.50（局部 −12.90）	二层	筏基
西方体	−12.40	二层	筏基
东配楼	−10.85	二层	箱基 + 筏基
西配楼	−10.85	二层	箱基 + 筏基
东侧楼	−10.85	二层	箱基 + 筏基
西侧楼	−10.85	二层	箱基 + 筏基
地下车库	地车库下沉广场：−11.80	二层	独立基础
	东配楼地下车库：−11.55/−7.65	一至二层	
	西配楼地下车库：−8.40/−10.55	一至二层	
地铁预埋	−18.156，−18.659，−17.448	一层	变截面多跨度隧道

注：± 0.000=48.15m。

北站房中央主楼结构地基基础用非线性地基与基础协同分析方法，用“高低层建筑差异变形分析软件”进行计算，基础沉降计算值见图 6。地层岩性的变形参数为：第三纪砾岩，压缩模量 E_s=70.0MPa，剪切波速 v_s=650m/s；第三纪黏土岩，压缩模量 E_s =23.2MPa，剪切波速 v_s=550m/s。

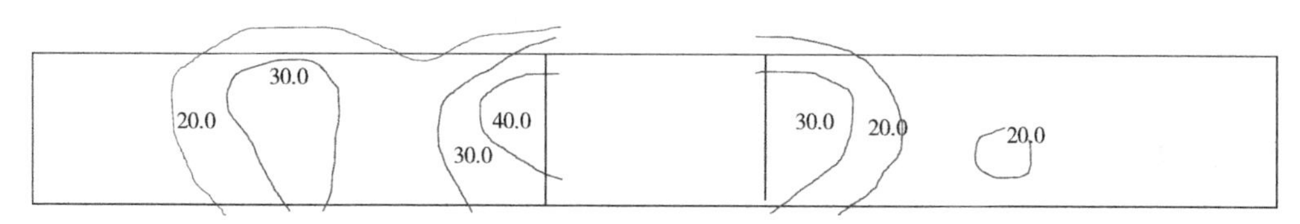

图 6　主楼沉降计算等值线（单位：mm）

5　地铁深埋

主楼东、西两楼箱形基础分别位于地铁两侧，与地铁基础槽底标高相差约 5.0~5.5m，利用地铁结构来承担主楼地基反力产生的侧压力和地基土的稳定，地铁设计与施工过程中采用了下列措施[①]。

5.1　解决地基及荷载不均匀的设计施工措施

本工程地基不均匀。从纵向看，车站长 217m，基础不在同一持力层上；从横向看，上下两层高差 8.72m，上下层基础亦不在同一持力层上。

① 崔志杰，周国云，何丰宇．北京西客站地铁车站的设计与施工 [J]. 建筑技术，1995 年第 12 期：737–740.

荷载的不均匀性，是由地铁车站上面支承着铁路高架候车厅及铁路列车在其顶板上通过引起的。高架候车厅的立柱，纵向因受铁路股道限制，只能在铁路站台上设支撑立柱，柱距为15.4m及20.4m，横向柱距为18.8m及12.0m，单根柱受荷面积大。而地铁车站的立柱，凡与高架候车一厅的立柱相对应的柱的轴向力都较大，尤其以中轴线两侧的柱子为最大（近30000kN），而在铁路股道下的立柱，因不与其对应，这部分柱的轴向力相对较小。铁路列车东西方向通过，又对顶板和柱子的受力影响较大。为解决地基与荷载的不均匀问题，在设计和施工中采取了三个办法：

（1）采用交叉梁式筏基，并尽量将其刚度调节为最大，使整体上达到地基受力均衡。

车站的顶板，除设有与底板相对应的纵横梁外，还在每一列车股道下相应设置2根肋梁，以承受列车荷载。

（2）进行地基与基础的协同分析，对地铁车站，因上部结构物传来的不均匀荷载，地基土层的差异引起的不均匀沉降，以及由此引起的结构内力的变化进行估算。

（3）提高结构在上下层变化处的抗弯扭能力，加强该处肥槽的回填质量，使其密度与上层大厅的持力层相同。

5.2 岩层松动控制爆破技术

本车站采用明挖法施工，最大挖深17m，共需挖运土方60余万m^3。地质情况较复杂，绝对标高31.00m处地下水丰富，每昼夜涌水量达8200t，故采用了ϕ600mm深井降水。在绝对标高34.00m处有第三纪砂砾岩层。为确保工期，经多种方案比较后决定采用松动控制爆破施工。爆破区北距西客站主站房地基仅3m，且主站房地基比地铁站厅层地基高6m，局部有护坡桩，给爆破施工带来很大难度。为使主站房地基不受爆破扰动，采取了以下措施。

（1）爆破前在主站房地基南侧1m处开挖一条减震沟，将爆破区与主站房地基隔断，避免爆破冲击波的直接扰动，减震沟如图7所示。减震沟采用浅孔小药量松动爆破与机械开挖相结合的方法施工，避免影响主楼地基。

（2）减震沟开挖后采用密孔小药量毫秒微差起爆技术进行大面积松动爆破。

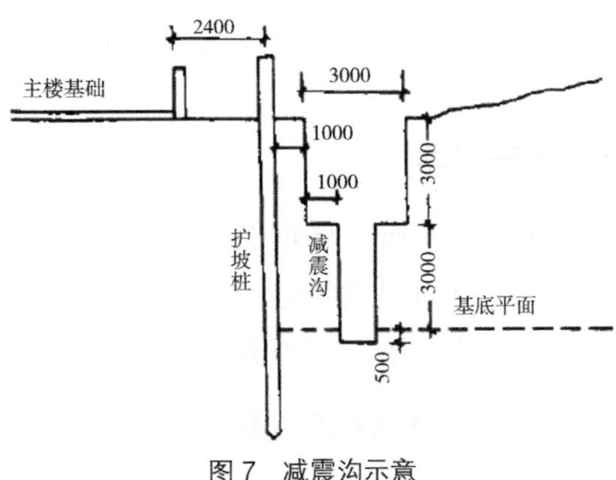

图7　减震沟示意

中国建设银行总行大楼箱形基础设计①

【导读】因建筑造型需要，采用现浇钢筋混凝土巨型结构体系，结构竖向荷载和水平荷载均由巨型柱和内筒来承担，因荷载集度造成基底压力相差悬殊，经反复研究，最终采用增设一层箱形基础以控制不均匀沉降。由于未采用桩基，节约施工工期约2个月。沉降实测证明天然地基箱形基础设计合理可靠。

1 结构特点

中国建设银行总行大楼位于北京金融街，地上22层框架–剪力墙结构（局部筒体结构）的办公综合楼，总高度为116.65m（主体高82.4m）。主体建筑由三部分组成，外围是对称的一双鼎形塔楼，四片具丰富体量感的剪力外墙，由六只强劲有力的巨型柱支撑，形成双鼎并立的强烈建筑外观（建筑实景见图1）。该建筑地下4层，地下1层为职工餐厅、库房及部分汽车库，地下2层为设备用房，地下3层全部为地下车库，地下4层为库房兼结构层。该大厦于1998年4月投入使用。

图1 建筑实景

该建筑因建筑造型需要，采用现浇钢筋混凝土巨型结构体系，巨型柱由三角形角部的钢筋混凝土筒组成，巨型柱之间用空腹桁架梁连接，结构竖向荷载和水平荷载均由巨型柱和内筒来承担，即由8个筒体承担全部上部荷载，故荷载集度造成基底压力相差悬殊，其中2个内筒的基底压力达850kN/m^2，6个角筒的基底压力为420~440kN/m^2，地下室的基底压力在92~160kN/m^{2}之间，角筒与内筒平面位置见图2。因此不仅要控制高层与低层之间的沉降差，还需要控制高层建筑内部的沉降差异。

---

① 本实例根据《建筑结构优秀设计图集3》信达金融大厦结构设计（主要设计人：关桂学、束伟农、周思红）、信达金融大厦岩土工程勘察实录（作者：李立）以及工程笔记编写。

2 地基条件

本工程的地基勘察分两阶段进行，即初步设计阶段和施工图设计阶段，时间分别为1994年6月和12月。场地内钻探揭示赋存一层地下水，其类型属于潜水，水位埋深为17.60~18.40m（1994年6月）、17.30~18.30m（1994年12月）。地下水位处于基底砌置深度以下，如图3所示。

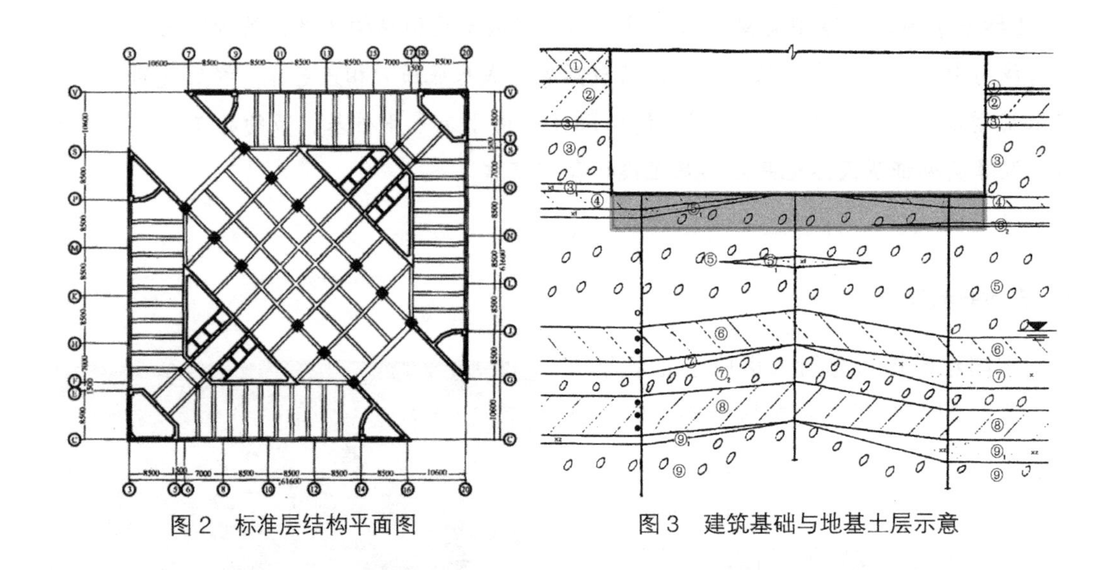

图2 标准层结构平面图　　图3 建筑基础与地基土层示意

根据地勘报告，基底持力层为地基直接持力层，土质为黏性土薄层（黏质粉土、砂质粉土④层、黏土、重粉质黏土④$_1$层），以下为卵石⑤层（夹细、粉砂⑤$_1$层，局部粉质黏土、黏质粉土⑤$_2$层）厚约12.04~13.64m；自标高14.64~16.24m以下为低压缩性的黏质粉土、粉质黏土⑥层，并夹有砂质粉土⑥$_1$层，黏土、重粉质黏土⑥$_2$层，厚约2.70~5.30m；自标高10.54~13.24m以下为细砂⑦层，夹有砾砂、圆砾⑦$_1$层，卵石⑦$_2$层与粉质黏土⑦$_3$层，厚约4.20~7.10m；自标高5.53~7.87m以下为黏土、重粉质黏土⑧层，夹有粉质黏土、黏质粉土⑧$_1$层、砂质粉土⑧$_2$层、细砂⑧$_3$层与卵石⑧$_4$层，厚约2.10~ 4.50m；自标高2.44~3.43m以下为卵石⑨层和细中砂⑨$_1$层。

3 控制沉降措施

为了有效地控制差异沉降，采用箱形基础加强了基础对差异沉降的调整能力，并调整沉降后浇带的位置，使得高层写字楼的沉降量下降，并使高层写字楼内部以及与纯地下室相邻节点的差异沉降得到了改善。针对不同厚度的筏板基础（包括2.0m厚）进行了沉降计算，经过多轮分析与会商，确定在原3层地下室方案的基础上加一层箱基用以调整不均匀沉降。

实际设计时，利用地下4层结构设计成箱形基础，与建筑专业协商门洞开设位置，尽量满足箱基设计规范要求，从而有效地扩大巨型柱基础底面积，使局部压应力满足天然地基的要求，同时通过增大柱底受压面积，可调整地基的不均匀沉降。箱形基础剖面见图 4，平面结构模板图见图 5。箱形基础平面呈矩形，尺寸为 82m × 82m，高度为 4.2m，底板厚度为 800mm，顶部厚度 400mm。箱形基础的采用，不仅增加了基础刚度，而且使得基础置于卵石层之上，有利于减小沉降量（图 5）。由于未采用桩基，节约施工工期约 2 个月。

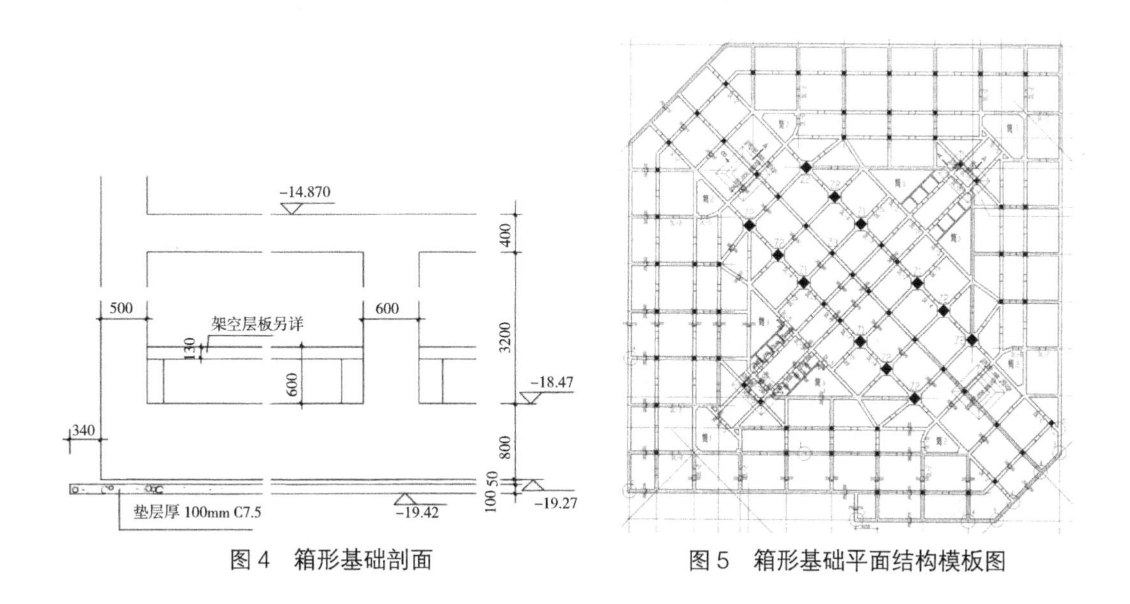

图 4　箱形基础剖面　　图 5　箱形基础平面结构模板图

本工程按设计要求进行了建筑沉降观测，实测的最大沉降量为 32.3mm，沉降趋势呈中部筒体沉降大、边缘小，与计算结果非常吻合，从建筑物结构到顶至建成使用经过了 1 年零 7 个月的时间，中部最大部位仅增加了 4mm，证明基础设计合理可靠。

北京 LG 大厦变厚度筏形基础设计与验证 ①

【导读】通过多方案的技术经济性比较，最终北京 LG 大厦的双子座塔楼选用钢 – 混凝土混合框架 – 核心筒结构，抗震性能好、施工速度快、造价适中、结构自重较轻，基础可采用天然地基，避免了昂贵的桩基方案。大底盘厚筏基础是通过扩大的地下结构，将地面上不同建筑单元连成一体的筏板基础。通过北京 LG 大厦基础设计、沉降观测以及反演，分析了并列式双塔裙房一体的大底盘变厚度筏形基础的变形特征。此类基础的纵向整体变形曲线虽呈连续的多波状，但塔楼下基础整体变形曲线仍呈盘状，在形状上与一般单幢建筑物并无差异。与塔楼连成一体的扩大了的地下结构，在一定范围内具有分担部分塔楼竖向荷载的能力，但也会引起基础偏心使基础出现整体倾斜。强调地下室框架结构及楼板参与工作对减小塔楼下大底盘基础的整体挠曲度有重要影响。

1 工程概况

北京 LG 大厦位于北京市长安街建国门外，总面积为 151345m^2，地下四层，地上由两幢相距 56m，高度为 141m 的 31 层塔楼和中间 5 层裙房组成，是集办公和商业为一体的综合性建筑，建筑实景见图 1。

图 1 建筑实景

双子座塔楼标准层平面近似椭圆，长轴方向为 44.2m，短轴方向为 41.56m，塔楼高宽比为 3.4。开间最大尺寸为 9m，核心筒至边缘框架柱最大距离为 14.75m（图 2）。由于规划日照要求，塔楼从 24 层起逐渐收进，在北立面形成一个大斜坡屋面。结构地面以上东、西塔楼与中间裙房之间各设一道防震缝。抗震设防烈度 8 度，场地Ⅱ类。通过多方案的技术经济性比较，最终塔楼选用钢 – 混凝土混合框架 – 核心筒结构（图 3），裙房选用钢结构。

① 北京 LG 大厦获全国第七届优秀建筑结构设计一等奖（主要设计人：侯光瑜，陈彬磊，赵毅强，刘向阳，苗启松，陆承康，叶彬，刘笛，黄嘉）。本实例编写所依据的资料包括：《建筑结构优秀设计图集 7》之“北京 LG 大厦结构设计”、参考文献以及相关工程资料。

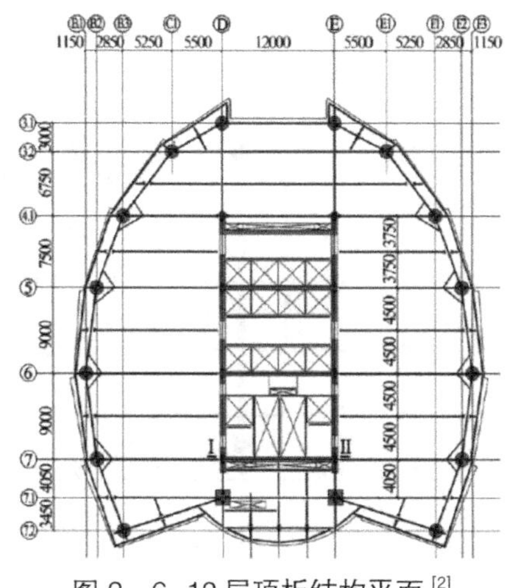

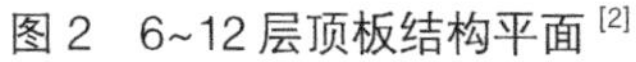
图2　6~12层顶板结构平面[2]

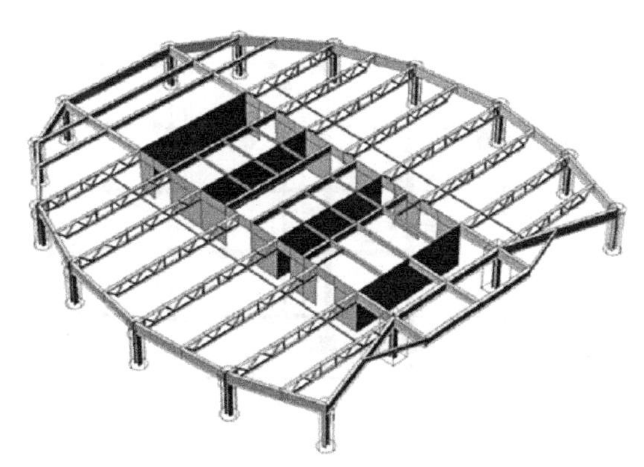
图3　基于桁架梁的结构模型平面（楼板已被隐藏）[2]

钢－混凝土混合框架－核心筒结构的特点是抗震性能好，施工速度快，造价适中，结构自重较轻，基础可采用天然地基，避免了昂贵的桩基方案。工程护坡系统从 ±0.000 至－9.0m 处采用土钉墙护坡结构，-9.00m 以下采用了钢筋混凝土地下连续墙结构（图4），地下连续墙深入筏板下5m深黏土层处，地下连续墙既作挡土用又兼作挡地下水之用，墙厚800mm[1]。

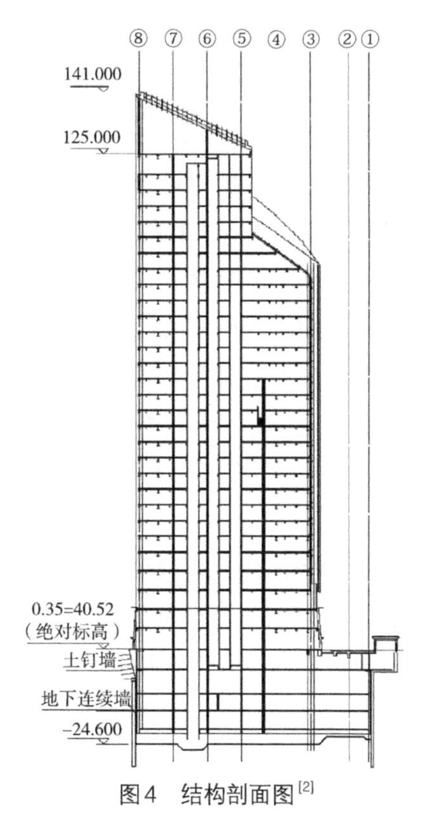

图4　结构剖面图[2]

2　基础设计

工程的基础平面尺寸东西方向为158.70m，南北方向为60.40m，主体建筑外围东、西两端以及北侧纯地下室采用框架结构。地下室为4层，埋深24.6m，不设沉降缝。地基基础设计等级为甲级。整个建筑物基础采用大底盘变厚度平板式筏形基础，其中塔楼的核心筒处筏板厚2.8m，塔楼其他部位及其周边的纯地下室筏板厚2.5m，裙房及其北侧纯地下室部分筏板厚1.2m（图5），筏板的厚度由混凝土的受冲切以及受剪切承载力控制。为了减少高低层之间的差异沉降，在两栋塔楼与中间裙房之间（F2轴与G1轴、N1轴与P2轴之间）设置了控制沉降的后浇带，后浇带一侧和塔楼连接的裙房基础底板厚度与塔楼基础底板厚度相同。筏板钢筋在后浇带内是连续不断的，施工期间后浇带两侧的建筑物可以自由沉降，待塔楼结构封顶后再用微膨胀混凝土封闭。后浇带除了用以控制塔楼与

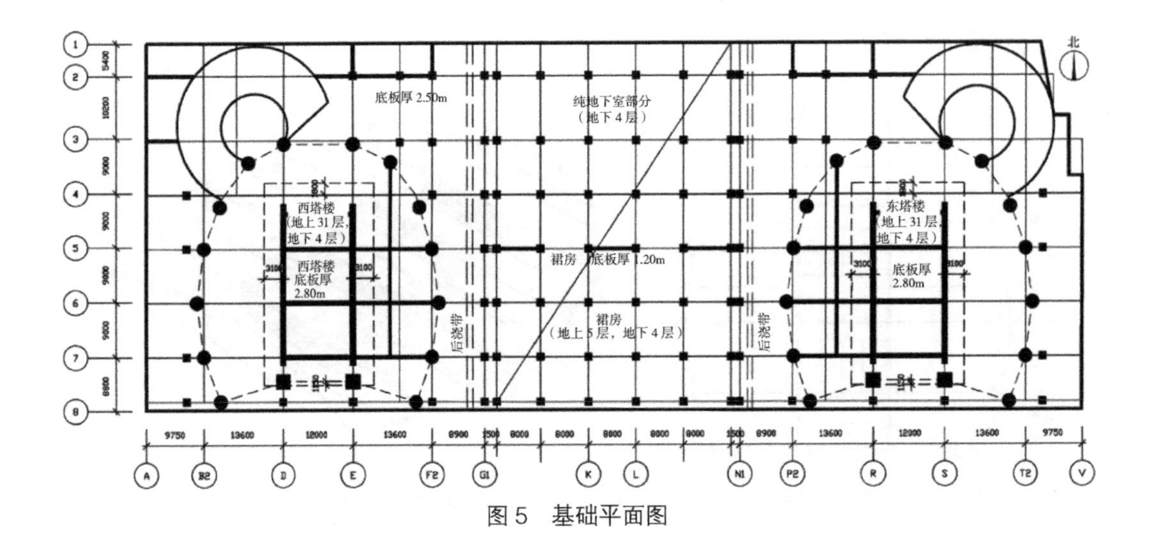

图 5　基础平面图

裙房之间的沉降差外，还可通过改变位置来调整塔楼的沉降值和基底土反力值。工程的后浇带位置是通过计算分析后确定的，计算结果表明：后浇带设在与塔楼相邻裙房的第二跨时，塔楼范围内的基底土反力比后浇带设在第一跨内时约小 10%，但沉降量并没有因基底面积的扩大而显著减小。因此，在满足地基变形允许值和修正后的地基承载力特征值的条件下，工程将后浇带的位置设在与塔楼相邻裙房的第一跨内。

工程基础持力层，除中部裙房及纯地下室局部为细砂、中砂层$⑤_1$（厚约 0.15m）和东、西塔楼的核心筒部位为砂卵石为主的大层⑦（基底以下厚度为 6.22~6.92m）外，其余部位基底以下持力层均为第四纪沉积的粉质黏土、黏质粉土层⑥，黏质粉土、砂质粉土层$⑥_1$。该大层在中部裙房基底以下厚约 1.52~2.89m，其他部位基底以下厚约 0.22~1.57m。在大层⑥以下，为中密 ~ 密实的第四纪沉积的砂卵石、圆砾与黏性土、粉土的交互沉积层。

由于该建筑荷载分布很不均匀，塔楼核心筒处荷载较大，基底以下直接持力层土质不一，且土层厚度亦不均匀，因此委托北京市勘察设计研究院对建筑物进行沉降分析。计算程序采用该院编制的高层建筑地基与基础协同分析软件 SFIA。在荷载取值上，为简化计算，参考以往单幢建筑物结构设计经验，将总荷载按后浇带浇灌前和浇灌后分为两部分。基础刚度按下列原则确定：无墙部位按筏板基础截面考虑，有墙部位按 ±0.000 以下四层墙体与筏板基础的组合截面计算。沉降分析按以下三个阶段考虑：

（1）卸荷阶段：模拟基坑开挖，计算大面积挖土卸荷情况下的应力变化，将原生土自重应力中扣除这种应力变化算得的剩余应力作为下一阶段确定非线性模量的初始应力。

（2）第一加荷阶段：后浇带混凝土尚未浇灌前，取后浇带两侧的建筑物各自总荷载的 75% 作为计算荷载，地基土层用短期模量计算沉降和内力。

（3）第二加荷阶段：后浇带混凝土浇灌后，取建筑物各自总荷载剩余的 25% 作为计算荷载，地基土层用长期模量计算沉降和内力。

最后将第一和第二加荷阶段计算所得的沉降值累加，得到建筑物各点的计算总沉降值。计算结果表明，东塔核心筒下最大沉降量为 79.6mm，东塔核心筒周边框架柱下最大沉降量为 61.3mm；西塔核心筒下最大沉降量为 78.5mm，西塔核心筒周边框架柱下最大沉降量为 66.8mm；中间裙房部分最大沉降量为 40.9mm。

3 沉降观测

为了解和研究双塔裙房一体大底盘变厚度筏板的沉降变化特征，以及验证建筑物沉降计算结果，按《建筑地基基础设计规范》GB 50007—2002 要求，从基础施工开始到建筑物竣工使用期间进行了沉降观测。根据工程的特点，共设置了 54 个沉降观测点，其中两幢塔楼范围内共设了 41 个观测点，中间裙房范围内设了 13 个观测点。观测点埋置在地下 3 层的承重墙和柱上，高于楼面 500mm 处，采用电钻在观测点处钻直径为 22mm，深为 120mm 的圆孔，将钢制的沉降观测标志涂上胶粘剂后打入，标志外露 50mm。沉降观测时间自 2003 年 5 月 8 日至 2007 年 6 月 25 日，历时 4 年零 2 个月，共进行了 51 次沉降观测，未发现异常沉降。沉降观测结果表明：

（1）工程沉降速度最快时刻出现在结构封顶时（2004 年 8 月 25 日），东、西塔核心筒下各点的平均沉降量分别约为 0.058mm/d，0.046mm/d。

（2）从 2006 年 12 月 25 日开始沉降进入稳定期，平均沉降速度小于 0.01mm/d；工程最后一次观测时间为 2007 年 6 月 25 日，距竣工时间相隔 1 年零 10 个月，各点的沉降量均已小于 0.01mm/d，整个工程的沉降已经稳定，满足《建筑变形测量规程》JGJ/T 8—97 规定。

（3）工程 2007 年 6 月 25 日的沉降观测结果（带圆括号者）见图 6。其中东塔核心

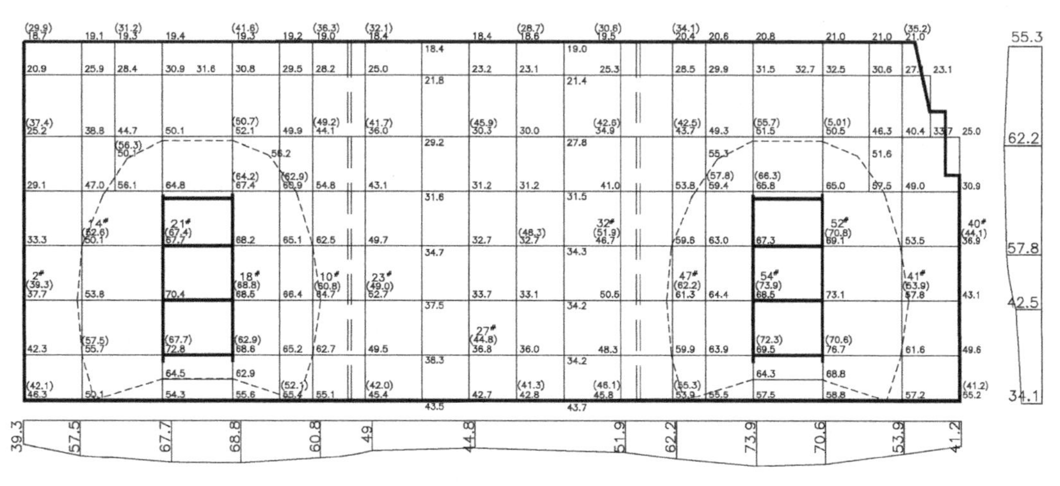

注：带圆括号数值为实测值；无括号数值为反演值

图 6 实测沉降值（单位：mm）

筒下最大沉降量73.9mm，核心筒周边框架柱下最大沉降量为62.2mm；西塔核心筒下最大沉降量为68.8mm，核心筒周边框架柱下最大沉降量为62.9mm；中间裙房部分最大沉降量为49mm。

4 变形特征

（1）工程轴⑤～⑦间基础的实测纵向整体变形曲线呈连续多波状，大底盘基础东、西两端塔楼的整体弯曲呈中间大两端小的盆状弯曲变形，东、西两塔的基础最大整体挠曲度分别约为0.394‰，0.425‰；中间裙房部分的基础受两端塔楼的影响，裙房基础整体挠曲略呈反盆状弯曲变形，基础反向最大整体挠曲度约为0.15‰。大底盘基础东、西两端塔楼横向变形曲线亦呈盆状（图6）。

（2）工程的施工特点是，在筏板基础完工后，塔楼核心筒采用爬模施工方法先行施工，施工进程中东、西两塔并不同步。表1给出了沉降观测全过程中具有代表性的阶段实测成果，以及施工进展情况和后浇带浇灌时间等信息。其中阶段1（2003/09/25）表示西塔范围内，地下4层（B4）的结构顶板和地下3层（B3）墙和柱的混凝土已浇注完毕，核心筒施工到地上10层（核心筒的自重为78700kN）；东塔和裙房范围内，B4层的墙和柱的混凝土刚浇注完毕，东塔核心筒则施工到地上4层（自重为49970kN）。前者由于B4层结构的混凝土业已达到强度，可考虑B4层结构与筏板协同工作，共同承受B4层结构和B3层混凝土墙和柱，以及核心筒的自重；后者由于B4层结构顶板尚未施工，因此B4层的墙和柱以及核心筒的自重只能作为荷载作用在筏板基础上。因此，东、西两塔的基础结构计算模型是完全不同的。

这是一个观察集中荷载作用下两个不同结构模型荷载扩散能力的极好实例。从阶段1的沉降量中可以看到，东、西两塔核心筒下筏板的变形相当均匀，呈现出刚性板的变形特征，且核心筒与四周外围框架柱之间的实测沉降值也相当接近，例如东塔核心筒52号测点的沉降值与距离该点14.75m的41号测点之间的沉降值仅差2.7mm，差异沉降约为0.18‰，这表明了厚筏基础具有很强的扩散荷载的能力；相对于东塔，西塔核心筒处的集中荷载虽然增大许多，但西塔核心筒下18号测点与10号测点间的沉降值也只差2.1mm，差异沉降约为0.14‰，表明B4层结构参与工作后，荷载扩散能力得到进一步加强。同时也观察到西塔核心筒21号测点与相距23.35m的基础边缘2号测点之间的沉降差值为6.9mm，表明随着距离的增大，荷载扩散能力逐渐衰弱。工程沉降观测结果与模型试验反映的荷载扩散规律基本一致[3]。

（3）工程北侧纯地下室挑出主楼16.35m，由于荷载偏心，基础南北方向出现轻微整体倾斜（图6），根据实测沉降值，最大整体倾斜出现在东塔处，其值为0.00035，小于规范要求的限值0.002。

表 1

沉降观测全过程中具有代表性的阶段实测成果

观察日期	阶段	观察点实测沉降值（mm）													施工进展情况			后浇带施工情况
		2	14	21	18	10	23	27	32	47	54	52	41	40	西塔	裙房	东塔	
2003/09/25	1	7.7	14.1	14.6	12.3	10.2	5.5	5.4	6.3	8.4	10.6	10.4	7.7	7.3	筒 10+B3 顶板	B4 墙柱	筒 4+B4 墙柱	未灌注混凝土
2003/11/27	2	16.3	25.1	30.9	28.2	23.9	15.9	13.0	15.7	20.9	27	27	17.8	16.4	筒 23+B1 顶板	B2 顶板	筒 15+B2 顶板	开始灌注底板后浇带
2003/12/25	3	18.2	28.2	34.9	32.7	28.2	20.7	17.1	19.8	25.2	31.9	31.1	21.4	19	筒 28+F5 顶板	B1 顶板	筒 23+B1 顶板	2004/5/13~25 浇注 B4 层后浇带混凝土 2004/5/27~6/3 浇注 B3 层后浇带混凝土 2004/5/30~6/7 浇注 B2 层后浇带混凝土 2004/6/3~6/10 浇注 B1 层后浇带混凝土
2004/08/25	4	31.9	42.5	54.3	54.3	47.3	37.7	34	40.2	49.8	58	55.5	44.5	34.9	筒 31+F31 顶板	F5 封顶	筒 31+F31 封顶	
2004/10/25	5	32.6	43.4	55.4	55.3	48.1	38.4	34.7	41.1	50.6	58.9	56.3	45.4	35.7	装修	装修	装修	
2006/06/25	6	38.5	51.1	65.4	67.1	58.4	47.6	43.4	49.8	60.6	71.7	68.5	52.7	43.4	装修	装修	装修	
2006/12/25	7	38.5	52.3	66.8	68.1	60.1	48.2	44.0	51.3	62	73.4	70.2	53.9	43.5	竣工	竣工	竣工	
2007/06/25	8	39.3	52.6	67.4	68.8	60.8	49	44.8	51.9	62.2	73.9	70.8	54.5	44.1	竣工	竣工	竣工	

5 思考和分析

由于土体不是理想的弹性体，目前各种基于弹性理论的沉降计算方法均需采用沉降计算经验系数予以修正以提高计算精度，而沉降计算经验系数则源于长期积累的实测沉降资料。同时，实测沉降值又是地基、基础和上部结构三者共同工作的综合反映。因此，跟踪和掌握沉降观测结果，比较和分析实测和计算之间的差异，就显得尤为重要。

5.1 关于地下结构参与工作的问题

工程两幢塔楼核心筒下的原最大计算沉降值及其平均计算沉降值与实测沉降值较接近，然而，基础边缘处的计算沉降值比实测沉降值小很多。如何分析这种现象？联系到沉降分析时，无墙部位的基础刚度仅考虑了筏板刚度，有墙部位的基础刚度则按±0.000以下四层墙体与筏板基础的组合截面计算，分析时忽略了地下室框架结构以及楼板刚度的影响，我们认为这是基础边缘计算沉降值偏小的主因。由于基础中部的地基应力重叠，中部的地基刚度要小于基础边缘的地基刚度，从而使基础中部的沉降大于基础边缘的沉降，即产生盆状沉降。工程塔楼下基础的变形即属此类。根据接触点之间变形协调条件，地下结构要符合呈盆状变形的基础沉降曲线，地下结构中间核心筒处将产生附加拉力，而边柱或尽端墙段则将产生附加压力，即作用在核心筒上的竖向荷载将有一部分转移至基础边缘。因此，作用在筏板上的竖向荷载，其不是静止的，而是随着地基的沉降不断地相互调整着，结构上的这种内力重分布是通过连接竖向构件包括筏板、框架梁以及楼板在内的水平构件间的剪力传递来实现的。忽略了地下室框架结构以及楼板刚度的影响，意味着失去了一部分调整内力的功能，这样中间核心筒转移至基础边缘的荷载就少，其结果将导致基础边缘处的沉降值偏小、基础的整体挠曲度偏大的现象。因此，沉降分析时仅考虑地下室墙的刚度是不够的，还应同时考虑地下室框架结构以及楼板刚度的影响。

5.2 关于后浇带封闭时间的问题

工程设计时原定待结构封顶后再浇注施工缝处的混凝土。实际施工中，观察到西塔核心筒施工至23层、裙房施工到地下2层结构顶板时，塔楼10号测点与相邻裙房柱23号测点之间的沉降差仅8mm，差异沉降约为0.9‰，小于预期的结果。因此，在西塔楼核心筒施工至23层时，决定从筏板基础开始往上陆续浇注后浇带混凝土。此时，西塔范围内的结构自重约为该塔总荷载的50%，东塔和中段范围内的结构自重约为各自总荷载的40%。沉降观察结果表明，整个工程沉降稳定时，塔楼与相邻裙房柱最大沉降差为11.8mm，差异沉降约为1.25‰。因此，对中密或密实的一般第四纪的卵石、砂与黏性土、粉土交互地基上的基础，施工后浇带的混凝土浇筑时间可根据沉降实测值和计算确定的后期沉降差满足规范要求后确定，无需等待塔楼主体结构封顶后再浇注后浇带混凝土。

5.3 验算

为进一步说明地下室框架结构以及楼板参与工作对基础边缘沉降值的影响，根据工程施工的实际进展情况再次进行沉降分析，分析仍按卸荷阶段、第一加荷阶段、第二加荷阶段这三个阶段考虑。第一加荷阶段：根据统计，后浇带混凝土浇灌前，西塔部分取总荷载的 50% 作为计算荷载，东塔部分及中间裙房取总荷载的 40% 作为计算荷载；基础与地下室刚度，根据施工情况，西塔部分考虑了四层地下结构和筏板的刚度；东塔部分及中间裙房则考虑两层地下结构和筏板的刚度；B4 层楼板由塔楼核心筒延伸至基础周边外墙处。第二加荷阶段：后浇带混凝土浇灌后，西塔、东塔和裙房分别取各自总荷载剩余的 50%、60% 作为计算荷载；地下结构连成整体后，考虑地基与 ±0.000 以下四层地下结构及楼板和筏基协同工作。最后将第一和第二加荷阶段计算所得的沉降值累加，得到各点的总沉降值。除北墙可能受相连的室外地铁通道以及大面积室外竖井传来的荷载影响，实测沉降值大于计算沉降值外，其他各点的计算沉降值已很接近实测沉降值，从而验证了沉降分析时考虑地下室框架结构以及楼板刚度的必要性。

6 结论

（1）并列式双塔裙房一体的大底盘变厚度筏形基础，其纵向整体变形曲线虽呈多波状，但基础两端塔楼的变形曲线仍呈盆状，在形状上与一般单幢建筑物并无差异；受两端塔楼荷载的影响，中间裙房基础变形呈反向弯曲，其变形曲线与基础两端塔楼的变形曲线是连续的；基础两端塔楼的横向变形曲线亦呈盆状，受挑出主楼的纯地下室的影响，荷载重心偏离基底平面形心，基础横向出现轻微整体倾斜。设计时需注意因扩大地下结构造成基础偏心所带来的影响。

（2）由于大底盘基础两端塔楼的变形呈盘状，作用在塔楼核心筒上的竖向荷载将有一部分转移到基础边缘外墙及后浇带一侧的地下室裙房柱上，因此这些构件的内力要大于常规分析，设计时应予以足够重视。

（3）沉降分析时仅考虑地下室墙的刚度是不够的，还应同时考虑地下室框架结构以及楼板刚度的影响，否则将得到与实际不符的较小的基础边缘沉降值、较大的塔楼基础整体挠曲度。

参考文献

[1] 侯光瑜，陈彬磊，沈滨，等 . 双塔裙房一体的大底盘变厚度筏形基础变形特征 [J]. 建筑结构，2009，39（12）：144–147.

[2] 侯光瑜，陈彬磊，苗启松，等 . 钢 – 混凝土组合框架 – 核心筒结构设计研究 [J]. 建筑结构学报，2006，27（2）：1–9.

[3] 黄熙龄 . 高层建筑厚筏反力及变形特征试验研究 [J]. 岩土工程学报，2002，24（2）：131–136.

北京国际竹藤大厦地基基础与抗浮设计优化[①]

【导读】北京国际竹藤大厦是典型的主裙楼大底盘基础的形式，地基变形控制严格，场地分布有多层地下水且水位高，通过孔隙水压力现场测试与地下水渗流分析，扩展了“抗浮设防水位”概念，突破传统静水压力计算方法，合理减小了浮力作用值，优化了抗浮设计，无需抗浮措施（抗浮桩或抗浮锚杆），有利于主裙楼差异沉降控制，主裙楼均采用了天然地基方案且最终取消了沉降后浇带，沉降实测表明地基基础设计方案做到了既经济又合理。

1 工程概况

北京国际竹藤大厦位于北京市朝阳区望京阜通东大街 8 号，隶属于国家林业局国际竹藤中心，服务于国际竹藤组织（INBAR），2004 年投入使用，建筑实景见图 1。

工程场地位于北京东北部望京新城 B-5 号地，占地面积约 90m × 80m。本工程由框架 - 剪力墙结构主楼（地上 16 层，局部 14 层、18 层）与裙房（3 层、8 层）以及框架结构的纯地下室组成。主楼设 2 层地下室，基底埋深约地面下 8.50m，纯地下室为地下 2 层，基底埋深约地面下 11.00m。主楼与纯地下室部分连成整体，是典型的主裙楼大底盘基础的形式。

图 1 建筑实景

2 地质条件

根据地基勘察报告，场地自然地面标高约 36.38~36.99m。地层土质以黏性土层 ~ 粉土层 ~ 砂层交互沉积所构成。基底的地基直接持力层为细粉砂层。场地内分布有三层地下水，由浅至深依次为台地潜水、层间潜水和承压水。场地内测得台地潜水水位标高为 32.32~34.24m，层间潜水水位标高 29.54~30.50m，均高于基底标高。地层、地下水与基础关系见图 2。

① 本实例根据地基勘察资料、设计资料以及参考文献与工程笔记编写，由于东晖、孙宏伟统稿。

3 抗浮水位

考虑到主裙楼之间荷载相差明显，纯地下室自身荷载小而基底埋置较深，处于超补偿状态，此时若按传统静水压力计算方法（若取近 3~5 年最高地下水位为抗浮水位），必须采取抗浮措施，无论抗拔桩或抗浮锚杆都不利于主裙楼差异沉降的控制。因此，针对本工程抗浮水位进行了专项技术咨询分析工作。

在外业工作的基础上（场地现状水压力分布见图 3）对区域水文地质条件、场区水文地质条件（场区地下水赋存状况与场区地下水压力分布特征）、场区勘察深度范围内的 3 层地下水（台地潜水、层间潜水、承压水）水位动态进行深入分析，在此基础上进行了最高地下水位的预测。分析工作中，采用了最新研究成果《建筑场地孔隙水压力测试方法、分布规律及其对建筑地基影响的研究》，根据区域水文地质、工程地质条件、勘察结果以及地下水监测结果，建立建筑地基原生孔隙水分布场的计算模型。通过研究多层地下水动态关系和影响因素分析，预测最高地下水位，并采用有限单渗流分析方法进行水压力计算。扩展了“抗浮设防水位”概念，突破传统静水压力计算方法。

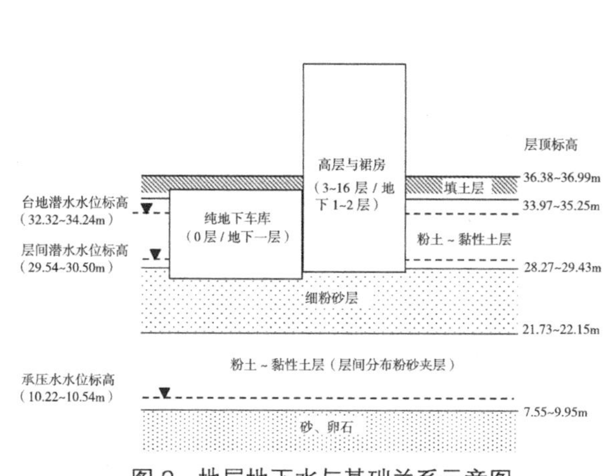

图 2 地层地下水与基础关系示意图

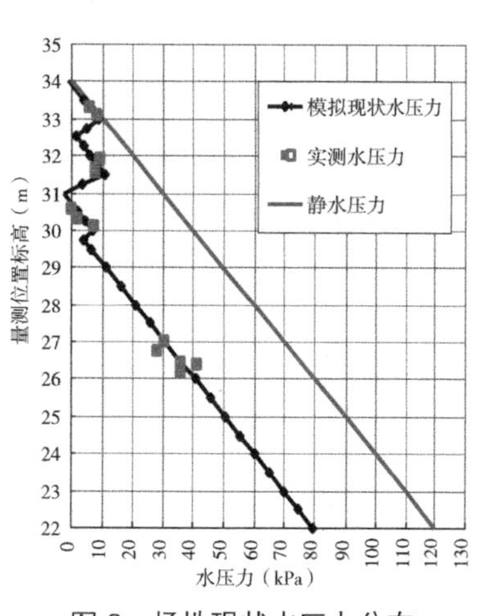

图 3 场地现状水压力分布

4 地基基础

4.1 地基分析

根据地勘报告所揭示的地层土质条件和本工程的结构特点，针对天然地基方案进行了深入的地基分析，包括：

（1）采用规范规定的承载力计算公式对基底直接持力层及相对弱下卧层进行了承载力验算。按照北京地区建筑地基基础勘察设计规范规定的极限承载力计算方法进行验算，满足上部荷载对地基承载力的要求。

（2）纯地下室处于超补偿状态时可能对高层主楼地基整体稳定产生不利影响，采用圆弧滑动条分法进行验算，安全系统满足规范要求。

4.2 抗浮分析

根据场区垂向水压力分布预测①得出的水压力分布曲线（图4），抗浮设计水位较近3~5年最高水位降低了1.70m，浮力作用值减少17kPa，抗浮措施以压重为主，不采用抗拔桩方案。

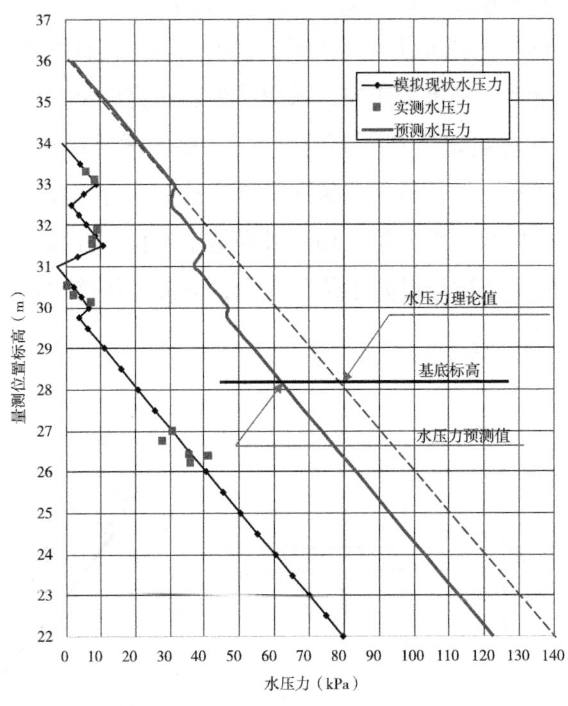

图4 场区垂向水压力分布预测

4.3 基础设计

基础结构平面见图5，纯地下室采用天然地基方案，且无需抗浮措施（抗浮桩或抗浮锚杆），有利于主裙楼差异沉降控制，主楼亦采用天然地基方案，在采取基础刚度合理优化措施之后，经过沉降计算分析，最终取消了沉降后浇带。

5 沉降实测

该工程于2000年7月开工，2001年1月结构封顶。按照设计要求，进行了沉降观测，在建筑物范围内共埋设观测点13个，2000年8月10日进行首次观测，在建筑施

① 魏海燕，孙宏伟，孙保卫，徐宏声．建筑基础结构设计中的地下水问题[A]//21世纪高层建筑基础工程[C].北京：中国建筑工业出版社，2000，253-256.

工至 -7.00m 时埋设沉降观测点并进行初读，2001 年 1 月 5 日施工至结构到顶时的实测沉降值见图 6，观测数据表明地基基础设计做到了既经济又合理。

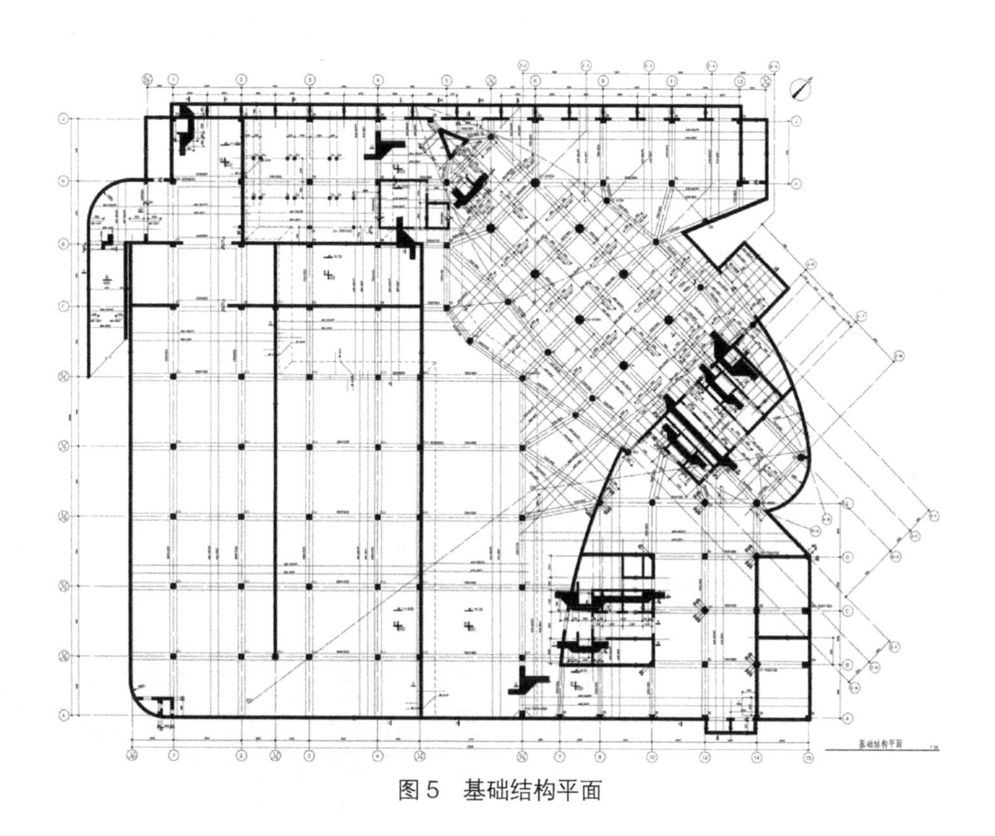

图 5　基础结构平面

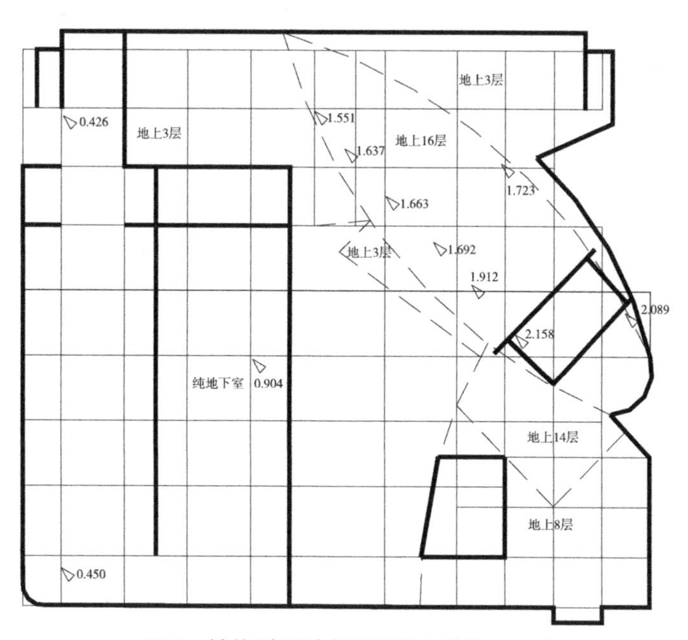

图 6　结构到顶时实测沉降（单位：cm）

国家体育馆地基基础与抗浮设计①

【导读】建筑采用了下沉式设计，基础埋深标高远低于抗浮设防水位标高，在建筑物的抗浮设计上，利用首钢的工业废钢渣作为抗浮重物回填于地下室基础底板至建筑地面之间的空间，既较好地解决了结构的不均匀沉降问题，有效地利用空间，又节约资源，消纳废弃物，使建材消耗量最小，同时大大缩短施工工期。

1 项目概要

国家体育馆（图1）坐落于奥林匹克公园中心区的南部，是中心区最重要的建筑之一。国家体育馆是奥运中心区唯一的一座我国自行设计、自行施工、全部采用国产建材建设的场馆，也是亚洲目前最大的室内体育馆，整个工程充分体现出中国特色。

图1 国家体育馆建筑实景

用地南北长约335m，东西长约207.5m，总用地面积6.87hm^2。用地东临中轴线广场，南临国家游泳中心，西临信息大厦及公建用地，北临国家会议中心，并与国家体育场、国家游泳中心共同构成体育建筑组群。

国家体育馆是第29届奥林匹克运动会主要比赛场馆之一，奥运会及残奥会期间将主要进行体操（不包括艺术体操）、蹦床、手球、轮椅篮球四个项目的比赛。工程项目主要由国家馆主体建筑和一个与之紧密相邻的热身馆以及相应的室外环境组成，可容纳观众固定座席约1.8万个，场地内临时座席约0.2万个，总建筑面积8.1万m^2。建筑平剖面见图2、图3。

① 国家体育馆结构设计获全国第六届优秀建筑结构设计一等奖（主要设计人：覃阳、陈金科、冯阳、朱忠义、柯长华、许硕、秦凯、王毅、周凯、曾丽荣、杜申瑞、薛慧立、甘明），本实例编写依据资料包括："国家体育馆工程设计"《世界建筑》2008年第6期（作者：王兵）、"国家体育馆设计与赛时运行的实践"《建筑学报》2008年第8期（作者：康晓力）、"北京2008年奥运会国家体育馆屋顶结构设计"《建筑结构》2008年第1期（作者：覃阳、朱忠义、柯长华、秦凯、王毅）、"北京2008年奥运会国家体育馆主体结构设计"《建筑结构》2008年第1期（作者：冯阳、覃阳、甘明、柯长华、陈金科）以及2008北京奥运建筑丛书《曲扇临风——国家体育馆》中国建筑工业出版社2009年12月出版。

方案设计处于“奥运瘦身”阶段，作为“鸟巢”和“水立方”之后三大主场馆的最后一个，设计中更强调用成熟理性的思维去塑造一个“经济、合理、美观”的奥运场馆，将“科技奥运、绿色奥运、人文奥运”的三大理念落实在建筑中，同时设计时注重充分考虑赛后运营模式，将实用性贯穿融会在建筑设计的各个方面。

国家体育馆于2006年5月正式开工，2008年4月竣工验收，建设时间2年多，投资造价约为8.5亿元。在设计中对材料的选用、施工工艺的难易程度都进行了反复比较，最终确定实施方案，以确保在这么短的时间内完成整体工程施工。

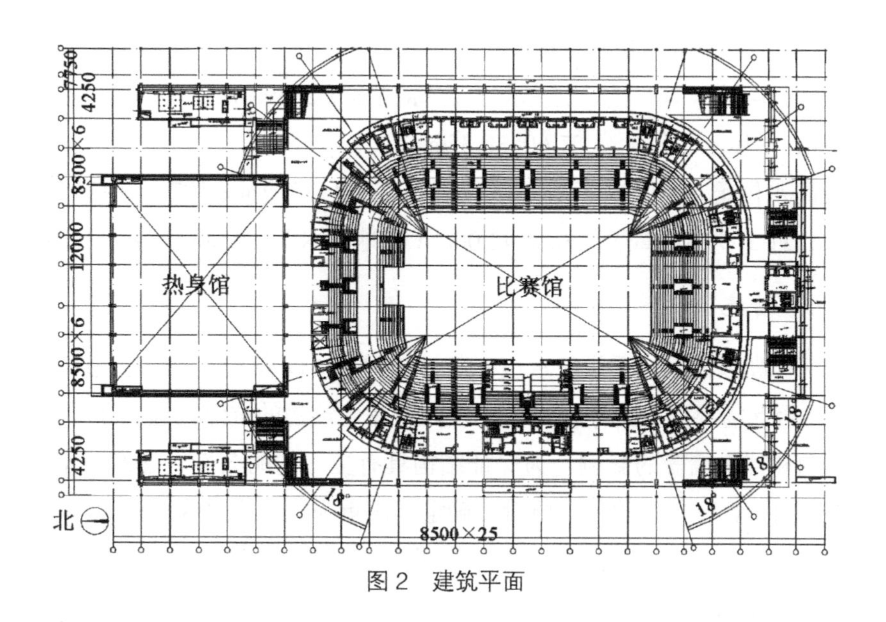

图2　建筑平面

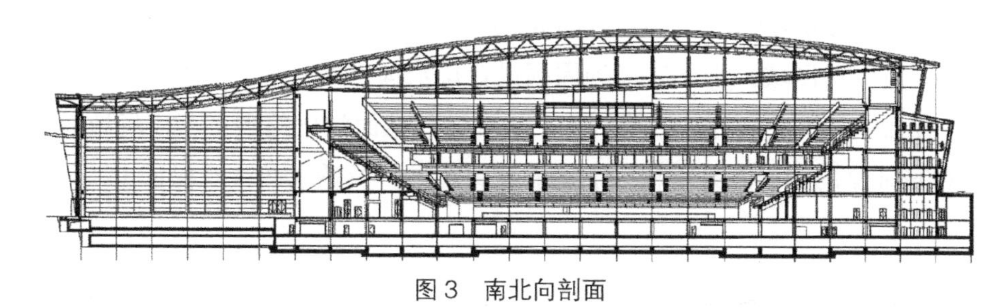

图3　南北向剖面

2　地基基础

本工程场地室外自然地貌高程约为44.50m。建筑采用了下沉式设计，室内比赛场地标高 ±0.00=41.00m（绝对高程），建筑物东、西、北侧的下沉广场地坪高程 -0.15=40.95m，均低于周围环境场地标高约3.50m，结构基础槽底标高为 -9.02~-6.37=32.08~34.73m，基础最大埋深为12.50m。

本工程采用天然地基，比赛场地和观众厅基础形式为钢筋混凝土梁筏基础，持力层主要是粉质黏土、黏质粉土和粉细砂，局部少量砂质粉土和重粉质黏土，其综合承载力标准值按 190kPa。热身场区结构的基础采用柱下条形基础，持力层主要是粉细砂和粉质黏土、黏质粉土。

3 抗浮设计

3.1 地下水位

工程场地赋存分布有多层地下水，地下水类型分别为台地潜水、层间潜水、承压水。本工程建筑抗浮设防水位为 42.00m。

勘探期间实测水位：台地潜水水位标高 37.32~39.07m，层间潜水水位标高 31.52~32.70m，承压水水位标高 27.60~30.35m。

历年最高水位记录：1959 年最高水位标高接近自然地面；1971—1973 年最高水位标高 44.00m；近 3~5 年最高水位标高 42.00m（台地潜水）、35.00m（潜水）。

3.2 抗浮措施

基础埋深标高远低于抗浮设防水位标高，结构楼层仅有 5 层且十分空旷，重力荷载小于水浮力，因此需要进行抗浮设计。不仅要考虑建筑物的抗浮问题，还要考虑下沉广场的抗浮问题和挡土墙等的影响。为保证结构具有更好的耐久性、建筑防水效果最好、施工工期最短同时具有良好的施工质量，确定了压重为主、排水为辅的综合抗浮方案。

建筑物室内的比赛和观众大厅区域：根据该区域水头与重力荷载之差的分布，分别于地下室地面至基础底板之间填充钢渣（图 4）和级配砂石压重；热身场地区域采用混凝土（内配置构造钢筋）上加素填土和混凝土建筑地面压重。

室外下沉广场区域：于下沉广场周围设置排水沟、抽水泵，一方面收集日常的雨水，另一方面一旦水头上升，排掉从挡土墙和室外地面涌出的水；于广场地面下 1.5m 处设置 300mm 厚的钢筋混凝土板，上铺固化级配砂石及透水砖，既保证了抗浮所需要

图 4 钢渣回填

的重量，又能达到排水及雨水收集的环保要求；室外车道和附属设施建筑多采用在外侧飞边利用回填土压重。

4 工程总结

“在建筑物的抗浮设计上，主要利用首钢的工业废钢渣作为抗浮重物回填于地下室基础底板至建筑地面之间的空间，既较好地解决了结构的不均匀沉降问题，有效地利用了空间，又节约资源，消纳废弃物，使建材消耗量最小，同时大大缩短施工工期，利于保证地下工程防水质量，增强建筑物耐久性和使用寿命，绿色环保。”①

① “国家体育馆工程设计”全文刊载于《世界建筑》2008 年第 6 期（作者：王兵）。

剑锋犹未折[1]

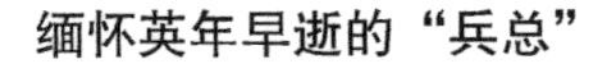

缅怀英年早逝的“兵总”

国家体育馆的设计师是“兵总”——王兵（1963—2011）祖籍辽宁省，1963年9月10日出生，中国民主同盟成员。1987年毕业于清华大学建筑系，毕业后一直就职于北京市建筑设计研究院。2001年起被聘任为副总建筑师。

1987年他初到设计院就参与了北京1990年第十一届亚运会国家奥林匹克体育中心体育馆和曲棍球场的工程设计。

1992年他参与了第27届奥运会申办工作，虽然最后申办没有成功，但他从中积累了丰富的设计经验。在随后8年中，他参与收集了大量国内外体育建筑技术资料，为北京再次申办奥运做了充分准备。

2000年，北京再次申报奥运。他作为主要负责人带领近40人的设计团队，承担起北京2008年奥运会申办报告主要内容——奥运场馆的规划设计工作。在590页的奥运申办报告中，奥运场馆规划成果占了370页。同年，他还带领团队对奥体中心体育馆进行了工程改造设计，向国际奥委会评估团展示北京具有建设世界先进水平体育场馆的实力，为奥运成功申办增添了有力砝码，并获得北京市优秀工程一等奖。

2001年北京奥运会申办成功后，他带领设计师们积极参与了“北京奥林匹克公园规划设计方案”征集活动和“国家体育场设计方案”招标工作，在两次活动中均获得“优秀奖”。2002年他作为项目负责人配合北京市奥组委编写了近100万字的《奥运场馆设计大纲》。这是国际上首次将奥运场馆建设要求编制成纲领性文件，成为奥运场馆建设的指南，为国际奥运技术史提供了翔实资料。同年，他主持了北京奥林匹克公园控制性详细规划工作。

2004年他作为项目总负责人，带领设计团队开始了国家体育馆的设计工作。在设计过程中，他克服重重困难，以高度的政治责任感，圆满地完成了设计任务。在施工配合中，他带病工作，积极配合工地服务，即使身体不适，他也忍着疼痛几乎每天亲临工地，并随叫随到，及时解决施工中遇到的问题，保障施工顺利进行。国家体育馆以其先进的设计理念和高质量的设计，获得第八届中国土木工程詹天佑奖、2008年度全国优秀工程设计金奖和“北京新十大建筑”称号[2]。

---

① 《剑锋尤未折——建筑师王兵》，天津大学出版社，2012年10月出版。

② 节选自《建筑创作》之“王兵同志 我们永远怀念你”。

长沙北辰 A1 地块软岩天然地基与基础设计①

【导读】本工程为目前长沙软岩场地已经建成的第一栋采用天然地基方案的超高大楼，为今后该地区超高层建筑地基岩土工程评价与地基基础设计积累了重要的经验。长沙北辰 A1 地块的写字楼（结构高度 206m，建筑高度达 240m），地基持力层为强风化泥质砂岩（属于极软岩）。面对软岩地基的工程难题，设计方充分发挥主导作用，积极与地勘单位会商、与建设方沟通，制定并落实专项现场测试方案。通过浅层平板载荷试验和旁压试验补充验证了工程特性指标。在此基础上，岩土工程师与结构工程师合作完成了地基与基础结构相互作用分析及协同设计，并运用有限元数值分析软件完成了筏板基础天然地基方案沉降变形计算分析，将沉降计算与基础设计紧密配合，经综合判断总沉降量和差异沉降均可控制在允许范围内。经沉降实测对比，沉降计算值与观测值变形趋势吻合，证明软岩天然地基方案是安全可靠的，协同设计实践是成功的。

1 工程概况

长沙北辰项目位于长沙市开福区新河三角洲，西临湘江大堤、东连浏阳河隧道、北侧邻近浏阳河。长沙北辰项目 A1 地块包括一栋写字楼、一栋酒店及商业组成，均设 3 层地下室，基础形式均采用筏板基础，±0.00 均为绝对标高 33.00m。其中写字楼地上 45 层，结构高度 206m（建筑高度达 240m）；其结构体系采用型钢混凝土框架 – 钢筋混凝土筒体（核心筒）结构，基底标高 –16.30~–21.80m，平均基底压力达到 800kPa；酒店地上 24 层，框架剪力墙结构，基底标高 –14.20~–16.20m，平均基底压力为 600kPa；商业地上 6 层，框架剪力墙结构，基底标高 –14.00m，平均基底压力为 250kPa。建筑效果图及结构模型参见图 1、图 2。

图 1 建筑效果图

① 本项目设计过程中得到了雷晓东副总工、颜俊建筑师的大力支持，程懋堃顾问总工和齐五辉总工给予了特别指导，在此深表感谢！本实例由方云飞、姚莉编写，孙宏伟统稿。

2 地质条件

2.1 地层分布

根据本工程的岩土工程详细勘察报告，场地原始地貌单元属湘江冲积阶地，场地范围内埋藏的地层主要为人工填土层、第四系冲积层和残积层（残积粉质黏土⑤层），下伏基岩为第三系岩层，包括泥质砂岩、泥质砾岩，其中泥质砂岩包括强风化层（⑥层）和中风化层（⑦层）；泥质砾岩包括强风化层（⑧层）和中风化层（⑨层）。主要地层分布可见图 3。

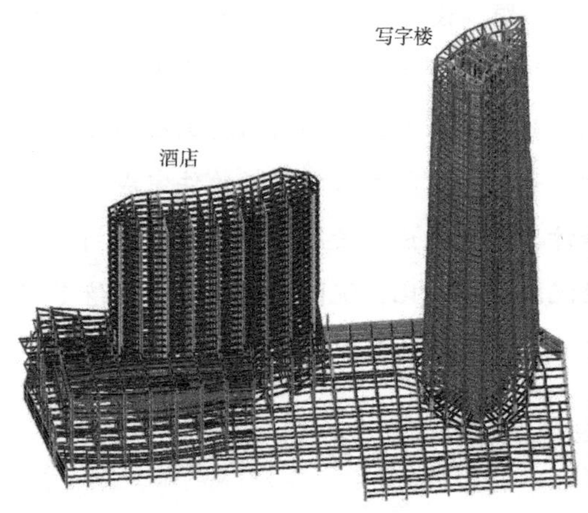

图 2　建筑结构模型

图 3　深大基坑开挖施工

关于泥质砂岩的勘探描述，援引本工程的岩土工程详细勘察报告，如下所述：

强风化泥质砂岩⑥层，岩石组织结构已基本破坏，大部分矿物已显著风化，岩芯呈硬土状、块状，冲击钻进困难，岩块用手易折断或捏碎，属极软岩，基本质量等级为Ⅴ级；

中风化泥质砂岩⑦层，部分矿物风化变质，节理裂隙稍发育，岩芯较完整，多呈中长柱状，岩体完整，岩块锤击易碎，失水易崩解，属极软岩，基本质量等级为Ⅴ级。

由基底标高可以看出，基础砌置深度较大，相应的基底直接持力层为强风化泥质砂岩⑥层，其下主要受力层为中风化泥质砂岩⑦层。各层设计参数见表 1。

各层设计参数　　表 1

地层	变形模量 E_0（MPa）	承载力特征值 f_{ak}（kPa）	预应力混凝土管桩		人工挖孔桩	
			q_{sia}（kPa）	q_{pa}（kPa）	q_{sia}（kPa）	q_{pa}（kPa）
强风化泥质砂岩⑥	80.0	500	80	4000	70	2200
中风化泥质砂岩⑦	300.0	1000	—	—	120	3000

续表

地层	变形模量 E_0（MPa）	承载力特征值 f_{ak}（kPa）	预应力混凝土管桩		人工挖孔桩	
			q_{sia}（kPa）	q_{pa}（kPa）	q_{sia}（kPa）	q_{pa}（kPa）
强风化泥质砂砾岩⑧	150.0	600	100	4500	90	2500
中风化泥质砂砾岩⑨	500.0	1200	—	—	—	3500

注：q_{sia}—桩侧阻力特征值，q_{pa}—桩端阻力特征值。

2.2 地下水位

援引本工程的岩土工程详细勘察报告，如下所述：本场地地下水分为上层滞水、承压潜水和基岩裂隙水三种类型。

上层滞水主要赋存于杂填土层中，受大气降水补给，水量和水位随天气和季节变化而变化，勘察期间测得上层滞水稳定水位埋深 0.20~1.90m。

潜水赋存于粉砂③和圆砾④中，与湘江具有紧密的水力联系，勘察期间测得湘江水位标高与其稳定水位标高基本一致，水位随天气和季节而变化，地下水位变化幅度一般为 3~4m，水量大，略具承压性。

基岩裂隙水赋存于场地内下伏基岩的节理裂隙中，根据浏阳河隧道的施工情况看，水量不大。

3 地基基础工程问题分析

长沙北辰 A1 地块所处区域的西侧为湘江、其北为浏阳河，当时 A1 地块与 D1 地块整体开挖形成深大基坑（图 3）。基础工程与基坑安全均至关重要，而地基基础方案及其施工工期则成为重中之重的关键性问题。若采用桩基础方案，则基础施工工期势必延长，特别是在汛期将直接影响深基坑安全进而危及城市安全，因此软岩天然地基方案成为设计的关注焦点。

写字楼基础布置见图 4，荷载集度差异显著，核心筒范围的基底压力高达 2718.6kPa，已考虑底板自重，未考虑地下水浮力，不考虑基础底板范围外扩影响。且由图 4 可见核心筒基础底板底标高存在高差，主楼总沉降量以及主楼范围内部差异沉降应严格控制，同时写字楼与酒店由商业建筑直接连接而形成大底盘多塔的建筑形式，主裙楼之间的差异沉降更应严格控制，而且纯地下车库需要采用抗浮锚杆方案，改变地基刚度进而会加剧主裙楼沉降差异的不利程度。因此需要全面深入地分析评估软岩天然地基方案的可行性与可靠性。

岩土工程师与结构工程师紧密配合，共同研究和解决地基基础设计中的问题，为了确保软岩天然地基方案的可靠性，通过调查研究研判岩土参数指标，由岩土工程师制定了有针对性的专项现场试验方案（包括浅层平板载荷试验和旁压试验）以验证软岩地基工程特性指标，在验证软岩地基承载力和压缩性指标的基础上，运用有限元数值分析软件进行地基与基础结构相互作用分析及协同设计。

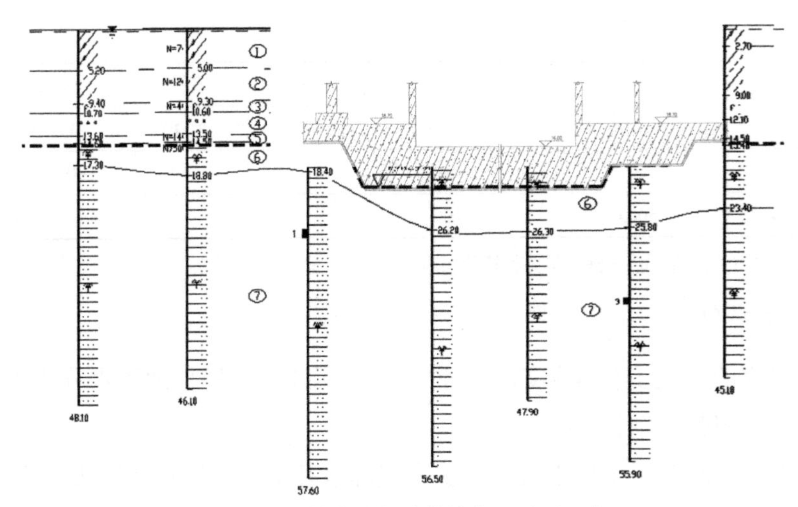

图 4　写字楼基础与地基持力层关系示意

4　软岩地基工程特性评价

4.1　软岩地基承载力评价调研

在地基基础设计的开始阶段，校核分析岩土参数指标，以及开展软岩工程特性调研分析，是十分必要的，前期研究使得补充勘察（专项现场试验）可做到有的放矢。

“地基承载力的建议值目前虽然一般由勘察报告提出，但不同于岩土特性指标，本质是地基基础的设计。”[1] 为了正确地评价、判断软岩地基承载力，对于前人已经取得的研究资料进行了收集整理分析工作。目前，软岩地基评价及地基设计计算的方法主要有：查表法[2, 3]、岩样饱和单轴抗压强度试验[4, 5]和原位试验法[6~9]，其中原位试验法又包括现场静载荷试验法和旁压试验法，另还有一些辅助方法，比如岩石质量指标法和弹性波测试法[10~12]等。文献 [3] 对广州地区软岩运用载荷板试验进行了承载力研究，文献 [13] 研究了贵阳粉砂质泥岩承载力，采用静载荷试验方法测得三个试验点承载力分别为 2167kPa、2333kPa、2133kPa，文献 [14] 对长沙地区白垩系泥质粉砂岩进行了相关统计和研究，并提供了单轴抗压强度 R_0、临塑压力 P_f 和极限压力 P_L（表 2），同时认为本地区的泥质粉砂岩地基承载力尚有一定潜力可挖。

岩基试验资料对比　　　　表 2

工程名称	单轴抗压强度 R_0（MPa）	临塑压力 P_f（MPa）	极限压力 P_L（MPa）
省机电立体仓库	平均值 =1.84（1.63~2.34）	平均值 =3.85（3.35~6.5）	（9.90~11.50）
某综合大楼	平均值 =4.30（3.20~6.30）	平均值 =7.2（5.75~7.90）	（13.40~18.70）
省公安厅高层住宅	平均值 =4.00（1.83~3.20）	平均值 =7.1（5.10~8.1）	（8.96~11.30）
国税大楼	（3.80~4.30）	（4.32~7.60）	（13.20~17.86）

续表

工程名称	单轴抗压强度 R_0（MPa）	临塑压力 P_f（MPa）	极限压力 P_L（MPa）
省人民银行综合楼	平均值 =2.0（1.50~2.40）	平均值 =4.70（4.0~5.70）	（5.6~16.5）
朝阳电器城	平均值 =5.90（2.20~8.30）	平均值 =6.9（4.70~8.60）	—
省检察院培训中心	平均值 =4.40（2.60~5.90）	—	—

注：括号内为范围值。

由上述资料可见，不同场地的软岩特性是有一定差异的，承载力能力变化较大，故设计时应具体工程具体对待，并且表明了本工程的现场原位测试的必要性。因此岩土工程师制定了专项试验方案，包括浅层平板载荷试验和旁压试验，以验证软岩地基工程特性指标。

针对地基直接持力层，进行浅层平板载荷试验，为此岩土工程师反复与建设单位工程部、施工总包单位进行协商，载荷试验与土方开挖施工穿插进行，调整施工方案先期完成主楼区域的土方开挖。旁压试验则是针对深部的主要地基受力层，前期亦分析了深层平板载荷试验方案的可行性，综合对比考虑之后确定采用旁压试验方案。针对⑥层进行浅层平板载荷试验，旁压试验则是在⑥层及⑦层中进行（图 5）。

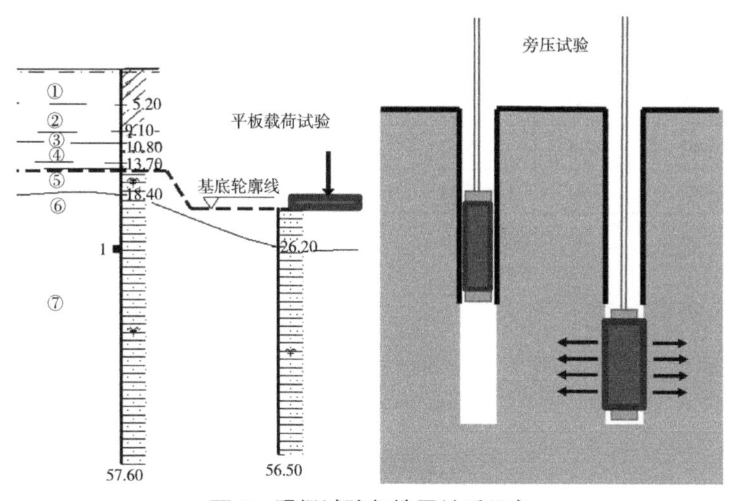

图 5　现场试验与地层关系示意

4.2　平板载荷试验分析

本试验采用圆形承压板，直径 0.56m，面积 0.25m^2，在加荷量达到 1600kPa 后，开始卸荷。试验 p–s 曲线见图 6，载荷试验成果见表 3。根据以上分析可见，A1 区强风化泥质砂岩天然地基承载力特征值满足 800kPa，且均未达到极限荷载 P_u，其承载能力仍有潜力，为进一步确定该软岩地基的承载能力和变形参数，进行了旁压试验。

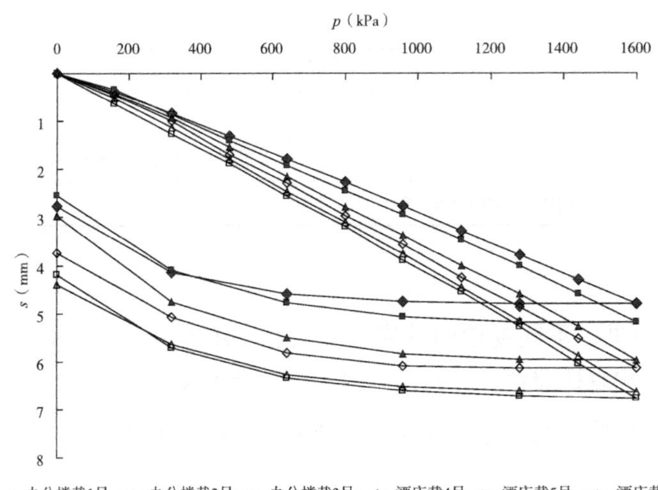

图 6　载荷试验 p–s 曲线

载荷试验成果汇总　　表 3

试验编号		试验点标高（m）	总加荷量 p（kPa）	原始总沉降量 s'（mm）	修正后总沉降量 s（mm）	变形模量 E_0（MPa）	极限荷载 p_u（kPa）	承载力值 f_{ak}（kPa）
写字楼	载 1 号	16.50	1600	4.80	4.97	118	未出现	800
	载 2 号	16.50	1600	5.20	5.34	107	未出现	800
	载 3 号	16.50	1600	5.98	6.26	89	未出现	800
酒店	载 4 号	16.80	1600	6.14	6.27	95	未出现	800
	载 5 号	16.80	1600	6.77	6.75	96	未出现	800
	载 6 号	16.80	1600	6.64	6.78	94	未出现	800

4.3　旁压试验分析

旁压试验成果见表 4 和图 7。

旁压试验成果汇总　　表 4

孔号	试验编号	试验深度（m）	净比例界限压力 p_f–p_0（kPa）	净极限压力 p_L–p_0（kPa）	似弹性模量 E（MPa）	旁压模量 E_m（MPa）
测 1	测 1–1	3.10~3.70	1378	4469	70.99	73.24
	测 1–2	6.00~6.60	1532	4809	65.92	68.44
	测 1–3	9.70~10.30	≥ 3888	—	≥ 356.02	≥ 362.58
	测 1–4	13.00~13.60	≥ 3462	—	≥ 284.63	≥ 291.09
	测 1–5	16.40~17.00	≥ 4218	—	≥ 446.14	≥ 452.63
	测 1–6	19.30~19.90	≥ 4339	—	≥ 542.07	≥ 548.56

续表

孔号	试验编号	试验深度（m）	净比例界限压力 p_f-p_0（kPa）	净极限压力 p_L-p_0（kPa）	似弹性模量 E（MPa）	旁压模量 E_m（MPa）
测 2	测 2-1	2.90~3.50	1298	4563	65.37	67.62
	测 2-2	6.40~7.00	1479	4742	73.22	75.87
	测 2-3	10.00~10.60	≥ 3809	—	≥ 361.31	≥ 367.77
	测 2-4	13.50~14.10	≥ 3830	—	≥ 453.02	≥ 459.48
	测 2-5	16.70~17.30	≥ 4162	—	≥ 506.43	≥ 512.90
	测 2-6	19.50~20.10	≥ 4238	—	≥ 519.32	≥ 525.80
测 3	测 3-1	1.90~2.50	1226	3841	62.67	64.64
	测 3-2	5.10~5.70	1501	4716	64.37	66.88
	测 3-3	8.40~9.00	2120	5724	79.21	82.53
	测 3-4	12.00~12.60	2245	6159	84.17	87.77
	测 3-5	15.50~16.10	2553	9101	127.16	131.01
	测 3-6	19.40~20.00	2855	10226	144.95	149.49

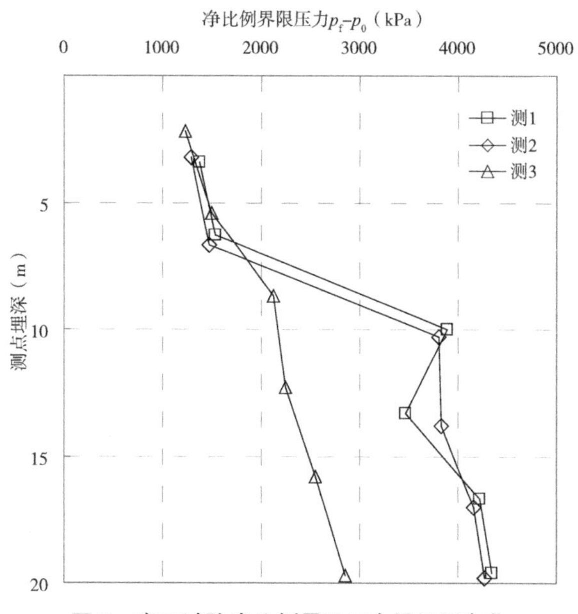

图 7　旁压试验净比例界限压力沿埋深变化

依据规范[15]，采用旁压试验评价地基土承载力有两种方法：（1）第一种方法：根据当地经验，直接取用 p_f 或（p_f-p_0）作为地基土承载力；（2）第二种方法：根据当地经验，取（p_L-p_0）除以安全系数作为地基土承载力。由表 4 可知，以第一种方法计算，（p_f-p_0）平均值为 1301kPa，即地基承载力为 1301kPa>800kPa；以第二种方法计算，（p_L-p_0）平均值为 4291kPa，根据《工程地质手册（第四版）》，取安全系数 K=3，地基承载力为

1430kPa>800kPa。可见，A1 区强风化泥质砂岩天然地基承载力特征值满足 800kPa。

5 协同设计

5.1 地基特性指标考量

通过专项的现场试验（浅层平板载荷试验和旁压试验）验证了软岩地基工程特性指标，试验结果表明强风化泥质砂岩天然地基承载力特征值可满足上部建筑结构的荷载要求，实测地基承载力不低于基底平均压力。

地基特性指标的考量是岩土工程师的重要工作，根据地勘报告给出的变形模量经验值、载荷试验得出的变形模量实测值、旁压试验得到的旁压模量实测值，经综合考虑确定压缩性指标参数取值。

5.2 地基与基础结构相互作用分析

鉴于地层不甚均匀，超高大楼需要严格控制不均匀沉降所致倾斜限值，同时协调与控制主裙楼之间的差异沉降量，故本工程地基基础设计过程中，岩土工程师运用国际岩土工程专业数值分析软件 Plaxis 3D Foundation 针对天然地基方案的总沉降量和主裙楼之间差异沉降进行了深入分析，鉴于地基与基础结构相互作用分析至关重要，岩土工程师与结构工程师进行了紧密合作，实现了协同设计。

5.3 基础设计

本工程的基础设计是岩土工程师与结构工程师协同工作的成果，考虑到地层分布的不确定性，为了严格控制沉降差，需要适当加大基础刚度，采取了厚板筏基，实践证明确保了工程安全。写字楼采用了变厚度平板式筏板基础，核心筒区域筏板较厚，核心筒外筏板减薄，柱下设置柱墩以满足设计要求。酒店及商业地下采用了梁板式筏板基础。基础配筋设计也根据协同计算的沉降及内力分析结果进行了复核。具体见图 8。

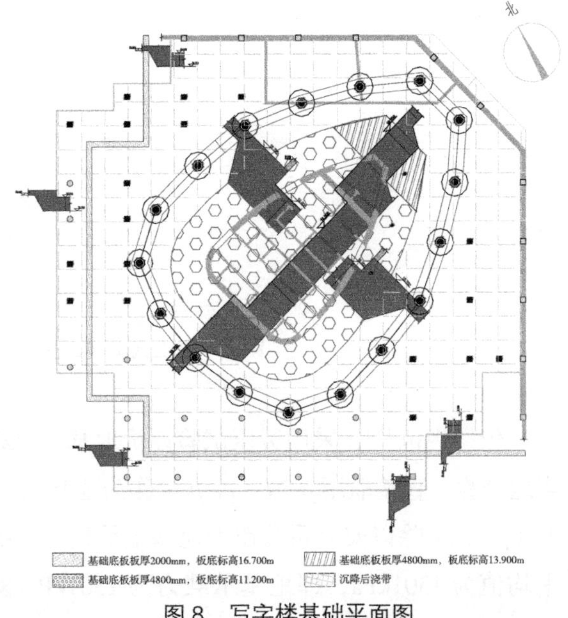

图 8 写字楼基础平面图

本工程基础底板不设永久性沉降缝，为保证工程安全，同时因本工程基坑工程采用止水方案，在一定程度上放宽了对施工降水工期的限制，为沉降后浇带的留置创造了有利条件，故在主楼周边设置了沉降后浇带，其位置见图 8。

（1）参数及建模

底板设计与结构设计图相同，混凝土强度等级均为 C35，弹性模量取 3.15×10^7kN/m^2，泊松比取 0.2。根据 PKPM 计算模型确定各墙柱下荷载。计算模型见图 9。由于地层不甚均匀，在数值分析构建计算模型时需要尽可能地真实模拟地层分布实际情况。

（2）计算结果分析

沉降计算结果见图 10，写字楼最大沉降量为 37.2mm，筏板挠度最大值为 0.038%，酒店最大沉降量为 40.3mm、筏板挠度最大值为 0.049%。沉降值均满足规范要求。最大计算值 s_{max} 的位置与强风化层厚度有直接关系，经与沉降实测对比，实测沉降较为均匀，说明软岩的风化程度划分是实际操作时不易把控的。在地基评价和地基基础设计过程中，对此要充分重视。

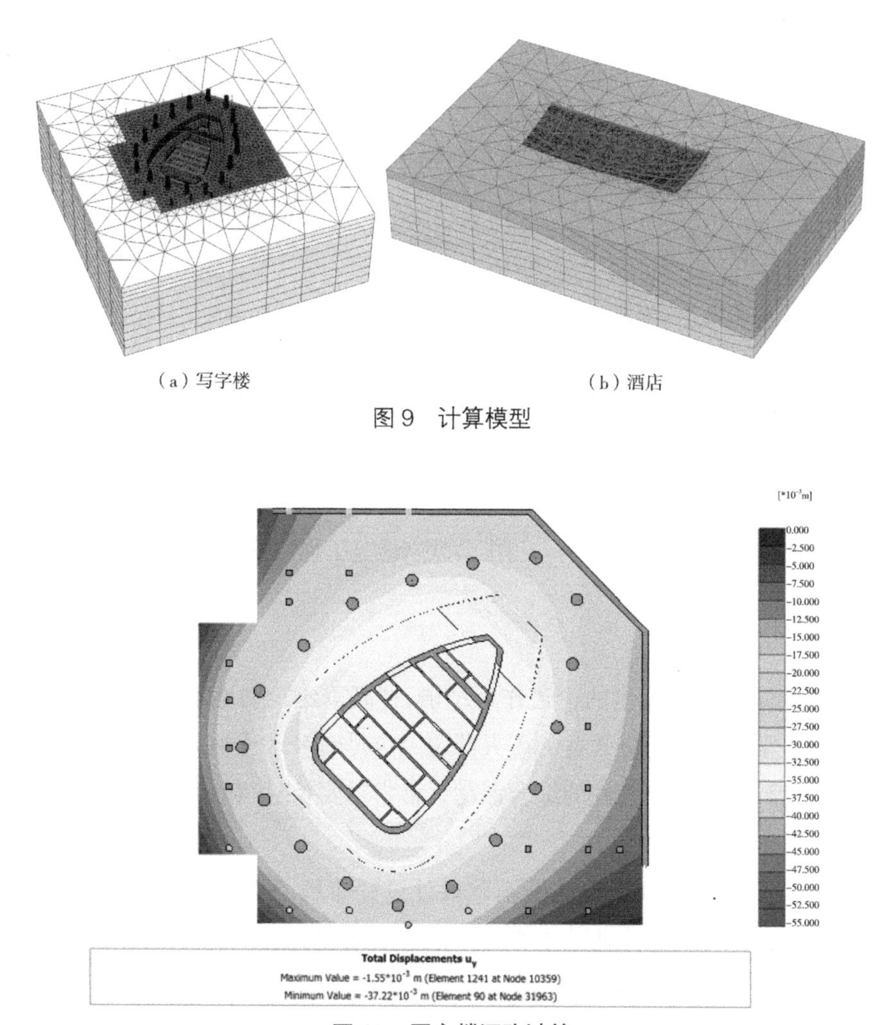

（a）写字楼　　（b）酒店

图 9　计算模型

图 10　写字楼沉降计算

6 沉降实测验证

写字楼于 2013 年 2 月 6 日封顶，在施工过程中全程进行沉降观测，沉降观测时间为从基础底板开始施工到 2014 年 2 月 18 日。最后一期沉降观测图见图 11。需要说明的是由于部分裙房区域未布置沉降观测点，因此观测点范围外区域的沉降等势线是由数值分析软件推算。

对比图 10 与图 11 可知，沉降计算结果与沉降观测两者变形趋势完全吻合，证明本沉降计算分析所采用的模型参数是合理的。图 12 为写字楼施工过程沉降观测曲线，写字楼最后 161d 的沉降速率为 0.015mm/d。根据规范[16]：当最后 100d 的沉降速率小于 0.01~0.04mm/d 时，可认为已进入稳定阶段。据此判断此时写字楼基础沉降已基本稳定。

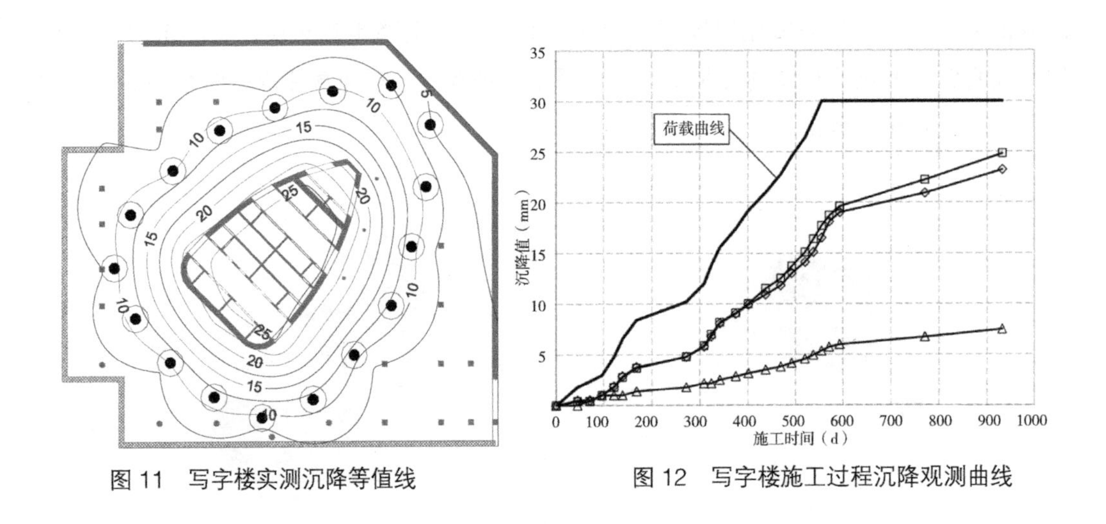

图 11　写字楼实测沉降等值线

图 12　写字楼施工过程沉降观测曲线

本工程沉降数值计算分析与沉降实测变形趋势完全吻合，实测值比计算值偏小，证明本工程的地基基础设计是科学合理、安全可靠的，结合地基与基础结构相互作用分析，通过调整筏板基础厚度增强基础刚度以减小不均匀变形的结构措施是正确的，岩土工程实践是成功的。本工程的基础沉降观测数据为今后推动软岩地基工程特性研究积累了重要的资料。

7 工程结语

笔者愿以前辈张国霞先生的论述作为结语，“高重建筑物地基基础方案的选择是关系整个工程的安全质量和经济效益的重大课题，也是牵涉工程地质条件、建筑物类型性质以及勘察、设计与施工等条件的综合课题，常常需要长时间的调查研究和多方面的反复协商才能最后定案。”[17]

本项目软岩工程特性评价与地基基础设计过程体现了岩土工程勘察与地基基础设计密切合作以及岩土工程师执业的重要性，地基基础设计过程中，岩土工程师与结构工程师进行了紧密合作，实现了协同设计，在验证软岩地基工程特性指标的基础上，考虑基础与地基协同作用通过数值分析软件进行了筏板基础天然地基方案的地基变形计算分析，为最终判断天然地基方案可靠性提供了可信的设计依据。

目前对于软岩的工程评价仍属于难点问题，为了今后能够更为准确地评价软岩工程特性，仍需要不断积累资料，特别是实际工程的基础沉降观测数据以及现场试验、原位测试资料等。

参考文献

[1] 顾宝和 . 地基承载力的来龙去脉 [J]. 工程勘察，2004，3：9–12.

[2] 向志群 . 对软质岩石地基承载力的一点新认识 [J]. 岩石力学与工程学报，2001，20（3）：412–414.

[3] 梁笃堂，黄志宏，等 . 某高层建筑软质岩石地基承载力的确定 [J]. 贵州工业大学学报，2006，35（6）：70–73.

[4] 吕军 . 广州地区软岩承载力的讨论 [J]. 岩土工程技术，2002（1）：4–7.

[5] 郑剑雄 . 软质岩石桩桩端岩石变形破坏机理的研究 [J]. 福建建筑，2000，66（1）：40–42.

[6] 高文华，朱建群，等 . 软质岩石地基承载力试验研究 [J]. 岩石力学与工程学报，2008.5，27（5）：953–959.

[7] 中华人民共和国国家标准 . 建筑地基基础设计规范：GB 50007—2011[S]. 北京：中国建筑工业出版社，2011.

[8] 程晔，龚维明，等 . 南京长江第三大桥软岩桩基承载性能试验研究 [J]. 土木工程学报，2005，38（12）：94–98.

[9] 张志敏，高文华，等 . 深层平板载荷确定人工挖孔桩软岩桩承载力的研究 [J]. 建筑科学，2007，23（7）：75–77.

[10] 康巨人，刘明辉 . 旁压试验在强风化花岗岩中的应用 [J]. 工程勘察，2010，增刊（1）：932–937.

[11]《工程地质手册》编委会 . 工程地质手册 [M]. 4 版 . 北京：中国建筑工业出版社，2007.

[12] 梁笃堂 . 贵州地区软质岩石地基（泥岩、泥质白云岩）承载特性研究 [D]. 贵阳：贵州大学 . 2007.

[13] 张云，杨忠 . 不同实验条件下软质岩石地基承载力分析 [J]. 2006（23），87（2）：137–141.

[14] 彭柏兴，王星华 . 软岩旁压试验与单轴抗压试验对比研究 [J]. 岩土力学，2006，27（3）：451–454.

[15] 中华人民共和国国家标准 . 岩土工程勘察规范：GB 50021—2001（2009 年版）[S]. 北京：中国建筑工业出版社，2009.

[16] 中华人民共和国行业标准 . 建筑变形测量规范：JGJ 8—2007[S]. 北京：中国建筑工业出版社，2007.

[17] 张国霞 . 综合报告（三）：高重建筑物地基与基础 [A]// 中国土木工程学会第四届土力学及基础工程学术会议论文选集 [C].1983，17–25.

北京月坛金融中心地基基础设计[①]

【导读】北京月坛金融中心工程由5栋高层塔楼（地上18~23层）、1栋体育训练馆及商业裙房（地上4层）组成。整个建筑物地下部分连成一体，共5层，基底埋深约27m，置于同一个筏形基础上。高层塔楼与低层裙楼、高层塔楼与纯地下车库之间的荷载差异大，沉降差异明显。本项目抗浮设防水位的基底水头达21m，兼顾抗浮设计，使得地基基础沉降控制设计难度加大。沉降实测值验证了本工程的设计合理性，基于地基－基础结构相互作用（共同作用）所预测的地基基础沉降变形特征，技术路线是正确的，计算分析成果是合理的。本工程是典型的大底盘多塔的建筑形式，其结构体系特点、地基基础设计、差异沉降计算分析以及抗浮锚杆设计优化的设计理念、设计过程和沉降观测验证，可为类似项目的基础设计和沉降控制提供有益参考。

1 引言

体型复杂，层数相差大的高低层连成一体的建筑物，荷载分布差异较大，高层塔楼与低层裙楼及纯地下车库之间的地基变形差异显著，沉降差异控制是该类建筑地基基础设计的主要内容。

北京月坛金融中心工程正是典型的体型复杂、层数相差大的高低层连成一体的建筑物，项目由多栋高层、多层建筑组成，还存在无上部结构的纯地下室，地下部分和基础连成一体，不设置永久沉降缝。采用天然地基，同时又有抗浮锚杆等抗浮措施，由于抗浮锚杆对土体的增强作用，使得天然地基的沉降控制更加困难。本文通过调整基础刚度与地基刚度，基于沉降计算分析，减小结构抗浮构件对变形控制的不利影响，有效协调与控制差异沉降，减少差异沉降产生的结构次应力并优化基础配筋。

2 工程概况

北京月坛金融中心工程位于北京市西城区金融街，月坛公园东、南礼士路与二环路之间。建筑平面布置见图1，项目由5栋建筑高度分别为80~100m不等的塔楼、1栋

① 本实例由阚敦莉、孙宏伟统稿，沉降计算分析和抗浮锚杆设计优化由方云飞、卢萍珍两位岩土工程师负责协同设计。

建筑高度 15m 的体育训练馆及建筑高度 20m 的商业裙房组成。建筑物地下部分共 5 层；地上部分塔楼 18~23 层、体育训练馆 1 层、商业裙房 4 层，见图 2 及图 3。其中，地下建筑主要功能为商业配套、车库及其他服务设施等，地下室最大轮廓为 160m × 210m。典型柱网尺寸为 9m × 9m。整个建筑地下连成一体，置于同一个基础筏板上。

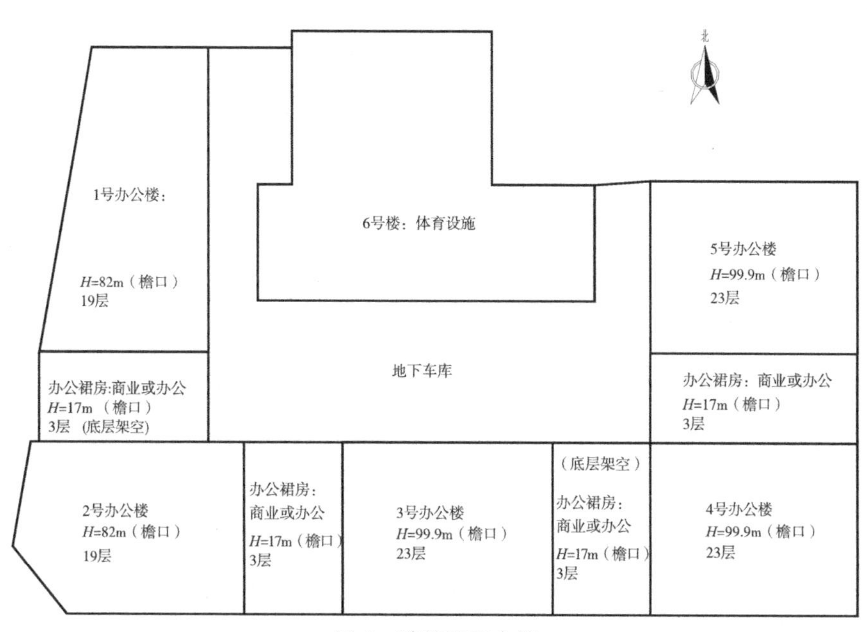

图 1　建筑平面布置

图 2　建筑效果图

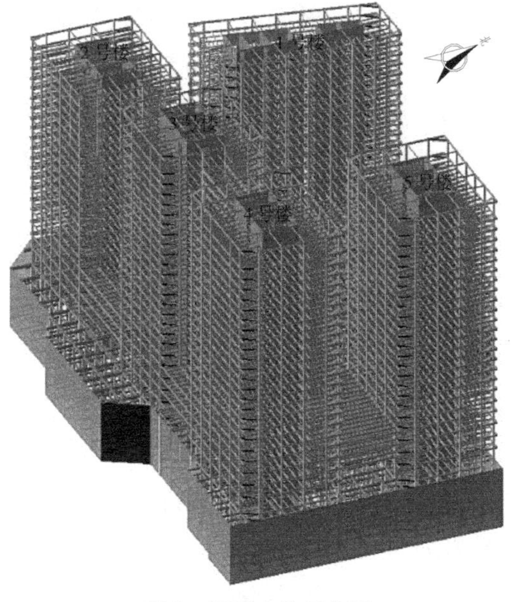

图 3　三维立体示意图

工程的抗震设防烈度为8度，设计基本地震加速度为0.20g，设计地震分组为第一组。建筑结构安全等级为二级，结构设计使用年限为50年。建筑抗震设防类别为标准设防类，建筑场地类别为Ⅱ类。

地上塔楼结构采用钢梁矩形钢管混凝土柱框架与钢筋混凝土核心筒组成的混合结构体系；体育训练馆采用钢筋混凝土框架－剪力墙结构体系；地下结构采用钢筋混凝土框架－剪力墙结构。基础结构采用天然地基上的钢筋混凝土梁板式筏形基础。地基基础设计等级为甲级。基础最大埋深为室外地面以下约27m。室内设计标高 ±0.000相当于绝对标高46.30m；基础槽底相对标高－26.730~－26.430m，相当于绝对标高19.570~19.870m。

3 地质条件

3.1 地层分布

根据勘察报告，拟建场区现状地面下80.00m范围内的地层共划分为人工堆积层、第四纪沉积层及第三纪沉积岩层，按地层岩性及其物理力学性质指标划分为7个大层，岩土指标参数见表1，各土层自上而下为：

（1）人工填土层

杂填土①层，局部夹素填土$①_1$层。本层厚度0.5~10.3m。

（2）第四纪沉积层

粉质黏土、重粉质黏土②层：褐黄色，可塑，局部夹$②_1$粉细砂。本层厚度1.1~5.8m。

卵石③层：密实，呈浑圆状，粒径一般20~40mm，最大70mm，充填30%细砂及大量黏性土。本层厚度1.1~6.5m。

卵石④层：密实，呈浑圆状，粒径一般20~40mm，最大80mm，充填30%中粗砂及少量黏性土。本层厚度13.3~21.5m。卵石④层为地基直接持力层。

粉质黏土、重粉质黏土⑤层：褐黄色，可塑。本层厚度1.7~8.9m。

卵石⑥层：密实，呈浑圆状，粒径一般20~40mm，最大100mm，充填30%中粗砂及黏性土。本层厚度1.8~17.1m。

粉质黏土、重粉质黏土$⑥_1$层：褐黄色，可塑。本层厚度1.7~8.9m。

（3）第三纪沉积岩层

砾岩⑦层：强风化，泥质胶结，块状构造，岩芯呈短柱状、碎块状，砾岩主要成分为砂岩、灰岩、石英岩、花岗岩等，磨圆度较好，一般4~7cm，最大为15cm。个别钻孔含砂岩$⑦_2$层，强风化，砂砾状结构、块状构造，岩芯成碎块状，本层厚度1.0~24.4m。

泥岩$⑦_1$层：强风化，泥质胶结，块状构造，岩芯呈土柱状，柱长一般10~20cm，最长40cm，手掰易碎。本次钻探未钻穿该层，最大揭露厚度为31.6m。

岩土层指标参数 表1

地层	直剪（快剪）		压缩模量 E_s（MPa）				地基承载力特征值 f_{ak}（kPa）
	黏聚力 c（kPa）	内摩擦角 φ（°）	P_0+0.1	P_0+0.2	P_0+0.3	P_0+0.4	
粉质黏土、重粉质黏土②层	31.1	13	5.90	6.71	7.58	8.21	150
粉细砂②$_1$层	0*	26*	18*				210
卵石③层	0*	35*	30*				260
卵石④层	0*	40*	50*				300
粉质黏土、重粉质黏土⑤层	45.5	17.0	13.7	14.5	15.4	16.0	220
卵石⑥层	0*	50*	70*				400
粉质黏土、重粉质黏土⑥$_1$层	40	15	14.8	15.8	16.7	17.0	230
砾岩⑦层	5*	55*	100*				450
泥岩⑦$_1$层	20*	35*	40*				400
砂岩⑦$_2$层	3*	50*	80*				400

注：带*的为经验值。

3.2 地下水位

稳定水位埋深为20.00~21.80m，稳定水位标高为20.580~27.140m。勘察报告建议基础抗浮设计水位采用绝对标高40.00m；建筑防渗设计水位不低于自然地面。

4 结构体系特点

本工程结构的特点是在高烈度地区所建设，由5栋建筑高度80~100m的塔楼、1栋建筑高度15m的体育训练馆及建筑高度20m的商业裙房组成。其中1号塔楼地上18层，屋顶结构高度78.85m；2号塔楼地上20层，屋顶结构高度87.55m；3~5号塔楼地上23层，屋顶结构高度99.9m；商业裙房地上4层。1号楼与2号楼之间在3~4层由钢梁与裙房相连，4号楼与5号楼之间在3~4层由钢梁与裙房相连，3号塔楼东西两侧设永久抗震缝形成独立单塔楼。本建筑群塔楼部分结构最大高度为99.9m。依据《建筑抗震设计规范》GB 50011—2001（2016年版）和《高层建筑混凝土结构技术规程》JGJ 3—2010要求，适用于1~5号塔楼的结构体系有现浇钢筋混凝土框架-剪力墙及框架-剪力墙（核心筒）结构、钢梁钢管混凝土柱框架-钢筋混凝土核心筒组成的混合结构及钢结构。从主体塔楼结构高度适用及平面布置需要，特别是本建筑地处金融街月坛地块，受场地条件、工期进度形象、投资时间效益、高品质要求、施工技术及造价等因素影响较大，结合绿建及装配率政策要求等方面综合全面考虑，塔楼结构设计采用了钢梁矩形钢管混凝土柱框架－钢筋混凝土核心筒组成的混合结构体系。利用建筑楼、电梯井筒等墙体设置混凝土核心筒，其余外围轴网上布置由内浇混凝土的箱形钢管柱及楼面钢梁组合成的钢管混凝土外框架，这样组成的钢框架－核心筒混合结构具有良好的抗震性能，便于建筑平面的灵活布置，可获得较大空间，又具有造价适中，材料来源丰富的优点；楼盖采用楼面钢梁上铺钢承板现浇钢筋混凝土组合楼板体系。外框架钢管柱采用合理高强度等级钢材及混凝土控制框架柱轴压比，可减小柱用钢量，既加强抗震性能又提高建筑面积使用率。1~5号塔楼采用的结构体系，结合了钢结构和混凝土结构的优点，结构抗震性能比钢筋混凝土好，又比钢结构耐火性能好。结构造价比钢筋混凝土结构高但低于钢结构，而施工复杂难度比钢筋混凝土结构大，是目前高层及超高层结构较优的结构体系。

6号楼采用钢筋混凝土框架－剪力墙结构体系。地上一层为2个网球馆与贵宾休息厅，最大层高14.62m，大跨度场馆屋顶采用钢结构，楼盖除篮球场、网球场、游泳池上空采用钢桁架上铺钢承板现浇钢筋混凝土组合楼板外，其余均采用现浇钢筋混凝土梁板结构。

地上裙房采用矩形钢管混凝土框架，楼盖采用钢梁上铺钢承板现浇钢筋混凝土组合楼板结构。

地下室为钢筋混凝土框架－剪力墙结构。地下部分不设永久沉降缝，塔楼与裙房间设置沉降后浇带，每隔30~40m设置伸缩后浇带；后浇带宽0.8~1.0m。

5 地基基础方案

5.1 基础方案

基础采用天然地基上的筏形基础，核心筒区域，采用平板式筏形基础，基础底板厚度2m；框架柱区域，采用梁板式筏形基础，板厚1.2m，梁高2m；纯地下及裙房，采用梁板式基础，板厚1m，梁高1.6~2.2m。其基础平面布置见图4。

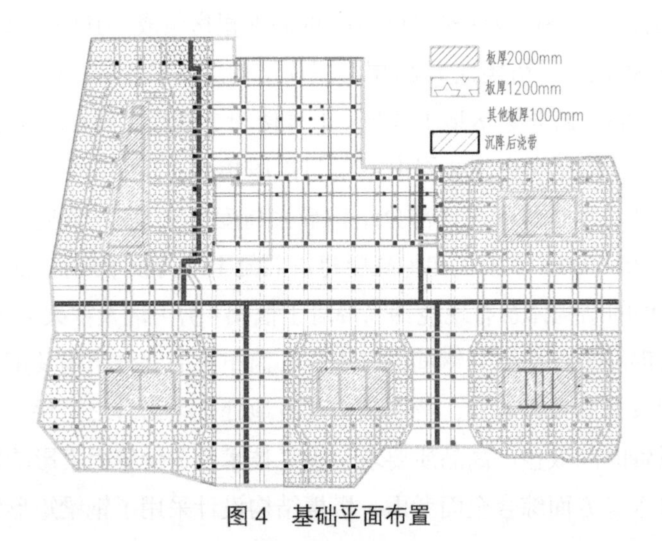

图4 基础平面布置

5.2 地基承载力核算

本工程塔楼地上 18~23 层，地下均 5 层，基底压力 474~545kPa。由图 5 可见，直接持力层为卵石④层，其地基承载力特征值 f_{ak} 为 300kPa，该层下分布有相对软弱的粉质黏土、重粉质黏土⑤层，其地基承载力特征值 f_{ak} 为 220kPa，因此需要仔细核算地基承载力。本文采用《建筑地基基础设计规范》GB 50007—2011 第 5.2.5 条计算地基承载力，计算公式如下：

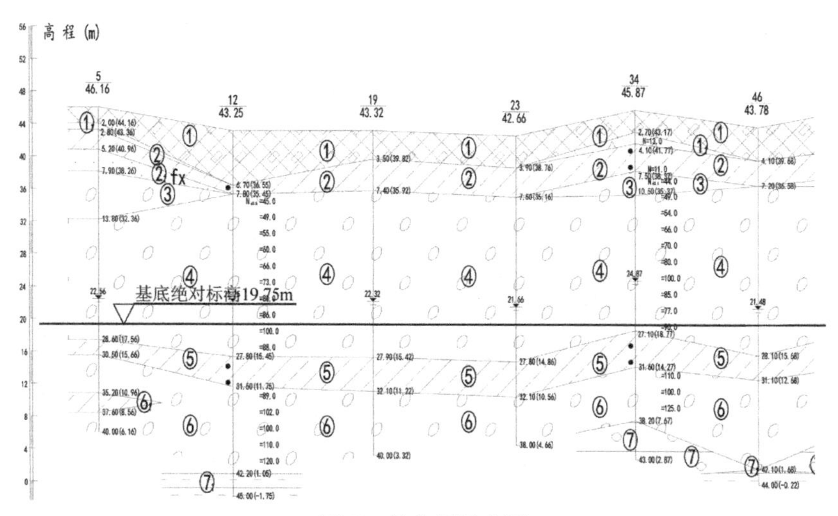

图 5　持力层示意图

$$f_a=M_b\gamma b+M_d\gamma_m d+M_c c_k$$

式中 M_b、M_d、M_c 均为承载力系数；γ 为基础底面以下土的重度（kN/m^3）；b 为基础底面宽度（m）；γ_m 为基础底面以上土的加权平均重度（kN/m^3）；d 为基础埋置深度（m）；c_k 为基底下一倍短边宽深度内土的黏聚力标准值（kPa），见表 2。

基底以下土层参数　　表 2

土层编号	土层岩性	厚度（m）	c_k（kPa）	φ_k（°）	γ（kN/m^3）
④	卵石	0.17	0	40	19.7
⑤	粉质黏土、重粉质黏土	4.0	45.5	17	（20.0）
⑥	卵石	5.5	0	50	（20.0）

基础设计参数取值如下：b=6.0m，d 按裙房及纯地下建筑平均基底压力折算成土层厚度并按最小值取值，d=6.76m。

地下水位按近 3~5 年最高地下水位绝对标高 26.00m 考虑，计算得出的基础底面以上土的加权平均重度 γ_m=17.30kN/m^3。基底以下参数见表 2。

根据《建筑地基基础设计规范》GB 50007—2011，采用内插法，查表并计算得出承载力系数（表 3），所需的内摩擦角见表 2。

承载力系数　　表 3

土层编号	承载力系数	M_b	M_d	M_c
④	φ_k=40°	5.8	10.84	11.73
⑤	φ_k=17°	0.4	2.58	5.16

根据以上基础参数、基底土层参数及承载力系数，分别计算地基承载力特征值 f_a：

按④土层对应的 c_k 和内摩擦角 φ_k：

$$f_a=M_b\gamma b+M_d\gamma_m d+M_c c_k$$
$$=5.8\times10\times6+10.84\times17.30\times6.76+11.73\times0=1615.7\text{kPa}$$

按⑤土层对应的 c_k 和内摩擦角 φ_k：

$$f_a=M_b\gamma b+M_d\gamma_m d+M_c c_k$$
$$=0.4\times10\times6+2.58\times17.30\times6.76+5.16\times45.5=560.5\text{kPa}$$

基底面积为基础底板外扩一个板厚后的面积，基底压力计算结果详表 4。

基底压力计算　　表 4

楼座编号	上部结构导荷（kN）	基底面积（m^2）	底板及地面厚度（m）	基底压力（kPa）
1	970386	2370	2.6	474.5
2	896634	2127	2.6	486.7
3	865901	1802.9	2.6	545.0
4	993879	2228.4	2.6	511.0
5	1008047	2228.9	2.6	517.3

根据计算得到的地基承载力特征值 f_a 和基底压力，可判断天然地基承载力能够满足设计要求。

6 抗浮设计

基底水头约为 20.3m，考虑安全系数 1.05（取值按《建筑地基基础设计规范》GB 50007—2011）后，基底水压力约为 213kPa，远远大于 5 层地下室及基础底板的自重。结合地基基础方案，采取了配重 + 抗浮锚杆的抗浮方案（图 6），其中的配重为基础底板以上房内回填干重度为 28kN/m^3 的钢渣混凝土。

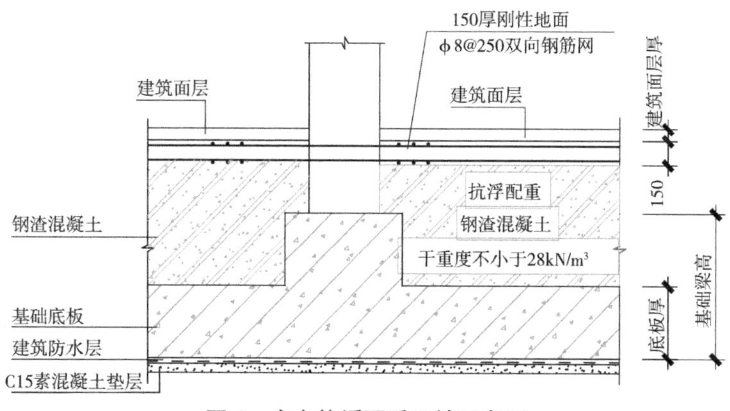

图6　房心抗浮配重回填示意图

6.1　抗浮锚杆基本试验

为确定抗浮锚杆抗拔承载力，进行了基本试验，共布置了4组不同长度的抗浮锚杆，锚杆长度分别为12m、14m、16m和19m，每组3根，共12根，每组内锚杆间距3m。锚杆直径均为150mm，配筋为3⌀32。

注浆体采用素水泥浆，水灰比0.5，水泥为P·O 42.5，注浆体设计强度为30MPa；第一次注浆压力为0.4~1MPa，第二次注浆在第一次注浆初凝之后、终凝之前或在第一次灌浆强度达到5MPa时进行，第二次注浆水泥浆宜掺入适量膨胀剂。采用循环加、卸载法抗拔静载荷试验，试验成果见表5。

抗浮锚杆基本试验成果　　表5

编号	有效长度（m）	极限承载力（kN）	承载力特征值（K=2.2）（kN）	承载力特征值（K=2）（kN）
第一组	19	900	410	450
第二组	16	800	360	400
第三组	14	700	310	350
第四组	12	500	220	250

根据上述基本试验成果，抗浮锚杆设计如下：锚杆直径不小于150mm，锚杆长度14m，锚杆竖向抗拔承载力特征值取350kN，主筋为3⌀32。根据上部结构恒荷载、房心配重和基础底板自重，进行了抗浮锚杆的平面布置。

6.2　抗浮锚杆工程验收情况

抗浮锚杆施工完成后，共进行了74根抗浮锚杆验收检测，其中部分锚杆加载与变形的曲线见图7，检测成果汇总见表6。根据规范，均满足设计要求。

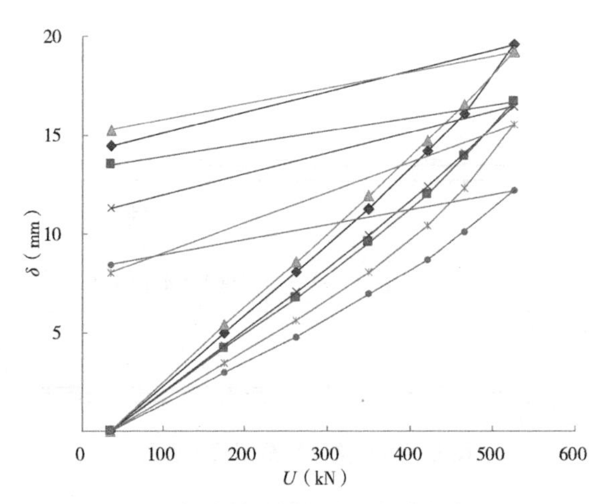

图 7　部分抗浮锚杆检测加载与变形

抗浮锚杆验收检测成果　　表 6

荷载 P（kN）	平均值（mm）	最小值（mm）	最大值（mm）
175.0	3.77	2.17	5.67
262.5	6.17	3.71	9.10
350.0	8.77	5.34	12.57
420.0	11.05	6.79	15.48
465.5	12.79	7.87	17.32
525.0	15.42	9.52	20.13
35.0	11.21	6.92	16.02
回弹率（%）	27.40	48.42	16.80

7　沉降计算分析及沉降观测验证

7.1　沉降计算分析

为优化基础底板厚度和抗浮锚杆的平面布设，应用有限元计算软件 PLAXIS 3D 2012，计算模型见图 8。沉降计算结果见图 9，可见最大沉降量为 48.5mm。经计算，核心筒主板挠度小于 0.05%；主裙楼差异沉降小于 0.1%l。总沉降变形量和差异沉降量计算值均小于地基变形允许值，均满足规范要求。根据计算结果，提取基底反力，剔除局部奇异值后，其基底反力平面分布见图 10。

可见，2 号、3 号楼之间裙房及纯地下区域和 6 号楼区域基底反力为 200kPa 以下，小于该区域基底水浮力，因此以上区域需采取抗浮措施，进行抗浮设计。

7.2　沉降观测成果及设计验证

本工程进行了沉降观测，图 11 为塔楼建筑部分观测点沉降观测值与观测周期曲线。

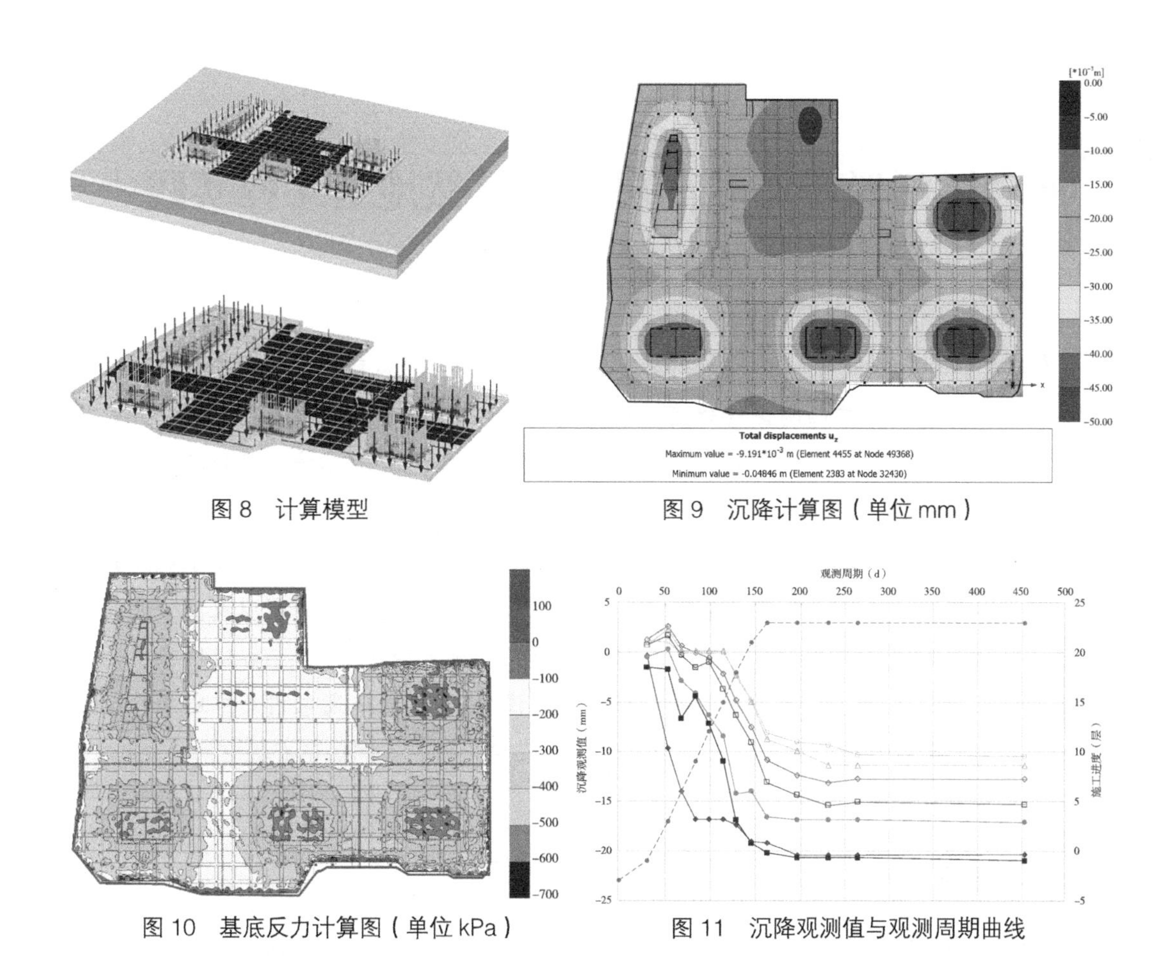

图 8　计算模型

图 9　沉降计算图（单位 mm）

图 10　基底反力计算图（单位 kPa）

图 11　沉降观测值与观测周期曲线

由于本工程地处北京二环，用地紧张，施工可用场地太小，以致较多观测点被遮挡或被破坏，尤其是纯地下及裙房建筑部分的沉降等值线不完整。根据最终得到的观测成果，沉降已经达到《北京地区建筑地基基础勘察设计规范》DBJ 11—501—2009 稳定标准，最大沉降观测值为 21mm，考虑施工前期阶段的回弹再压缩变形，后期变形与建筑物加荷基本一致，与计算分析得出的沉降变形趋势相吻合。

8　结论

（1）上部结构采用钢与混凝土组成的混合结构，相比于钢筋混凝土结构，自重较轻，有利于采用天然地基方案。

（2）采用《建筑地基基础设计规范》GB 50007—2011 的地基承载力特征值计算方法安全可靠。

（3）可根据基底反力进行抗浮锚杆设计优化，合理确定抗浮锚杆的布设范围及方式。

（4）沉降实测值直接验证了本工程的设计合理性，基于地基 - 基础结构相互作用（共同作用）所预测的地基基础沉降变形特征，技术路线是正确的，计算分析成果是合理的。

致谢：在本工程设计和建造过程中，得到徐斌副总工程师的指导和帮助，在此深表感谢。

丽泽远洋锐中心超高层建筑天然地基工程实践①

【导读】丽泽E05、E06地块超高层建筑地处北京市丰台区丽泽金融商务区，北侧紧邻丽泽路E01地块，东西两侧紧邻丽泽商务区地下环廊；E05建筑高度173.7m，E06建筑高度191.66m，两主塔楼之间设置裙房及纯地下室。本地块基础持力层为厚层密实第四纪卵砾石沉积岩，下卧层为“似岩非岩，似土非土”的第三纪软岩。丽泽商务区类似超高层建筑大多采用桩基础方案，本地块超高层天然地基方案分析基于地基承载力验证与计算，分层总和法及数值沉降变形综合分析，基础刚度调整计算分析以及类似超高层地基选型案例分析。最终，基于地基基础协同作用，确定丽泽E05、E06地块采用天然地基方案。并通过分析沉降变形实测数据证明丽泽E05、E06地块采用天然地基基础方案是合理可靠的，对丽泽商务区未来超高层建筑采用天然地基提供了有据可依的经验。

1 工程概况

丽泽E05、E06地块北侧紧邻丽泽商务区E01地块，东至丽泽中路，南至凤凰嘴北路，西至金中都东路，其中E06地块为远洋锐中心项目，工程场地位置如图1所示。

丽泽E05、E06地块为超高层大底盘建筑群，整个建筑结构体系具有荷载不均匀、对沉降变形敏感、超高层建筑和周围纯地下室部分荷载相差悬殊的特征，纯地下室区域需考虑抗浮稳定性问题；本工程紧邻丽泽交通环廊，并在东侧纯地下室和西侧主塔楼地下室设置与丽泽交通环廊出入口进行对接结构，因此，在满足地基承载力要求下，需采用上部结构–地基–基础相互作用的变调平分析方法，控制差异沉降。塔楼E05地上38层，建筑高度173.7m；塔楼E06地上46层，建筑高度191.66m；裙房区域地上3层，建筑高度18.4m；地下室均为4层。主塔楼采用平板式筏形基础，E05基础底板厚度3.0m，平均基底压力672kPa；E06基础底板厚度3.5m，平均基底压力765kPa；主塔楼基础持力层为⑤卵石层（修改后的地基承载力标准值为850kPa）。±0.00=44.15m，主塔楼均采用天然地基，裙房和纯地下室区域采用压重抗浮措施，结构三维立体模型见图2。由于丽泽E05、E06地块三面紧邻丽泽商务区交通环廊道路，且E06超高层留有交通环廊出口，同时须分析环廊道路与建筑物的相互影响。

---

① 根据论文“远洋丽泽项目超高层建筑天然地基基础方案分析”（作者：王媛，阚敦莉，徐斌，孙宏伟，李伟强）以及工程资料编写。

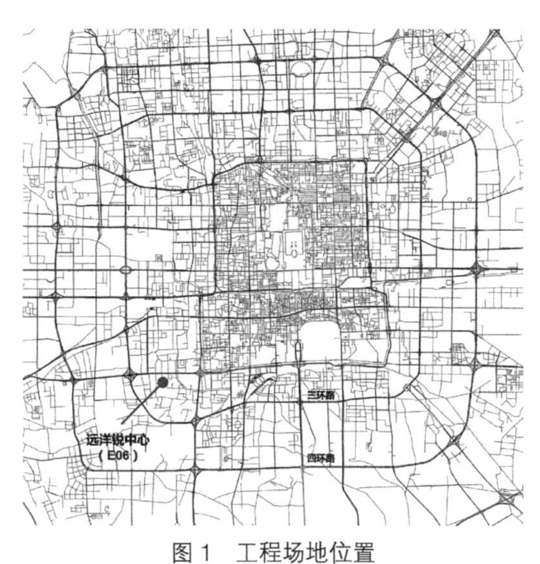

图 1　工程场地位置

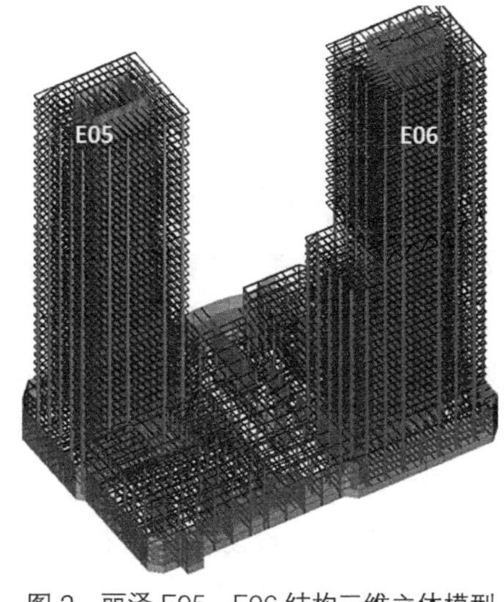

图 2　丽泽 E05、E06 结构三维立体模型

2　岩土工程条件

2.1　工程地质条件

北京丽泽商务区位处北京市区西南部，此区域自然地面以下为厚度 40m 左右的中密 ~ 密实的低压缩性卵石层，卵石层以下为新近沉积的软岩。根据勘察资料，本项目勘探深度 71.00m 范围内的地层可划分为人工堆积层、新近沉积层、第四纪沉积层及古近纪沉积岩层四大类，并按地层岩性及其物理力学数据指标，进一步划分为 8 个大层及亚层，地层分布见图 3，岩土层物理力学参数见表 1。

岩土层物理力学参数　　表 1

土层	黏聚力 c（kPa）	内摩擦角 φ（°）	压缩模量 E_S（MPa）	标准贯入击数 N（击）	地基承载力标准值 f_{ka}（kPa）
④卵石	0	40	70	110	400
⑤卵石	0	42	110	161	550
⑥卵石	0	42	130	167	650
⑦全风化 ~ 强风化黏土岩	45	30	25.1	131	280
⑦$_1$ 全风化 ~ 强风化砾岩	35	35	45	119	350
⑦$_2$ 全风化 ~ 强风化砂岩	35	30	40	63	300
⑧中风化黏土岩	50	35	31.9	159	320
⑧$_1$ 中风化砾岩	40	45	70	135	380
⑧$_2$ 中风化砂岩	30	32	45	213	340

注：岩土指标参数引自勘察报告。

2.2 水文地质条件

根据勘察报告及《丽泽 E01、E05、E06 地块 C2 商业金融用地项目抗浮设防水位咨询报告》，考虑工程场区及其所在区域的大气降水入渗、地表水补给、基础结构设计及埋深等资料，并综合考虑北京市地下水开采量的变化，以及官厅水库放水造成的永定河渗漏、南水北调和西郊地下水库建立等各种自然和人为因素影响的情况下，项目抗浮设防水位可按建议值 35.50m（绝对标高）取值。

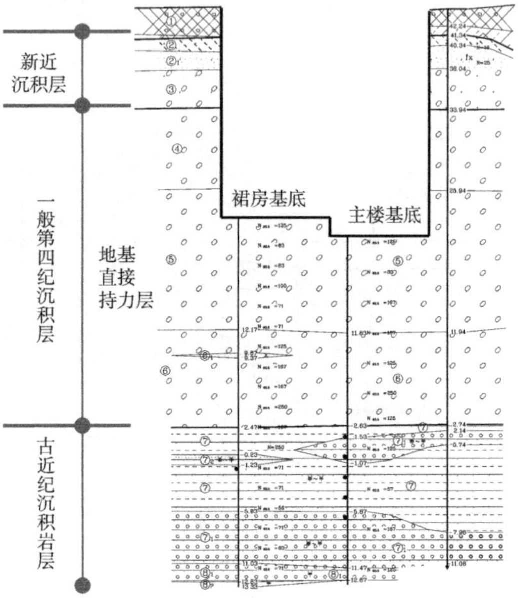

图 3　建筑物与工程剖面位置关系

3 地基方案分析

3.1 地基基础问题分析

（1）本工程为超高层建筑，整个建筑结构体系具有荷载不均匀、对沉降变形敏感、超高层建筑和周围纯地下室部分荷载相差悬殊的特征，且纯地下室区域应充分考虑抗浮稳定性问题；因此，本工程塔楼对地基承载力、地基变形及地基的整体稳定性提出了严格的设计控制要求。

（2）本工程周边环境复杂，东侧、北侧、西侧紧邻丽泽交通环廊，并在东侧纯地下室和西侧主塔楼地下室设置通道与丽泽交通环廊出入口进行对接。因此，需充分考虑各结构体系间的变形协调和相互影响。

（3）本工程地基基础与上部结构共同作用条件十分复杂，且与周围紧邻丽泽交通环廊的相互影响问题突出，因此应按严格的差异变形控制要求和地基变形协调控制的原则进行地基基础验算和基础设计。

3.2 结构抗浮设计

丽泽 E05、E06 地块勘察报告建议抗浮设防水位 39.00m。综合周边已建工程最终采用的抗浮设防水位：丽泽 E13 地块鼎新大厦抗浮设防水位按 36.00m（绝对标高）取值；丽泽 F02、F03 地块首创丽泽抗浮设防水位按 35.50m（绝对标高）取值；丽泽 D10 地块抗浮设防水位按 36.00m（绝对标高）取值。本工程进行了抗浮设防水位专项咨询，即《丽泽 E01、E05、E06 地块 C2 商业金融用地项目抗浮设防水位咨询报告》以及丽泽 E01、E05、E06 地块 C2 商业金融用地项目岩土工程勘察抗浮设防水位专家论证会。专家论证意见为：抗浮设防水位按 35.50m（绝对标高）取值。

抗浮设防水位从最初的39.00m（绝对标高）优化到35.50m（绝对标高）后，裙房及纯地下室区域取消了抗拔桩，改用压重的抗浮措施，有利于差异沉降控制。图4为压重抗浮措施示意图。

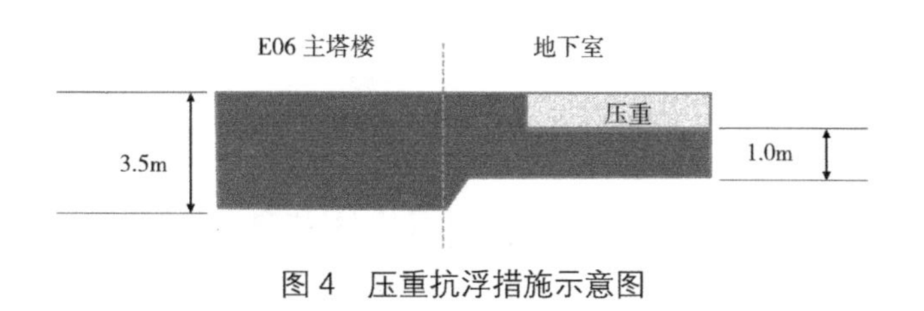

图4 压重抗浮措施示意图

3.3 建筑物与周边环廊相互影响分析

如图5、图6所示，本工程东侧、北侧、西侧紧邻丽泽交通环廊，需要考虑建筑基坑开挖对丽泽交通环廊稳定性及变形影响。

根据设计资料，本项目主塔楼与裙房纯地下室部位基底标高为21.15~23.65m。西侧环廊与E05地块裙房纯地下室的水平距离4.35m，高差8.669m；西侧环廊与E06地块主

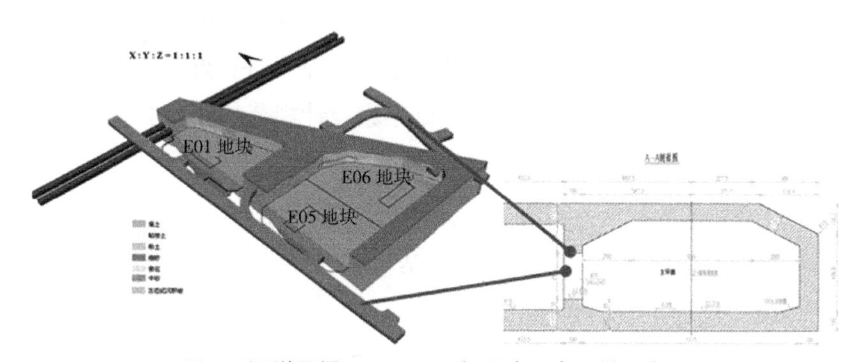

图5 远洋丽泽 E05、E06 与周边环廊三维示意图

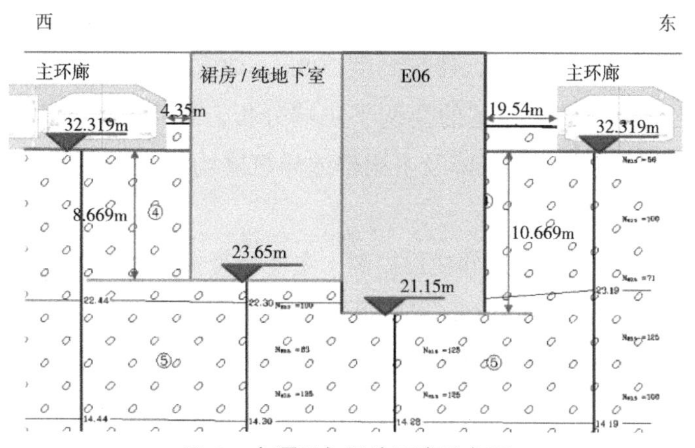

图6 本项目与周边环廊示意图

塔楼的水平距离 19.54m，高差 10.669m，如图 6 所示。采用岩土工程数值软件 PLAXIS 2D 对本项目与周边环廊的最不利工况进行数值建模计算分析，周边环廊对本项目的沉降影响为 5mm（图 7）。经过分析，本建筑与环廊的相互影响在可控范围内。

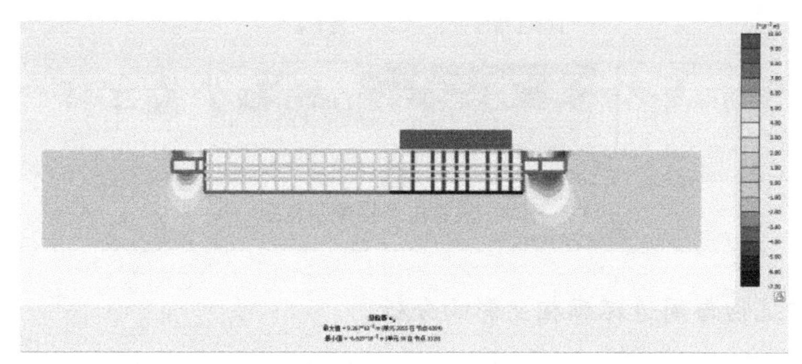

图 7　建筑物基坑开挖与交通环廊施工相互影响关系

3.4　主塔楼天然地基方案分析

本工程主塔楼基础持力层为卵石⑤层，其具有以下特性：杂色，密实，湿 ~ 饱和，剪切波速 v_s = 519~570m/s，重型动力触探击数 $N_{63.5}$ = 100~250，属低压缩性土，级配较好；且本工程基底以下有 20m 厚的密实卵石层，地基条件良好。

根据勘察报告及《北京地区建筑地基基础勘察设计规范》DBJ 11—501—2009（2016 版）7.3.7 条（公式 1）：

$$f_a=f_{ka}+\eta_b\gamma(b-3)+\eta_d\gamma_0(d-1.5) \tag{1}$$

主塔楼基础持力层卵石⑤层修正后的地基承载力标准值取 850kPa，满足承载力设计要求。

纯地下室区域压重抗浮措施有利于主裙楼差异沉降控制，以及周边交通环廊与建筑物的相互影响经分析在影响可控范围以内。

与此同时，丽泽商务区首创丽泽 F02、F03 地块超高层建筑物已建成且沉降区域稳定，其中 F03 塔楼地上 42 层，建筑高度 200m，地下 4 层，基础持力层也为卵石⑤层，基于上部结构 - 基础 - 地基的变调平协同分析，采用天然地基基础方案。实测沉降数据与数值计算吻合，总沉降及主裙楼差异沉降均控制在规范及设计限制要求范围内。

综上所述，基于地基基础差异变形控制（主塔楼筏板整体挠曲值≤ 0.5‰ l、主楼与相邻的裙房柱的差异沉降≤ 1‰ l），本项目采用天然地基基础方案，基础平面如图 8 所示，E05 主塔楼基础底板厚 3.0m，E06 主塔楼基础底板厚 3.5m，裙房纯地下室 1.0m 平板，采用钢渣混凝土压重抗浮措施。下文将重点阐述本项目采用岩土数值软件计算分析沉降变形，并结合实测沉降数据进一步验证天然地基基础方案的可行性。

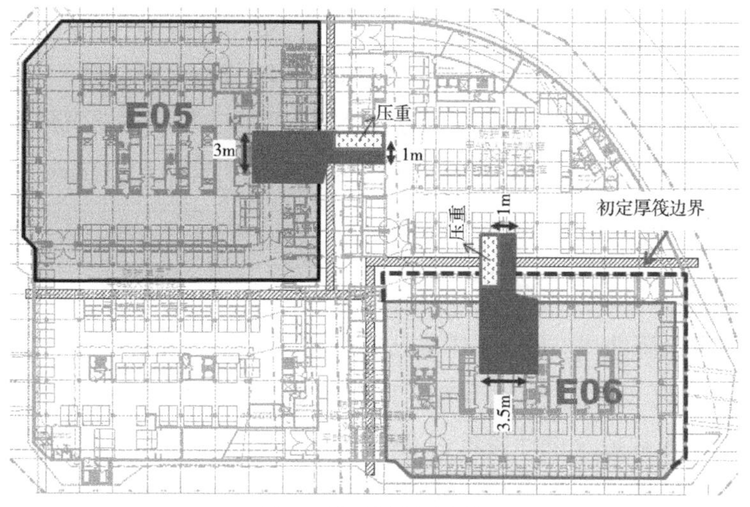

图 8　基础平面示意图

4　沉降变形数值分析

4.1　桩筏基础沉降变形数值分析

根据变刚度调平设计的桩基，采用国际地基基础与岩土工程专业数值分析有限元计算软件 PLAXIS 3D 进行上部结构 - 基础 - 桩 - 土共同工作的沉降变形计算分析。图 9 为岩土数值计算分析模型。图 10 为数值沉降计算结果，E06 地块主塔楼最大沉降量 44.24mm，主裙楼差异沉降最大值 0.0009l，主塔楼筏板挠度 0.0004l；E05 地块主塔楼最大沉降量 36.22mm，主裙楼差异沉降最大值 0.0009l，主塔楼筏板挠度 0.00033l；均满足设计规范要求 l。

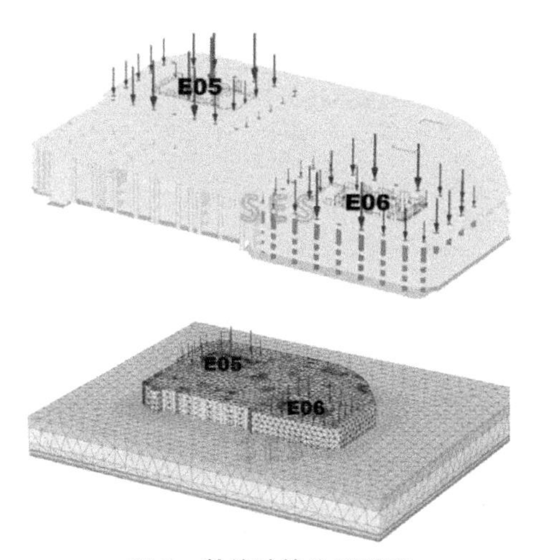

图 9　数值计算分析模型

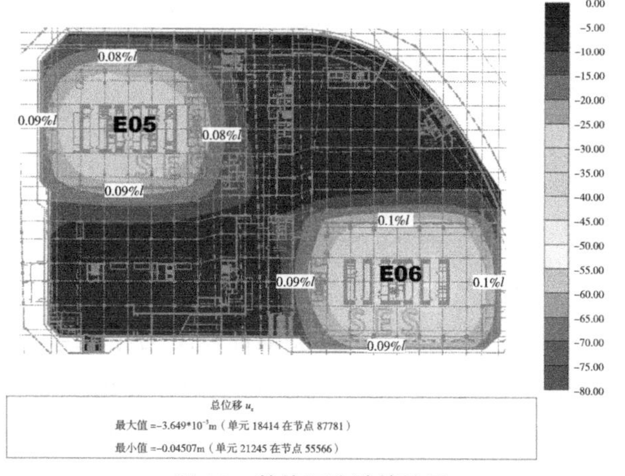

图 10　数值沉降计算结果

同时，依据《北京地区建筑地基基础勘察设计规范》DBJ 11—501—2009（2016 版）和《高层建筑筏形与箱形基础技术规范》JGJ 6—2011 进行沉降估算，考虑地基土回弹再压缩和正常固结压缩的实际加载变形过程计算本项目主塔楼的总沉降量，得出：E06 地块主塔楼最大沉降量 53.84mm，E05 地块主塔楼最大沉降量 45.37mm。结果表明数值法与规范法计算结果吻合。

4.2 沉降变形实测数据分析

图 11 为实测沉降曲线。E05 主塔楼已封顶 12 个月，沉降变形趋于稳定，E06 主塔楼封顶 4 个月，沉降也趋于稳定。其中，E05 最大沉降量为 40.41mm，主裙楼差异沉降均小于 0.1%l，满足规范及设计要求；E06 最大沉降量为 46.91mm，主塔楼沉降呈碟形分布。沉降实测值与数值计算分析比较吻合，结合以往工程经验，说明数值沉降变形计算是可靠的。因施工时电梯井及部分集水坑局部加深位置低于施工现场地下水，因此采用注浆止水方案对地基进行处理，方案确定后，进行了数值计算分析，坑底 -23.55m 的位置，沉降较注浆止水处理前稍微偏大。实测沉降数据表明，注浆止水方案可行，但是可以比较明显地看出注浆止水区域，实际沉降观测验证了数值计算预估的结果。

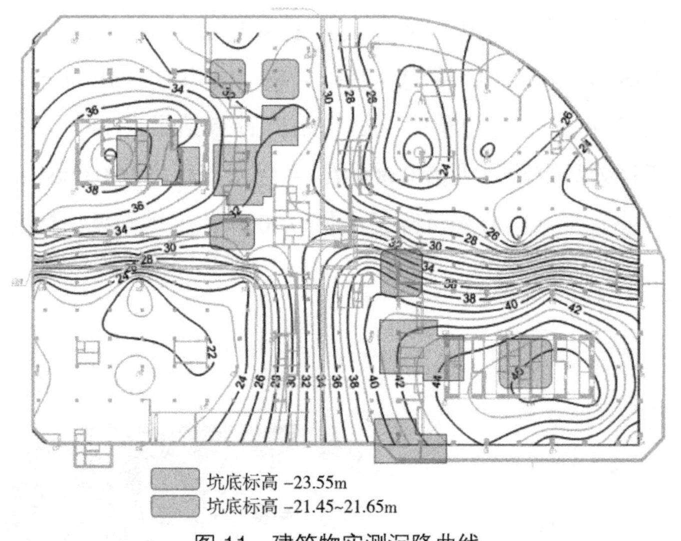

图 11 建筑物实测沉降曲线

5 结论

（1）丽泽商务区自然地面以下为厚度 40m 左右的中密 ~ 密实的低压缩性卵石层，是很好的基础持力层。本区域如丽泽 SOHO、远洋丽泽 E01 项目以及国家金融信息大厦等超高层建筑采用桩筏基础，一是因为本身的建筑结构特点，地基承载力无法满足设计要求；二是因为周边地铁、交通联络线或市政工程对工后沉降的严格要求。但是对于地基承载力可以满足设计要求，周边相互影响经过分析后在设计可控范围内时，如首创丽泽，远洋丽泽 E05、E06，可基于差异沉降控制采用天然地基方案。

（2）建筑物与周边环廊相互影响的必要性：目前国内发展的新兴商业区，地铁、环廊交通已经与商业区域内超高层建筑共同规划、设计及施工，因此在地基方案比选时，一定要考虑建筑物对周边交通设施的影响。

（3）本工程抗浮设防水位综合参考勘察报告、周边已建建筑物设防水位，并通过设防水位专项咨询及专家论证会，最后确定抗浮设防水位可从建议的 39.00m（绝对标高）调整到 35.50m（绝对标高），抗浮设防水位的调整确保了差异沉降控制理论的可行性，说明了周边工程调研及分析的重要性。

（4）E05 主塔楼已封顶 12 个月，E06 主塔楼封顶 4 个月，沉降基本趋于稳定，最大沉降量分别为 40.41mm 和 46.91mm，符合设计要求，且与前期数值计算分析结果吻合。进一步验证了数值预测性计算的可靠性。后期仍应对沉降数据以及主塔楼基底反力进行及时分析，用于指导该区域将来采用天然地基基础方案的超高层建筑物。同时，尽管注浆止水方案经过验证是合理可行的，但是对主塔楼总沉降及主裙楼差异沉降仍然有一定的影响，在今后的设计中仍需要重点分析。

三、桩基设计

北京首都国际机场T2航站楼预应力筏形基础与新型全预应力抗浮桩设计①

【导读】北京首都国际机场新航站区扩建工程是国家“九五”重点工程项目，T2航站楼和停车楼基本上采用预应力结构，有粘结或无粘结预应力均采用后张法施工。航站楼采用了双向预应力平板筏基。全预应力锚固抗浮桩以独特的构想、先进合理的技术和构造、施工各阶段工艺流程的可操作性、逆作业性，尚属首例，开创了抗浮工程的新技术。预应力技术在基础工程中的应用取得了显著的经济效益和社会效益。

1 工程概况

北京首都国际机场新航站区扩建工程是国家“九五”重点工程项目，也是迎接新中国成立50周年67项重大工程之一，其中航站楼是整个扩建工程的核心工程。航站楼与停车楼为两个单项联体：航站楼工程总建筑面积33.5万m^2，停车楼总建筑面积17.0万m^2，航站楼西外墙与停车楼东外墙相距77.55m，由3个地下通道相连（图1）。

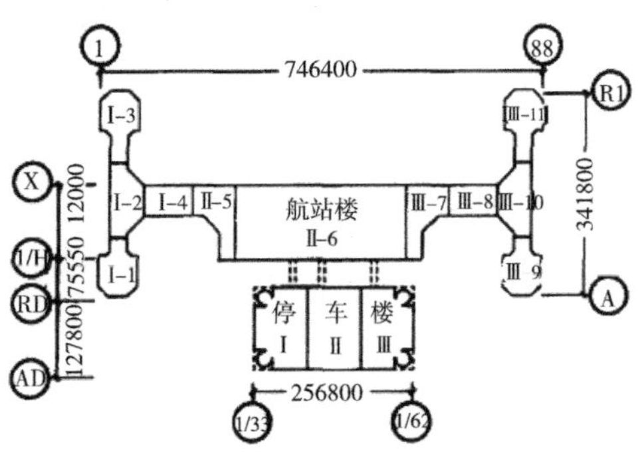

图1 T2航站楼总平面图

（1）航站楼工程

室内地坪 ±0.000=34.50m。平面尺寸：平面呈南北向工字形，南北长747.5m，东西翼宽342.9m。基底（沿外墙满堂）占地面积为9万m^2。地下1层，地上3层。全部地下室顶板、地下室外墙及基础为不留结构缝的现浇整体。屋顶全部为钢结构和预应力钢结构。

（2）停车楼工程

室内地坪 ±0.000=34.50m。平面尺寸：平面呈矩形，南北长263.9m，东西翼宽

① 首都国际机场新航站楼与停车楼结构设计获全国第三届优秀建筑结构设计一等奖（主要设计人：张承起、王春华、覃阳、张世忠、靳海卿、吴中群、冯阳），本实例编写依据：“首都国际机场新航站楼与停车楼结构设计”《建筑结构优秀设计图集4》中国建筑工业出版社2004年出版以及相关工程资料。

134.9m。基底（沿外墙满堂）占地面积为 3.4 万 m^2。地下 4 层，地上 1 层。地下一层以下结构为不留结构缝的现浇整体。

室外地坪标高为 34.35m，航站楼基底标高为 26.00m，停车楼基底标高为 19.50m。

2 预应力平板筏基

整个联体工程（航站楼和停车楼）基本上采用预应力结构，有粘结或无粘结预应力均采用后张法施工。航站楼采用了双向预应力平板筏基。

T2 航站楼筏基平面尺寸：南北长 747.5m，东西翼宽 342.9m，共有 14 处平面刚度突变区，故在平面未留结构缝。要控制混凝土的收缩，从设计分析、构造处理、施工技措和掺外加剂材料四个方面进行研究解决超大型基础的收缩问题。

（1）施工技术措施

①精选砂、石骨料；拌合前，清洗骨料杂物，一般选圆砾为石骨料。

②控制水泥用量。

③冬施混凝土成型前后阶段（五个阶段）进行温控计算和测试。

④控制混凝土浇筑密实度，加减水剂。

⑤混凝土硬化初期进行分块围堰养护。

⑥混凝土初凝前可用木模刮护混凝土表面，根据表面质量可适当用水泥拉模。

（2）设计、构造处理

在平面 14 个刚度突变区，从根本（设计）上分别设置缓解刚度突变的内外斜抹角区。

按照平面面积约 30m × 30m 的块体分割单元体为施工后浇缝，单元体的缝间宽度为 800~1000mm，板内钢筋不切断，缝侧壁用钢板网分割。

跳仓法浇筑混凝土，分块围堰养护。

采用高强混凝土，掺外加剂（包括减水剂、粉煤灰和硅粉），在制造过程中严格控制质量。除了抗压强度大之外，其他大部分工程质量均有显著改善。弹性模量和抗压强度较大，徐变系数小。高强混凝土的耐久性、抗腐蚀性和耐腐蚀性均强于普通混凝土。

因造价昂贵，未采用钢纤维混凝土（此种材料有利于抗裂）。

在平面 14 个刚度突变区域的筏板内，按计算值适当加强双层双向配筋，并与外墙锚固。

设置与平板筏基弯矩曲线相符的双向预应力钢绞线。采用预应力，有密合裂缝，以达到提高结构刚度的作用。但张拉预应力时，同时也附加给地基以反摩擦力。

考虑到沿整个平面受力协调和施工的张拉工序，凡垂直于外墙边的预应力端部均设置成凹进混凝土内的锚固端。各向边跨为一端张拉，长度为 1.5~2 个轴跨；各向内跨为两端张拉，长度为 3~4 个轴跨。

分批张拉：按理论，应根据张拉时混凝土达到的设计强度，依照平板筏基的层负荷进行分批张拉较合理。因工期紧张，张拉面积大（基底约 9 万 m^2），张拉时间长，最后未实施。

按几方达成的协议：要求地上 2 层结构及各部位混凝土达到 100% 设计强度后，即着手"一次张拉"。预应力张拉时，按照结构施工图所提供的张拉位置、张拉顺序和说明进行，即以平面中心为轴，先南北（平面的长向）方向，后东西（平面的短向）方向，各自对称同步地按规定顺序进行张拉。

平板筏基基底设滑动层：

滑动层的构造由三层两界面组成，即：

厚 1mm 聚乙烯塑料布　　上层

厚 20mm 干细砂　　中层

厚 0.5mm 聚乙烯塑料布　　下层

对混凝土的收缩和预应力张拉时产生的反摩擦力，采取"放"和化整为零的平面分块方法，也就是应用上述设置滑动层的方法，以缓解其摩擦。在此阶段之前，由于平面采取预留施工后浇缝等施工措施已经大大缓解了地基的摩擦，余留下对地基的摩擦力由滑动层去缓解，实践证明这是一种有效措施。

3 抗浮设计

停车楼地下水的上浮力远大于建筑重量，若按常规方法，将采用混凝土等质量大的材料压重，但考虑到结构抗浮力的安全度、耐久性、挖土方量、施工护坡材料用量及费用、降水设施费用、工期等诸多综合因素，经多次与相关单位进行分析和研究，设计采用了细直径全预应力永久抗浮工程桩高压旋喷注浆逆向施工法。

根据地勘报告，场地范围内地下水位接近自然地面。经过反复研究和讨论，从概念设计分析，在筏基底板下的柱下，采用布置约 1500 根细直径永久性预应力锚桩（直径 250mm，长度 21m）的方案，可达到一举多得的功效：节材、省工、省时，此方案同时使结构具有较大的阻尼比值和较强的基础刚度。

为增大每根桩的抗拔承载力，既增加桩体的摩阻力，又保护预应力桩体及预应力钢绞线，使细直径预应力桩的施工可操作，减少桩的数量，将过去工程中经常用于地基加固的高压旋喷成桩技术应用于此，构成了复合桩体。

为节约工期，缩短降水时间，降低工程造价，决定采用先施工基础底板，后施工高压旋喷预应力抗浮桩的逆作法。

4 材料选用

（1）桩所承受的力为轴心拉力以抵抗上浮力，拉力由钢筋承受，长期处于地下水中的钢筋要保证其具有可靠的抗腐蚀性，进而保证整个结构的安全度及耐久性。在本工程预应力桩体中采用了中心注油脂低松弛钢绞线。

（2）在预应力钢绞线的每个锚固端，混凝土的压应力很大，为保证其具有较高的抗压强度使预应力筋充分发挥作用，使整个桩体与土体的摩阻力增大，又满足具有足够的流动性及自密实性，选用了高强度的 C60 无骨料胶质材料，其微膨胀亦符合规范《混凝土膨胀剂》的要求。

（3）对于旋喷体，为保证其与内部的预应力桩体及周围土体具有可靠的摩擦力，要求旋喷体具有一定的强度，$R_{28} \geqslant 5\text{MPa}$。

5 施工工艺

（1）按平板筏基施工图所示位置预留内径 $D_0 \geqslant 250\text{mm}$ 的防水钢套管。

（2）待平板筏基混凝土浇筑完毕，施工至适当楼层时，在各钢套管中心成孔 108mm，孔底至持力层砂层下 500mm（根据持力层分区标高约 20~24m）。

（3）旋喷管放入 108mm 孔道底。

（4）启动开关，注入泥浆的旋喷管开始旋转。管头喷射出的水泥浆从孔底侧壁冲击垂直孔道四周的土体，根据土层可调整冲击力的大小，从孔底缓慢均匀地提升旋喷管，逐渐在竖向孔道内形成较大直径的由水泥浆和泥土混合而成的圆柱体。沿孔道全高任一横截面的直径不得小于 $D_{\min}=600\text{mm}$。施工操作控制转速、提升速度、喷浆压力、浆液密度、黏度和流量等参数。

（5）混合圆柱体未初凝前，在 $D_{\min}=600\text{mm}$ 的中心再钻孔，直径 250mm，其孔底距混合圆柱底以上 500mm。

（6）用水清洗 250mm 直径的孔壁。

（7）用泵清除孔道内的水和杂物，孔道内严禁存水。

（8）将装置成型的预应力钢绞线骨架送入直径 250mm 的孔内。

（9）预应力钢绞线骨架就位后，立即向孔内连续压力注入具有微膨胀性的 C60 水泥胶质材料（充盈系数≥ 1.0）。

（10）孔内 C60 水泥胶质材料达设计强度后，即可分批张拉预应力钢绞线。双控达标后，封锚、浇筑防护层。

6 试验结果

（1）全预应力永久性抗浮工程桩高压旋喷注浆逆向施工法全部采用了新技术、新材料、新工艺，而现行规范对抗浮桩的具体设计、构造及施工等均无相关条文，这样，不仅要求对各种材料进行试验，还要在现场对桩做单桩抗拔极限承载力的试验，为此，该项目被北京市科委批准为北京市科研项目，同时被北京市城乡建设委员会批准为新技术、新材料试点工程。

（2）在确定了施工工艺流程及各种材料性能要求后，在施工前即对中心注油脂钢绞线进行了检验，并对C60水泥胶质材料进行了多次试配，使其满足设计及施工要求。对旋喷体亦进行了取芯试验，保证其达标。

（3）为确保本项目得以实施，首先在先施工完底板的较深的地下通道内施工了8根抗浮桩，并进行了取芯试验，保证其达标。

（4）经过对现场地下四层及地下通道实际施工完毕的8根桩进行了单桩抗拔极限承载力试验[①]，桩体及桩内钢绞线均未出现异常破坏，抗浮桩桩身质量良好，单桩抗拔极限承载力满足设计要求，检测结果见表1。

抗浮锚桩不同终级荷载的拉拔试验成果　　表1

项目 \ 桩号	1	2	3	4	5	6	7	8
有效桩长 L（m）	19.4	19.3	16.3	20.3	16.3	21.8	18.8	17.4
终级荷载 P（kN）	1500	2250	1500	1500	1500	3000	3000	1500
桩顶上拔量 s（mm）	4.32	6.36	2.80	4.68	1.89	8.08	7.05	2.68
钢绞线上拔均值 s（mm）	84.69	143.6	36.18	49.74	45.79	163.0	159.8	47.69

7 经济及社会效益

（1）经济效益：无论是与采用4.4m厚底板以平衡水浮力的常规设计方案相比，还是与采用机械（或人工挖孔）大直径桩方案相比，全预应力锚固抗浮桩方案在结构用材、施工用材、挖土量、降水、施工总工期和总造价方面，均显示了突出的优势。

在结构用材方面，预应力抗浮桩方案与常规压重方案相比，基础底板厚度为常规压重方案的1/13；从挖土量方面比较，节约挖土方量105000m^3，降水、护坡高度减少3m；从施工工期方面比，逆向施工法节约工期约4个月。

（2）社会效益：此种全预应力永久性抗浮复合工程桩拓展了高压喷射注浆法的应用范围，开创了抗浮工程的新技术。通过本项目的大量试验，为今后相关规范的制定提供了大量的数据及依据，为今后的工程提供了借鉴。

全预应力锚固抗浮桩独特的构想，先进合理的技术和构造，施工各阶段工艺流程的可操作性、逆作业性，尚属首例。

① 引自“首都国际机场停车楼永久性抗浮锚桩施工试验研究”《岩土工程技术》1999年第2期（作者：张建青）

北京首都国际机场 T3 航站楼桩基设计[①]

【导读】北京首都国际机场 T3 航站楼是北京 2008 年奥运会的重点工程，南北总长约 3000m，东西宽 750m，包括 T3A，T3B 航站楼和 T3C 国际候机厅，总建筑面积约 100 万 m^2。航站楼采用钻孔灌注桩，并采用了后注浆技术工艺，选择多个试验场地开展测试研究，专门进行了后注浆桩与非后注浆桩的对比试验，在桩顶变形同等条件下，桩径 800mm 相比桩径 1000mm 桩，后注浆单桩极限承载力提高了 1.7 倍，为桩基设计提供了可靠依据。

1　工程概况

北京首都国际机场 T3 航站楼是机场扩建工程的核心项目，也是迎接北京 2008 年奥运会的重点工程。项目 2004 年开工，其建筑方案及初步设计主要由 JV 设计联合体完成，北京市建筑设计研究院有限公司配合并优化调整初步设计，并完成全部施工图设计。新航站楼位于现有首都机场东跑道东侧，南北总长约 3000m，由 T3A、T3B 航站楼，T3C 国际候机厅和交通运输中心（GTC）组成。T3A、T3B 航站楼南北对称，平面呈“人”字形，T3C 位于中间，整个航站楼通过捷运系统和行李传送通道连接，总建筑面积约 98 万 m^2（图 1）。

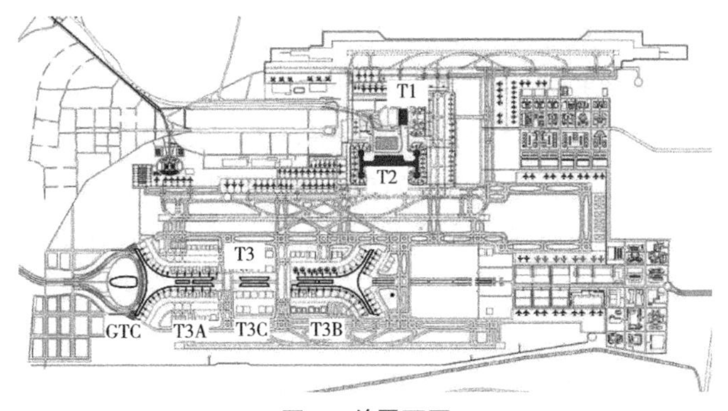

图 1　总平面图

① 首都国际机场 T3 号航站楼结构设计获全国第六届优秀建筑结构设计一等奖（主要设计人：王春华、王国庆、朱忠义、柯长华、周钢、陈清、张皓、祁跃、吴建章、靳海卿、张翀、张国彦、黄嘉、秦凯、王毅），本实例依据“首都国际机场 T3 号航站楼结构设计”（作者：王春华，王国庆，朱忠义，柯长华，周钢，陈清，发表于《建筑结构》2008 年第 1 期）以及相关工程资料编写。

T3 航站楼主体结构为钢筋混凝土框架结构，其中央大厅地下 2 层，地上 3~6 层，两翼及指廊地上 2~3 层（图 2）。T3B 航站楼中心区地下 3 层，地上 2~3 层，两翼及指廊地上 2 层。T3C 国际候机厅地上 2 层。屋顶及支承屋顶的柱子为钢结构，屋面最高点约 45m。航站楼基础采用钻孔灌注桩，登机桥采用 CFG 桩复合地基。工程的特点是平面面积大，工艺流程复杂，建筑造型新颖，建筑装修采用清水混凝土，结构完成面直接作为公共区域的建筑装修面，建筑对结构从断面到外观形状严格控制。工程的结构设计基准期为 50 年，结构安全等级为一级，抗震设防类别为乙类，抗震设防烈度为 8 度，基本地震加速度为 0.2*g*，设计地震分组为第一组，建筑场地类别Ⅲ类。

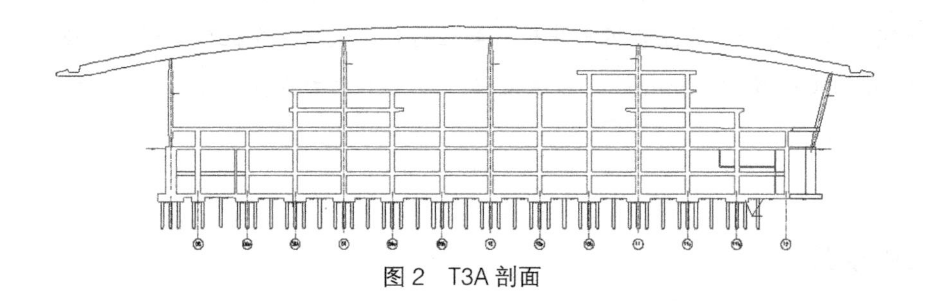

图 2　T3A 剖面

2　桩基设计

工程场区自然地坪低于建筑 ±0.00 标高 3~5m，场区内需大面积回填土。场区土层地质较软，承载力较低，压缩模量小，建筑荷载分布不均匀，相差较大，且捷运系统与行李传送系统的运行对结构变形要求较高。

根据工程特点，最终采用摩擦型钻孔灌注桩基础，其优点是：

（1）避开了软土地基承载力不足问题；

（2）控制由于上部荷载相差较大产生的地基不均匀沉降问题；

（3）可同时解决地基承载力和基础抗浮问题；

（4）适应施工单位分段流水作业的施工要求，保证施工工期。

由于基础面积大，桩总量大，为提高单桩极限承载力，采用桩底、桩侧后注浆技术，预估单桩承载力可提高 40%~50%。为保证经济安全，除按规范要求在现场对后注浆钻孔桩进行单桩承载力的破坏性试验外，还进行了单桩抗水平荷载的破坏性试验和非后注浆钻孔灌注桩单桩承载力的破坏性试验。工程基础底板全部连通为整体，属超长混凝土结构，混凝土收缩变形和温度变形都会对桩基产生水平推力，GTC 屋顶钢结构横剖面及传力途径如图 3 所示，水平荷载试桩可以为验算桩基水平承载力提供依据。破坏性试桩场地选在工程场地内，紧邻航站楼，根据土层变化、不同桩长及不同桩径分组进行，位置确定在土质相对较差即粉土层（黏土层）较厚的区域，以 T3B 为例的试桩组分布见图 4。

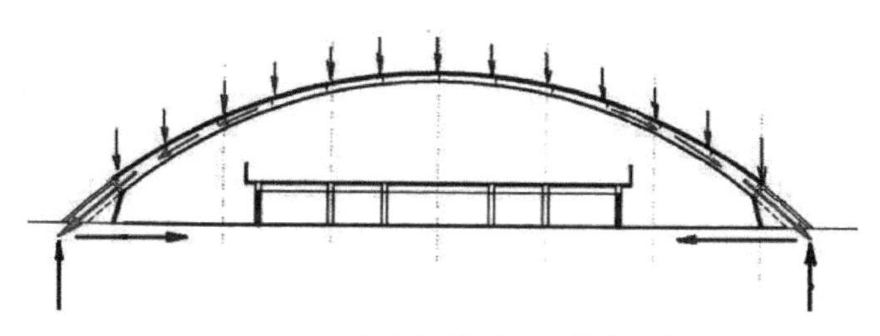

图 3　GTC 屋顶钢结构横剖面及传力途径示意

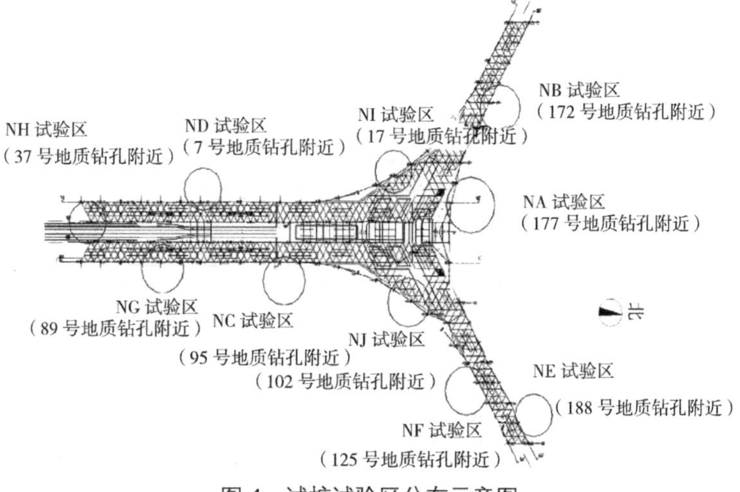

图 4　试桩试验区分布示意图

非后注浆钻孔灌注桩单桩承载力的破坏性试验，一方面，可验证预估承载力是否安全，提供设计依据；另一方面，目前国家规范中还没有关于后注浆钻孔灌注桩承载力的计算方法，因此在同等条件下进行后注浆和非后注浆桩的对比试桩是很有必要的。

桩径 800mm 后注浆与非后注浆试桩静载试验的桩荷载 – 沉降（Q-s）曲线对比见图 5，试验桩设计施工基本参数见表 1，静载试验成果汇总见表 2。

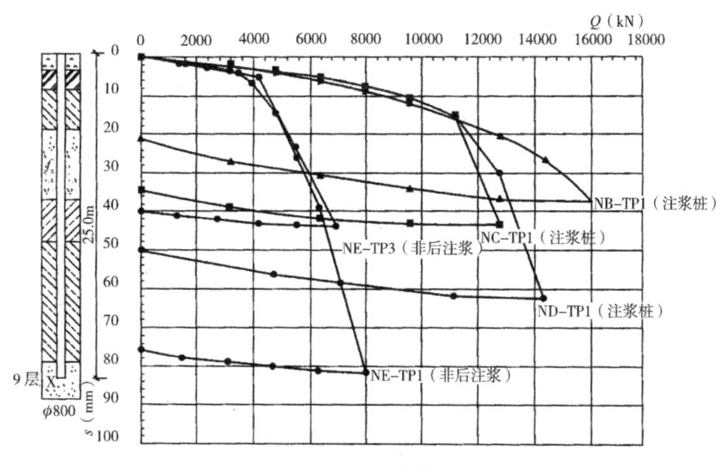

图 5　Q–s 曲线

试验桩设计施工基本参数　　表 1

试验区	桩号	桩径（mm）	有效桩长（m）	主筋	桩身混凝土强度	充盈系数	是否采用后注浆	桩侧 / 端压浆水泥量（kg）
NB 区	NB-TP1	800	25.0	10⏀22	C40	1.10	是	600/1000
NC 区	NC-TP1	800	25.0	10⏀22	C40	1.05	是	600/1000
ND 区	ND-TP1	800	25.0	10⏀22	C40	1.15	是	600/1000
NE 区	NE-TP1	800	25.0	10⏀22	C40	1.10	否	—
NE 区	NE-TP3	800	25.0	10⏀22	C40	1.06	否	—
桩端持力层	细中砂⑨层							

静载试验成果汇总　　表 2

试验区	桩号	桩径（mm）	是否采用后注浆	有效桩长（m）	试验最大加载（kN）	单桩极限承载力取值（kN）
NB 区	NB-TP1	800	是	25.0	16000	9600
NC 区	NC-TP1	800	是	25.0	12800	11200
ND 区	ND-TP1	800	是	25.0	14400	10000
综合取值	3 根试桩单桩极限承载力取值极差小于平均值的 30%					10000

以直径 800mm 桩为例，在设计桩顶标高 -7.800m，有效桩长 25.0m 的条件下，试桩单桩抗压承载力试验结果显示：

（1）后注浆试桩单桩极限承载力取值 10000kN，单桩承载力特征值 5000kN；

（2）非后注浆试桩单桩极限承载力取值 4100kN，单桩承载力特征值 2050kN；

（3）与非后注浆试桩在单桩极限承载力 4100kN 的桩顶变形同等条件下，对应的后注浆试桩的单桩承载力为 7000kN，后注浆单桩极限承载力提高了 1.7 倍。

对于直径 1000mm 桩，后注浆单桩极限承载力提高约 1.45 倍。由此可见，采用桩底、桩侧后注浆技术对桩的承载力提高明显，直径越小效果越好，其经济效益越明显。

3 复合地基

北京首都机场 T3A 航站楼结构东西两侧共有 26 个登机桥，登机桥固定端结构的一部分落在室外管廊结构上，另一部分落在与管廊基底标高相同的地层上。由于天然地基承载力不能满足设计要求，故采用 CFG 桩加固处理。

本工程 CFG 桩复合地基处理采用长螺旋钻成孔管内泵压混凝土成桩施工工艺。设计 CFG 桩桩径 410mm，桩长 14m（26 号登机桥为 10.5m），含 0.5m 的保护桩长。桩身混凝土强度等级为 C20。东区 14~25 号登机桥布桩 98 根（26 号登机桥 77 根），西区 1~13 号登机桥布桩 106 根，13 号、14 号登机桥承台各布桩 135 根，总计 2901 根。设计地基承载力特征值除管廊处为 250kPa，其余部位为 320kPa。复合地基检测数据见图 6、图 7。

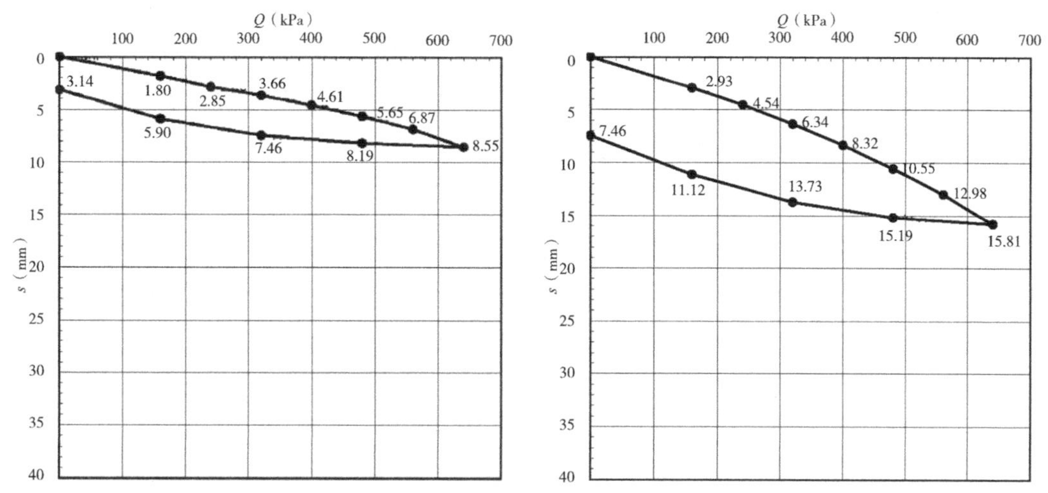

图 6　22 号登机桥 15 号单桩复合地基静载试验曲线　　图 7　4 号登机桥 16 号单桩复合地基静载试验曲线

4　水文地质

本工程建设场地的水文地质条件复杂，进行相关分析的边界条件见图 8。本工程建设场地东侧为小中河。小中河是温榆河的主要支流之一，是潮白河与温榆河之间的主要排水河道，除承担沿线两岸农田排涝外，还承担北京首都国际机场基础、顺义区及沿线村镇的排水任务。

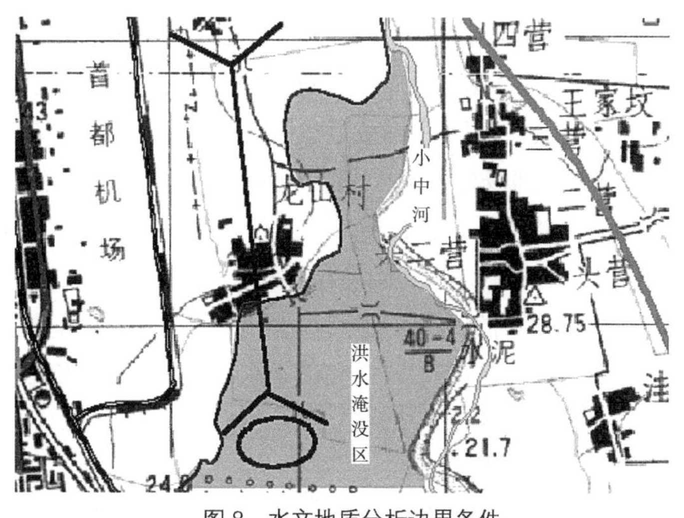

图 8　水文地质分析边界条件

经分析，T3A 和 GTC 处于洪水淹没区。本工程的抗浮设防水位高出自然地坪，接近设计地面，这是因工程建设场地需要填方整平而考虑到地形变化将影响到区域性水文地质。

2012 年 7 月 21—22 日，全市平均降雨量 170mm，北京首都国际机场降雨量达 218.4mm，是自 1951 年以来最强降雨。东面小中河水位迅速上涨，危及飞行区、跑道、盲降系统，给航站楼的正常运行带来巨大威胁。机场货运路公共区部分路段一度积水达 40mm，3 号航站楼 GTC 出入口区域积水较深，影响旅客的交通和疏散。受“7・21”强降雨影响，北京首都国际机场取消航班 571 架次，延误航班 701 架次，滞留旅客一度接近 8 万人。

根据北京平原区地下水监测井水位资料的分析，结合对以往正常年份水位变化曲线的对比分析，“7・21”特大暴雨后具有代表性的有明显响应监测点的水位变化过程如图 9 所示①，该监测井（S1122-1A）位于首都国际机场北侧的北法信村，其地下水位明显上升。

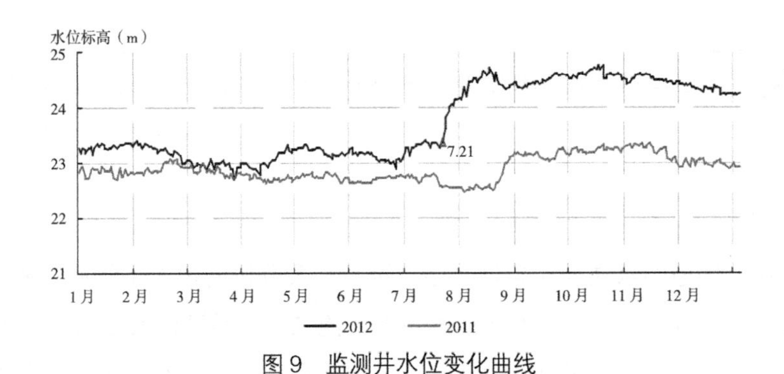

图 9　监测井水位变化曲线

由于工程场地的水文地质条件复杂，因此排水工程始终是保证机场正常运营的关键所在。根据顺义区水务局网站（时间：2016 年 6 月 16 日）消息：2015 年，顺义区实施了吴家营泄洪闸入小中河排水沟隐患整改和二道河（机场三线沟与丁线沟汇合处）污水处理站拆除工程，消除了行洪隐患；制定了强降雨天气小中河首闸拦洪闸启闭方案，利用头二营橡胶坝调蓄雨洪，实现小中河故道与机场小中河河段雨洪错峰，保障了机场及周边度汛安全。2016 年，机场外围排水保障指挥部进一步完善了辖区防汛应急预案，保障重点部位“一部位一预案”，成立了 3500 余人的防汛抢险队伍，实行实名制，落实到人；建立了防汛信息沟通机制，加强隐患排查和整改方案落实，统筹小中河上游来水、机场内部降雨情况等，及时处置周边道路积水、排水沟渠堵塞等紧急事件，消除防汛隐患，全力保证首都机场及周边下凹式立交桥等重点区域、部位安全度汛，做好滞留旅客交通出行保障。

---

① 北京平原区单次降水对地下水位影响的初步认识——以北京“7・21”特大暴雨为例，刊载于《水文》2013 年第 6 期（作者：刘元章，武强，邢立亭，林沛，韩征，雷坤超）。

北京电视中心主楼桩基础设计与验证 ①

【导读】北京电视中心一期工程综合业务楼为超高层建筑（236.4m 高），巨型钢框架结构体系，巨型柱荷载集中，地基变形控制要求严格，当时灌注桩后注浆和变刚度调平设计尚未写入建筑桩基技术规范，进行了不同桩基方案的比选，通过现场试验性成桩施工和静载试验确定成桩工艺和单桩承载特性，最终成功应用了旋挖钻机成孔工法、灌注桩后注浆技术，并遵循变基桩支承刚度调平设计思路进行桩基础设计，沉降实测证明设计方案合理可靠。

1 工程概况

北京电视中心工程（一期）为北京市政府重点建设项目和 2008 年奥运会行动规划项目之一，由综合业务楼，多功能演播中心和生活服务中心三部分组成（图 1）。综合业务楼（以下简称为主楼）地上 41 层，出屋顶 7 层，高度为 236.4m。地上分为两部分：20 层以下为电视中心的技术区域，层高为 5m；20 层以上为办公区域，层高为 4.2m。标准层的平面尺寸为 67m×61m。地下部分与其他楼相连，地下 3 层，层高分别为 5.2m、4.2m、4.2m，其中地下 3 层为设备用房，地下 2 层及地下 1 层为地下车库等，其结构立面和首层平面分别见图 2、图 3。

图 1 建筑实景

上部结构采用巨型钢框架结构体系，结合建筑造型要求，在建筑的四角处规则地布置四个 L 形复合巨型柱，巨型柱之间用巨型钢桁架梁相连，形成一个外形尺寸为 67m×61m、高 200m 的立体巨型框架结构。复合巨型柱由钢柱、钢梁和型钢支撑组成，巨型柱内布置了设备管道间、设备用房和楼梯间等。巨型钢桁架梁是指层 6~7 的 2 层高

① 北京电视中心获全国第五届优秀建筑结构设计一等奖（主要设计人：束伟农，柯长华，杨洁，祁跃，靳海卿，张翀，周钢，王春华，张国彦，李禄）。本实例编写所依据的资料包括："北京电视中心结构设计"《建筑结构优秀设计图集 7》中国建筑工业出版社 2008 年出版、"北京电视中心主楼巨型钢框架结构设计"（作者：束伟农，柯长华，杨洁，黄嘉）《建筑结构》2006 年第 6 期以及相关工程资料。

桁架梁、腰桁架梁和最上层的帽桁架梁。各楼层的自重和地震作用及风荷载通过各楼层梁、内外四周的梁柱所组成的次框架传递给大框架（图 4）。

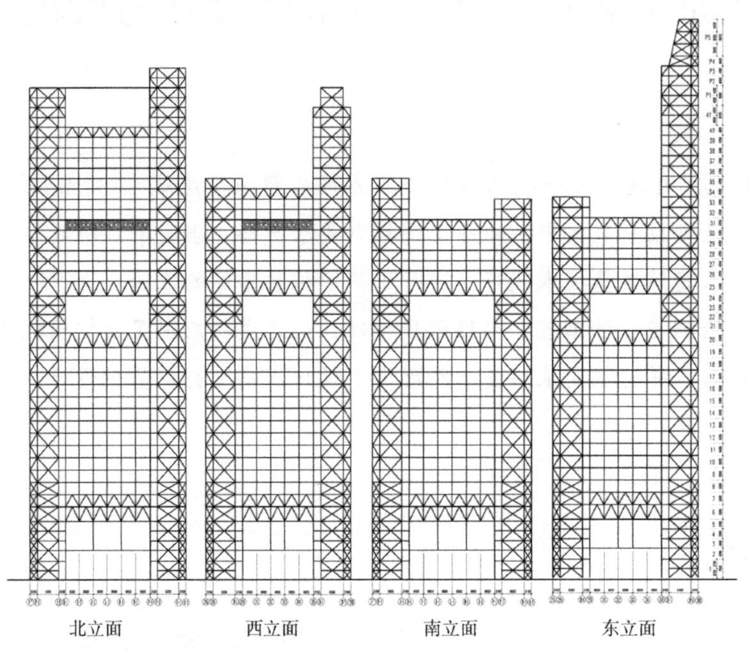

图 2　北京电视中心一期工程综合业务楼结构立面

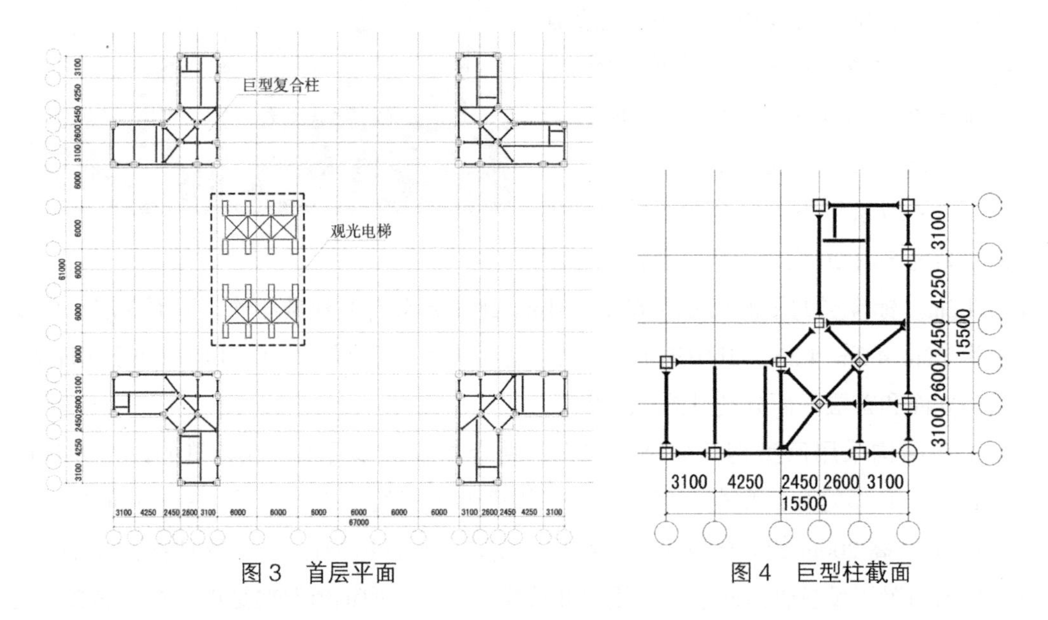

图 3　首层平面　　　　图 4　巨型柱截面

2　地质资料

2.1　地基土层

该地区为永定河冲洪积扇中下部，拟建场区的覆盖层厚度（相当于第三纪基岩埋深）约 160m。根据地勘报告，最大钻深 100m。地层为黏性土、粉土和砂卵石互层状态分布，地层分布如图 5 所示[①]。

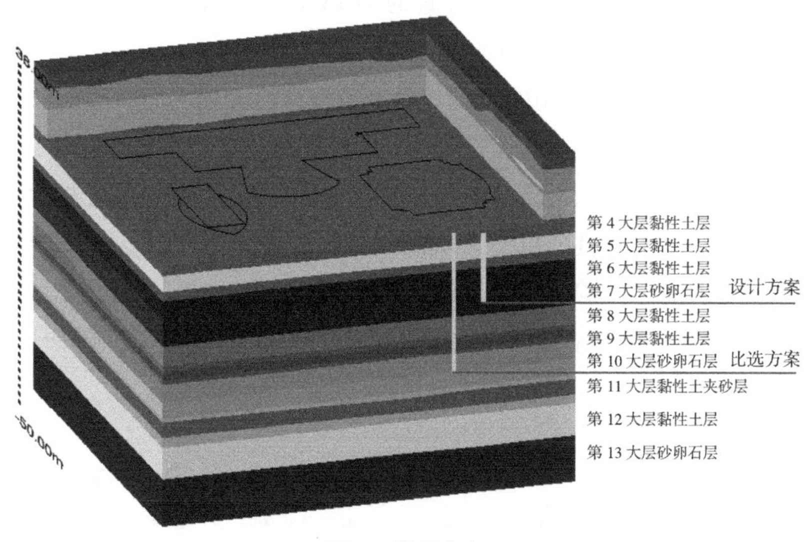

图 5　地层分布

2.2　场地类别

场区自然地面下 20.00m 深度范围内土层的等效剪切波速值 v_{se} 为 253.7~295.5m/s，拟建场区覆盖层厚度约 160m，大于规范规定的 5m 界限值，判定拟建场区的建筑场地类别为 II 类。

2.3　地下水位

根据 2002 年 6~7 月勘察实测，第一层地下水为层间潜水，其静止水位埋深 7.60~10.80m，其含水层为③大层圆砾卵石和砂土；第二层地下水为承压水，其测压水头标高为 20.18~23.80m，其含水层为⑤大层卵石圆砾和砂土；第三层地下水为承压水，其测压水头标高为 17.20~19.50m，其含水层为⑦大层砂土和卵石圆砾。

3　试桩试验

针对桩端持力层、桩长不同方案比选分析，根据地勘报告，有 3 个备选的方案，由浅至深分别是：

（1）以标高 -2.90~-0.10m 以下分布的第 7 大层（卵石、圆砾⑦层和细砂、中砂$⑦_1$层）作为桩端持力层，有效桩长可控制在 25~30m 以内。

---

① 工程场区三维地层分布示意图引自北京市勘察设计研究院《北京电视中心工程岩土工程勘察报告》（编号：2002 技 267）。

（2）以标高 -17.10~-15.30m 以下分布的第 10 大层（细砂、中砂⑩层，卵石、圆砾⑩$_1$层，夹黏质粉土、砂质粉土⑩$_2$层）作为桩端持力层，相应的有效桩长为 50m 左右。

（3）以标高 -36.60~-33.60m 以下分布的第 13 大层（以圆砾、卵石⑬层和细砂、中砂⑬$_1$层）作为桩端持力层，相应的有效桩长接近 70m。

当时北京地区尚缺少拟采用的大直径后注浆长桩的工程应用经验。采用规范中较短桩长统计得到的侧阻力与端阻力经验值，可能会存在偏差，加之由于地层变化和承压水的影响，成桩施工经验尚须摸索。因此为了更准确地把握后注浆灌注桩承载特性，需要在试桩试验阶段通过试验性成桩施工和静载试验获取桩的施工工艺参数和承载－变形特性，为设计提供依据。试验桩场地布置见图 6。

抗压桩（桩径 ϕ0.8m 和 ϕ1.0m）采用旋挖钻机成孔，无循环泥浆护壁，导管水下

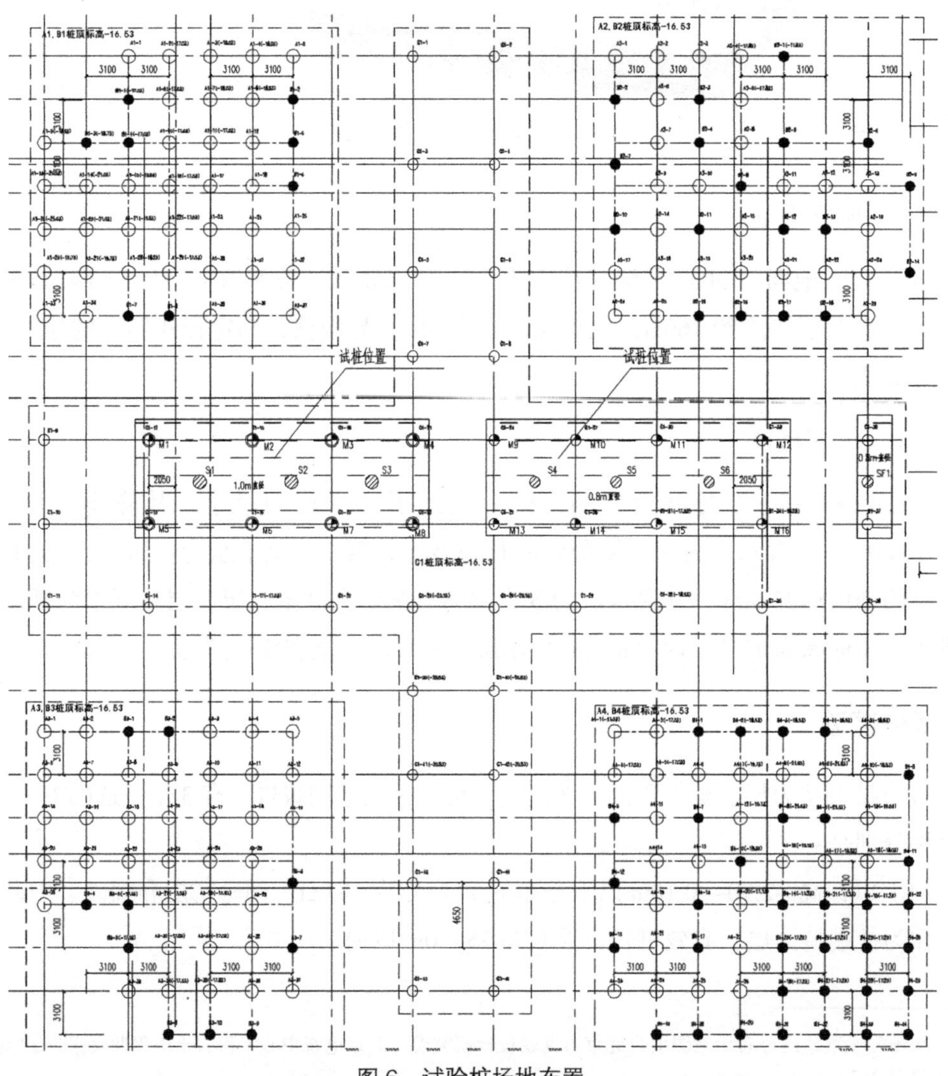

图 6　试验桩场地布置

灌注混凝土施工。本工程灌注桩后注浆施工采用中国建筑科学研究院地基基础研究所桩底、桩侧后注浆专利技术，混凝土灌注完 2d 后进行桩侧、桩端压浆，压浆顺序一般为：桩侧先上截面后下截面注浆，每个截面压浆时间间隔不少于 3h，桩侧全部完成 6h 后再进行桩端注浆，桩基布置平面先外侧后内侧桩注浆，后注浆施工参数见表 1。

灌注桩后注浆参数 表 1

桩型	桩侧后注浆断面数	桩底后注浆管根数	桩侧注浆在桩底以上位置（m）	注浆水泥总量桩侧 / 桩底（t）
抗压桩 ϕ1.0m	2	2	10/18	1~1.5/2
抗压桩 ϕ0.8m	2	2	10/18	0.8~1.2/1.6

试验桩静载试验结果见表 2、表 3 及图 7、图 8。

抗压桩（ϕ1.0m）试验桩静载试验结果 表 2

桩号	桩长（m）	试验最大加载（kN）	试验最大加载时对应桩顶变形量（mm）
S1	27	18000	21.94
S2	27	18000	27.38
S3	27	18000	24.78

抗压桩（ϕ0.8m）试验桩静载试验结果 表 3

桩号	桩长（m）	试验最大加载（kN）	试验最大加载时对应桩顶变形量（mm）
S4	27	14000	25.81
S5	27	14000	27.00
S6	27	18000	29.86

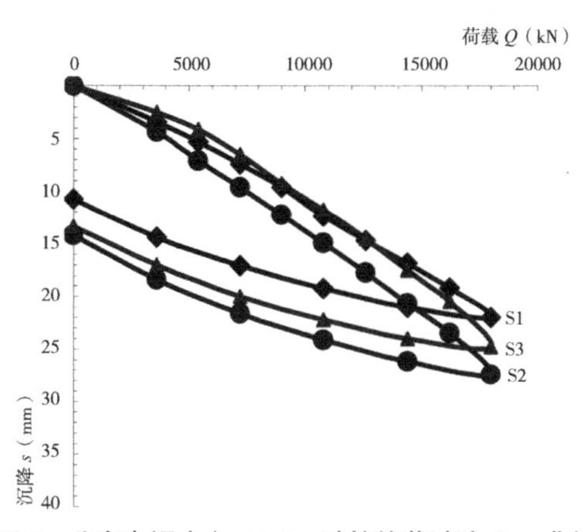

图 7 北京电视中心 ϕ1.0m 试桩静载试验 Q–s 曲线

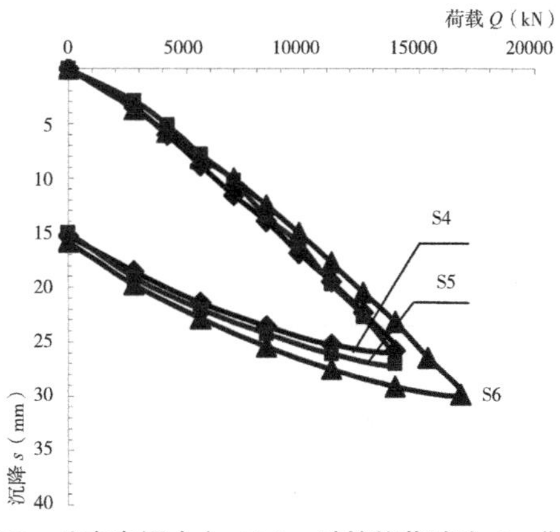

图 8 北京电视中心 ϕ0.8m 试桩静载试验 Q-s 曲线

4 桩基础设计

本工程属大底盘多塔建筑群，特别是综合业务大楼为超高层建筑，采用巨型框架结构体系，即整个结构由布置于建筑四角的四个巨型筒体柱（为垂直通道）和横跨于筒体柱间的巨型桁架式大梁（为房间）连接构成。四个筒体柱除自重外，还承受巨型桁架式大梁传递的整个上部结构荷载，荷载集中于四个角筒体柱下，荷载高度集中。基础采用后注浆钻孔灌注桩基础，为保证建筑物的整体稳定性，有效地克服不均匀沉降的问题，主楼基桩根据荷载分布情况，集中布置于巨型柱处，基础底板厚度按桩冲切要求确定，为2.0m。裙楼底板厚1.0m，纯地下车库底板厚度0.6m。底板混凝土强度等级C35，主楼筏底基本置于绝对标高20.00m，筏底持力层为第4大层黏性土，局部存在的圆砾卵石③层；桩底持力层选择卵石圆砾⑦层，底层柱墙下布置ϕ1.0m桩，其他基本布置为ϕ0.8m桩，基桩有效长度27m（图5）；纯地下车库范围布置ϕ0.6m抗浮桩，桩身混凝土强度等级C35（表4、表5）。

基桩承载力取值（kN） 表4

桩型	单桩极限承载力 Q_u	单桩承载力设计值 R
ϕ1.0m 抗压桩	15000	9100
ϕ0.8m 抗压桩	12000	7300
ϕ0.8m 抗浮桩	5400	3270
ϕ0.6m 抗浮桩	1200	730
ϕ0.6m 抗压桩	4000	2400

基桩数量（根） 表5

桩型桩数	综合业务楼	多功能演播中心	生活服务楼	裙楼	桩数统计
ϕ1.0m 抗压桩	126	—	—	—	126
ϕ0.8m 抗压桩	52	233	54	—	339
ϕ0.8m 抗浮桩	46	28	—	—	74
ϕ0.6m 抗浮桩	—	138	—	596	734
ϕ0.6m 抗压桩	—	28	—	—	28
总桩数	224	427	54	596	1301

桩基础设计采用了多项新技术，包括变刚度基础调平设计、灌注桩后注浆技术，抗浮桩采用了压灌混凝土后插钢筋笼成桩技术、无粘结预应力技术，钢筋笼主筋采用剥肋滚压直螺纹机械连接技术，节约了造价、节省了工期。

5 实测验证

根据沉降观测资料，沉降随时间、楼层的变化趋势见图 9，至结构封顶时的沉降观测数据见图 10，由图 9 可知，沉降趋于稳定。钻孔灌注桩采用后注浆技术，不仅提高单桩承载能力，而且有利于变形控制。

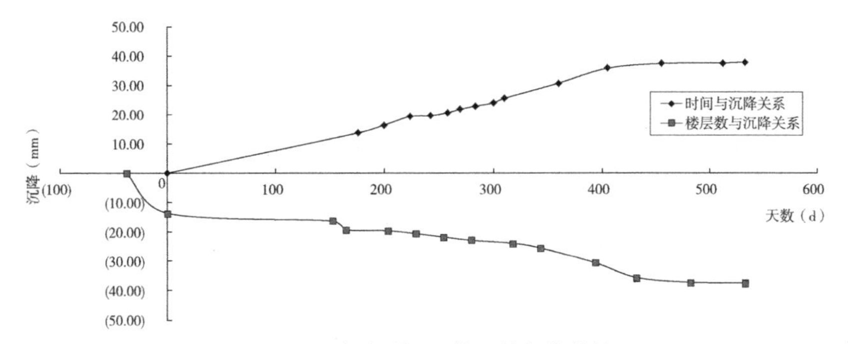

图 9　沉降随时间、楼层的变化趋势

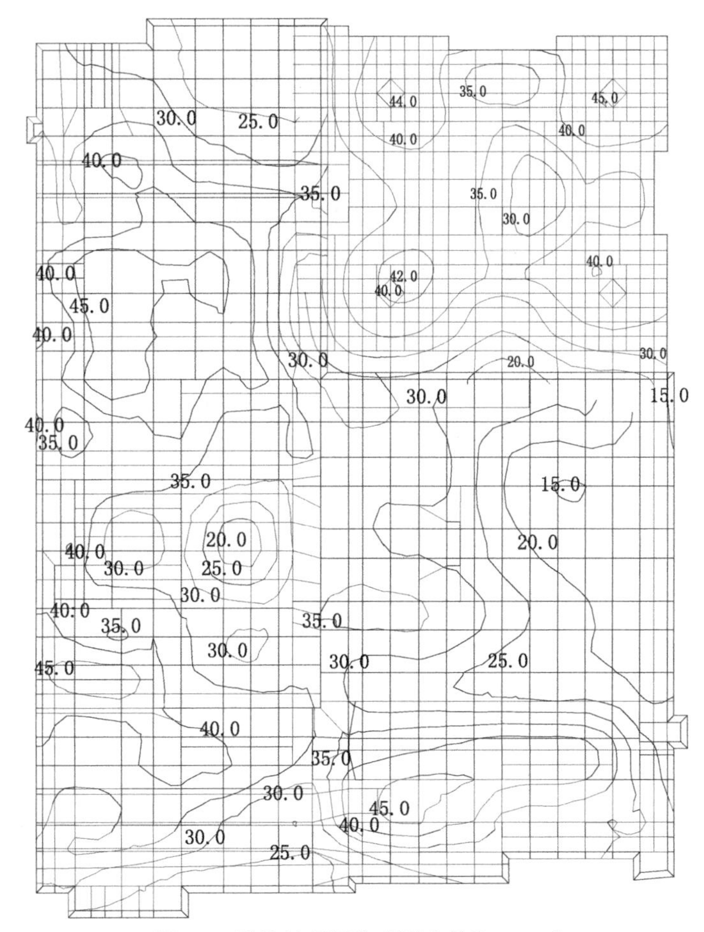

图 10　结构封顶沉降观测（单位：mm）

北京雪莲大厦桩筏基础设计与分析①

【导读】北京雪莲大厦是北京地区早期采用灌注桩后注浆技术的代表性项目，其建筑总高度达到150m，地上36层，主楼核心筒与其外围框架之间以及主裙楼之间荷载差异大，主楼采用钻孔灌注桩后注浆技术，但是桩端持力层为砂层而非卵石层，当初原型试验数据、承载变形性状以及桩筏基础数值分析模型参数取值等经验尚在摸索中，地基基础变形控制难度大，本文论述着重记述了后注浆钻孔灌注桩设计、桩筏基础与地基土相互作用分析、试验桩数据分析、沉降计算与实测数据等，积累了多方面的经验。

1 前言

北京雪莲大厦二期工程位于北京朝阳区三元桥东北角，总高度达到150m，建成后将成为三环路和机场高速路上的醒目标志。本工程结构的特点是高层主楼上部结构采用混合结构，即矩形钢管混凝土框架－钢筋混凝土核心筒结构，核心筒荷载集度高、刚度大，外围框架刚度相对较弱，荷载集度相对较小，核心筒与其外围框架亦易引起较大的差异沉降。同时高层写字楼与纯地下室连成一体，置于同一个基础筏板上，不能设永久缝，两者荷载相差悬殊，还需要控制和协调超高层主楼与低层裙房之间的差异沉降。

本文着重介绍了后注浆钻孔灌注桩设计、桩筏基础与地基土相互作用分析、试验桩数据分析、工程桩承载力检验、沉降变形计算分析与实测结果等超高层建筑应用后注浆灌注桩的分析与工程实践。

2 工程简介

本工程为大型综合性建筑，地上部分为一栋36层写字楼（包括设备层及避难层），局部出屋顶1层，建筑总高度（室外地面至主要屋面）为146.30m。最高檐口处高度153.70m（图1）；地下共4层，地下1层为商业层，地下2~4层为车库和设备电气机房。

---

① 依据“某高层结构后注浆灌注桩筏基础与地基土相互作用分析”（作者：阚敦莉，孙宏伟，徐斌）《建筑结构》2013年第43期（S1），“雪莲大厦高层混合结构设计”（作者：徐斌，阚敦莉，王雪生，罗超英，郑宣鹏）《建筑结构》2009年第30期（S1），桩筏基础沉降变形计算由方云飞负责，本实例由阚敦莉、孙宏伟统稿。

本工程的地上部分为带加强层的矩形钢管混凝土框架 – 钢筋混凝土核心筒结构体系。地下部分结构形式采用全现浇钢筋混凝土框架 – 剪力墙结构。建筑结构安全等级为二级，结构设计使用年限为 50 年。抗震设防类别为丙类。抗震设防烈度为 8 度，设计基本加速度值为 0.20g，设计地震分组为一组，建筑场地类别为Ⅲ类。

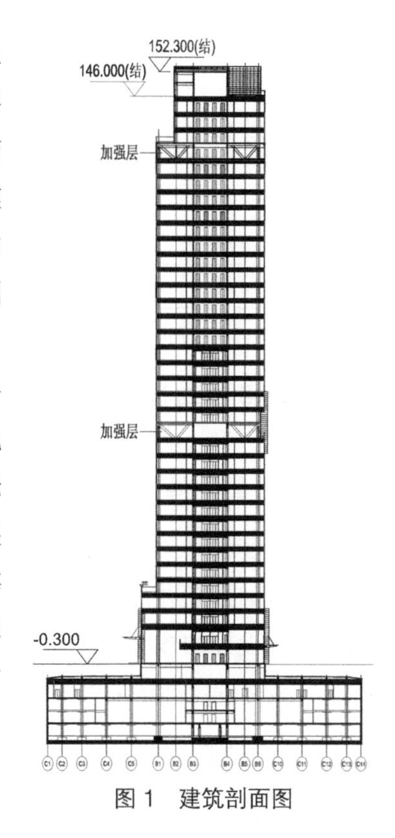

图 1　建筑剖面图

本工程高层写字楼与纯地下室连成一体，置于同一个基础筏板上，地基基础设计等级为甲级。设计室内地坪标高（±0.00）绝对标高为 40.30m，基础板底相对标高为 –20.80m，槽底相对标高为 –20.96m。主楼基础采用钢筋混凝土后压浆钻孔灌注桩基础，建筑桩基安全等级为一级；纯地下室部分采用天然地基上的平板式筏形基础。在主楼和纯地下室连接部位设沉降后浇带，地下室每 30~40m 间距留出施工后浇带。

3　地基勘察资料

根据岩土工程勘察报告，本工程地处北京市区永定河洪冲积扇的中下部全新世古河道边缘的台地上，不存在影响拟建场地整体性的不良地质作用，地形基本平坦，自然地面标高约为 39.0m。

地面以下至基岩顶板间为第四纪沉积土层，岩性分布特征为黏性土、粉土与砂土，碎石类土构成的多元沉积交互层。有 3 个备选的桩基持力层，如图 2 所示，第 1 个桩基持力层较为均匀，但其厚度相对较小，其下为黏性土层；第 2 个桩基持力层厚度较大，但层间夹有黏性土层，且黏性土层在空间上的分布具有不确定性；第 3 个桩基持力层均匀、密实，且厚度大，但埋深过大。

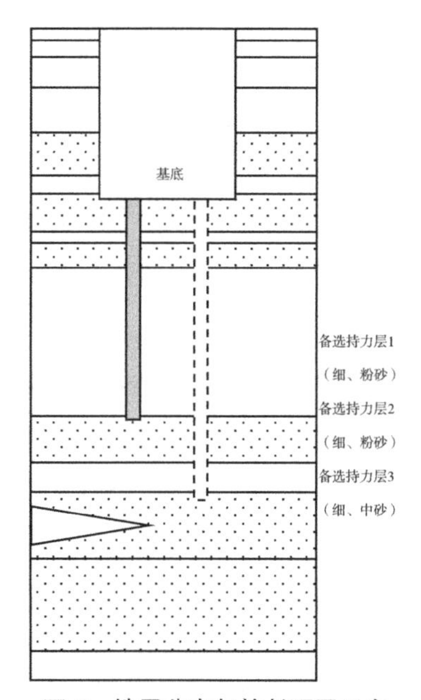

图 2　地层分布与桩长配置示意

由于黏性土的隔水作用，有多层含水层，实测地下水位情况见表 1。地下水位较高，基底附近有承压水，对基础的抗浮、防水设计极为不利。

实测地下水位情况　　表1

序号	地下水类型	静止水位	
		埋深（m）	标高（m）
第2层	台地潜水	5.80~6.70	32.87~33.72
第3层	层间潜水（微承压）	12.20~13.50	26.08~26.85
第4层	承压水	19.00~21.20	19.00~21.22

注：水位为钻探期间（2005年11月上旬）实测。

4 基础设计与计算分析

4.1 基础选型

在初步设计阶段，针对地基基础方案选型CFG桩复合地基设计方案和后注浆钻孔灌注桩基础方案进行了分析比较，并进行了多次专家技术论证。结合本工程结构特点，地基基础设计的核心问题是控制沉降和差异沉降，地基土层条件并不适合CFG桩复合地基，最终确定高层主楼采用后注浆钻孔灌注桩方案。

4.2 桩基设计基本思路

（1）根据高层主楼上部荷载、结构体系情况，减小主楼核心筒与其外围框架之间产生的差异沉降是核心问题之一，这样可减小桩承台和上部结构的次应力。因此可按变刚度调平设计原理[1]调整和优化基础设计方案。

（2）高层主楼与纯地下室连成一体，两者荷载相差悬殊，容易引起较大的沉降和差异沉降，应采取措施控制和协调沉降差。纯地下室地基刚度应予弱化，抗浮措施，采用适当增加结构自重、地下室顶板覆土、基础底板上回填级配砂石的方法平衡水浮力，与设置抗拔桩和预应力抗拔锚杆的方法相比，不仅可以节约造价、减小施工难度、缩短施工周期，并且利用其回弹再压缩变形，可以减小与高层主楼之间的差异沉降。

（3）核心筒不仅荷载大，而且桩数量多，桩群面积大，群桩效应导致沉降量加大。因此布桩时要重点加强核心筒桩群的支承刚度，尽量减小其沉降量。而外围框架柱桩基，由于荷载相对小，桩数少，沉降量较小，因此要相对弱化外围框架柱桩基支承，按复合桩基设计，以适当增加其沉降，使其与核心筒沉降趋于接近。

（4）核心筒基桩力求布置于墙边45°线以内，以使其冲切力与基桩反力尽可能平衡；外围框架柱荷载与基桩反力和承台土反力趋于平衡，因此可以减小筏板厚度和减少配筋。

（5）工程桩结合采用桩底、桩侧后注浆工艺施工，以提高基桩承载力并减小基桩沉降变形。

（6）为控制沉渣，提高承载力，施工中采用双控条件，即计算桩长控制和进入持力层深度（至少一倍桩径）控制。

4.3 试桩数据分析

压注浆技术是由桩端和桩侧的预埋管阀压入水泥浆，通过浆液的渗透、劈裂、压密等方式，加固泥皮和桩底沉渣的固有缺陷，改善桩土界面，从而大幅度地提高单桩承载能力并有效地减小沉降量。粗粒土中的桩承载力增幅可达 80%~160%，细粒土中的桩承载力增幅为 40% ~80%，软土中的增幅最小。“以北京地区的经验，采用后压浆工艺确实能有效提高钢筋混凝土灌注桩的承载能力，一般可在 1.6~2 倍。”[2] 北京名人广场桩底压浆单桩竖向承载力提高幅度为 50%[3]。

本工程桩基持力层为粉细砂，与文献 [2] 汇总资料持力层为卵石层有所不同。采取后注浆工艺，初步估算基桩容许承载力需要达到 7000kN。由于当时如此长的后注浆钻孔灌注桩在北京的施工经验并不多，最后需经过成桩施工和静压桩试验对所选用的桩基承载力进行验证。

本工程在工程桩正式施工前进行了 2 组试桩静载试验以确定工程桩设计依据。试验桩位置选取在建筑物基础范围内未布设工程桩的区域内布设（图 3）。并在试验桩周边专门设置了 4 根锚桩，以提供试验过程中的加载反力。

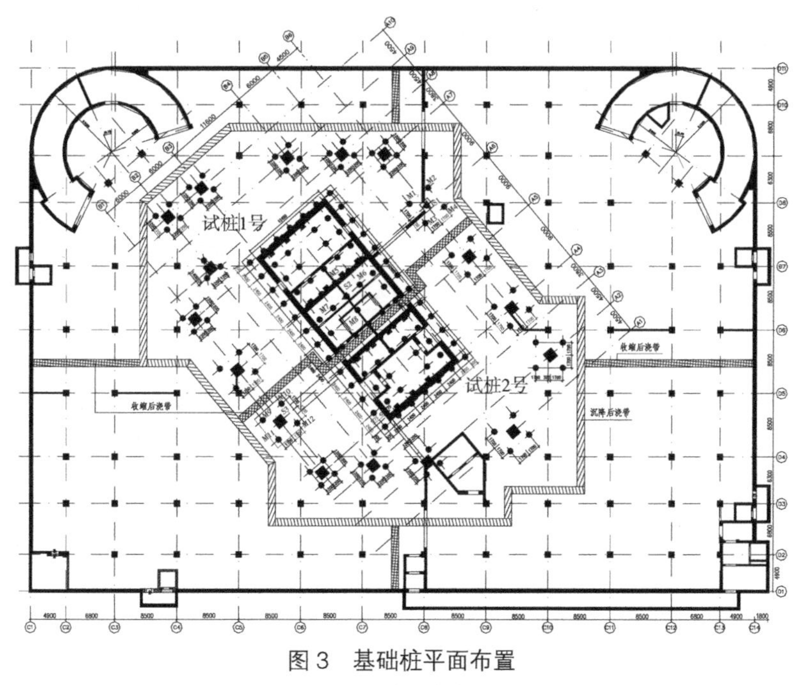

图 3　基础桩平面布置

（注：S—基础桩的承载力检测桩；M—锚桩）

试验桩设计参数为：桩径 800mm，桩顶相对标高为 –20.80m（绝对标高 19.5m），桩长约 38m，进入桩端持力层（细砂、粉砂层）不少于 1.2m，桩身混凝土强度等级 C45，主筋为 14 ϕ 20 均匀布置，保护层厚度 70mm。

试验桩 Q-s 曲线如图 4 所示。静载荷试验结果表明，初步设计所选用的单桩容许承载力为 7000kN，可以满足承载力及变形要求，是合理可行的。

4.4 桩筏土相互作用分析与沉降计算

高层主楼与纯地下室连成一体，两者荷载相差悬殊，采用不同的地基方案，高层主楼采用了桩基，但由于荷载大，又有群桩效应，在持力层下有相对较软的土层时，会有较大沉降量；纯地下室荷载较小，地基土处于回弹再压缩状态，亦会产生一定沉降量，设计中要考虑二者之间产生的沉降和差异沉降。本工程采用的上部结构体系，抵抗水平位移的刚度较大，但是抵抗整体竖向变形的刚度较差，加之高层主楼核心筒与其外围框架在刚度和荷载上的差异易引起较大的差异沉降，过大的沉降和差异沉降对上部结构会带来不利影响。

根据本工程地基条件、荷载分布和结构特点，考虑桩与筏板基础及地基土相互作用地基、基础及上部结构共同作用原理，进行地基变形、基础沉降的计算分析，验证沉降和差异沉降控制在规范允许范围。

本工程采用 PlAXIS 3D FOUNATION 软件进行了桩筏基础沉降变形的计算分析（图 5），深入分析评价地基基础方案的合理性与可行性，根据勘察报告确定后注浆钻孔灌注桩的合理桩长、桩径、桩端持力层，以及单桩承载力，优化桩基础设计。

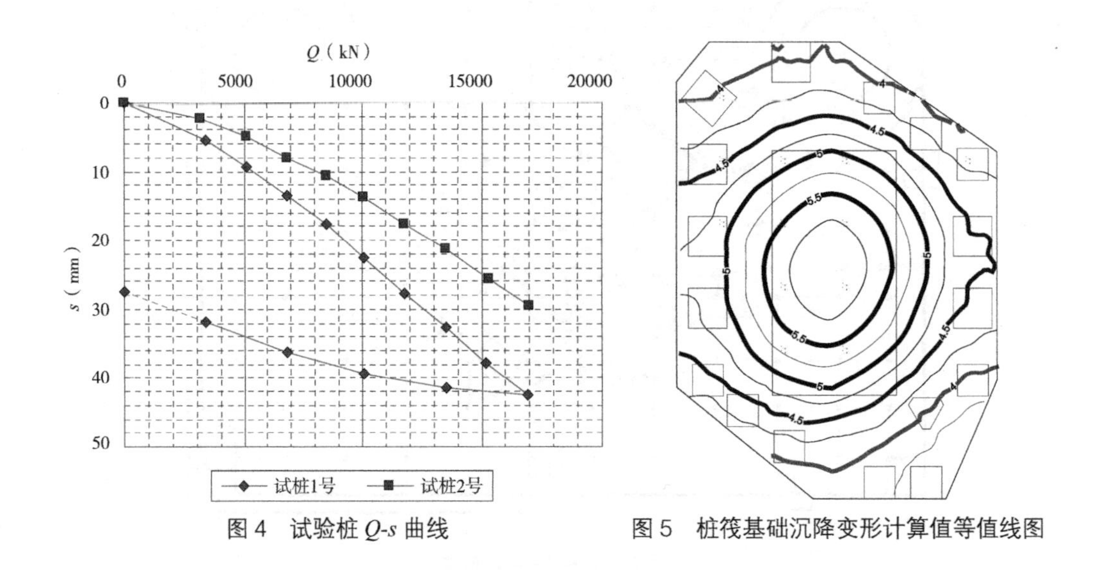

图 4　试验桩 Q-s 曲线　　　　图 5　桩筏基础沉降变形计算值等值线图

4.5 桩基优化设计

在桩基础设计过程中，对直径 1000mm 和 800mm 的桩基进行试算比较，优化桩筏基础的设计。并按照直径 800mm 后注浆钻孔灌注桩制定了试桩方案。由试桩数据分析可知，选用直径 800mm 后注浆钻孔灌注桩以及第 1 个桩基持力层可以满足设计要求。

采用直径800mm的后注浆钻孔灌注桩，与采用直径1000mm的后注浆钻孔灌注桩比较，承载力没有降低，基础底板和承台的造价可大大节省，并减少了基槽深度，对纯地下室部分的抗浮问题的解决很有好处，并减少开挖土方量。经计算，桩数量由168根减为160根。图3是桩基平面布置图。《建筑桩基技术规范》JGJ 94—2008[3]规定最小桩间距为3倍直径，采用直径800mm的灌注桩后，由于桩中距由3m变成了2.4m，容易布桩，承台冲切容易控制。承台的宽度和厚度都大大减小，特别是核心筒下的底板厚度由2500mm减为1600mm；高层主楼与核心筒间设置基础梁，核心筒外与地下部分的纯地下裙房底板厚由1000mm减为800mm；桩承台高由2500mm改为1900mm。仅混凝土一项大约减少2000m^3。

5 工程桩检验

在土方施工挖至 -16.0 m（24.3 m绝对标高）时进行基础桩施工。采用旋挖钻机成孔，水下灌注混凝土，后注浆工艺施工提高承载力，后注浆管布置见表2。

后注浆管布置 表2

注浆管编号	后注浆类型	压浆阀位置	土层性质	注浆导管
1	桩侧	桩顶以下 -10.50m（绝对标高9.0m）	第⑧层粉细砂	ϕ20mm焊管下端与螺旋形加筋PVC注浆管阀相连
2		桩顶以下 -19.50m（绝对标高0.0m）	第⑨层粉质黏土	ϕ20mm焊管下端与螺旋形加筋PVC注浆管阀相连
3	桩端	地面以下 -38.00m（绝对标高 -18.50m）	第⑫层粉细砂	ϕ25mm焊管下端与单向注浆管阀相连

如图6所示，由基础桩 *Q-s* 曲线可以看出，桩基施工质量可以达到设计要求。

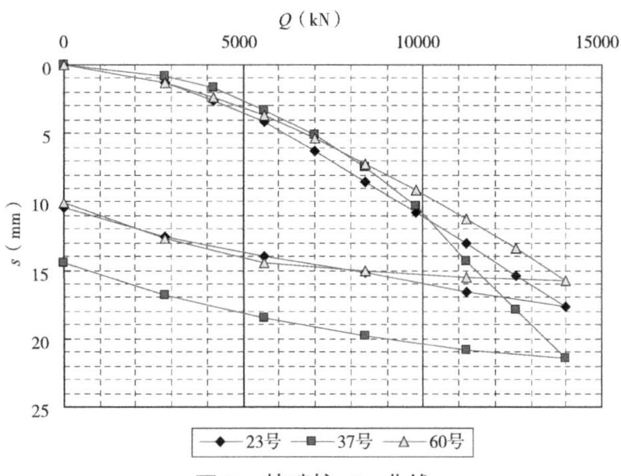

图6 基础桩 *Q-s* 曲线

6 沉降实测

本工程进行了基础沉降变形观测，观测点的布置见图 7、图 8，各观测点的沉降实测值见表 3。

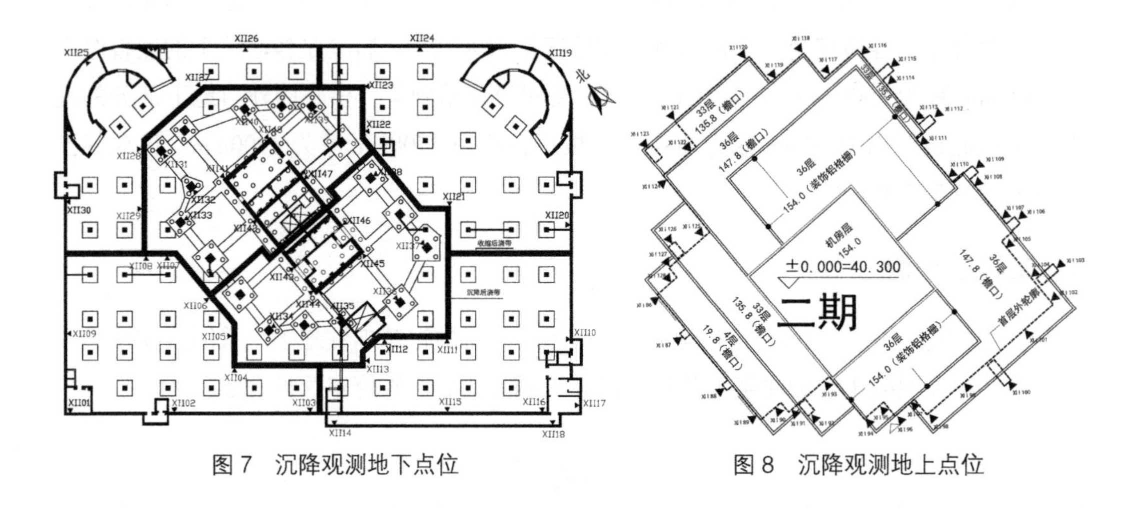

图 7 沉降观测地下点位

图 8 沉降观测地上点位

7 结论

由基础沉降变形的实测数据可知，本工程选用直径 800mm 的灌注桩结合后注浆方案，地基沉降量和差异沉降的计算值与实测结果相符，能满足设计要求，证明设计思路是科学合理的，取得了很好的经济和社会效益。

本工程应用后注浆灌注桩的研究分析与工程实践，为高度大、自重大的高层建筑基础设计积累了经验，对类似工程设计有参考意义。

参考文献

[1] 刘金砺 . 高层建筑地基基础概念设计的思考 [J]. 土木工程学报，2006，39（6）：100-105.

[2] 张在明 . 北京地区高层和大型公用建筑的地基基础问题 [J]. 岩土工程学报，2005，27（1）：11-23.

[3] 朱炳寅，陈富生 . 水下钻孔灌注桩桩底压浆的工程实践及分析 [J]. 建筑结构，1998，3：29-33.

表 3

实际沉降观测值

观测时间	2006.10.9		2009.5.10		2006.10.9		2007.1.18		2006.10.9		2007.1.18	
施工进度	地上层		结构封顶		地上 12 层		结构到顶		地上 12 层		结构到顶	
观测点编号及累积沉降量（cm）	编号	结果	编号	结果	编号	结果	编号	结果	编号	结果	编号	结果
	Ⅻ 1	（1.612）	1	（2.277）	16	（2.351）	16	（3.698）	30	（2.230）	30	（3.428）
	Ⅻ 2	1.857	2	2.785	17	（2.300）	17	—	31	（2.727）	31	（3.934）
	Ⅻ 3	1.958	3	3.095	18	（2.115）	18	（3.614）	32	3.108	32	4.759
	Ⅻ 4	1.794	4	3.172	19	2.713	19	4.573	33	（2.486）	33	（3.822）
	Ⅻ 5	（1.840）	5	（2.815）	20	2.423	20	3.907	34	—	34	—
	Ⅻ 6	（1.849）	6	（3.201）	21	2.466	21	3.212	35	（2.966）	35	（4.518）
	Ⅻ 7	（2.122）	11	（3.472）	22	（2.826）	22	（4.725）	36	2.306	36	3.664
	Ⅻ 12	1.824	12	2.795	23	2.284	23	3.695	37	（1.882）	37	（2.772）
	7	1.981	7	3.470	24	1.918	24	3.213	38	1.970	38	3.043
	8	1.612	8	2.719	25	1.897	25	3.509	39	（1.917）	39	（2.955）
	9	2.724	9	4.392	26	2.644	26	4.445	40	1.814	40	（2.478）
	10	（2.695）	10	（4.372）	27	2.430	27	3.942				
	13	2.461	13	3.993	28	（2.360）	28	（3.562）				
	14	1.999	14	3.168	29	（1.613）	29	（2.537）				
	15	1.948	15	3.197								

注：表中带括号的结果表示观测点被毁，累积沉降量是估计数值；“—”表示后来未能继续观测，没有数据。

北京侨福花园广场桩基础设计①

【导读】北京侨福花园广场由四座建筑和将整个建筑覆盖在其中的环保罩组成。四座建筑由两个高塔连体和两个低塔连体组成，平面和竖向体型不规则，加上环保罩支撑在四个抗震单元上，受力情况复杂，是典型的大底盘多塔的建筑形式，对地基变形限制严格，经反复比较分析，最终工程采用桩基础方案，当时灌注桩后注浆和变刚度调平设计尚未写入建筑桩基技术规范，最终成功应用了钻孔灌注桩后注浆技术，并按照变刚度调平设计原则进行了设计优化。

1 工程概况

北京侨福花园广场——现在更为常用的名称是侨福芳草地（Parkview Green），位于北京天安门以东，日坛公园附近使馆区之中，邻近中央商务区（图1）。本工程建筑占地面积3万m^2，地下3层，建筑面积5.6万m^2，地上总建筑面积14.4万m^2。整个建筑的基本组成为4座建筑塔楼（2座低塔和2座高塔）以及将建筑覆盖在其中的环保罩（图2~图4），其结构计算模型见图5。

图1 建筑实景

这4座建筑分别为A、B座2栋平面形状相同均为19层的高塔（以下简称高塔）和C、D座2栋平面形状相同均为11层高的低塔（以下简称低塔），如图3所示。A、B塔和C、D塔地上的结构高度分别为78m和41.7m，为框架－剪力墙结构。C，D座低塔和A，B座高塔在上部楼层均有钢筋混凝土楼板相连形成双塔连体结构。高塔与低塔之间在楼层2、4、6有架空连廊相接；高、低塔在上部楼层随环保罩屋面的角度体型收进。4座塔楼坐落在下沉二层（地下室顶板），该层作为整个结构的嵌固层。

① 编写依据“北京侨福花园广场结构设计”（作者：靳海卿，束伟农）《建筑结构》2014年第20期及沉降观测资料。

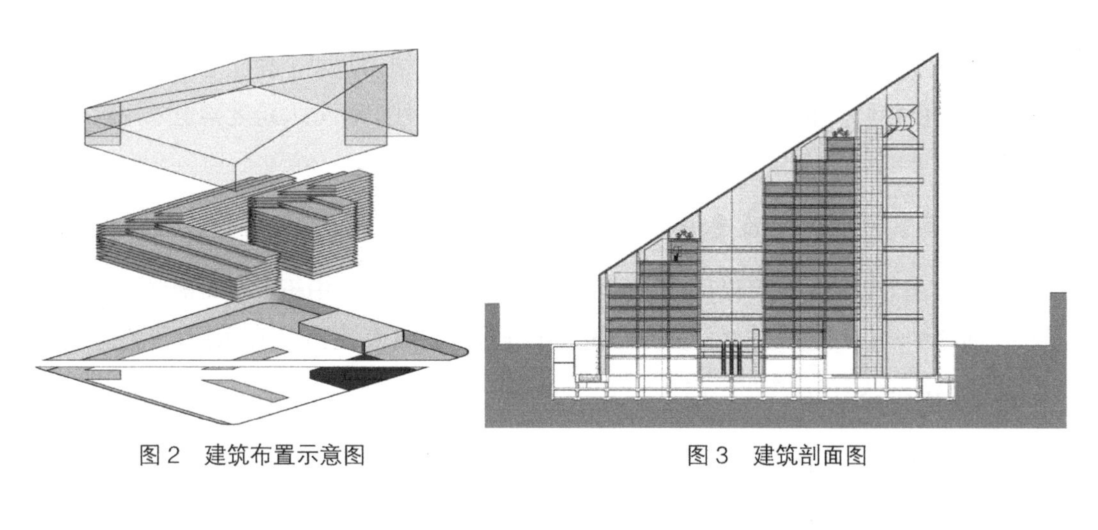

图 2　建筑布置示意图　　　　图 3　建筑剖面图

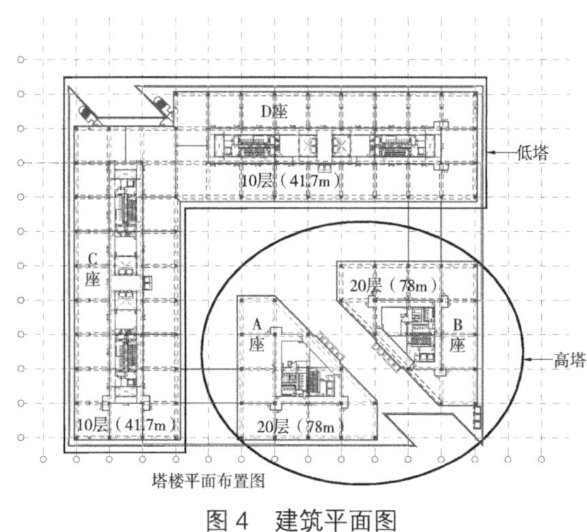

图 4　建筑平面图

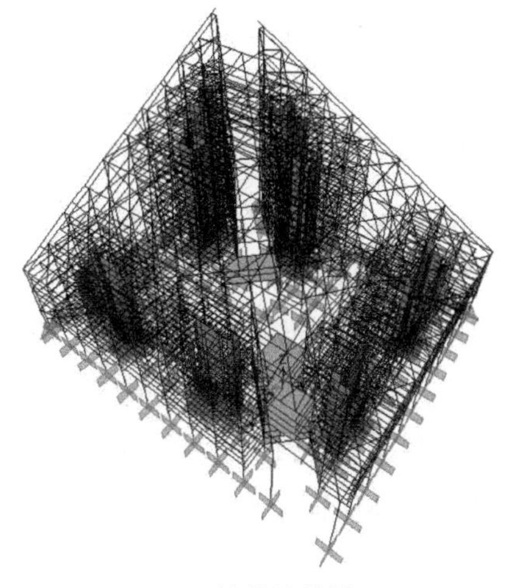

图 5　结构计算模型

2　结构概况

2.1　塔楼结构体系

（1）低塔结构

C、D 座低塔结构为钢筋混凝土框架 - 剪力墙结构体系，高度为 41.7m，嵌固层以上有 11 层楼面，框架基本柱网为 12m × 12m，平面尺寸约为 108m × 36m，两塔分别在 4~8 层有混凝土楼板相连。组成 L 形平面的双塔连体结构，两个独立结构单元的体形和平面及刚度相同，混凝土连体楼板在分析模型中定义为弹性板。与连接体相连的柱子采用劲性混凝土柱，部分大跨梁也采用劲性混凝土梁。

（2）高塔结构

A、B 座高塔结构为钢筋混凝土框架 - 核心筒结构体系，地面以上最大高度约 78m，嵌固层以上有 19 层楼面，框架基本柱网为 12m × 12m，每栋塔平面形状呈三角形，两塔从 14~18 层由混凝土楼板连接在一起，形成双塔连体结构，两个独立的结构单元体形和平面及刚度相同。底层至顶层柱子均采用劲性混凝土柱，部分大跨度梁也采用劲性混凝土梁。

2.2 高、低塔之间的连接走廊

在 4 层和 6 层高、低塔之间的不同部位设有连廊，该廊采用箱形截面钢梁。为减小塔楼之间的牵动作用，在主楼两侧分别做成承托板（牛腿），钢梁支座采用可动支座。

2.3 地下室结构

塔楼范围以外纯地下室部分的结构体系以钢筋混凝土框架结构为主。地下室不设变形缝。在施工阶段采取设置后浇带的施工措施，以减少不均匀沉降、混凝土收缩、温差效应的影响。地下室顶板（下沉二层）为上部主体结构的嵌固层。

3 桩基础设计

由图 5 可以看出，是典型的大底盘多塔的建筑形式，对地基变形限制严格。经过地基基础方案反复比较以及沉降分析对比，最终工程采用桩基础方案，并按照变刚度调平设计原则进行了设计优化，基桩布置见图 6。桩承台厚度为 2.5~3.0m；基础底板为 1m 厚筏板，地基持力层为第四纪黏质粉土、粉质黏土层。

桩基采用泥浆护壁钻孔灌注桩、桩端及桩侧采用后注浆技术，基桩有效桩长 22~24m，并保证进入桩端持力层（卵石 ⑬ 层）1m，桩基承载力设计取值见表 1。

桩基承载力 **表 1**

桩径（mm）	桩长（m）	抗压极限承载力标准值（kN）	抗拔极限承载力标准值（kN）	桩身混凝土强度等级
800	23	13500	—	C40
1000	24	14500	—	C35
800	23	13500	4200	C40
800	22	—	4200	C35

4 沉降观测

本工程基础底板施工完成后即安设沉降观测点位，随施工进程进行沉降观测。以高塔 B 座为例，其结构封顶时的沉降实测值见图 7。沉降观测数据表明，沉降量与沉降差满足设计要求，证明变刚度调平设计是合理可靠的。

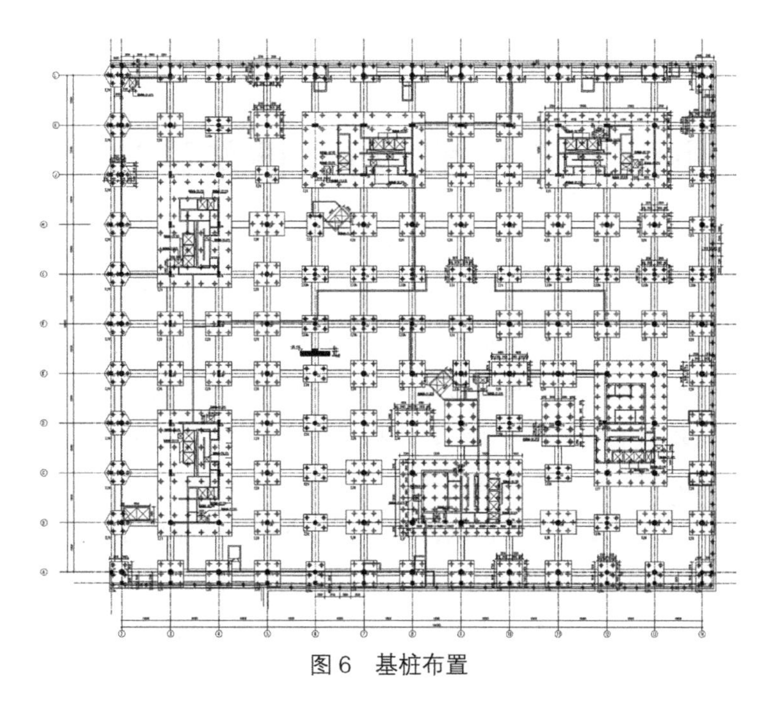

图 6　基桩布置

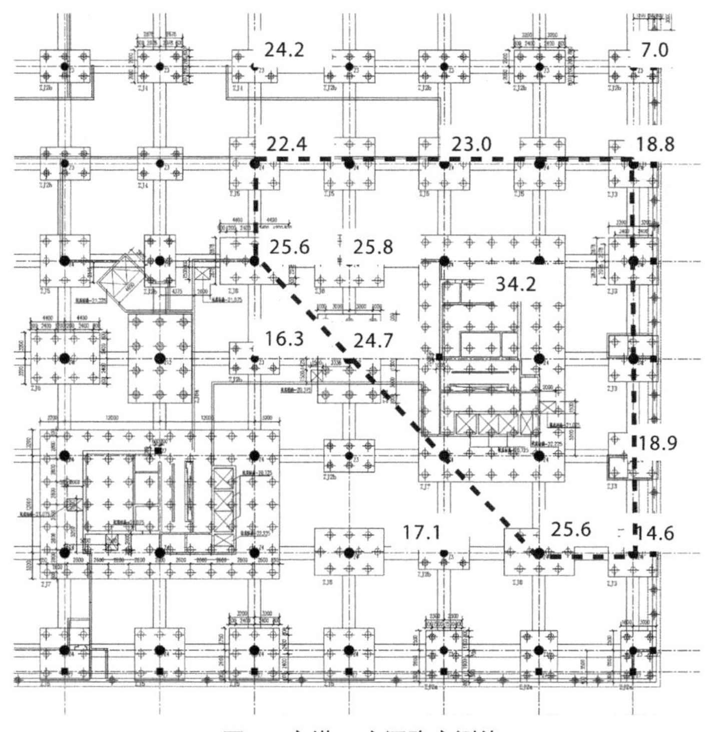

图 7　高塔 B 座沉降实测值

唐山人民大厦试桩与桩基设计[①]

【导读】设计院积极主导试桩工作，进一步明确承载性状并通过试验性成桩施工验证后注浆工艺的增强效果。经过反复沟通，最终按照北京市建筑设计研究院有限公司提出的桩基试验方案进行单桩承载力实测，依据试桩数据分析所确定的单桩承载力特征值 R_a 的设计取值较之原有的经验取值提高超过了 70%，并根据沉降变形控制原则进行桩基设计。根据试桩前后两版桩基设计图纸，经过业主委托的造价公司测算，节省桩基工程造价 1500 万元。该项目的顺利成功实施，有力地推动了当地的行业技术进步，成为岩土工程师与结构工程师合作完成桩基工程设计实践的经典案例。

1 工程概述

该工程位于唐山市新华西道 58 号，包括写字楼和酒店（现为喜来登酒店）两座高层建筑，其中写字楼地上 23 层，酒店地上 24 层，裙房地上 3 层，整个场地设 3 层地下室，为大底盘双塔的建筑形式。场地位置见图 1。

图 1 工程场地位置

① 本项目结构专业负责人为高建民教授级高级工程师，桩基沉降变形计算与试验桩设计由方云飞、孙宏伟负责，试验桩检测由中冶建筑研究总院地基所钟冬波、徐寒负责。

2 地质条件

2.1 地层分布

根据本次勘察钻孔深度范围内揭露，该场地主要由第四系冲洪积形成的黏性土、砂土组成，根据土的物理力学性质，该场地土共划分为15个工程地质层。进行试验桩之前，进行了部分土方开挖，地层与试桩配置关系见图2。与试验桩设计相关的各层土分布如下：

第⑤层粉砂：浅黄，密实，湿~饱和，夹细砂薄层及中砂薄层，局部呈互层状，局部夹黏性土薄层；第⑤$_1$层粉砂：浅黄，中密；第⑤$_2$层粉质黏土，可塑状态；

第⑥层粉质黏土：黄褐，可塑状态；

第⑦层细砂：浅黄，密实，饱和，夹粉砂薄层及中砂薄层；

第⑧层粉质黏土：黄褐，可塑~硬塑；

第⑨层细砂：浅黄，密实，饱和，夹粉砂薄层及中砂薄层；

第⑩层粉质黏土：可塑~硬塑状态；

第 ⑪ 层细砂：浅黄，密实，饱和。

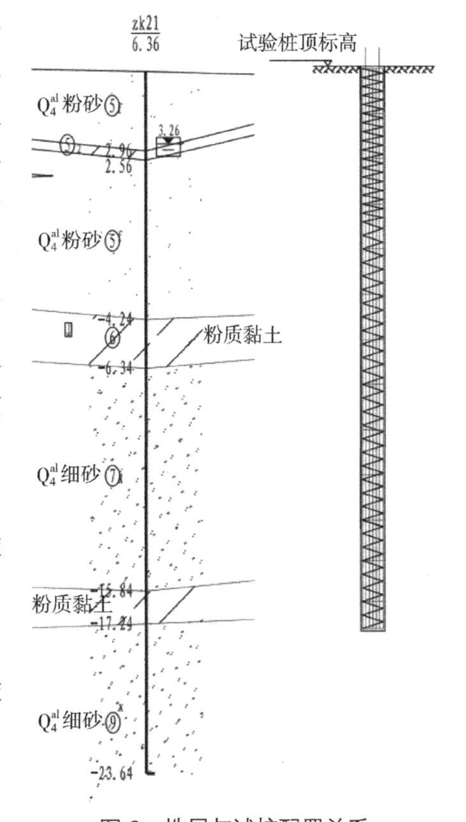

图2 地层与试桩配置关系

2.2 地下水位

该场地地下水类型为孔隙潜水，基坑开挖前稳定地下水位埋深为4.00~5.60m，相应高程为15.45~17.47m。由于基坑降水导致水位下降，水位埋深为3.18~9.00m，相应高程为3.36~12.30m。

根据附近资料，近5年内最高水位埋深为3.0m，相应高程为18.50m，基坑抗浮设防水位可采用近5年内最高水位值。

2.3 场地类别

根据现场波速测试成果，等效剪切波速值为251.8m/s；场地第四系覆盖层厚度大于5.0m；依据《建筑抗震设计规范》GB 50011—2001判定场地土类型为中硬土，场地类别为Ⅱ类。

3 试桩过程

3.1 试桩目的

地勘报告建议的桩端持力层为第⑨层细砂或第⑪层细砂，相关设计参数见表1。关于钻孔桩后压浆工艺，“根据地区经验，钻孔桩后压浆工艺可提高桩端承载力25%~30%”是地勘报告给出的建议。

考虑到桩端持力层为砂层且桩侧分布多个砂层，根据已有工程经验，后注浆钻孔灌注桩的承载力会有更大提高幅度，为此设计院积极主导试桩工作，正式编写的试桩目的详见“3.2 试桩要求”。

钻孔桩设计参数 **表1**

土层	侧阻力极限值（kPa）	端阻力极限值（kPa）
⑤粉砂	70	—
⑤$_2$粉质黏土	60	—
⑥粉质黏土	60	—
⑦细砂	72	—
⑧粉质黏土	70	—
⑨细砂	73	1400
⑩粉质黏土	72	—
⑪细砂	75	1500

3.2 试桩要求

试桩相关技术要求以正式文件提交建设单位，原文如下：

（1）本工程主体建筑为两栋高度近百米的高层建筑，基础形式拟采用桩筏基础，地基基础设计等级为甲级。

（2）本工程场地的地基岩土条件详见本工程“岩土工程勘察报告”。

（3）试桩工作应达到以下目的：按设计初步确定的桩型，通过单桩静载荷试验确定单桩承载力特征值，并通过试桩选择适宜本工程条件的成桩工艺和钻机设备，确定用于工程桩施工的参考数据和相关参数。

（4）单桩静载荷试验应按现行行业标准《建筑基桩检测技术规范》JGJ 106 执行。试桩单位应根据相关规范和本工程场地条件、桩的工艺技术要求等编制试桩方案。

（5）设计拟采用的桩型为灌注桩，承压桩桩径：D=800mm，设计桩顶标高约在绝对标高5.30m，桩长分别为15m和25m，桩端持力层为⑨层（细砂），桩侧土层为砂土与黏性土互层。

考虑到试验桩与工程桩的桩侧土质、桩长、桩土受力机理等的设计条件存在差别，试验桩应埋设桩身应力、应变、桩底反力的传感器，测定桩的分层侧阻力和端阻力，以便正确确定桩土体系的荷载传递规律、桩的承载力。桩身内力测试按《建筑基桩检测技术规范》JGJ 106—2003 附录 A 执行。

（6）拟做 3 组试桩，各组试验桩的桩长及试验荷载值如下：

第一组（3 根）：承压桩，D=800mm，桩长 15m，最大试验荷载值 6000kN。

第二组（3 根）：承压桩，D=800mm，桩长 25m，最大试验荷载值 9000kN。

第三组（3 根）：后注浆承压桩，D=800mm，桩长 25m，最大试验荷载值 13500kN。

抗拔桩设计参数待定，抗拔桩与锚桩合二为一，节省试验费用。

（7）试桩试验方案由设计单位认可确定后方可实施。

（8）请基桩试验有关单位进行相关调整。

3.3 数据分析

重点介绍后注浆承压桩的试验数据，单桩静载试验曲线见图 3~ 图 5。最终的后注浆承压桩的加载量分别为：TP1，Q_{max}=12000kN；TP2，Q_{max} =13500kN；TP3，Q_{max}=16000kN，缓曲变形，桩顶下沉值分别为 12.75mm、12.91mm、14.46mm，按变形控制确定基桩承载力取值。

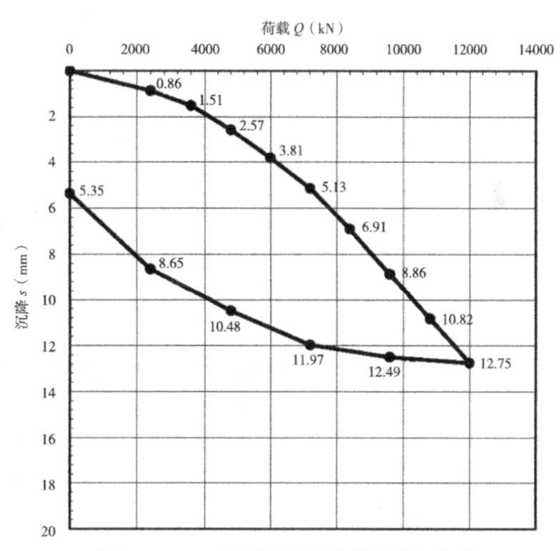

图 3 TP1 试验桩的静载试验曲线

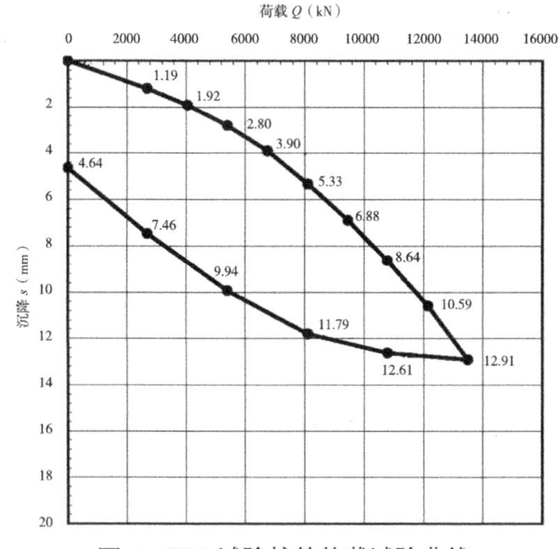

图 4 TP2 试验桩的静载试验曲线

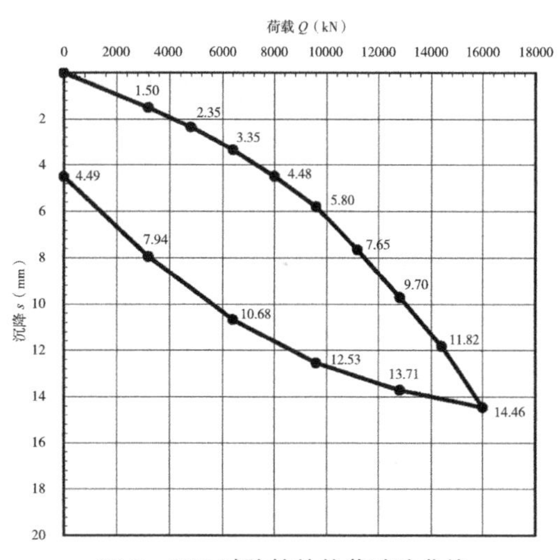

图 5 TP3 试验桩的静载试验曲线

4 桩基设计

4.1 基桩布置

依据试桩数据分析所确定的单桩承载力特征值 R_a 的设计取值较之原有的经验取值提高超过了 70%，并根据沉降变形控制原则进行桩基设计。以酒店为例，试桩前后的两版桩基布置见图 6，可以看出最终版设计的基桩数量明显少于第一版设计方案。

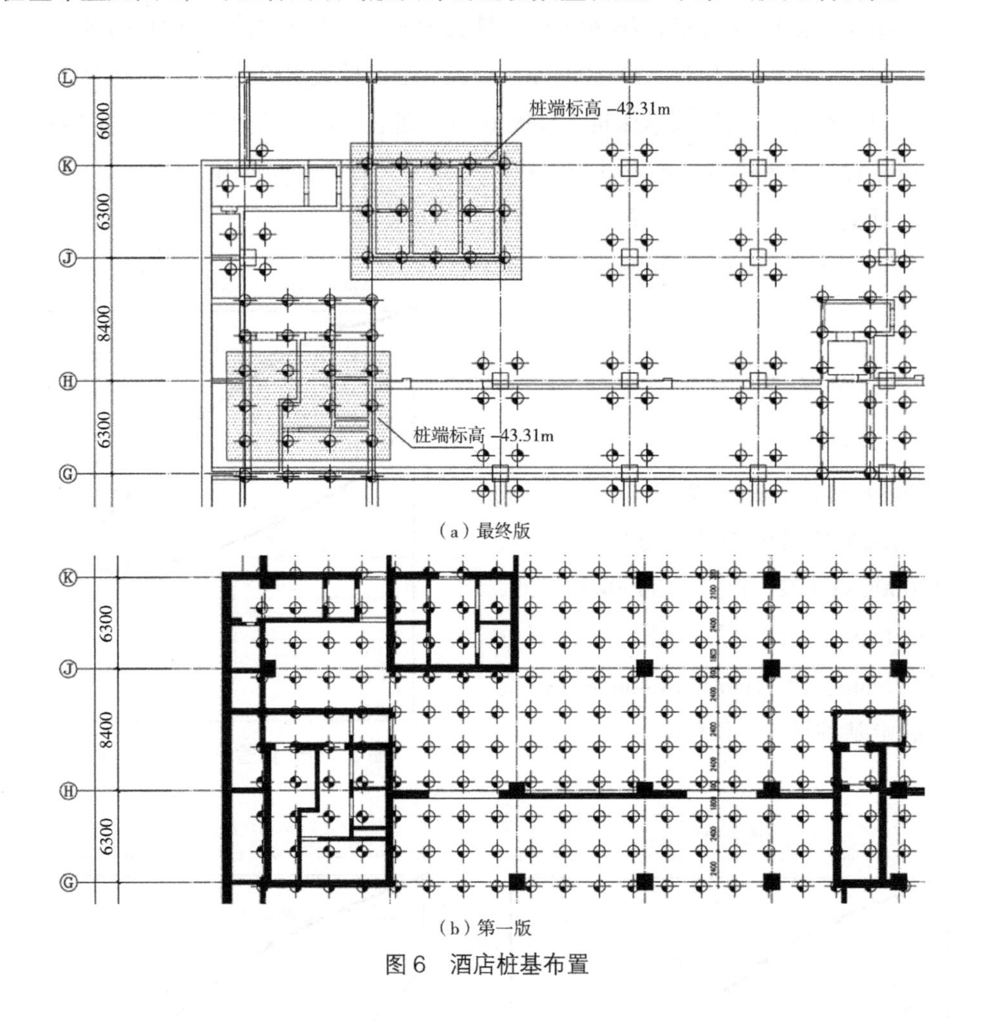

图 6 酒店桩基布置

4.2 沉降分析

大底盘双塔沉降变形计算模型与沉降计算云图分别见图 7 和图 8。

5 实测验证

5.1 基桩检测

工程桩设计要求包括：桩端压浆阀宜采用单向压浆阀，或其他装置，但应保证注

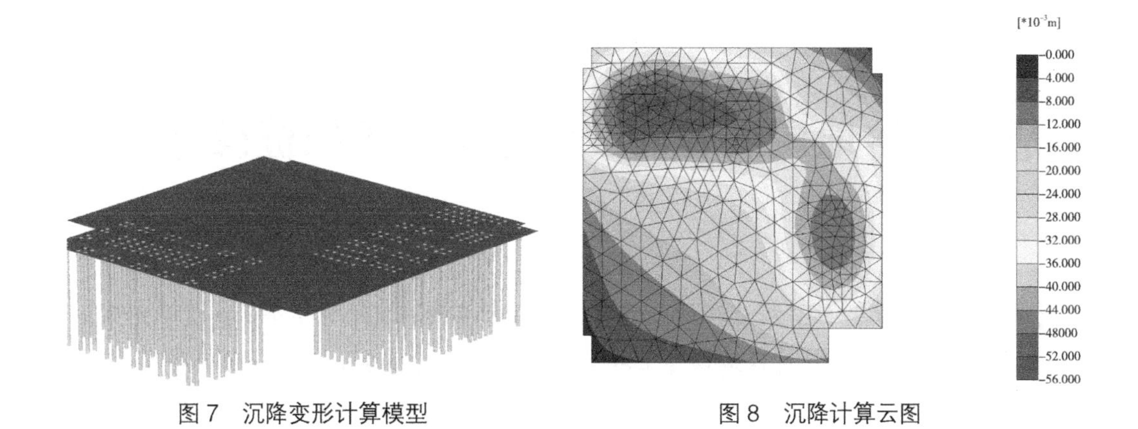

图 7　沉降变形计算模型　　　　图 8　沉降计算云图

浆质量。抗压桩后注浆的水泥浆水灰比控制在 0.5~0.6，注浆压力控制在 6MPa，注浆流量不超过 75L/min，桩端压浆水泥用量不小于 2t/ 根。

成桩工艺及施工质量对桩基承载力有直接影响，应加强成桩施工过程质量控制。由图 9 可知，工程桩承载力设计取值合理，经单桩静载试验检测，工程桩承载力均满足设计要求，工程桩施工质量有保证。

5.2　沉降实测

本工程进行了系统的沉降观测，以酒店为例，在酒店区域（A 区）的 8 个观测点中，累积沉降量最大的是 A5 号点，沉降值为 -17.6mm，最小的是 A8 号点，沉降值为 -11.7mm；最大差异沉降为 5.9mm。沉降曲线如图 10 所示，最大沉降速率为 0.009mm/d，已经达到 1mm/100d 的稳定标准。

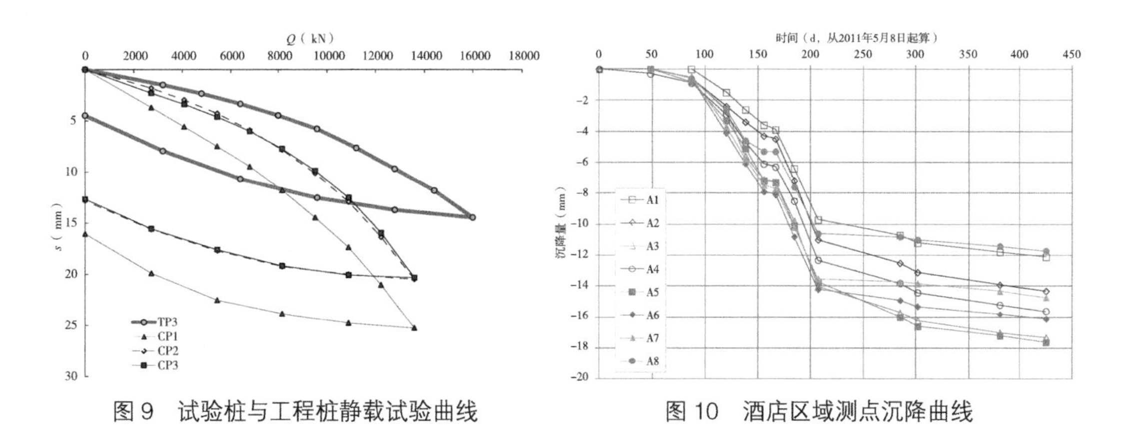

图 9　试验桩与工程桩静载试验曲线　　　　图 10　酒店区域测点沉降曲线

唐山岩溶地质嵌岩桩试桩分析与工程桩设计①

【导读】前期试验桩静载试验结果不理想，故对承载性状进行了全面考量，加强了试验数据分析，据此有针对性地调整工程桩设计方案，结合施工阶段勘察（一桩一探）钻探资料，分析研判合理的嵌岩深度与桩长，不拘于规范规定，并根据施工过程中的实际情况及时改变后注浆工艺参数，最终工程桩检测全部合格，消除了安全质量隐患，为工程顺利竣工奠定了坚实的基础，可为岩溶地质的嵌岩桩设计与施工、勘察及检测借鉴参考，特刊此例。

1 地质条件

工程场地位于唐山市中心，地理位置见图1。根据岩土工程详细勘察报告，工程场区地层主要为第四纪冲积地层，下伏基岩以古生界奥陶系石灰岩层为主。基底直接持力层为细砂⑤层，该层浅黄色，密实，饱和，以石英、长石为主，颗粒均匀，级配不良，磨圆度中等，呈亚圆状，局部夹粉质黏土薄层。基底以下各层地基土指标参数见表1，

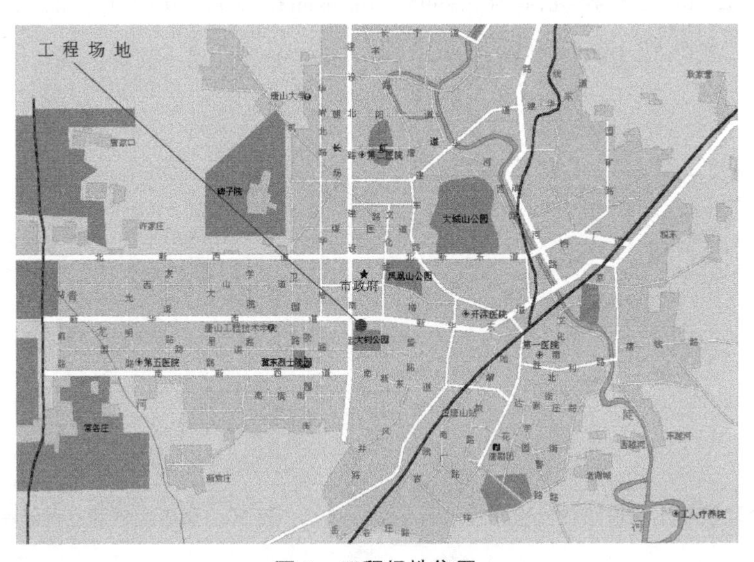

图1 工程场地位置

① 本工程建设单位负责人蒋彤先生鼎力支持设计团队，中冶集团建筑研究总院钟冬波教授级高级工程师为试验桩数据分析提供了宝贵经验，在此深表感谢！本实例由方云飞执笔，阚敦莉、孙宏伟统稿。

地层剖面见图 2。场地土类型为中软土，场地类别为Ⅱ类。勘察期间，场地地下水稳定水位埋深 12.9~14.3m（黄海高程 10.40~11.71m），该地下水初见于第③层细砂底部，地下水类型为潜水 ~ 微承压水。建筑抗浮设防水位为黄海高程 13.50 m。

基底以下各层地基土指标参数 **表 1**

地层	重度 γ（kN/m^3）	黏聚力 c（kPa）	内摩擦角 ϕ（°）	地基承载力特征值 f_{ak}（kPa）	岩石单轴饱和抗压强度 f_{rk}（MPa）	压缩模量 $E_{s0.1-0.2}$（MPa）
⑤ 细砂	20.1	0	34	300	—	28
⑤$_1$ 粉质黏土	19.0	39.0	22.3	160	—	13.66
⑥ 粉土	20.6	40.4	25.9	240	—	10.93
⑦ 残积土	20.5	49.7	27.9	240	—	9.03
⑧$_1$ 强风化砂岩	24.6	—	—	350	7.30	—
⑧$_2$ 强风化页岩	22.5	—	—	350	3.32	—
⑧$_{2-1}$ 煤岩	21	—	—	350	—	—
⑧$_3$ 中风化页岩	25.7	—	—	750	19.80	—
⑧$_4$ 强风化泥灰岩	23.3	—	—	350	1.77	—
⑨$_1$ 强风化石灰岩	25.8	—	—	1200	—	—
⑨$_2$ 中风化石灰岩	26.2	—	—	3000	43.64	—

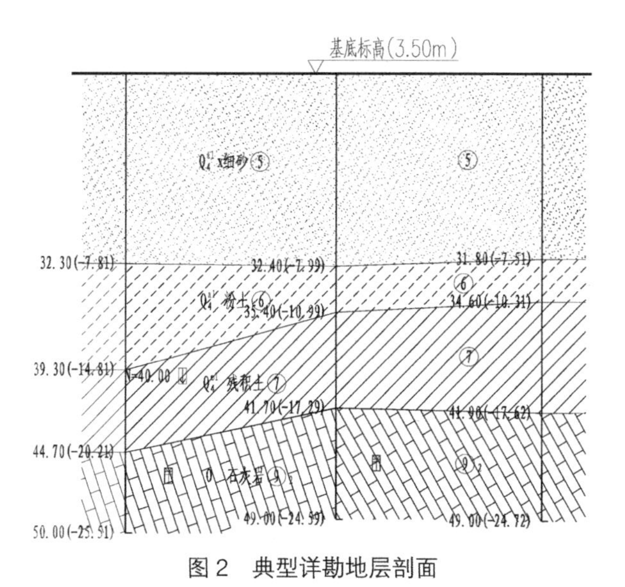

图 2　典型详勘地层剖面

根据勘察报告建议，进行了岩溶地质灾害专项勘察，勘察结果表明二号地 5 号楼为岩溶危险区，建议采用注浆治理；6 号楼上部基岩岩性破碎，分布明显的破碎带，短期内不会对建筑物安全造成威胁，为较不稳定区，建议进行岩溶治理。

2 试桩分析

根据规范要求和本工程复杂程度，为确定本工程场区桩基施工工艺和后注浆灌注桩承载性状，在桩基础施工图设计之前先期进行了试验桩静载试验测试。

2.1 试桩方案

1组（共3根）试验桩，桩径1.0m，桩身混凝土强度等级C45，主筋28Φ32，要求桩端进入⑨$_2$中风化石灰岩不少于1.0m，试验预估最大加载22000kN。加载过程要求进行桩身轴力监测，每根抗压桩布置4根锚桩，共8根锚桩，锚桩桩径、桩长参数同试验桩，试验桩在工程场地内的位置见图3，试验桩与锚桩平面布置见图4。

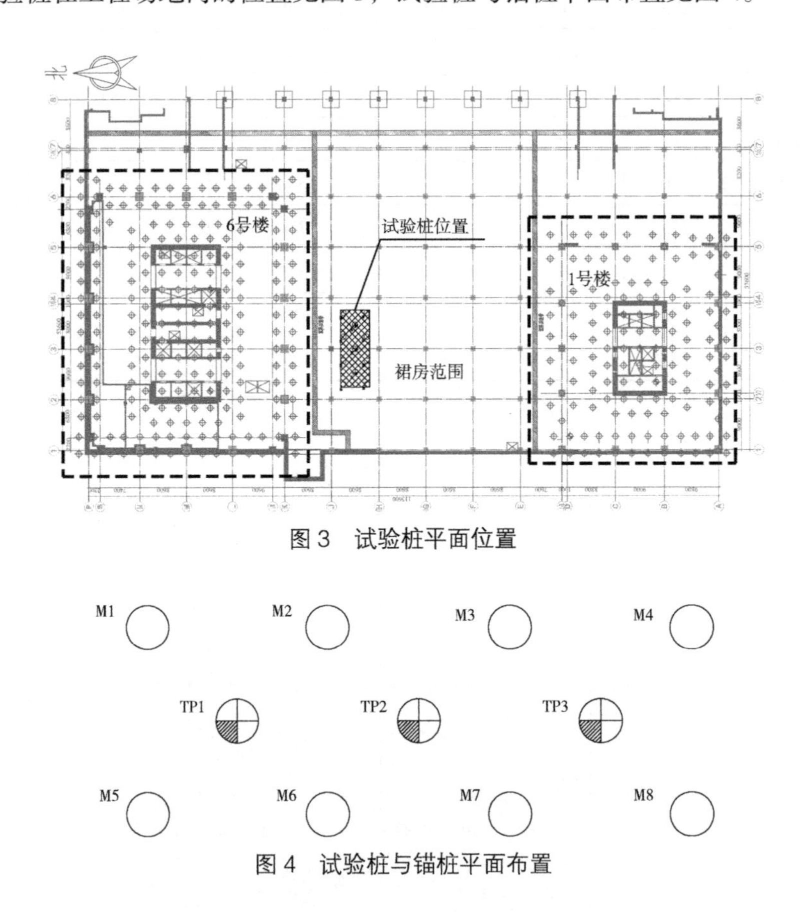

图3 试验桩平面位置

图4 试验桩与锚桩平面布置

灌注桩采用旋挖钻机成孔、泥浆护壁、导管法水下灌注混凝土成桩。试验桩设计施工参数见表2。

试验桩设计施工参数 **表2**

试验桩编号	TP1	TP2	TP3
实际有效桩长（m）	23.50	25.65	25.69

续表

入岩深度（m）	1.15	1.07	1.00
后注浆量（以水泥质量计）	桩端 1.8t	桩端 1.8t	桩侧 0.9t 桩端 1.8t

2.2 数据分析

对于试验桩进行了成孔质量、承载力、桩身轴力等测试。检测结果表明，成孔质量满足规范要求，但试验桩承载力均未达到经验预估值，静载试验结果见表 3，静载试验曲线见图 5。

试验桩静载试验结果 **表 3**

桩号	试验最大加载及其对应变形		单桩极限承载力综合取值（kN）
	加载值（kN）	变形（mm）	
TP1	11400	71.91	9120
TP2	18240	69.19	15600
TP3	15960	62.38	13000

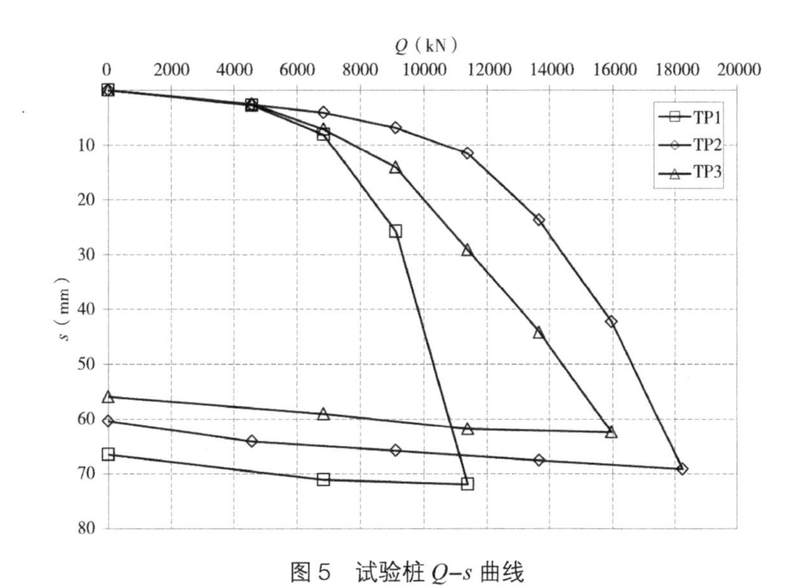

图 5 试验桩 Q–s 曲线

可以看出，三根试验桩检测结果离散性较大，试验桩极限承载力极差超过为平均值的 30%（达 30.9%），根据《建筑桩基技术规范》JGJ 94—2008 第 4.4.3 条规定，此时的平均值不能取为单桩竖向抗压极限承载力值。其中 TP1 试验桩单桩极限抗压承载力取值 9120kN，不足预估值的一半，严重偏低。

为进一步查清原因，对 TP1 试验桩进行了再次试验（复压），复压 Q-s 曲线见图 6，可见在试验后期，其桩顶沉降量急剧增加，明显呈刺入破坏形态。

结合在桩基承载力检测过程中所进行的桩身轴力监测结果（图 7）分析，在极限荷载作用下，TP1 试桩桩侧阻力约占总荷载的 70%，桩端阻力约占总荷载的 30%，TP2、TP3 试桩桩侧阻力和桩端阻力各约占总荷载的 50%，均不符嵌岩桩承载特性，可见其桩端持力层所提供的支承力较差。

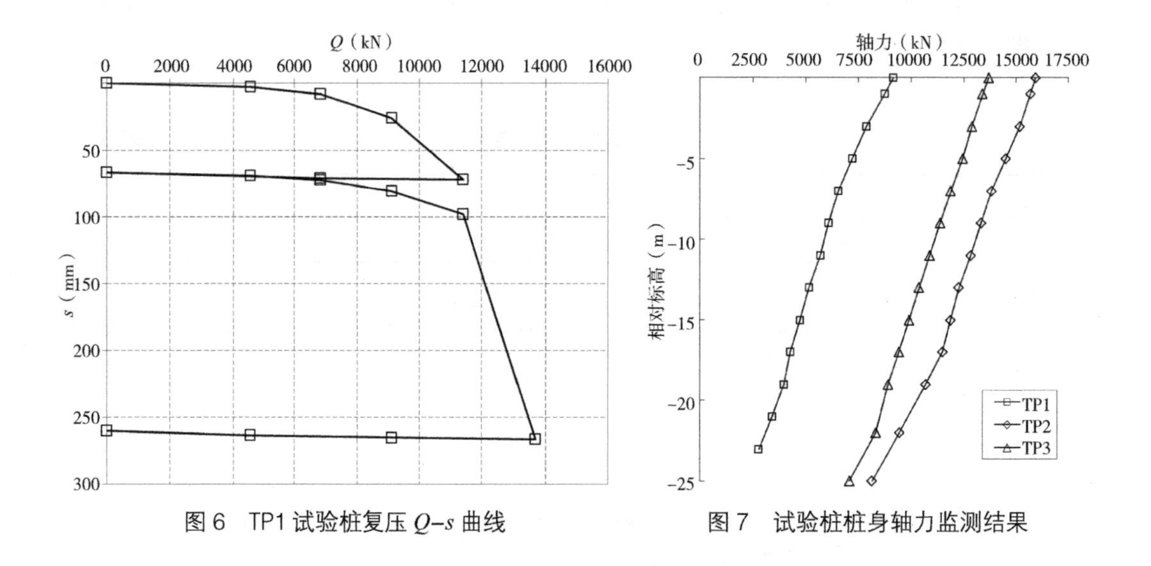

图 6　TP1 试验桩复压 Q–s 曲线　　　图 7　试验桩桩身轴力监测结果

经会商决定，对 TP1 和 TP3 进行了钻芯取样检测，结果表明：TP1 桩端存在 30mm 沉渣现象，两根受检桩的桩端基岩抗压强度较低，后注浆现象不明显。

此时，地质条件实际状况、成孔成桩实际质量、后注浆实际效果，引起各方高度关注。

3　一桩一探

对于岩溶地质条件，基岩埋深及其性状对桩基础设计十分重要，常规的初步勘察及详细勘察往往难以查明基岩分布和起伏情况，达不到施工图设计要求精度，因此施工阶段嵌岩地质条件勘察评价至关重要。根据桩基础设计图纸，需要按基桩位置逐一进行勘探，作为确定嵌岩深度及实际桩长的依据，本工程灌注桩直径为 1.0m，采用了“一桩一探”勘察方案。

试验桩桩位的钻探勘察要求：钻孔深入预计桩端平面以下不小于 5 倍桩径，若遇溶洞，应进入相对稳定岩层。出于工期方面的原因，在试验桩施工、养护、检测的同时，按照桩基础初步设计方案开始了工程桩桩位的一桩一探工作，钻探勘察要求沿用了前述勘察要求。

本工程基础底板底至岩层层顶的深度及其分布规律需要仔细分析，桩端持力层不稳定，起伏非常之大，因而桩长不能仅根据勘察钻探结果进行简单的累加计算，嵌岩桩入岩深度 1.0m 不能保证桩端进入稳定岩层。

通常施工勘察所使用的是常规地质勘探钻机，若按钻孔直径 130mm、灌注桩桩径 800mm 考虑，勘探钻孔截面面积仅占基桩截面面积的 2.64%，可见仅凭探孔结果来代表基桩全截面的基岩性状是值得商榷的。因此在基岩起伏极为不定的地层中，极有可能被超前钻结果误导，适当加长岩溶地区嵌岩桩入岩深度十分必要。

经过统计分析，桩端持力层（⑨$_2$层）层顶标高略呈正态分布，两者距离在 26.50m 以上的桩数占总桩数的比例为 84.58%。因此为保证工程质量，并结合试验桩经验，工程桩桩长确定方法如下：以⑨$_2$层层顶标高 26.50m 为界，小于该层顶标高值的基桩，按 28.50m（考虑桩端进入基岩岩层顶 2.0m）作为桩长设计依据；大于该层顶标高值的基桩，按实际施工勘察（一桩一探）成果作为桩长设计依据。

4 桩基设计

4.1 确定桩长

鉴于试桩测试结果未达到预估承载力值，经过试桩数据分析、对比分析详勘钻孔与已完成的一桩一探钻孔资料，对后期进行的工程桩一桩一探钻探深度进行了调整，制定了三控条件：（1）控制钻探深度，要求一桩一探的钻孔深入稳定基岩面以下不小于 9.0m；（2）控制终孔标高，要求不低于绝对标高 -30.00m；（3）务必进入相对稳定岩层，若遇溶洞则应加深钻探深度。

为合理确定工程桩设计桩长，对所有勘察钻孔数据进行整理分析，绘制桩端持力层（⑨$_2$层）层顶标高等势线图，见图 8。本工程场地的桩端持力层层顶标高变化极大，

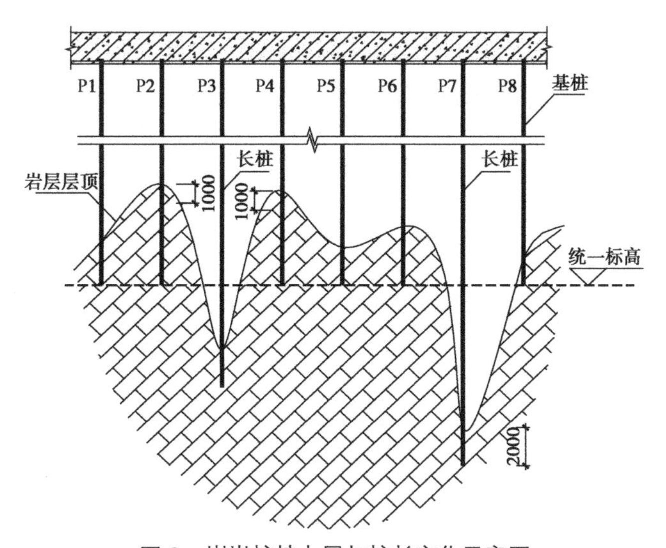

图 8 嵌岩桩持力层与桩长变化示意图

从 –18.64~–35.37m 不等，岩层面曲线为根据岩层面标高拟合的样条曲线，该曲线看似平滑，实际情况更为复杂。P2 和 P4 为岩层层顶较高的桩位，P3 和 P7 为岩层层顶较低的桩位，由此推断 P2 和 P4 桩桩端采用常规的进入岩层 1 倍桩径并不能保证桩端进入稳定岩层。在基岩面标高统计基础上，兼顾工程安全和建设成本，确定了工程桩施工桩长标准：选取适中桩端标高作为统一标高，相应桩长为控制桩长，本工程按 28.5m 作为设计控制桩长，即以控制桩长作为施工桩长的最小限值，以 P2 桩为例，其施工时桩端标高以统一标高为终孔依据，而 P7 桩则以进入持力层 2m 为准。

关于嵌岩桩的桩长与桩端嵌岩深度，《建筑桩基技术规范》JGJ 94—2008 第 3.3.3 条规定：对于嵌岩桩，嵌岩深度应综合荷载、上覆土层、基岩、桩径、桩长诸因素确定；对于倾斜度大于 30% 的中风化岩，宜根据倾斜度及岩石完整性适当加大嵌岩深度；对于嵌入平整、完整的坚硬岩和较硬岩的深度不宜小于 0.2 d，且不应小于 0.2m；本工程场地岩溶裂隙发育，局部发育小规模溶洞，嵌岩桩的桩端必须保证进入足够稳定的岩层，故要求试验桩嵌岩深度加深至 1.0m，但如前文所述，嵌岩深度 1.0m 仍不能满足要求，故施工图设计时综合考虑将嵌岩深度从 1.0m 增加到 2.0m，从最终工程桩检测结果来看，该嵌岩深度是合理的。确定合理的嵌岩深度不可拘于规范规定。

4.2 后注浆工艺参数改变

本工程二号地 5 号楼场地判定为岩溶危险区，在地基处理施工之前先期进行了注浆岩溶治理，实际施工注浆量很小，远远没有达到设计方案预估的工程量。在办公楼（6 号楼）施工勘察过程中，亦没发现明显的土洞和溶洞，故没有先期进行岩溶治理，但是考虑到试验桩承载力检测结果不理想，为了确保工程安全、最大限度地减小岩溶地质条件对桩基工程的不利影响，工程桩均要求进行桩侧、桩端后注浆。

根据经验预估与实际施工情况，进行了注浆量对比分析，见表 4。其中经验注浆量为根据《建筑桩基技术规范》JGJ 94—2008 式（6.7.4）计算所得（“系数取小值”和“系数取大值”分别对应于经验系数建议值上限和下限）；施工注浆量为 6 号楼施工实际发生的桩侧、桩端注浆量；注浆量比值为施工注浆量与经验注浆量两者的比值。

桩侧、桩端后注浆平均水泥用量 **表 4**

部位		第一道桩侧注浆	第二道桩侧注浆	桩端注浆	单根注浆总量
经验注浆量（kg）	系数取小值	500	500	1500	2500
	系数取大值	700	700	1800	3200
施工注浆量（kg）		1111.7	1150.0	5235.9	6379.3
注浆量比值	系数取小值	2.22	2.30	3.49	2.55
	系数取大值	1.59	1.64	2.91	1.99

可见单根桩后注浆总量超过经验预估值的 2 倍，尤其是桩端注浆，其施工注浆量占注浆总量的 82.1%，并为经验预估量的 3 倍左右，完全不同于 5 号楼岩溶治理注浆量情况。初步分析认为，在桩端后注浆浆液所能扩散至区域可能正好位于岩溶发育深度区域，其间存在一些或大或小的溶洞，由于这些溶洞的隐蔽性和随机性，在勘察探孔中难以揭露，而在后注浆过程中，由于浆液挤压或渗透填充从而造成注浆量过大。虽然费用与工期有所增多，注浆量加大不但可以保证单桩承载力，同时在一定程度上消除了岩溶隐患，各方达成共识，业主方严格的现场管理是值得肯定的。

5 工程桩检测

工程桩施工图设计桩径 1.0m，适当加长（按桩长 28.50m 控制），并改变了灌注桩后注浆工艺参数，设计工程桩的单桩承载力特征值为 7000kN，通过静载试验检验工程桩承载力，工程桩 Q–s 曲线见图 9。

可知，最大加荷为单桩承载力特征值 2 倍时，桩顶沉降最大值小于 20mm，检测结果表明工程桩承载力均满足设计要求，达到预期目标（达到 14000kN）。

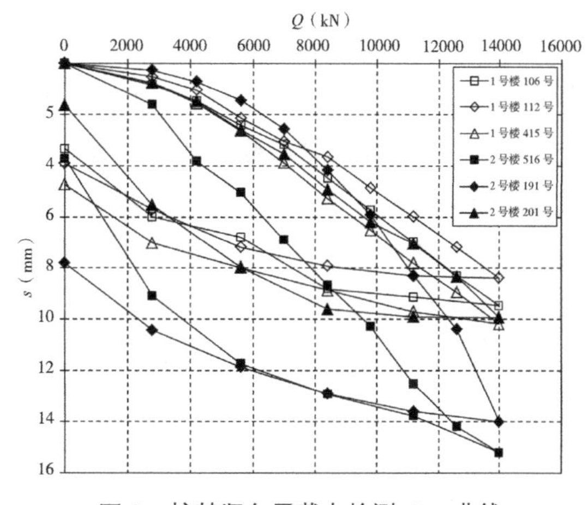

图 9 桩基竖向承载力检测 Q–s 曲线

6 结论

复杂地质条件，试验桩对于正确把握桩承载性状、成桩质量等都具有重要的工程意义。

在详细勘察的基础上，根据桩基础设计图纸，需要按基桩位置逐一进行勘探，作为确定嵌岩深度及实际桩长的依据。桩基的勘察与设计，紧密联系且互为依据，桩长设计需要依据钻探资料，钻探深度则需要桩端标高为依据，因此面对岩溶地质条件，加强桩基工程勘察和桩基设计之间的衔接与合作至关重要。

在桩基设计施工过程中，建设单位高度负责的态度是必须充分肯定的，前期试验桩测试不理想，最终工程桩检测全部合格，建设单位主导的现场严格管理是桩基工程成功的重要保证。

天津于家堡金融区 03–22 地块试桩分析与桩筏基础设计 ①

【导读】根据天津于家堡金融区建设需要，为了获取准确可靠的超长灌注桩设计参数、掌握超长桩的后注浆效果，在天津滨海新区于家堡金融区的起步区场地内进行了专门的试验桩测试工作，其中超长灌注桩静载试验数据分析为本文内容，包括桩径 800mm、桩长 66.5m 的桩底后注浆桩与桩底桩侧后注浆桩以及桩径 1000mm、桩长 75.5m 的桩底后注浆桩的静载试验对比，为正确判断超长桩承载变形性状和最终选定工程桩设计参数提供了重要依据。天津滨海新区于家堡金融区起步区 03–22 地块超高层主塔楼与近接地铁结构，不仅需要考虑桩筏基础沉降变形控制，还需要考虑主塔楼地基基础与相邻地铁之间的相互影响计算分析，最终设计为桩筏基础，沉降实测验证桩基设计合理可靠，可为复杂工况条件下的超高层建筑地基基础设计提供参考。

1　工程概况

本工程为天津滨海新区于家堡金融区起步区 03–22 的一座超高层建筑，由 1 栋 52 层高层塔楼（高度 225m）及附属的 7 层裙房（高度 34.5m）组成，整个地块内设 3 层地下室，其中主塔楼区域基坑深度约 18.5m，裙楼基坑深度约 15m，因抗浮设防水位高，裙楼采用抗拔桩，主楼则采用后注浆工艺的超长钻孔灌注桩。

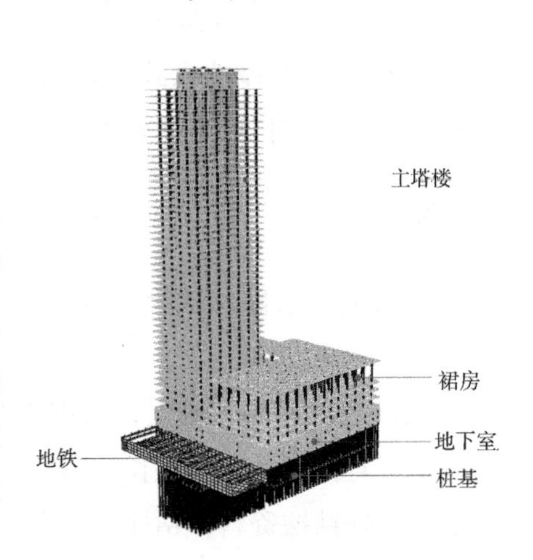

图 1　计算模型

本工程主体建筑为超高层（主楼），需要按沉降变形协调控制原则进行桩基设计，根据建筑荷载、地层土质，确定桩基承载力取值和桩位布置，控制差异沉降变形量在允许范围内。同时，由于近接地铁结构，还需要考虑主塔楼地基基础与相邻地铁之间的相互影响。计算模型见图 1。

① 依据资料包括："塘沽于家堡金融起步区 03–22 地块主楼结构设计"（作者：张燕平，鲍蕾，吕素琴，张博，沈莉，齐五辉，徐斌）发表于《建筑结构》2009 年第 12 期；"天津滨海新区于家堡超长桩载荷试验数据分析与桩筏沉降计算"（作者：孙宏伟，沈莉，方云飞，吕素琴）发表于《建筑结构》2011 年增刊；"天津汇金中心基桩测试数据与基础沉降数据分析"（作者：王媛，鲍蕾，方云飞，孙宏伟）发表于《建筑结构》2017 年第 18 期。

2 地层参数

根据地勘报告，基底以下的地层及侧阻力与端阻力建议值见表1。

地层参数　　表1

层号	主要岩性	侧阻力建议值 q_{sik}（kPa）	端阻力建议值 q_{pk}（kPa）
③$_1$	淤泥质黏土	22	
③$_2$	粉质黏土夹粉土	35	
③$_3$	黏土	25	
③$_4$	粉质黏土	38	
④	粉质黏土	48	
⑤	粉质黏土	52	
⑥	粉土	70	
⑦$_2$	粉砂	78	900
⑦$_3$	粉质黏土	58	
⑧$_1$	粉质黏土	62	
⑧$_2$	粉土、粉砂	80	950
⑨$_1$	粉质黏土	64	750
⑨$_2$	粉砂	80	
⑨$_3$	粉质黏土	66	800
⑨$_4$	粉砂	80	1000
⑨$_5$	粉质黏土		
⑩$_1$	粉质黏土		

3 前期试桩

为了获取准确可靠的超长灌注桩设计参数、掌握超长桩的后压浆效果，在天津滨海新区于家堡金融区的起步区场地内进行了专门的试验桩测试工作，超长灌注桩静载试验数据分析包括：桩径800mm、桩长66.5m的桩底后注浆桩与桩底桩侧后注浆桩以及桩径1000mm、桩长75.5m的桩底后注浆桩的静载试验对比。前期试桩为正确判断超长桩的承载变形性状和最终选定工程桩设计参数提供了重要依据。

前期试桩的设计参数，试桩SZ0-1、2、3，桩长66.5 m，桩径800mm，仅桩底后注浆；试桩SZ1-1、2、3，桩长66.5 m，进行桩底与桩侧后注浆。SZ0和SZ1系列的*Q-s*曲线以及实测桩身轴力分别见图2和图3。

由图2可以看出，在试验荷载加至基桩承载力特征值过程中，SZ0-1、2和SZ1-1、2、3的*Q-s*曲线形态基本一致，继续加荷，在相同试验压力下，SZ1系列试验基桩的沉降值均小于 SZ0 系列，因此判断进行桩底桩侧后注浆较之仅进行桩底注浆对于控制变形量、提高竖向承载力更为有利。SZ0 和 SZ1 系列试验基桩 Q-s 曲线均出现了陡降，需要对桩的荷载传递特征进行分析。

SZ1–1 和 SZ0–2 某些试验荷载下的桩身轴力实测数据如图 3 所示。SZ0–2 在试验荷载为 7020kN 时，端阻比为 4.6%，SZ1–1 在试验荷载为 6850kN、8220kN 时，端阻比分别为 1.8% 和 1.7%。当 SZ1–1 在试验荷载为 164400kN 时的端阻比达到 25%，同时桩顶沉降出现了陡降，沉降值达到了 73mm。结合地层岩性、土工试验指标以及成桩施工工艺进行了分析，及时调整灌注桩后注浆工艺参数。针对超长桩的承载变形性状与受力机理尚需深入研究。

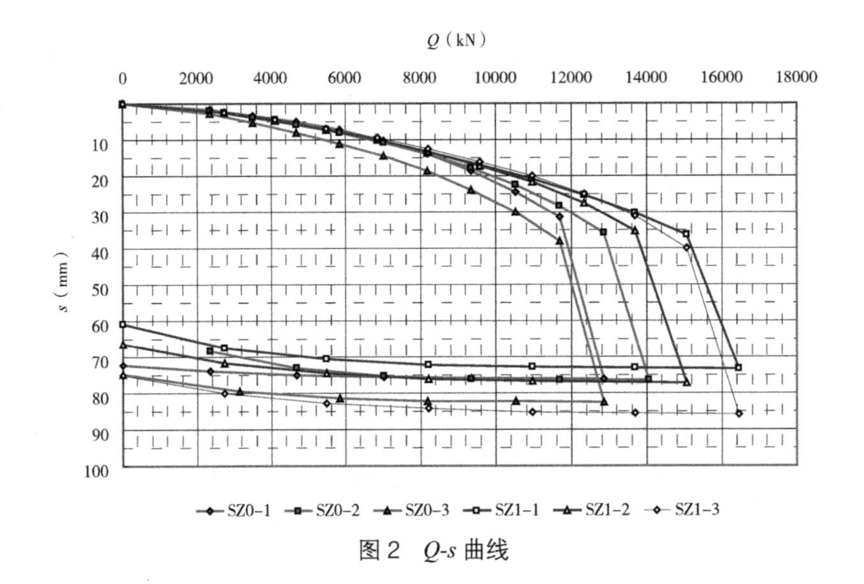

图 2 Q-s 曲线

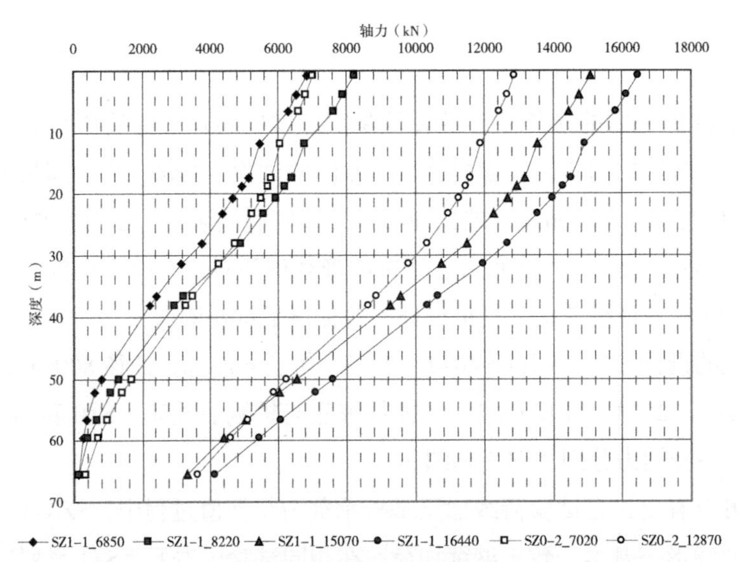

图 3 实测桩身轴力

4 桩筏设计

本项目为主裙楼连体的超高层建筑，桩筏基础设计采用以减小差异沉降、承台内力、板厚和配筋，改善使用功能为目标的变刚度调平设计。变刚度调平设计的基本思路是考虑地基、基础与上部结构的共同作用，对影响沉降变形场的主导因素——桩土支承刚度分布实施调整，促使沉降趋向均匀，进而满足对高层建筑桩筏基础挠曲度和主裙楼之间差异沉降的控制要求。

本工程 ±0.000 绝对标高为 4.850m，主楼桩顶绝对标高为 -12.700m，附楼桩顶绝对标高为 -10.950m。采用变桩径、变桩长，利用桩间土分担荷载的原则设计，即选用不同桩长、桩径、桩端持力层。（1）核心筒区域：板厚 3.2m，桩径 D=0.8m，桩长 L=62.3m，桩端和桩侧采用后注浆施工工艺，单桩竖向抗压承载力特征值 R_a=6000kN；（2）框架柱区域：板厚 4.2~4.75m，采用桩径 D=0.8m，桩长 L=61.5m，桩端和桩侧采用后注浆施工工艺，单桩竖向抗压承载力特征值 R_a=6000kN；（3）裙房区域：承台厚 1.4m，桩径 D=0.65m，桩长 L= 26m，单桩竖向抗压承载力特征值 R_a=1600kN，单桩竖向抗拔承载力特征值 R_{ta}=1050kN。

5 沉降分析

根据对本工程建筑特点的分析，建筑荷载分布不均匀，突出的地基基础难点问题是在深大基坑条件下、同一基础底盘上的超高层建筑内部以及主裙楼之间的地基沉降的计算分析与协调控制。由于高层建筑基础埋深大、宽度大，基础沉降机理更加复杂，是地基土体、基础结构和上部结构相互作用的结果。在上部荷载的作用下，桩 - 筏板 - 地基土体构成一个相互作用的体系，应将地基土 - 桩 - 筏板作为整体进行地基沉降的计算分析。

由于本工程主体南侧紧临将施工的市政地下三层地铁，且地下三层地铁深于主楼基底 7.6m，见图 1 和图 4。考虑地下三层地铁施工时深基坑变形对主楼基础的不利影响，适量增加了主楼工程桩的数量，以提高主楼基础的安全储备。超高层主楼桩基的设计桩长加长到 67.35m，以粉砂⑨$_4$层作为桩端持力层，桩径仍为 800mm，桩端及桩侧采用后注浆工艺，进行了主楼与相邻地铁基坑开挖相互影响计算分析。

根据变刚度调平设计的桩基，先后采用国际岩土工程专业数值分析软件 PLAXIS 和 ZSOIL 进行上部结构 - 基础 - 桩 - 土共同工作的沉降变形计算分析。应用 PLAXIS 得出的主楼核心筒最大沉降值为 57.7mm，ZSOIL 得出的主塔楼最大沉降量为 68.8mm，沉降总体趋势吻合；主裙楼差异沉降最大值 0.0008l，满足设计规范要求的小于 0.001l。

在计算分析过程中应用 Mindlin-Geddes 应力解根据试验桩沉降变形、实测的荷载传递特征对地基模量等计算参数进行了拟合计算分析，而且需要考虑试验加荷与建筑荷载长期作用的差别。

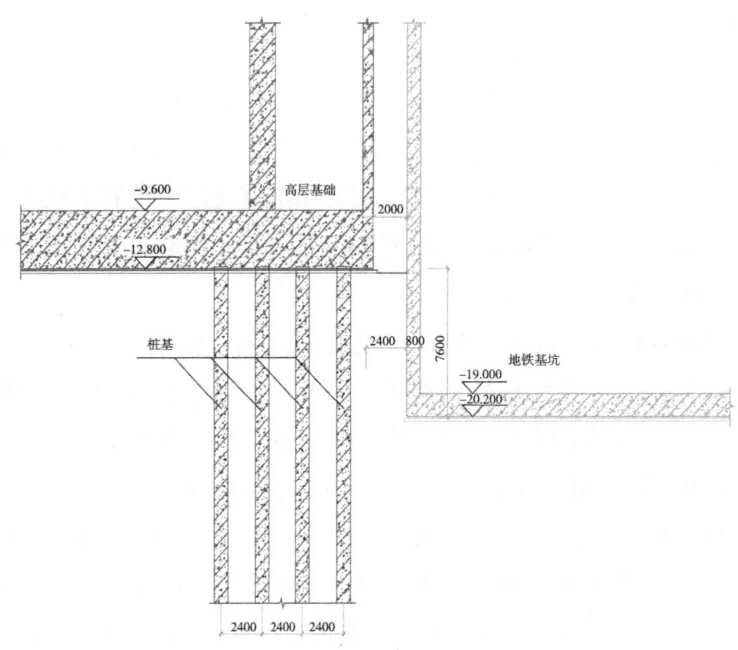

图 4 主楼与相邻地铁关系示意

设计要求加强沉降变形监测，沉降实测值见图 5，实测验证桩筏基础设计方案合理可靠。

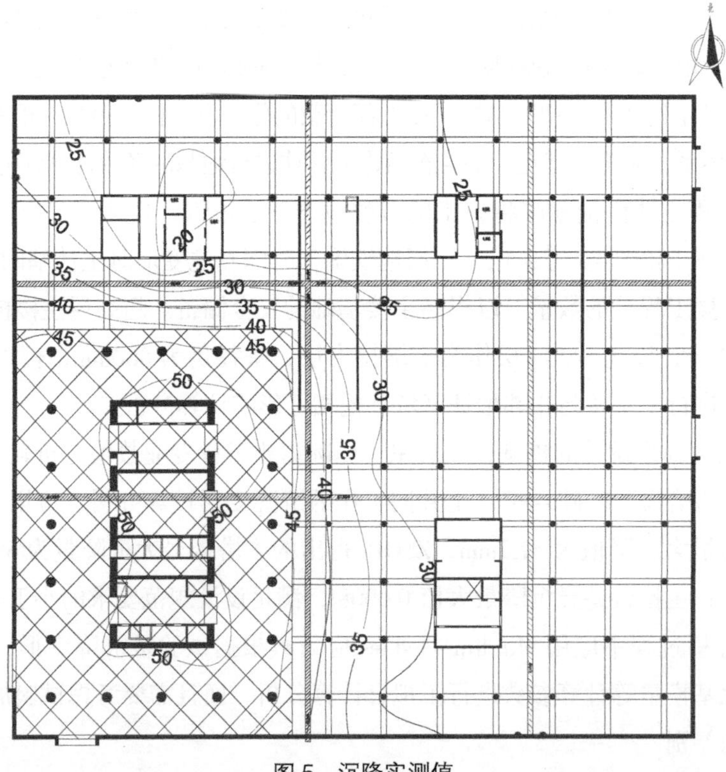

图 5 沉降实测值

6 结论

本工程主体建筑为超高层（主楼），需要按沉降变形协调控制原则进行桩筏基础设计，且应考虑毗邻地铁基坑之间的相互作用，在这一复杂的地基基础工况条件下，使用专业软件进行数值计算分析可以帮助进行工程判断。

为确保超高层建筑工程安全，不仅进行了桩－筏板－地基土体相互作用的计算分析，而且根据建筑与地铁深基坑支护体系之间相互影响计算分析，有针对性地调整了桩基设计，经实测验证桩筏基础设计方案合理可靠。

试验桩测试数据是重要的设计依据之一，希望建设单位给予更多的重视，设计单位还应加强对测试数据的分析，同时还应重视系统的工程监测。

超高层建筑近接深基坑时，不仅要进行超高层的基础沉降变形分析，还需进行相互影响计算分析，以确保工程的安全性。除此之外，进行工程变形系统监测不仅验证了设计和数值计算分析的可靠性及可预测性，而且为同类工程提供了宝贵的工程经验。

国瑞·西安金融中心超长桩试桩分析与工程桩设计①

【导读】国瑞·西安金融中心主塔楼建筑高度约 350m，地上 75 层，当时是西北在建第一高楼，经过调查研究，主塔楼拟采用钻孔灌注超长桩方案，考虑到现场足尺试验能够较为真实地反映单桩的实际受荷状态及工作性能，为此专门进行了试验桩的设计、施工及测试，试验桩的设计桩径为 1.0m、有效桩长约 76m，最大试验加载达 30000kN，通过试验桩的试验性施工论证成桩的可行性和质量的可靠性，同时分析钻孔灌注超长桩的承载变形性状，以期为桩基工程设计提供指导和技术支持。工程建设场地是以硬塑粉质黏土层为主，地区特点显著，因此超长桩现场足尺工程试验资料有非常重要的参考价值。本实例论述了前期桩基比选分析、试验桩设计与数据分析。

1 工程概况

国瑞·西安金融中心（图 1）位于高新区创业新大陆北侧，紧邻城市主干道——锦业路，东西侧紧邻规划路，南侧临市政规划创业新大陆绿化广场。地理环境优越（图 2），交通便利，项目用地面积 1.9 万 m^2；总建筑面积 29 万 m^2，其中地上面积 22.6 万 m^2，塔楼部分 21.9 万 m^2，裙房部分 0.7 万 m^2，地下面积 6.4 万 m^2；地上塔楼 75 层，建筑总高度 349.7m（室外地坪至屋面结构高度）；商业裙房 3 层，建筑高度为 24m，裙房和主楼通过设置在地上 3 层的连廊连为一体；地下共 4 层。

图 1 建筑实景（主体结构已封顶）

本工程塔楼和裙房在地面以上相互独立，塔楼平面建筑轮廓尺寸为 54.5m×54.5m，结构尺寸 53.8m×53.8m，高宽比约 6.5，采用框架核心筒结构

① 本实例编写依据“国瑞·西安国际金融中心超长灌注桩静载试验设计与数据分析”（作者：方云飞，王媛，孙宏伟，刊于《建筑结构》2016 年第 17 期），统稿时稍有修改。

体系。核心筒尺寸约 29.6m × 30m，核心筒底部加强区采用钢板混凝土剪力墙，其余部分采用钢筋混凝土剪力墙。塔楼外框架采用钢骨混凝土柱和钢梁的混合框架，柱距 6m。结构计算模型见图 3。

图 2　工程场地位置　　图 3　结构计算模型

本工程 ±0.00 为绝对标高 413.20m，基础埋深约 22m，地基土以厚层的粉质黏土为主，夹密实状中砂薄层或透镜体，地基承载力不满足要求，采用桩筏基础，基底压力大，对桩基础的承载能力和变形控制都提出了较高的要求，在西安黄土地基地区相关工程经验较少，桩型的选择与设计难度大。

2　地质条件

2.1　地基土层单元的划分

拟建场地地貌单元属皂河一级阶地。勘探点地面标高介于 411.83~414.98m。

在勘探深度 220m 范围内，本场地地基土层根据地层的沉积时代、成因及工程性质分为三个单元，从上到下依次编号为Ⅰ、Ⅱ、Ⅲ。

单元Ⅰ为粉质黏土④层及其以上各土层，该单元地层为后期发育的皂河冲积物，以黄土状土和粉质黏土为主，夹中密 ~ 密实状中砂层，土层主色调为褐黄色，下部为灰色，时代成因为 Q_4。

单元Ⅱ为粉质黏土⑤、⑥层，该单元地层以厚层的粉质黏土为主，夹密实状中砂薄层或透镜体，为晚更新统的洪积物（Q_3），土层主色调为黄褐色。

单元Ⅲ为粉质黏土⑦ ~⑰层，该单元地层以浅灰色调的厚层粉质黏土与密实状的中砂夹层或透镜体为主，为上中更新统的湖相沉积物（Q_2）。

2.2 地基土力学性状

拟建场地地貌单元属皂河一级阶地。地基土主要由填土、黄土状土、粉质黏土及砂层组成。

在深度方向上，填土①层为素填土或杂填土，性质差；黄土状土②层局部具湿陷性，可塑，局部硬塑，属中压缩性土，中局部夹有厚度不等的中砂夹层或透镜体；粉质黏土③层，可塑～软塑，属中压缩性土，中局部夹有厚度不等的中砂夹层或透镜体；粉质黏土④、⑤、⑥层，硬塑，局部可塑，中压缩性，工程性质一般，中局部夹有厚度不等的中砂夹层或透镜体。粉质黏土⑦～⑩层，可塑～硬塑，强度一般，具中压缩性，局部夹有厚度不等的中砂夹层或透镜体。⑪~⑭ 层为硬塑，局部可塑，具中压缩性，工程性质较好，局部夹有厚度不等的中砂夹层或透镜体。⑮~⑰ 层硬塑，局部可塑，具中压缩性，工程性质好。局部夹有厚度不等的中砂夹层或透镜体。岩土工程勘察报告提供的地基土力学及建议的设计参数见表 1。

地基土力学及设计参数勘察报告建议值 **表 1**

土层编号	土层名称	最大层厚（m）	地基土承载力特征值 f_{ak}（kPa）	压缩模量 E_s（MPa）	桩侧阻力特征值 q_{sia}（kPa）	桩的端阻力特征值 q_{pa}（kPa）
⑤	粉质黏土	11.9	200	9.5	41	
⑤$_1$	中砂夹层	2.7	240	25.0	44	
⑥	粉质黏土	13.8	190	10.0	42	
⑥$_1$	中砂夹层	4.2	240	30.0	45	
⑦	粉质黏土	16.2	210	12.0	43	600
⑦$_1$	中砂夹层	3.9	260	35.0	45	1000
⑧	粉质黏土	11.5	210	13.0	43	700
⑧$_1$	中砂夹层	2.0	280	35.0	45	1000
⑨	粉质黏土	9.5	220	17.0	43	800
⑨$_1$	中砂夹层	2.0	280	40.0	45	1200
⑩	粉质黏土	14.9	240	19.0	43	800
⑩$_1$	中砂夹层	2.7	280	40.0	45	1200
⑪	粉质黏土	10.8	240	23.0	43	850
⑪$_1$	中砂夹层	1.5	280	45.0	45	1300
⑫	粉质黏土	15.0	250	21.0	43	900
⑫$_1$	中砂夹层	3.5	280	45.0	45	1300
⑬	粉质黏土	16.8	250	30.0		
⑬$_1$	中砂夹层	3.5	250	50.0		
⑭	粉质黏土	19.9	260	31.0		

续表

土层编号	土层名称	最大层厚（m）	地基土承载力特征值 f_{ak}（kPa）	压缩模量 E_s（MPa）	桩侧阻力特征值 q_{sia}（kPa）	桩的端阻力特征值 q_{pa}（kPa）
⑭$_1$	中砂夹层	4.9	300	40.0		
⑮	粉质黏土	23.20	260	33.0		
⑮$_1$	中砂夹层	6.10	300	50.0		
⑯	粉质黏土	18.5	260	36.0		
⑯$_1$	中砂夹层	2.3	300	50.0		
⑰	粉质黏土	38.0		39.0		
⑰$_1$	中砂夹层	2.0		55.0		

同时表1中，本工程岩土工程勘察报告建议：（1）当采用旋挖工艺成孔时，单桩承载力可在表中的基础上乘以1.2倍的系数；（2）采用后注浆工艺单桩承载力提高约35%；（3）抗浮桩的参数可按表中参数乘以0.8的系数取值。

2.3 地下水位

勘察期间（2014年3月），实测本场地地下水位埋深为22.20~25.60m，相应标高389.82~391.82m，属潜水类型。在钻探过程中，局部地段部分钻孔中有上层滞水，水位埋深10~12m，水位标高400.98~404.82m。

2.4 场地类别

场地地表下20m范围内土层等效剪切波速 v_{se} 均介于140~250m/s之间。场地覆盖层厚度大于50m，建筑场地类别为Ⅲ类。拟建场地抗震设防烈度为8度，设计基本地震加速度值为0.20g，设计地震分组属第一组，特征周期为0.45s。

3 桩型比选

作为目前西安第一高楼，其基底压力远远大于地基承载力，桩基础为地基基础方案首选，且不可避免地将使用超长桩[1]，同时，鉴于西安黄土地区地基土的力学特性，需对施工工艺、后注浆[2]效果等方面进行调研。

查找和收集了本工程周边项目的地基基础设计方案[3]，其中包括一些设计图纸及检测报告，在此不一一列举。所收集到的周边项目建筑及桩基设计参数见表2。

根据结构导荷初步估算，基底压力约1400kPa（包括基础底板自重），根据勘察报告桩基设计参数建议值进行了三种桩径（0.8m、1.0m和1.2m）和不同桩长（50~90m）的单桩承载力特征值计算。

根据表2和图4的统计与分析，综合各种因素，选取了桩径1.0m、有效桩长70.0m进行试验桩工程。

周边工程建筑及桩基设计参数 表 2

项目名称	迈科商业中心	中铁·西安中心	永利国际金融中心
建筑高度（m）	207	231	195
地上 / 地下层数（层）	办公楼 42/4 塔楼 35/4	51/3	45/3
结构形式	框架核心筒	框架核心筒	框架核心筒
有效桩长（m）/ 桩径（mm）	52/0.8	60/1.0	55/0.8
施工工艺	反循环、泥浆护壁	旋挖成孔灌注桩	反循环、泥浆护壁
混凝土强度等级	C50	C45	C45
极限荷载（kN）	办公楼 14675 塔楼 14642	＞20000	14051（折减后）
桩顶沉降量（mm）	19.14~27.59	28.24~31.98	36.12~38.67
基桩类型	试验桩	试验桩	工程桩

注：均采用后注浆施工工艺。

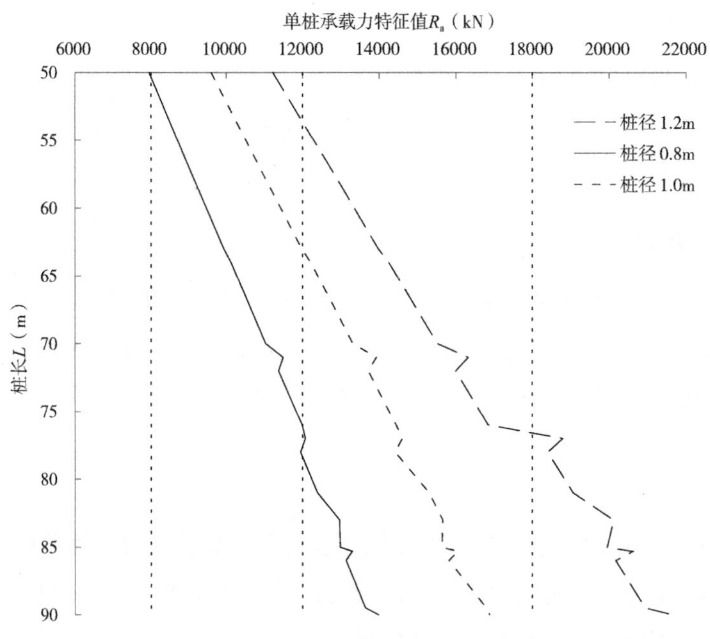

图 4 根据勘察报告参数建议值 R_a 计算结果

4 试验桩设计与检测成果

本工程试验桩工程存在以下难点：（1）为控制成本，业主要求工程桩与锚桩共用，如此带来试验桩定位的精确性问题，同时试验桩检测时，需严格控制锚桩裂缝，即锚桩配筋按裂缝控制；（2）成孔施工工艺的抉择，争议较多，不同角色有不同的观点，西安地区，反循环成孔施工工艺应用较多，但也有旋挖施工工艺的成功经验[4]（如表 2 中

“中铁·西安中心”项目），两种施工工艺各有优缺点，最终业主选定了成本相对低廉的反循环成孔施工工艺；（3）成桩质量控制，作为超长桩，单桩承载力由地基土和桩身强度控制，因此桩身混凝土质量显得非常重要[5]。

4.1 试验桩设计方案

鉴于锚桩和工程桩共用，故根据未来可能采用的桩基方案，设计了试验桩平面布置图，见图5。

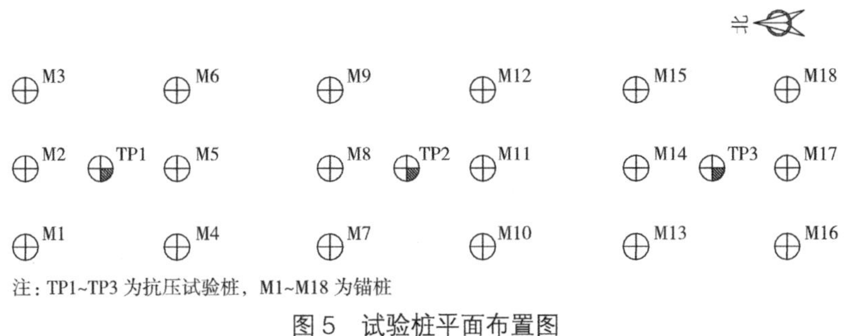

图5 试验桩平面布置图

抗压试验桩编号为TP1~TP3，桩径1.0m，最大加载值取30000kN，有效桩长70.0m，施工桩长及检测桩长76.0m，桩身混凝土强度等级为C50，桩端和桩侧进行复式后注浆，均采用滑动测微计进行桩身轴力监测，采用反循环钻孔泥浆护壁施工工艺。

4.2 试验桩检测成果

4.2.1 成孔质量检测

实际施工时因未开挖至设计的施工桩顶标高（实际施工标高约 -10.000m），故所测孔深均大于82.0m。由检测结果可知：（1）由成孔实测曲线等，在所检测的桩孔中，实测深度为82.11~85.16m，计算各桩孔在设计桩顶标高下的深度均大于设计孔深，满足设计要求；（2）实测孔径成果表明，最小孔径为951mm，最大孔径为1103mm，平均孔径介于1003.5~1021.4mm，满足规范要求；（3）在所检测桩孔中，垂直度偏差均＜1%，满足规范要求；（4）各桩孔的沉渣厚度均小于等于10cm，满足规范要求。

4.2.2 桩身完整性检测成果

采用低应变法和声波透射法进行桩身完整性检测，图6为低应变法实测波形曲线，检测结果表明，21根检测桩桩身完整性类别均为Ⅰ类，混凝土桩身波速介于3614~4007m/s，平均值为3804m/s。

灌注桩施工过程中，部分测管损坏或堵塞，故部分桩只对个别剖面上部未堵塞桩长范围内混凝土灌注桩进行了声波透射法测试。检测结果表明，所检测基桩在测试范围内桩身完整，平均声速3.1~4.9km/s，平均波幅44.6~138.9km/s，声速标准差0~0.3617。

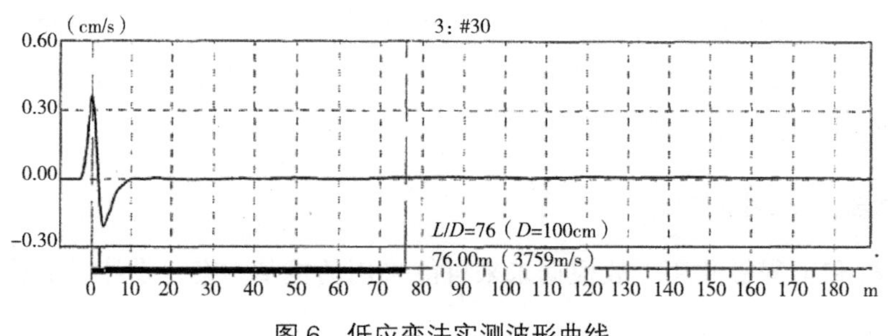

图 6　低应变法实测波形曲线

4.2.3　承载力检测成果

图 7 为抗压试验桩 Q–s 曲线。可见，各试验桩 Q–s 曲线均为缓变型，s–lg$t$ 曲线无明显向下弯曲，根据《建筑地基基础设计规范》GB 50007—2011 和《建筑基桩检测技术规范》JGJ 16—2014，桩长 76.0m 情况下单桩竖向极限承载力均可取 30000kN。

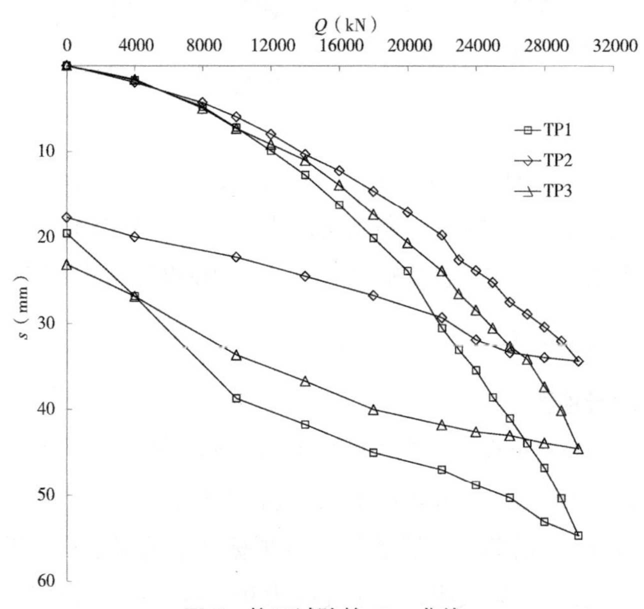

图 7　抗压试验桩 Q–s 曲线

4.2.4　桩身轴力监测成果

滑动测微法是一种较新发展起来的桩身应变测试方法。与传统桩基内力测试方法包括多点伸长计法及固定式仪器点法量测相比，滑动测微计具有测点连续、测试结果可靠、精度高、零点漂移可得到有效地修正、具有温度补偿功能，能够随时监测构件温度等优点，还可用评估桩身混凝土质量。

滑动测微计主要由探头（内含电感位移计和温度传感器）、电缆、导杆、读数仪、数据处理仪、校准装置组成，其主要原理是沿测线以线法测量位移量，探头采用球锥定位原理来测量测管上的标记，在塑性套管上每米间隔有一个金属测标，将测线划分成若干段，通过预埋测标使其与被测桩牢固地浇注在一起，当被测桩发生变形时，将带动测标发生同步变形。用滑动测微计逐段测出各标距长度随时间的变化，从而得到反映被测桩沿测线的变形分布规律。

3 根抗压试验桩均进行了滑动测微应力测试，检测单位进行了土层摩阻力的计算分析，结果见表 3。将桩侧摩阻力实测值与勘察报告取值进行对比（图 8），可见检测成果很好地反映了基桩受力情况，抗压桩端阻力为零，为纯摩擦桩，呈现桩顶桩端摩阻力小、桩中间摩阻力相对较大的趋势，最大单位摩阻力介于 180~194kPa，位于距桩顶 39~47m 处的粉质黏土⑧层或中砂夹层⑦$_1$与粉质黏土⑧层交界面。

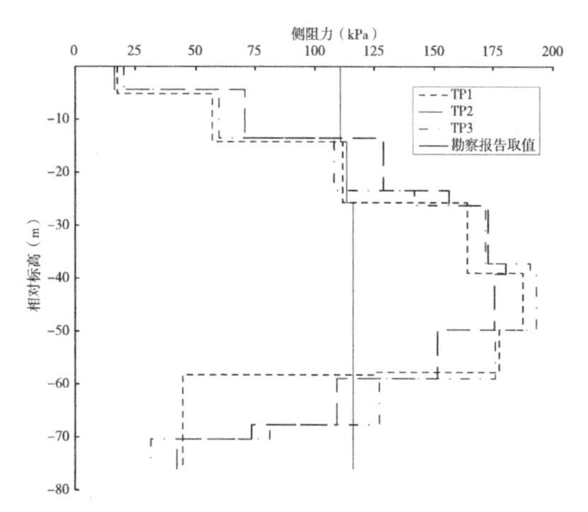

图 8　桩侧摩阻力实测值与勘察报告取值对比

桩顶荷载 30000kN 作用下各土层单位侧摩阻力和桩端阻力（kPa）　　表 3

试桩号		TP1	TP2	TP3	平均值
各土层侧摩阻力	④	17.6	16.4	20.3	18.1
	⑤	56.8	70.6	59.6	62.3
	⑥	111.7	128.8	108	116.2
	⑥$_1$	—	156.3	141.8	149.1
	⑦	164.1	173	171.9	169.7
	⑦$_1$	—	180.4	190.6	185.5
	⑧	187.5	175.7	193.2	185.5
	⑨	177.7	151.4	176	168.4
	⑩	125.7	109.2	127.2	120.7
	⑩$_1$	44.5	73.4	81.1	66.3
	⑪	—	42.1	31.5	36.8
桩端阻力		0	0	0	0

3 根抗压试验桩各地基土摩阻力随桩顶荷载变化曲线见图 9，可见在桩顶荷载 20000kN 后，粉质黏土④层摩阻力不再增加，或呈减小趋势（TP2），在粉质黏土④层以下附近地层，其摩阻力增加量亦较小。

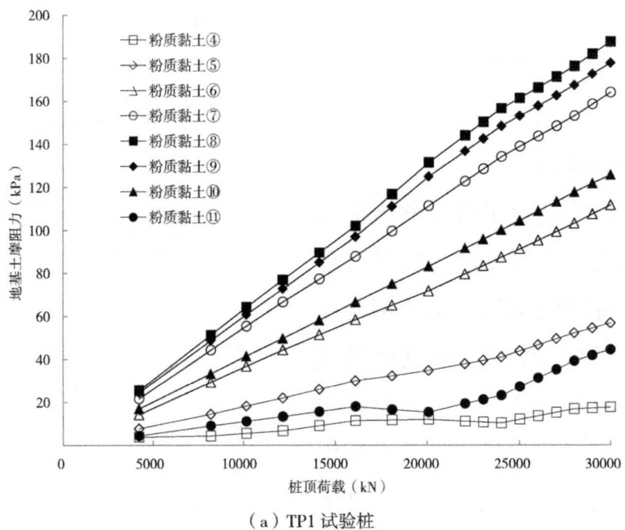

（a）TP1 试验桩

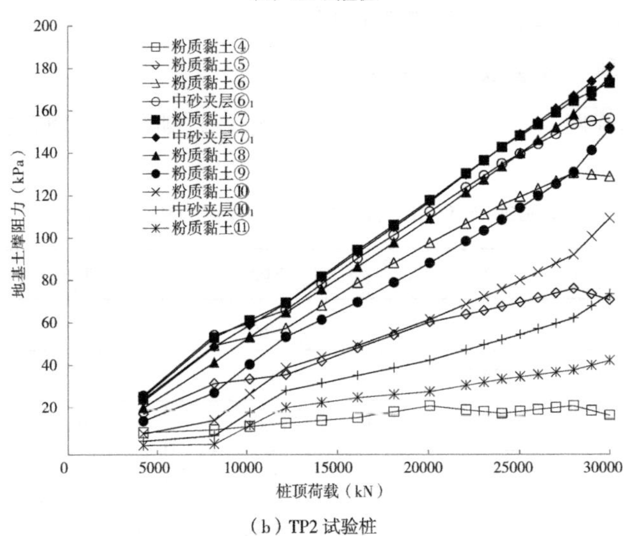

（b）TP2 试验桩

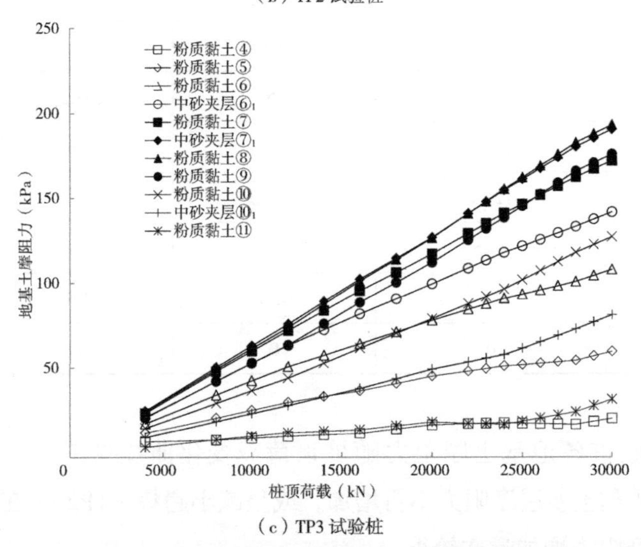

（c）TP3 试验桩

图 9　各地基土摩阻力随桩顶荷载变化曲线

5 试验桩检测成果分析

5.1 单桩承载力取值

因试桩桩顶标高均高于设计标高，故应扣除桩顶高差部分土层的侧摩阻力作为有效桩长（76.0m）下的单桩极限承载力。

1）根据岩土工程勘察报告提供数据进行折减

根据岩土工程勘察报告提供数据计算，有效桩顶标高以上 6.00m 部分极限侧摩阻力可取为 781.86kN（未考虑后注浆影响），在扣除此桩侧摩阻力后，桩长 70.0m 时单桩竖向极限承载力可取为 29218.14kN。

2）根据滑动测微应力实测结果进行折减

滑动测微计实测试桩桩身上部 6.00m 范围内侧摩阻力结果见表 4。

桩顶标高以上 6.00m 部分的桩侧摩阻力实测结果　　表 4

试验点编号	TP1	TP2	TP3
桩侧摩阻力（kN）	430.05	581.27	579.89

可见，由滑动测微计实测有效桩顶标高以上 6.00m 部分 3 根试桩极限侧摩阻力介于 430.05~581.27kN，则在扣除此桩侧摩阻力后，桩长 70.0m 单桩竖向极限承载力介于 29418.73~29569.95kN。

本工程抗压桩桩长 70.0m 单桩竖向抗压极限承载力可取为 28000kN，满足设计要求。

5.2 工程桩设计

鉴于本工程的重要性、复杂性及相关计算分析，同时考虑试验桩检测时周边堆土的影响等综合因素，另参考了周边项目桩基设计方案（中铁·西安中心，桩径 1.0m，有效桩长 60m，单桩承载力特征值 10000kN），70m 单桩竖向抗压承载力特征值取 12000kN，同时为进行变调平设计，采用长短桩变调平设计思路，框架柱最外侧两排抗压桩桩长取 65m，单桩抗压承载力特征值取 11000kN，具体设计方案如下：核心筒区域，布设桩径 1.0m、桩长 70.0m、抗压承载力特征值 12000kN，桩端持力层为第 ⑪ 层粉质黏土；框架柱区域，布设桩径 1.0m、桩长 65.0m、抗压承载力特征值 11000kN，桩端持力层为第⑩层粉质黏土；反循环成孔灌注施工工艺，桩侧、桩端均后注浆。

试验桩工程结果表明，采用反循环成孔灌注施工工艺是可行的，但同时也暴露了反循环成孔施工的缺点，比如产生的泥浆量多、泥浆外运工作量大、泥浆池占地面积大、狭小场地施工受限，不够绿色环保等。后续工程桩施工应合理组织、精心安排，确保工程顺利按期完成。

5.3 锚桩作为工程桩使用的可行性

由图 7“抗压试验桩 Q–s 曲线”可知，各试验桩 Q–s 曲线均为缓变型，s–lg$t$ 曲线无明显向下弯曲，尚未达到破坏，故认为该基桩可继续作为工程桩使用。同时试验中的 18 根锚桩，在最大荷载作用下锚桩的上拔量介于 4.232~10.154mm 之间，其中，在试验过程中，对 TP1 和 TP2 的锚桩上拔量进行了全程监测，监测结果见图 10。可知，TP2 试验桩锚桩回弹率高于 TP1 试验桩锚桩。锚桩上拔量较小，且在卸载后均有部分回弹，故认为该 18 根锚桩可以继续作为工程桩使用。

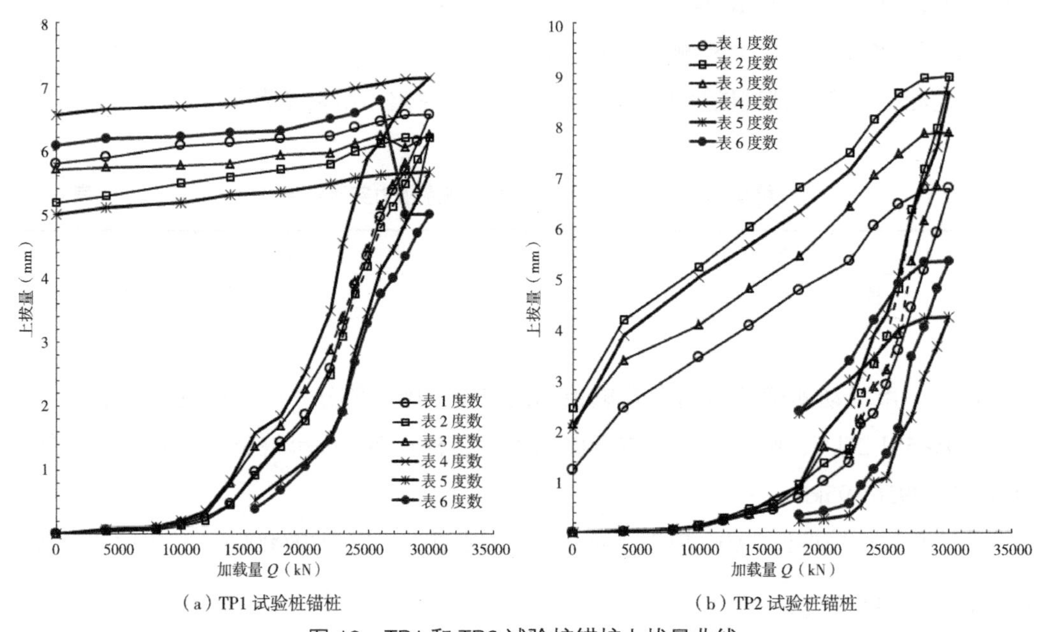

图 10 TP1 和 TP2 试验桩锚桩上拔量曲线

6 结语

作为在建西安第一高楼 350m 超高层建筑基础，桩基设计备受关注，试验桩工程尤为重要，本文对该试验桩进行如下分析和总结：

（1）综合周边建筑桩基设计方案和勘察报告建议，进行了桩型比选，最终确定桩基初步方案为桩径 1.0m、桩长约 70m 混凝土灌注桩；

（2）黄土地区超长桩施工难度大，本工程试验桩经检测，结果表明成孔质量、桩身完整性均满足规范和设计要求；

（3）经检测确定 76m 试验桩单桩竖向极限承载力均可取 30000kN；

（4）根据勘察报告提供的侧阻力和采用滑动测微应力测算得到侧阻力测算，桩长 70.0m 单桩竖向抗压极限承载力可取为 28000kN。

参考文献

[1] 冯世进，柯瀚，陈云敏，等 . 黄土地基中超长钻孔灌注桩承载性状试验研究 [J]. 岩土工程学报，2004，26（1）：110~114.

[2] 刘焰 . 后压浆灌注桩在黄土地区的工程应用 [J]. 建筑结构，2007，37（10）：85~87.

[3] 杨静 . 超长灌注桩在西安永利国际金融中心中的应用 [J]. 山西建筑，2015，41（1）：77~78.

[4] 张炜，茹伯勋 . 西安地区旋挖钻孔灌注桩竖向承载力特性的试验研究 [J]. 岩土工程技术，1999：39~43.

[5] 孟刚，李永鹏，张凯峰 . 西北地区超长桩基混凝土配合比设计研究 [J]. 混凝土，2013，289（11）：130~131.

高层建筑桩基价值工程与优化设计实例

【导读】由于地质条件与岩土特性复杂，考虑不周的设计方案、取值欠妥的指标参数、选择不当的成桩工艺、质量不良的成桩施工，都会使得基础工程出现费用高、工期长的被动局面，已有的研究成果和工程经验教训表明，桩并非越长越好，因而合理的优化设计愈发受到关注。本文基于价值工程的概念与指导思想，结合桩基优化设计实践案例针对桩基础的概念设计、设计概念和优化设计思路进行了分析和探讨，倡导通过岩土工程顾问咨询进行优化设计的模式，延伸价值工程的理念，复杂岩土以及复杂工况条件的桩基工程，不断强化概念设计、精细深入的计算分析以及工程判断，将会为充分发挥价值工程作用、提高投资效益发挥更重要的作用。

由于岩土性状变化复杂，“高重建筑物地基基础方案的选择是关系整个工程的安全质量和经济效益的重大课题，也是牵涉工程地质条件、建筑物类型性质以及勘察、设计与施工等条件的综合课题，常常需要长时间的调查研究和多方面的反复协商才能最后定案”[1]，桩基施工难度较大，桩工机械设备技术含量较高，桩型选择、方案概念正确与否、桩基础设计与施工质量的好坏均直接影响到建筑物的安全性、经济性和合理性。地基基础工程设计比选优化、综合分析和风险控制是至关重要的。

然而近年来某些地基基础工程的勘察、设计、施工对规范规程的依赖性过强，未能很好地与地质条件、现场施工条件结合，既可能造成保守浪费，又可能存在安全隐患。同时中国企业和工程师参与国外工程建设项目日渐增多，“价值工程是我国建筑承包商走出国门、走向世界必须经历的第一课”[2]。为此本文基于价值工程（Value Engineering）概念结合实践案例针对桩基础的优化设计加以探讨。

1 价值工程的概念

价值工程是 Value Engineering（缩写 VE）的直译。1961 年出版的 Miles L.D 所著的《Techniques of Value Analysis and Engineering》，Value Engineering 是 Miles 提出的以功能为导向的、系统化的管理技术，用以分析并提高产品、设计、系统或服务的价值。在实践中，价值工程往往与价值分析（Value Analysis）、价值管理（Value Management）等进行互换，并与价值控制（Value Control）、价值改进（Value Improvement）、价值保证（Value Assurance）等概念紧密相关，表述各有侧重。

功能（Function）与成本（Cost）的比值视为价值（Value），即 V=F/C，由此表达式可知，欲求 V 的最大化，有下列 5 个实现途径：

- 功能 F 不变，成本 C 降低，“节约型”；
- 功能 F 提高，成本 C 不变，“改进型”；
- 功能 F 提高，成本 C 降低，“双向型”；
- 功能 F 大幅提高，成本 C 小幅增加，“投资型”；
- 功能 F 小幅降低，成本 C 大幅降低，“牺牲型”。

需要特别强调的是，由于“岩土材料形成与赋存的环境，以及环境变迁的历史直接影响其性质；宏观工程地质、水文地质、地震地质条件对场地条件的主导和约束作用”[2]，且基础工程“具有不可见性和疵病修复的困难性，以及一旦失效，经济损失和社会影响的巨大性”[2]，因此“牺牲型”方法必须慎用，并杜绝偷工减料。

由图 1 可知，工程的不同阶段对于效益与损失的影响是不同的。“初步设计阶段对项目成本的影响可达 75%~95%，施工图设计阶段对项目成本的影响则下降到 5%~25%。设计的质量和水平，关系到资源配置是否合理，建设质量的优劣和投资效益的高低。”[3]据理论分析，在工程全过程，开展基于价值工程的优化设计越早效益越显著，但需要结合国情、人情与文化背景进行审辨思考。

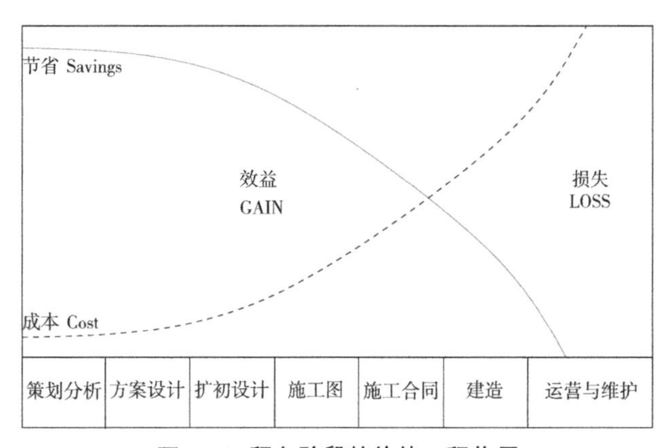

图 1　工程各阶段的价值工程作用

由前述的价值工程表达式，“投资型”途径（C 小幅增加而 F 大幅增加），笔者倡导将其延伸为通过岩土工程顾问咨询进行优化设计的模式，即 C 转化为 Consulting 顾问咨询，延伸 VE 的理念，可以概括为设计先导、术业专攻，复杂岩土以及复杂工况条件的桩基工程，顾问咨询工作强化概念设计、精细深入的计算分析以及工程判断，将会大幅提高投资效益。

2 桩基础设计的概念

“概念设计必须有正确的概念指导”，因而概念设计的前提是设计概念的正确，而且应谨记“概念设计应贯彻设计的始终”[4]。

基桩的承载性状与承载能力、按沉降控制原则确定承载力的设计取值的概念均需要正确把握，即按沉降控制原则进行桩基础设计。桩基础的设计始终要把工程在不同工况条件下的差异变形的控制与协调作为解决地基基础问题的总目标，以“变形控制”为关注焦点，精心设计、精心施工，可靠实现桩基础的性能化设计，以及优化设计的目标。

目前桩基础设计对于规范规程由依据变为依赖，而对于地质条件和岩土性状有所忽视，现有的技术体制，将桩基工程勘察与桩基础设计分隔为两个独立的工作阶段，前一阶段由勘察单位提供桩基参数，后一阶段由设计单位完成桩基础设计，也导致了设计人员只能通过勘察报告“被动”而非“主动”了解地基工程特性指标，落实因地制宜则有所削弱，若勘察试验成果指标不准确，导致工程参数不合理，则犹如“无米之炊”。

笔者在文献 [5] 中提出“桩与深基础的策划、构思、设计、实施、验证的过程中，多专业工程师协同设计的工作方式方法，对于技术方案优化、建造施工高效、品质可靠耐久、提高投资效益，是至关重要的。变形控制设计总目标的最终实现需要依靠多专业、多岗位的工程师们各出所长、通力合作。”

3 桩长优化案例分析

由于各地岩土性状变化复杂、成孔工艺、成桩质量的变化，桩的承载性状常常出现明显差别，已有的研究成果和工程经验教训表明，桩长并非越长越好，应当通过合理的优化设计，减短桩长而获得更可靠的承载性状，结合软硬交互层的桩长优化、减短桩长避开软岩以及减短桩长弱化基桩支承刚度的三个变刚度调平设计的代表性工程实例分别进行分析与讨论。

3.1 软硬交互层的桩长优化

软硬交互沉积层构成地基，桩长与持力层比选、长径比与基桩承载性状考量、桩基础沉降变形控制以及主裙楼差异沉降控制都是桩基础设计过程中的关键问题。

某工程场地亦为软硬交互沉积地层，桩基设计时为选择合理的桩端持力层，提高桩的利用效率，对两个可能的持力层作了比较，在同一场地内进行了两个不同持力层的试验桩的承载力测试，其单桩 Q-s 曲线如图 2 所示。TP–A3 号试验桩桩长约 53m（简称为长试验桩），TP–B1 号试验桩桩长约 33m（简称为短试验桩）。

由钻孔灌注桩的单桩承载力计算通式可知，加大桩身直径和桩长，均能提高基桩承载力计算值。由图 3 可知，试验桩的长短不同，但是其桩顶沉降量相近，即长桩与短

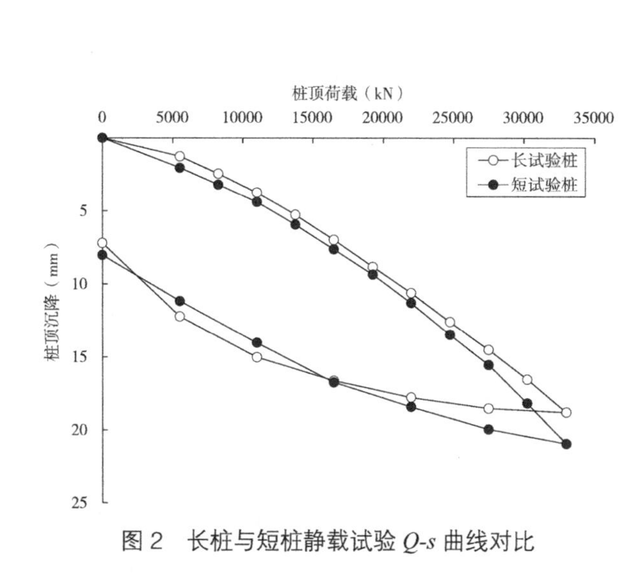

图 2　长桩与短桩静载试验 Q-s 曲线对比

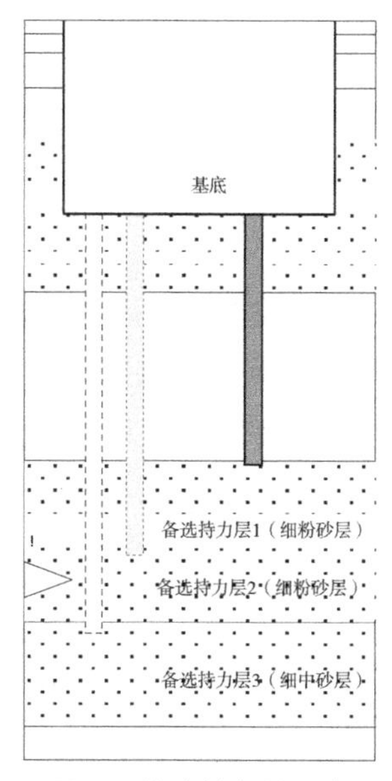

图 3　桩端持力层示意

桩的承载力相同。

由此反思，针对软硬交互层地基，更应审慎考量长径比与基桩承载性状，“选择更为密实的深部土层作为桩端持力层以减小桩基沉降，但同时会增加施工质量的控制难度”[6]。为此不仅需要认真清孔，还应当针对具体的成桩施工工艺、地层土质条件等因素及时调整桩端后注浆工艺参数。

北京雪莲大厦是北京地区采用灌注桩后注浆技术的早期代表性项目，其建筑总高度达到 150m，地上 36 层，主楼核心筒与其外围框架之间以及主裙楼之间荷载差异大，地基土层如图 3 所示，基础底面以下为黏性土层与砂土层构成的交互层，有 3 个备选的桩基持力层：第 1 个桩基持力层较为均匀，但其厚度相对较小，其下为黏性土层；第 2 个桩基持力层厚度较大，但层间夹有黏性土层，且黏性土层在空间上的分布具有不确定性；第 3 个桩基持力层均匀、密实，且厚度大，但埋深过大。

主楼采用钻孔灌注桩后注浆技术，但是桩端持力层为砂层而非卵石层，当初原型试验数据、承载变形性状以及桩筏基础数值分析模型参数取值等经验尚不充分，因此桩基设计方案反复比选，最终采用了第一个桩端持力层，即桩长最短。该项目的成功实践是基于结构设计师与岩土工程师密切合作，积累了多方面的经验，后注浆钻孔灌注桩设计、桩筏基础与地基土相互作用分析、试验桩数据分析、沉降计算与实测数据等有关资料详见文献 [7]。

3.2　减短桩长避开软岩

当桩端进入岩石层，均按照建筑桩基技术规范的嵌岩桩计算公式确定单桩承载力，即式（1），式中各符号详见《建筑桩基技术规范》JGJ 94—2008。实际上，岩体特性对于成桩质量、基桩承载性状有直接影响，笔者建议以入岩桩和嵌岩桩相区分，岩石试验指标、岩体工程特性、成桩工艺和承载变形特性均是设计时应当考虑的关键问题。

$$Q_{uk}=u\sum q_{sik}l_i+\zeta_r f_{rk}A_p \quad (1)$$

北京丽泽SOHO大厦建筑造型独特，因而荷载集度差异显著，需要严格控制地基基础沉降变形，因此岩土工程师与结构设计师协同设计。考虑到地基土层为厚层密实砂卵石层，其下分布第三纪黏土岩，桩基设计时针对差异沉降与桩基承载性状进行了深入分析。附近场地的另一栋超高层建筑（G工程）采用桩筏基础，其主塔楼抗压桩以第三系为桩端持力层。经过比对G工程和丽泽SOHO相同深度的试验桩桩侧阻力，“同深度段的桩侧阻力差异显著”[8]。两工程的桩端与地层剖面配置关系参见图4。以软岩为桩端持力层，虽然桩长加长，但是单桩承载力并没有得到有效提高，而且还影响到卵石层侧阻力的发挥。通过现场静载试验数据的对比分析，最终设计采用“短桩”方案，避开第三系不利影响，充分发挥砂卵石层侧摩阻力，工程桩承载力检验测试全部合格，达到设计预期。

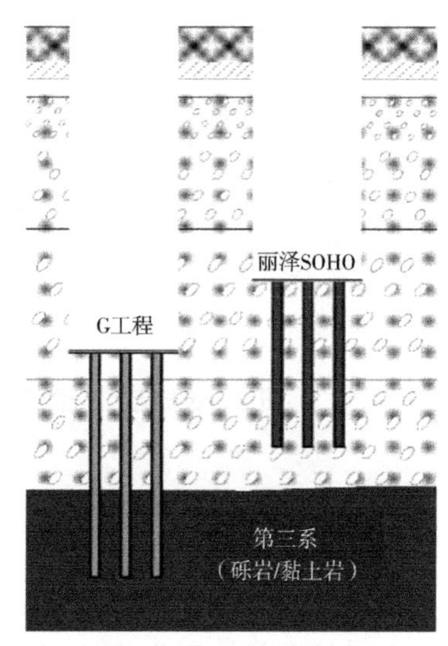

图4　桩端持力层示意

3.3　减短桩长弱化基桩支承刚度

国瑞·西安金融中心主塔楼建筑高度约350m，地上75层，目前是西北在建第一高楼，经过调查研究，主塔楼拟采用钻孔灌注超长桩方案，考虑到现场足尺试验能够较为真实地反映单桩的实际受荷状态及工作性能，为此专门进行了试验桩的设计、施工及测试，试验桩的设计桩径为1.0m、有效桩长约76m，最大试验加载达30000kN，通过试验桩的试验性施工论证成桩的可行性和质量的可靠性，同时分析钻孔灌注超长桩的承载变形性状，以期为桩基工程设计提供指导和技术支持。工程建设场地是以硬塑粉质黏土层为主，地区特点显著，因此超长桩现场足尺工程试验资料有非常重要的参考价值，其试验设计与数据分析详见文献[9]。

对于带裙房的高层建筑下的整体筏形基础，国家标准《建筑地基基础设计规范》GB 50007—2011要求“其主楼下筏板的整体挠度值不宜大于0.05%，主楼与相邻的裙房柱的差异沉降不应大于其跨度的0.1%”，对于核心筒－外框柱的结构形式，需要注意的是，设计分析过程中不仅应验算筏板的挠曲度，尚应验算核心筒与外框柱之间的沉降差，亦需要按照不应大于其跨度的0.1%的限值要求。

概念设计、工程判断以及精细深入的桩土基础共同作用计算分析，发挥了至关重要的作用。通过适当弱化外框柱的基桩支承刚度（图5），有效协调沉降差，即通过适当减短桩长以弱化支承刚度进而实现更优的差异沉降控制的性能化目标。

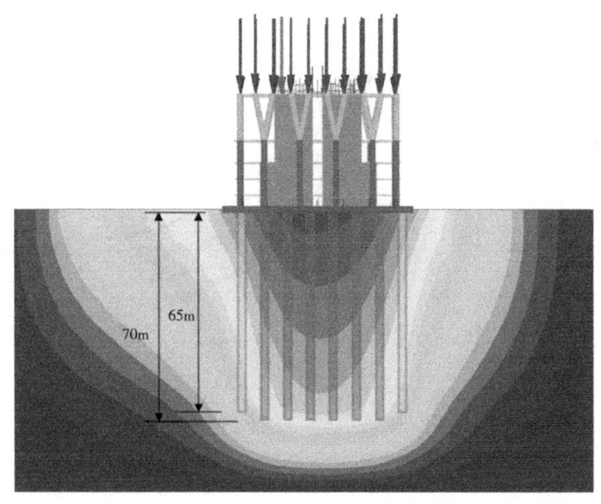

图5　弱化基桩支承刚度示意

4　突破地方经验提高单桩承载力

为了准确把握单桩承载性状，需要在设计之前，开展试验桩的测试工作，投入必要的时间和经费是值得的。看似成本有所增加，但突破地方经验，相比传统的钻孔灌注桩施工工艺，后注浆工艺不仅使得基桩承载性状得到有效改善，保证承载力提高，而且更有助于差异沉降控制。

以唐山人民大厦项目为例，根据研究与分析，判断当地给出的单桩承载力特征值的经验值偏于保守，经过反复沟通，最终按照北京市建筑设计研究院有限公司提出的桩基试验方案进行单桩承载力实测，并根据地基与结构相互作用分析进行按地基变形控制的桩基优化设计，图6所示为双塔主楼桩基础沉降计算模型。优化设计所采用的单桩承载力特征值 R_a 的设计取值较之原有的经验取值提高超过了70%，经过业主委托的造价公司测算，节省桩基工程造价1500万元。

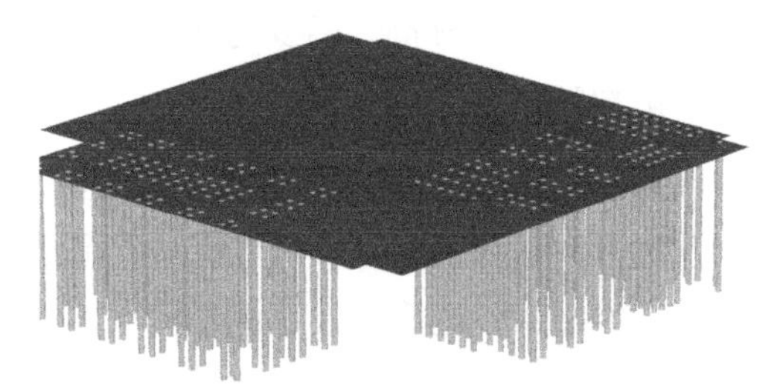
图6　双塔主楼桩基础计算模型

本工程进行了系统的沉降观测，在A1区的8个观测点中，累积沉降量最大的是5号点，沉降值是 -17.6mm，最小的是8号点，沉降值是 -11.7mm；最大差异沉降为5.9mm。沉降 - 时间关系曲线如图7所示，最大沉降速率为0.009mm/d，已经达到1mm/100d的稳定标准。该项目的顺利成功实施，有力地推动了当地的地基基础工程行业发展，成为岩土工程师与结构工程师合作并积极主导桩基工程设计实践的经典案例。

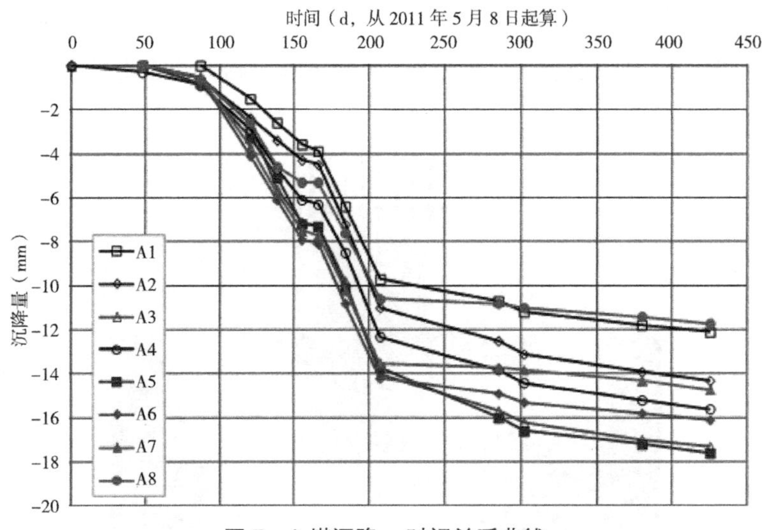

图7　A塔沉降－时间关系曲线

5　有备无患——投资型的优化设计

与前述的改进型的优化设计不同的是，考虑相邻深基坑开挖影响时，需要适当增强基桩支承刚度以减小相互影响进而获得更加安全可靠的变形控制设计目标。虽然成本小幅增加，根据价值工程的概念，“有备无患”属于典型的投资型的优化设计。

如图8所示，由于超高层主楼毗邻地铁深基坑，间距仅0.75m且地铁基坑底面深于相邻建筑的基底标高，需要考虑两者之间的相互影响问题。

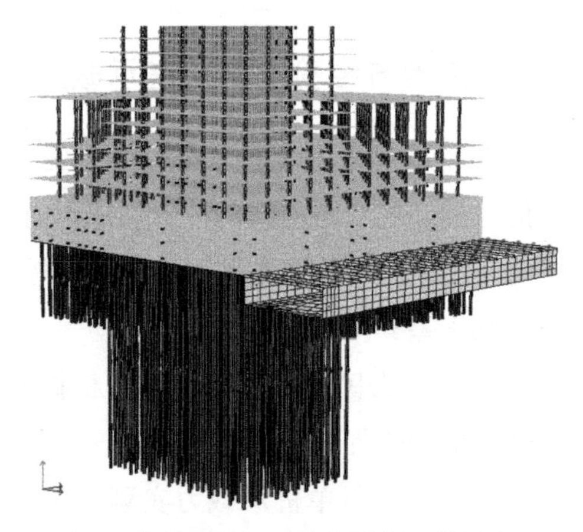

图8　高层建筑与深基坑相邻工况示意

由地基土－桩－筏板相互作用计算分析可知，上部荷载作用会引起地基土体应力的变化，而且这一变化将会对毗邻的地铁支护体系造成影响，使得作用在地下连续墙上的土压力增大，进而加大地铁基坑支护体系的水平位移，而与此同时，地铁支护体系水平位移的加大又会对地基土体应力场造成影响，进而影响桩－筏板－地基土体系之间的相互作用，造成桩筏基础差异沉降变形的加大。

为此针对这一复杂的工况条件，建筑桩基设计时，应用专业数值分析软件进行了详细的计算分析。依据相互影响的数值分析计算成果，为了有效控制地铁深基坑的开挖及支护与超高层建造之间的相互影响，对于主楼桩基设计参数进行了调整，以粉砂⑨$_4$层作为桩端持力层且桩长加长到67.35m[10]，即适当增强基桩支承刚度而获得更安全的变形控制设计目标。

6 结语

Terzaghi 和 Peck 曾指出“无论天然的土层结构怎样复杂，也无论我们的知识与土的实际条件之间存在多么大的差距，我们还是要利用处理问题的技艺，在合理的造价的前提下，为土工结构和地基基础问题寻求满意的答案。”[11] 以此为指导思想，本文基于价值工程展开了分析探讨，确保设计方案的科学优化以及工程成本的合理控制。

价值工程的合理运用，尚需技术管理体制的创新。笔者倡导通过岩土工程顾问咨询进行优化设计的模式，延伸价值工程的理念，复杂岩土以及复杂工况条件的桩基工程，不断强化概念设计、精细深入的计算分析以及工程判断，将为提高投资效益发挥更重要的作用。

参考文献

[1] 张国霞 . 高重建筑物地基与基础 [A]// 中国土木工程学会第四届土力学及基础工程学术会议论文选集 [C]，1983：17–25.

[2] 张在明 . 岩土工程的工作方法 [A]// 第二届全国岩土与工程学术大会论文集 [C]. 北京：科学出版社，2006：608–620.

[3] 李健，王力尚，朱建潮 . 价值工程在国际 EPC 项目中的应用研究 [J]. 施工技术，2013，42（6）：55–57.

[4] 顾宝和 . 岩土工程典型案例述评 [M]. 北京：中国建筑工业出版社，2015.

[5] 孙宏伟 . 超高层建筑建筑桩与深基础工程原理与实践 [A]// 第六届深工程发展论坛论文集 [C]. 北京：新华书局，2016.

[6] 孙宏伟 . 京津沪超高层超长钻孔灌注桩试验数据对比分析 [J]. 建筑结构，2011，41（9）：143–146.

[7] 阚敦莉，方云飞，孙宏伟，等 . 北京雪莲大厦桩筏基础与地基土相互作用分析 [A]// 岩土工程进展与实践案例选编 [M]. 北京：中国建筑工业出版社，2016.

[8] 孙宏伟 . 岩土工程进展与实践案例选编 [M]. 北京：中国建筑工业出版社，2016.

[9] 方云飞，王媛，孙宏伟 . 国瑞 · 西安国际金融中心超高层建筑桩型比选与试验桩设计分析 [J]. 建筑结构，2016（17）：99–104.

[10] 孙宏伟，沈莉，方云飞，等 . 天津滨海新区于家堡超长桩载荷试验数据分析与桩筏沉降计算 [J]. 建筑结构，2011（S1）：1253–1255.

[11] K. Terzaghi，R. B. Peck. Soil Mechanics in Engineering Practice[M].John Wiley and Sons，New York，1967.

四、复合地基

北京光华世贸中心基础与复合地基设计①

【导读】本文介绍了北京光华世贸中心工程的基础设计。通过对后注浆钻孔灌注桩、CFG桩复合地基和钻孔灌注素混凝土桩复合地基的分析对比，优化了本工程的地基基础设计，经实践验证，素混凝土桩复合地基成功应用于高度近100m的高层建筑地基。本工程的复合地基增强体在桩顶应力集中区域设置加强筋，是复合地基设计创新点。

1 工程概况

北京光华世贸中心位于朝阳区光华路商务中心一号路北侧，东邻商务中心中轴路，西邻东大桥东侧路，位于北京CBD中心区。

图1 建筑实景

本工程为大型综合性建筑，由地上两栋商务办公写字楼、一栋公寓楼以及地下商业和车库组成，见图1。总建筑面积约21.294万m^2，地下建筑面积为6.164万m^2，地上建筑面积为15.130万m^2。地下4层为一整体，长约156.2m，宽约122.6m。其中地下1层为商业，地下2~4层为车库和设备、电气机房；地上分为AB、C、D座三栋高层写字楼和公寓楼，AB、C、D座之间以裙房相连。地上部分，AB、C座均为25层，建筑总高度为98.09m；D座地上共23层，建筑总高度为92.09m。AB座采用钢筋混凝土框架－剪力墙结构；C、D座均采用钢筋混凝土框架－核心筒结构。抗震设防烈度为8度，场地类别为Ⅱ类。

2 场地工程地质条件

根据勘察报告，本工程场区在地貌单元上位于永定河冲洪积扇中下部，第四纪地

① 编写依据："北京光华世贸中心基础设计"《建筑技术开发》2008年第4期（作者：董勤、阚敦莉、张春浓、王雪生）、"插筋增强型CFG桩复合地基在北京地区的应用"《工程勘察》2009年第2期（作者：周军红、刘焕存、黄昌乾）。

层厚度约在160m。地形平坦，地表以下至基岩顶之间的沉积层以黏性土、粉土与砂土、碎石土交互沉积层为主。由工程场地钻探孔揭露的地质资料表明，按地层沉积年代、成因类型，将建筑物场区面积以下75.00m深度范围内的地层划分为人工堆积层及第四纪沉积层两大类，并进一步划分为14个大层。各土层的基本岩性特征见表1。工程拟建场地范围内不会产生地震液化，不存在影响拟建场地整体稳定的不良地质作用。拟建场地自然地面下20m范围内的土层等效剪切波速 v_{se}=264~271m/s，场地类别为Ⅱ类。水位呈季节性变化，年自然变化幅度为3~4m，场区第6大层和第8大层具有较高的承压水头。地下水对混凝土无腐蚀性，但对钢筋混凝土内的钢筋有弱腐蚀性。地下抗浮设计水位绝对标高为33.20m。地下水情况见表2。

3 基础方案的选择

本工程室内 ±0.000相当于绝对标高40.10m，槽底相对标高–20.760m。持力层土质为第四纪沉积黏性土与粉土⑤大层，地基承载力标准值 f_{ak} 为230~250kPa。该工程地基基础设计需要解决以下问题:（1）主楼高度大、自重大，采用天然地基方案时，地基承载力和沉降均无法满足要求;（2）主楼与裙房之间（包括纯地下室）不设永久缝，基底压力差异大，沉降差异大;（3）地下水位较高，裙房和纯地下车库自重无法平衡水浮力，需采用抗拔桩或抗拔锚杆，这样进一步加大了主楼和裙房之间的差异沉降;（4）各栋主楼的分期施工及施工中的抗浮问题。

各土层的基本岩性特征　　表1

成因类别	大层编号	地层序号	岩性	桩的极限侧阻力标准值 q_{sik}（kPa）	桩的极限端阻力标准值 q_{pk}（kPa）	各土层层顶标高（m）
人工堆积	1	①	粉质黏土填土、黏质粉土填土	—	—	39.32~39.90 自然地面标高
		①$_1$	房渣土	—	—	
一般第四纪沉积层	2	②	砂质粉土、黏质粉土	—	—	33.95~38.94
		②$_1$	粉质黏土、黏质粉土	—	—	
		②$_2$	黏土、重粉质黏土	—	—	
		②$_3$	粉质黏土、粉砂	—	—	
	3	③	粉质黏土、黏质粉土	—	—	32.60~34.23
		③$_1$	砂质粉土、粉砂	—	—	
	4	④	卵石、圆砾	100	—	28.82~30.48
		④$_1$	细砂、中砂	70	—	
		④$_2$	黏质粉土、砂质粉土	70	—	
	5	⑤	黏质粉土、粉质黏土	75	—	19.52~21.24

续表

成因类别	大层编号	地层序号	岩性	桩的极限侧阻力标准值 q_{sik}（kPa）	桩的极限端阻力标准值 q_{pk}（kPa）	各土层层顶标高（m）
一般第四纪沉积层	5	⑤$_1$	砂质粉土、黏质粉土	75	—	19.52~21.24
		⑤$_2$	黏土、重粉质黏土	70	—	
	6	⑥	卵石、圆砾	120	2000	13.97~17.02
		⑥$_1$	细砂、中砂	80	1200	
	7	⑦	黏土、重粉质黏土	75	—	4.94~8.24
		⑦$_1$	黏质粉土、砂质粉土	80	—	
		⑦$_2$	粉质黏土、黏质粉土	75	—	
	8	⑧	卵石、圆砾	150	2500	1.38~3.12
		⑧$_1$	细砂、中砂	80	1600	
	9	⑨	细砂、中砂	80	1600	−6.70~−2.56
		⑨$_1$	卵石、圆砾	150	2500	
		⑨$_2$	粉质黏土、黏质粉土	80	—	−6.70~−2.56
		⑨$_3$	黏土	75	—	
		⑨$_4$	砂质粉土	80	—	
	10	⑩	粉质黏土、黏质粉土	75	—	−17.25~−12.92
		⑩$_1$	黏土、重粉质黏土	75	—	
		⑩$_2$	砂质粉土	80	—	
	11	⑪	卵石、圆砾	160	2800	−25.68~19.69
		⑪$_1$	细砂、中砂	85	1700	
	12	⑫	粉质黏土、黏质粉土	—	—	−28.68~−28.22
		⑫$_1$	黏土	—	—	
		⑫$_2$	细砂	—	—	
	13	⑬	卵石、圆砾	—	—	−31.88~−28.98
		⑬$_1$	中砂、细砂	—	—	
	14	⑭	黏土、重粉质黏土	—	—	−34.78~−32.78
		⑭$_1$	粉质黏土	—	—	

地下水情况 **表 2**

序号	地下水类型	地下水稳定水位（承压水的测压水头）		量测时间
		埋深（m）	标高（m）	
1	上层滞水（目前仅于场区局部存在）	—	—	2003 年 1 月下旬
		5.30~6.00	33.61~34.31	2003 年 8 月上旬 ~8 月中旬
2	层间潜水	16.10~16.50	22.97~23.30	2003 年 1 月下旬
		16.60~17.90	21.66~22.88	2003 年 8 月上旬 ~8 月中旬

续表

序号	地下水类型	地下水稳定水位（承压水的测压水头）		量测时间
		埋深（m）	标高（m）	
3	承压水（测压水头）	19.90~20.40	18.94~19.57	2003 年 1 月下旬
		22.40~23.90	15.68~17.14	2003 年 8 月上旬 ~8 月中旬
4	承压水（测压水头）	—	—	2003 年 1 月下旬
		23.60~24.50	14.96~16.03	2003 年 8 月上旬 ~8 月中旬

根据北京地区高层建筑（100m 左右）的工程经验，可采用的基础形式一般为 CFG 桩复合地基和桩基础。本场地较深处有一高压缩性的黏性土 9 大层，如果采用普通的 CFG 桩复合地基技术，其对地层的处理深度有限，总沉降量无法控制在合理范围内。

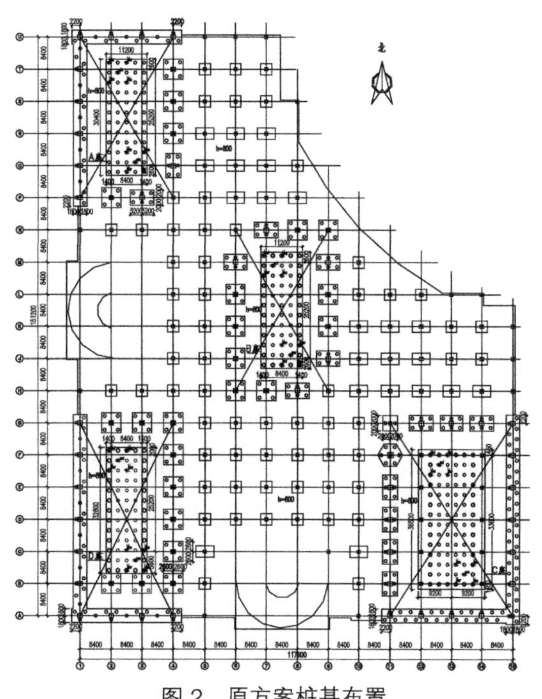
图 2　原方案桩基布置

本工程建筑规模较大，各栋主楼将采用分期施工的方案，为满足抗浮要求，减少后期沉降差异，原基础方案各栋主楼拟选用钢筋混凝土钻孔灌注桩，桩基布置见图 2。各栋主楼均采用 800mm 直径钢筋混凝土钻孔灌注桩，桩端持力层为卵石、圆砾⑧层，并进行桩底和桩侧后压浆技术以提高单桩承载力。桩平均长度为 16.85m，桩身混凝土强度等级为 C35，桩身主筋为 10ϕ18，主筋保护层厚度 70mm，四栋主楼共布桩 626 根。各栋主楼核心筒底板厚 1800mm，其余底板厚 800mm。当采用混凝土钻孔灌注桩方案，建筑物总沉降量比较小，在施工过程中，可根据沉降观测数据及施工情况，适当缩短浇筑沉降后浇带的时间，从而节省施工周期，但工程造价比 CFG 桩复合地基高。裙房及地下车库采用天然地基。该工程场地地下水位比基础底板高出约 13.86m，而裙房及纯地下室部分荷重较小，经过分析计算综合比较，决定采用抗拔桩来抵抗水浮力。

设计过程中，由于建筑方案的调整，地上四栋主楼改为三栋，原 AB 座合为一栋主楼，各栋主楼施工同时进行，施工中不再考虑分期施工的影响。为节省工程造价及施工周期，进行了复合地基方案的可行性分析。由表 3 可知，本工程基底压力较大，为满足承载力及变形要求，对钢筋混凝土钻孔灌注桩方案及分别选用 800mm、620mm、400mm

直径混凝土钻孔灌注桩复合地基方案进行计算与分析，综合考虑工程造价、施工周期及施工难度等因素，得出结论：采用钢筋混凝土钻孔灌注桩，桩身配筋率大，施工难度大，施工周期长，工程造价较高；而采用大直径混凝土钻孔灌注桩复合地基，利用桩和土的共同作用，使处理后的复合地基压缩模量和承载力大大提高，能满足设计要求，虽然最终沉降量比钢筋混凝土钻孔灌注桩基础大，但经过合理设计同样能满足设计及使用要求。

各楼座基础压力 **表 3**

楼座	核心筒部分（kPa）	非核心筒部分（kPa）	槽底标高（m）
A、B 座	735	510	19.34（-20.76）
C 座	735	490	19.34（-20.76）
D 座	938	440	19.34（-20.76）
车库	170		19.34（-20.76）
主楼和裙房沉降分析，控制主楼与裙房的沉降差异，同时要求地基处理后，各主楼最终沉降量不大于 50mm，整体倾斜允许值不大于 0.002			

不同直径的钻孔灌注桩复合地基采用的施工工艺不同，如 800mm 直径桩需要采用旋挖或反循环施工工艺，还需要后注浆，而 620mm 直径以下的桩可以采用长螺旋钻机进行施工，施工工艺简单，不需要后注浆。抗拔桩采用 620mm 直径能满足设计要求，因此将桩直径统一，选用 620mm 直径桩有利于现场施工，缩短施工周期，节省费用。最终 AB、C、D 三栋主楼均采用了 620mm 直径混凝土钻孔灌注桩复合地基，桩长 20.0m，褥垫层厚度为 300mm，各栋主楼核心筒底板厚 2000mm，其余部分底板厚 1000mm。裙房及地下车库仍采用原来方案。此工程实施的复合地基增强体布置见图 3。

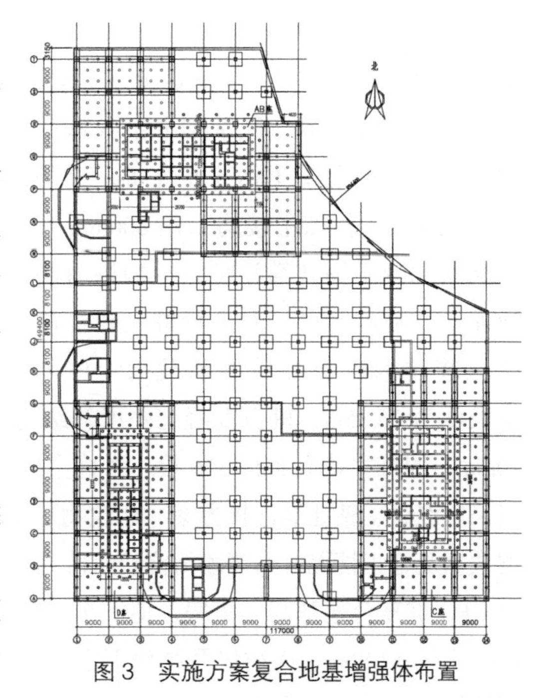

图 3　实施方案复合地基增强体布置

4　复合地基设计

4.1　地基处理施工工艺

设计采用长螺旋钻机成孔施工工艺，即钻孔至设计深度标高后，直接灌注混凝土而成桩。主要工艺流程为：施工准备，定位放线，钻机成孔，制备桩料，压灌成桩，后振插钢筋笼，桩体养护。

4.2 承载力计算

对于直径620mm、长20m的增强体单桩竖向承载力特征值为2400kN。

复合地基承载力f_{spk}计算时桩间土承载力特征值f_{sk}根据《北京地区建筑地基基础勘察设计规范》DBJ 01—501—92以及勘察报告，当进行桩施工后，f_{sk}可取为250kPa；因褥垫层厚度较大（300mm），天然地基承载力较高，故桩间土承载力折减系数取0.90。复合地基承载力特征值和面积置换率见表4，地基处理后的复合地基承载力满足设计要求。桩体混凝土强度等级采用C35。

复合地基承载力特征值和面积置换率 表4

	AB座核心筒	AB座其他	C座核心筒	C座其他	D座核心筒	D座其他
面积置换率	0.0695	0.0378	0.0704	0.0370	0.0955	0.0403
承载力特征值计算结果（未进行深度修正）(kPa)	761.7	516.9	768.6	510.7	962.5	536.2

4.3 桩顶构造加强筋设计

为了保证桩顶在高应力状态下不会因偶然因素而使桩顶破坏，在桩顶应力集中区域设置加强筋。本工程桩径为620mm，主筋保护层厚度为70mm，主筋取10⌀14，箍筋为ϕ6@100，加强箍筋为⌀14@2000。钢筋笼直径480mm，配筋见图4。

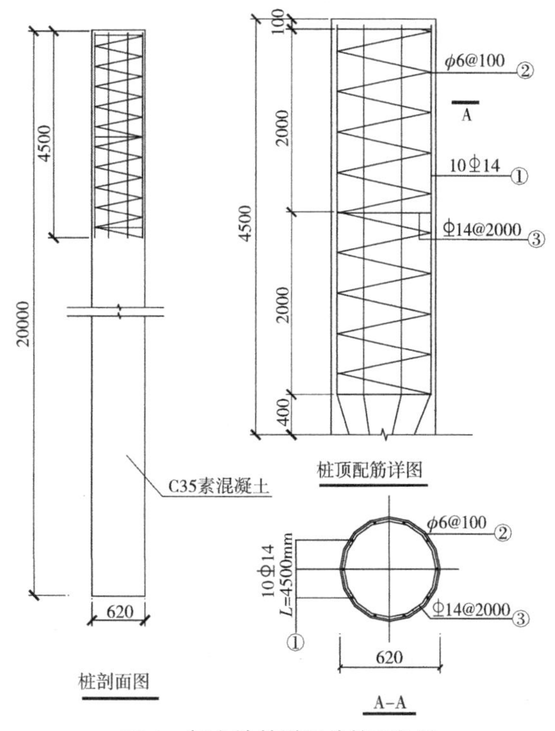

图4 复合地基增强体桩顶构造

4.4 沉降分析

根据国家标准《建筑地基基础设计规范》和《北京地区建筑地基基础勘察设计规范》进行复合地基沉降量估算。选择有代表性且荷载差异大，可能发生最大倾斜部位的楼段进行计算。各楼段中心点沉降计算结果都很小，同时倾斜值等也很小，在要求范围内。因基础宽度较大，建筑物整体倾斜值远远小于 0.002。均满足建筑结构的设计要求。另外，进行附加压力计算的过程中，尚未考虑地下水浮力的作用，其对减小地基的沉降是有利的。

5 地下室抗浮设计

对于裙房及纯地下车库部分，需要进行基础抗浮设计计算，即需要进行抗拔桩的设计。抗浮设防水位绝对标高为 33.2m，基底绝对标高为 19.34m，水头 =33.2−19.34=13.86m。

经过对比分析计算，设计采用 620mm 直径抗拔桩，钢筋笼长度 12.0m，其中有效桩长 11.2m，单桩抗拔承载力标准值取 600kN，钢筋嵌固长度 0.8m，主筋保护层厚度 70mm，钢筋笼直径 480mm，主筋数量为 13 ϕ 20，桩顶 1.8m 范围内的箍筋为 $\phi6@100$，其余部分箍筋为 $\phi6@250$，加强箍筋为 $\phi14@2000$，桩身混凝土强度等级为 C35。本工程采用钻孔压灌后插钢筋笼的施工方案。

6 复合地基检测

地基处理后进行了地基检测，采用平板静载荷试验检测桩间土承载力是否达到要求；采用低应变动力检测法检测桩身结构完整性。如对 C 座塔楼 3 处单桩竖向抗压静载荷试验结果及基槽内 3 处桩间土平板静载荷试验结果进行综合分析，单桩承载力标准值均不小于 2400kN，桩间土承载力特征值不小于 250kPa，并对 38 根桩进行了桩身质量检测，桩身完整无明显缺陷。

7 沉降观测结果

图 5 为沉降观测点平面布置，表 5 为各栋主楼实际沉降观测值。各楼座平均沉降量与观测时间关系曲线见图 6，各楼座平均沉降量与观测阶段关系曲线见图 7。由以上实测数据可知，本工程选用大直径混凝土钻孔灌注桩复合地基方案，地基沉降量均能满足设计要求，取得了很好的经济和社会效益。

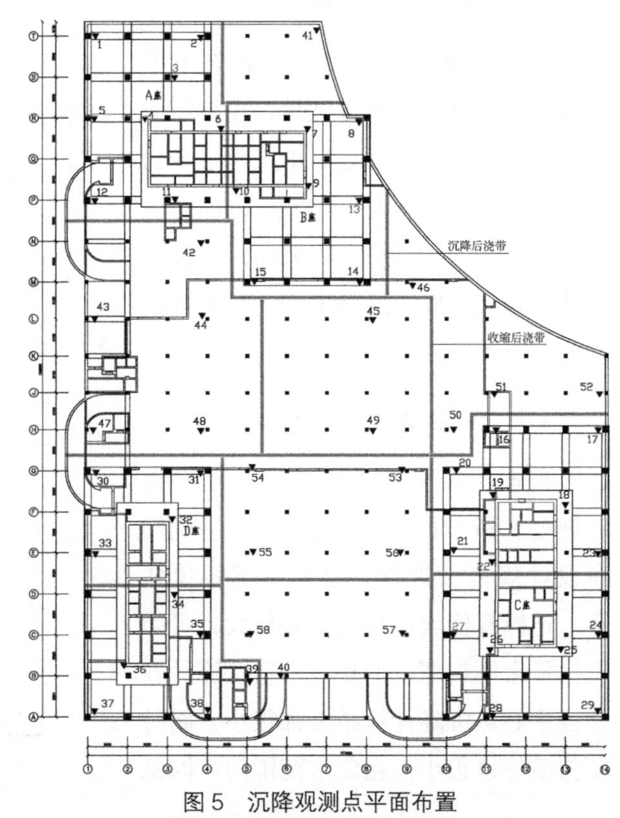

图 5 沉降观测点平面布置

各栋主楼实际沉降观测值（观测开始时间为 2006 年 2 月 15 日） 表 5

楼号	AB 栋				C 栋				D 栋			
观测时间	2006.10.9		2007.1.18		2006.10.9		2007.1.18		2006.10.9		2007.1.18	
施工进度	地上 12 层		结构到顶		地上 12 层		结构到顶		地上 12 层		结构到顶	
观测点编号及沉降量（cm）	编号	结果	编号	结果	编号	结果	编号	结果	编号	结果	编号	结果
	1	（1.612）	1	（2.277）	16	（2.351）	16	（3.698）	30	（2.230）	30	（3.428）
	2	1.857	2	2.785	17	（2.300）	17	—	31	（2.727）	31	（3.934）
	3	1.958	3	3.095	18	（2.115）	18	（3.614）	32	3.108	32	4.759
	4	1.794	4	3.172	19	2.713	19	4.573	33	（2.486）	33	（3.822）
	5	（1.840）	5	（2.815）	20	2.423	20	3.907	34	—	34	—
	6	（1.849）	6	（3.201）	21	2.466	21	3.212	35	（2.966）	35	（4.518）
	7	1.981	7	3.470	22	（2.826）	22	（4.725）	36	2.306	36	3.664
	8	1.612	8	2.719	23	2.284	23	3.695	37	（1.882）	37	（2.772）
	9	2.724	9	4.392	24	1.918	24	3.213	38	1.970	38	3.043
	10	（2.695）	10	（4.372）	25	1.897	25	3.509	39	（1.917）	39	（2.955）
	11	（2.122）	11	（3.472）	26	2.644	26	4.445	40	1.814	40	（2.478）
	12	1.824	12	2.795	27	2.430	27	3.942				
	13	2.461	13	3.993	28	（2.360）	28	（3.562）				
	14	1.999	14	3.168	29	（1.613）	29	（2.537）				
	15	1.948	15	3.197								

注：表中带括号的结果表示观测点被毁，沉降量是估计数值；“—”表示后来未能继续观测，没有数据。

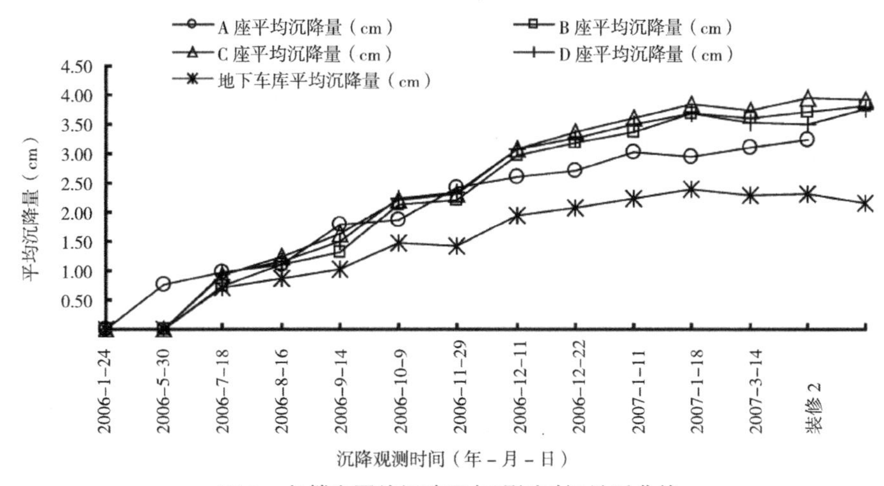

图 6 各楼座平均沉降量与观测时间关系曲线

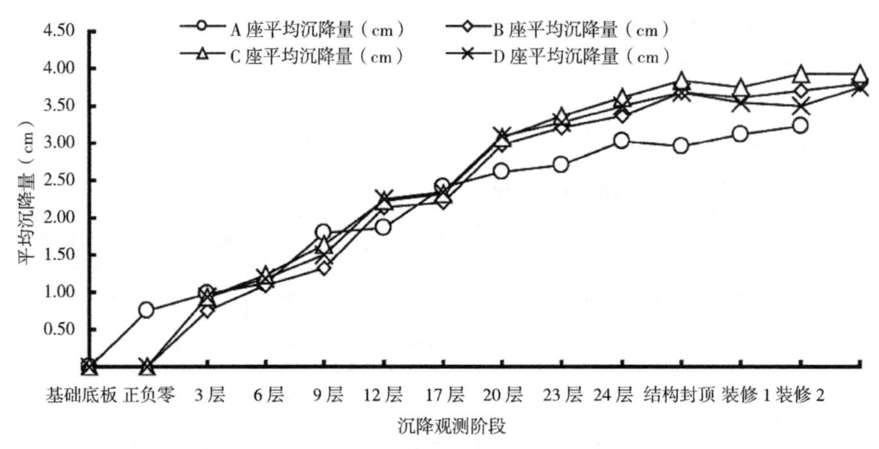

图 7 各楼座平均沉降量与观测阶段关系曲线

8 结论

在高 100m 左右的高层建筑且土质相对软弱的地基中，采用混凝土钻孔灌注桩复合地基在北京地区并不多见，本工程的应用取得了良好效果。与钢筋混凝土钻孔灌注桩基础相比节省了工程造价和施工周期。通过设计研究及本工程的实践，总结以下几点：

（1）通过认真计算分析，采用合理的构造措施，在高层建筑地基中采用钻孔灌注素混凝土桩复合地基可以取得比 CFG 桩复合地基更高的地基承载力和减少沉降的效果。

（2）大直径混凝土钻孔灌注桩复合地基在满足承载力和沉降限值的情况下，与钢筋混凝土后注浆灌注桩基方案相比，可以大大节省造价。

（3）本工程的复合地基增强体桩体是混凝土，而不是 CFG 填料，在褥垫层薄的情况下，为防止桩头可能承受较大的压力而出现开裂和压碎的情况，桩顶部分应配置一定数量的纵筋和箍筋。

【编者注】CFG 桩复合地基是常用的一种以 CFG 桩为增强体的复合地基形式。最初因所使用的水泥（Cement）、粉煤灰（Flyash）、碎石（Gravel）混合料而得名。CFG 桩的一种地基处理技术方法，目前常规 CFG 桩施工工艺是指长螺旋钻机成孔、中心压灌商品混凝土的成套工艺。本工程的复合地基设计创新点在于增强型 CFG 桩，即在桩顶应力集中区域设置加强筋。

北京汽车博物馆复合地基与基础设计[①]

【导读】北京汽车博物馆工程上部结构空旷，室内设有大跨双曲钢桥，屋顶为大跨度空间钢结构，结构对各点沉降变形控制要求非常严格。地基大部分为15m深的以建筑垃圾为主的杂填土，局部为第四纪卵石层。经过多种方案比较，确定了最佳的复合地基处理方案——采用先强夯，再用素混凝土夯扩桩作为复合地基增强体，并用建筑垃圾为主材料的灰渣土桩作挤密处理，有效地减少了环境影响，还充分利用了原有渣土，利于环保。经实践验证，处理地基和增加基础刚度的调整方案是在深度较大，深浅不均的建筑垃圾坑上设计较为空旷建筑切实可行的处理方法。

1 结构与基础

北京国际汽车博览中心是北京为迎接2008年奥运会而筹建的大型建筑项目之一。作为博览中心的核心建筑，汽车博物馆建筑造型新颖（图1、图2）。工程地上5层，檐口高度33.35m，弧形屋顶最高点49.50m，地上部分最大轮廓尺寸141.2m×76.5m。主体采用钢骨混凝土框架－剪力墙混合结构，主楼利用周边的五个楼梯间布置混凝土剪力墙，作为主要抗侧力体系，主楼内部由细而稀疏的框架柱支承楼盖结构，柱网间距大多在12m以上且不规律。主要框架柱采用直径800mm的钢骨混凝土柱，主要框架梁采用400mm×1000mm混凝土梁。中庭环形空间大跨双曲钢桥呈圆弧造型，跨度36m左右，采用3.5m×1.2m的箱形钢梁，两端分别支撑于楼层框架结构上（图3）。屋顶采用双向双曲空间钢桁架体系，纵向跨度120m，横向跨度67m，支撑于周边的五个核心筒和筒间的混凝土水平桁架上（图4）。地下一层，地下室平面尺寸201.1m×106.5m，基础形式采用梁筏式基础，基础梁主要为三种类型，主楼中厅空旷区域为1.5m×1.6m，主楼其他区域为1.0m×1.6m，裙房区域为0.8m×1.0m（图5）。主楼区域底板厚600mm，裙房区域底板厚400mm。

从结构形式看，该工程地上结构空旷，整体性相对较弱，大跨度钢结构对沉降变形非常敏感，框架柱和五个核心筒的基础间相对变形，直接影响钢桥和屋顶桁架的设

① 本实例编写依据："北京汽车博物馆复合地基设计"《建筑结构》2009年第6期（作者：张力，盛平，甄伟）以及工程资料。

图 1　建筑效果图

图 2　结构计算模型

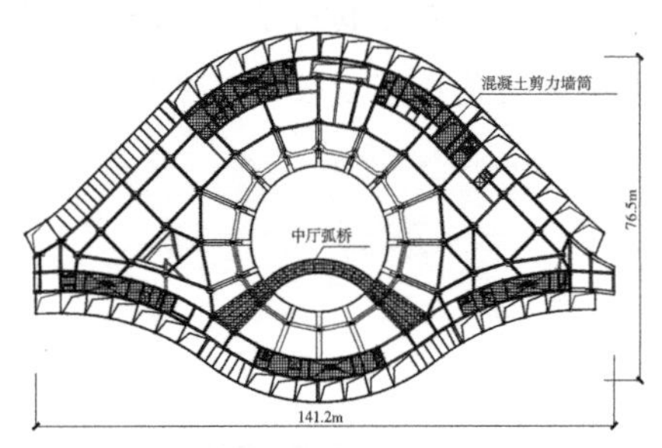

图 3　标准层结构平面图

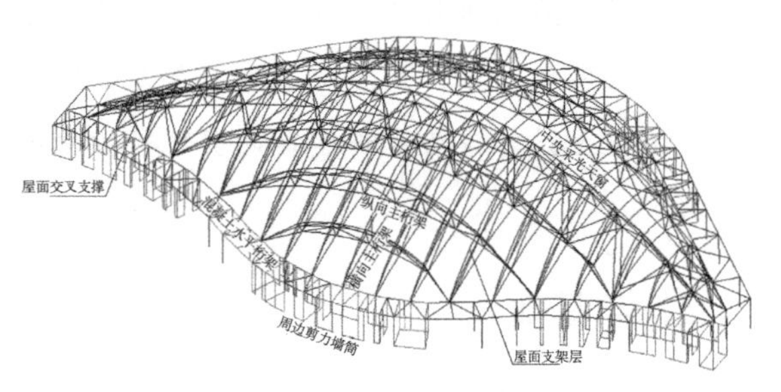

图 4　屋顶层结构图

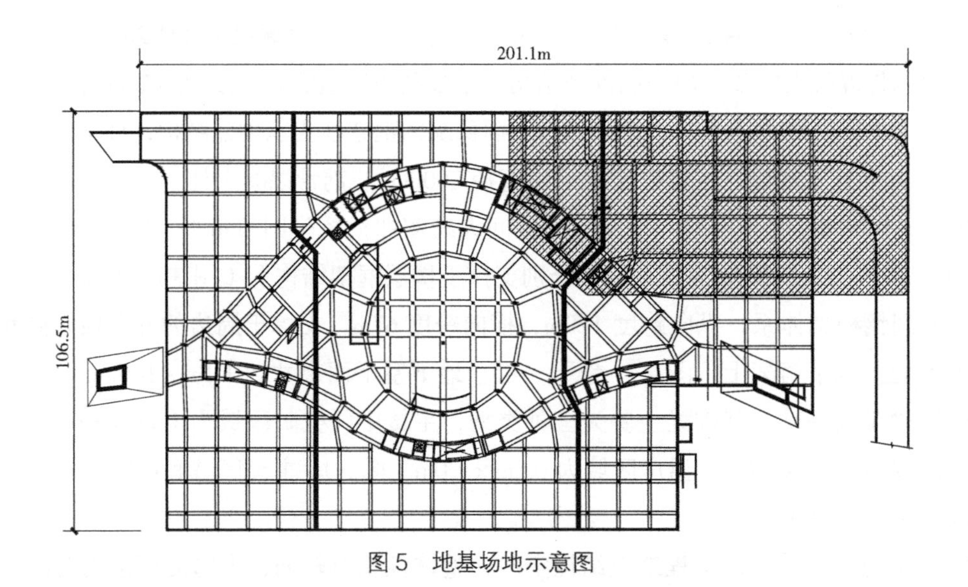

图 5　地基场地示意图

计，故该建筑对基础的沉降量和沉降差控制要求较高。而地基土分布不均，相同荷载作用下，杂填土区域沉降变形大，卵石层区域沉降变形很小。因此，地基变形是这个工程设计的关键。

综合上述问题，结构对地基提出了变形控制的技术要求：竖向变形总量控制在30mm以内，柱间相对变形小于0.15%。

2 地质条件

工程地点位于北京市丰台开发区花乡四合庄村，北邻南四环路。基底以下各土层自上而下为：1.3~23.8m厚杂填土层（建筑垃圾①层，粉质黏土素填土①$_1$层，细砂素填土①$_2$层）；5m厚粉细砂②层；14.4m厚卵石层③层。基础埋深5.79~9.26m，基底持力层大部分为深度15m左右的杂填土（建筑垃圾），局部为卵石层（见图5阴影部分），土层分布很不均匀，典型地质剖面见图6。根据勘察报告，勘察期间所有钻孔均未见地下水，拟建场地地下水静止水位埋深在25m以下，地下水的类型为潜水。

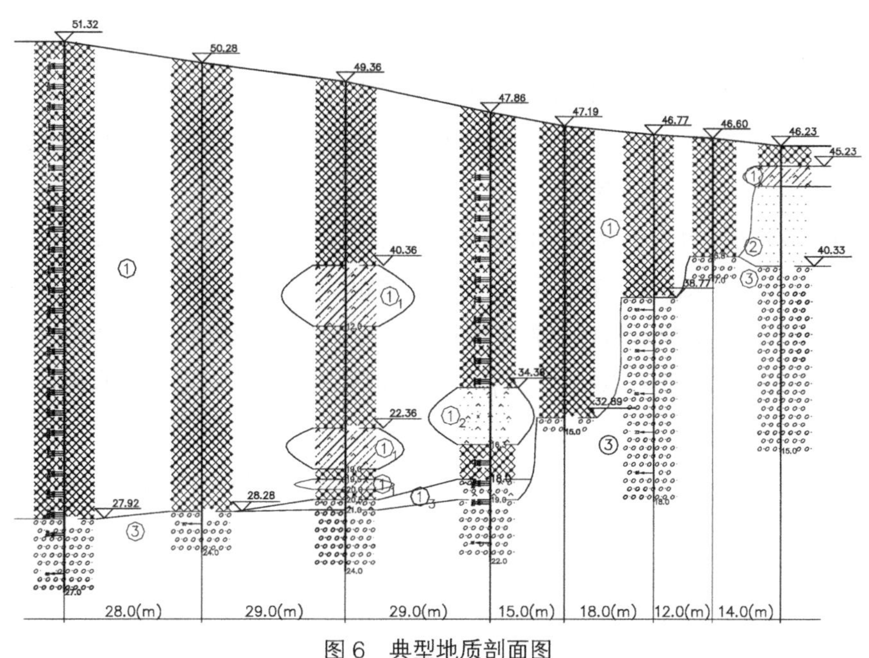

图6 典型地质剖面图

杂填土结构松散，物理力学性能不好，且遇水时可能湿陷，使地基产生沉降，不经处理不宜作为天然地基持力层，局部为卵石层又造成地基局部硬点，卵石层与建筑垃圾坑之间为悬崖式陡坡，使地基在此处刚度突变，对地基的沉降变形控制非常不利，需要进行地基加固处理。

3 地基处理方案

3.1 方案选择

综合考虑工程建筑物占地面积大，基底下回填土厚度大且深浅不均，对地基承载力和沉降量要求严格等因素，对可能实施的地基处理方案的优缺点进行了对比分析。

填土地基尤其是杂填土地基工程性能较差，主要表现为密实度低，压缩性高，欠固结，严重不均匀，并且常具有湿陷性。由于大卵石和大粒径建筑渣土的存在，使得机械成孔非常困难，常规的成桩方案很难实施。为此，经对场地填土厚度和基槽开挖后剩余的填土厚度反复分析研究，认为可采用换填分层碾压和强夯与夯扩挤密桩相结合的方案。

采用强夯 + 夯扩挤密桩方案，具有强夯和打桩的共同优点，且相互弥补了各自的不足。施工时先将面层进行强夯，为减少对周围居民及建筑物的影响，强夯采用小能量（2500kN · m 左右），并且考虑到强夯是在深 8m 的已开挖基坑中进行，隔振效果良好，根据以往工程经验，此种情况下强夯施工对周围居民及建筑物基本没有影响。经过强夯处理后，回填土在一定的深度范围内工程特性得到很好的改善，浅层地基得到加密处理，使成孔稳定性提高且不易塌孔。接下来采用夯扩挤密的方法夯击成孔，可以解决塌孔问题，并且强大的冲击力也保证了成孔的顺利进行。由于在孔内冲击，具有振动小、无噪声，加固影响深度大的优点，可以对桩端土冲击压实，而且对桩周土能强力挤密，承载力提高幅度大，并且非常经济。

桩体材料的选择对建筑物后期沉降的影响很大。本工程采用的桩身材料是干硬性素混凝土，还采用了灰渣土并在一定深度范围内加入水泥。灰渣土挤密桩以灰土桩为基础，加入砂石及砖头等粗骨料以改善桩体材料的力学性能，在核心区桩顶以下 4m 范围内加入水泥（每立方米加入 100kg）以使得桩体混合材料具有气硬性和水硬性，进一步提高了桩体材料的抗压强度，并且具有较好的稳定性，改变了灰土桩强度较低的弱点。桩体材料的极限抗压强度能达到 2~4MPa。该桩用在非承重区，既能满足设计要求，又能充分利用现场的建筑垃圾作为原材料，因此既经济又合理。

在主要受力部位（如柱、梁、墙下）桩身全长采用素混凝土桩，其余部位采用灰渣土夯扩桩，这样使深部的杂填土地基得到进一步改善，处理后地基承载力大大增加，从而满足上部承载力的要求，也可保证地基的长期稳定。建筑场地各处地基处理主要设计参数见表 1。

建筑场地地基处理主要设计参数[①] **表 1**

增强体桩型	增强体材料	桩长（m）	桩径（mm）	褥垫层厚度（mm）	置换率
夯扩桩	干硬性混凝土	2~13 （桩端进入砂卵石层不少于 1.50m）	550	200	0.118~0.165
挤密桩	灰渣土		550	200	0.091
	灰渣土 + 水泥		550	200	0.091

① 依据地基处理竣工报告。

3.2 强夯和夯扩桩参数的确定

根据中航勘察设计研究院编制的《夯扩挤密桩试成桩报告和强夯单点夯试验报告》，通过以下两种试验确定了强夯和夯扩挤密桩设计与施工参数。

（1）强夯单点夯试验

通过试验确定了强夯的施工参数、夯击次数、强夯加固影响深度和试夯对边坡稳定性的影响。强夯能量采用2500kN·m，锤重20t，落距12.5m，夯击次数6~7击，能够满足最后夯沉降量小于50mm的控制标准。强夯加固影响深度6.0~7.0m，夯后地表无隆起现象。试夯振动对边坡影响很小，由于试夯点距边坡大于50m，正式施工时强夯点距边坡很近，需加强边坡位移观测。

（2）夯扩挤密桩试验

通过试验确定了以下内容：成桩施工参数，如桩径、桩长、桩体密实度、分次填料量以及夯击高度、每步夯击击数；成孔方法适宜性，检验成孔深度是否穿越填土厚度、达到设计持力层。

试桩施工工艺采用桩锤冲击成孔，成孔深度根据地质勘察报告区域划分深度及成孔标准，按最后3锤贯入度小于50mm控制，成孔深度可以达到设计要求。施工参数：夯锤3.8t，落距5.0m，孔底3~5击扩底，分层填料量0.15~0.18m^3，夯击次数为3击，可以满足设计桩体密实度及桩径要求。

3.3 天然地基与强夯地基检测比较

（1）静载试验方法

在地基加固处理前对天然填土地基进行100kPa压力下的浸水静荷试验，并对强夯地基进行120kPa压力下的浸水静荷试验。检测目的是测试天然填土地基及强夯地基的湿陷性及湿陷程度，以及测试天然填土地基及强夯后地基的竖向承载力。检测由委托单位根据施工现场具体实际情况随机指定。试验使用了宽度为1000mm的方形承压板。

（2）试验结论

根据复合地基检测报告，取破坏荷载所对应的前一级荷载为极限荷载；取极限荷载值的一半为承载力特征值。

天然地基静载荷试验，测点在100kPa压力下浸水载荷试验的附加湿陷量分别为10.15mm，2.94mm，9.17mm。天然地基极限承载力为160kPa，天然地基特征值为80kPa。

强夯地基静载荷试验，测点在120kPa压力下浸水载荷试验的附加湿陷量分别为4.81mm，2.18mm，6.61mm。强夯地基极限承载力为260kPa，天然地基特征值为130kPa。

强夯后，地基变形明显减小，承载力提高60%。

3.4 质量检测

低应变动测结果：85 根受检测的增强体单桩中，80 根为桩身完整，5 根为桩身轻微缺陷，不会影响桩身结构承载力的正常发挥，桩身质量满足设计和规范要求。

复合地基承载力特征值检测结果：主楼场地复合地基承载力特征值满足 180kPa 的设计要求；裙房场地复合地基承载力特征值满足 150kPa 的设计要求；核心筒及柱承台场地复合地基承载力特征值满足 300kPa 的设计要求。

4 基础设计方案

4.1 原基础方案

原基础方案采用交叉梁筏板基础。复合地基处理由中航勘察设计研究院承担，布桩方案为满堂均匀布桩，梁、柱、墙下为素混凝土夯扩桩，梁、柱、墙之外的板下为灰渣土桩，桩直径均为 550mm。根据上述条件，考虑上部结构及基础整体刚度，进行协同计算分析。计算结果表明复合地基变形倾斜角度不能满足 0.15% 的设计要求，说明此种基础方案和布桩方案需要调整，以增加基础刚度，减小地基各点之间的相对变形差。

4.2 基础方案的调整

为了减小框架柱、核心筒各点之间的沉降差，基础在受荷较大的框架柱下和核心筒下底板加厚为 900mm（见图 7 阴影部分），使其起到了承台和减小地梁跨度的作用，增加了基础刚度。在厚 900mm 底板下增加了素混凝土桩的布桩数量，减小了上部荷载较大处的地基变形。

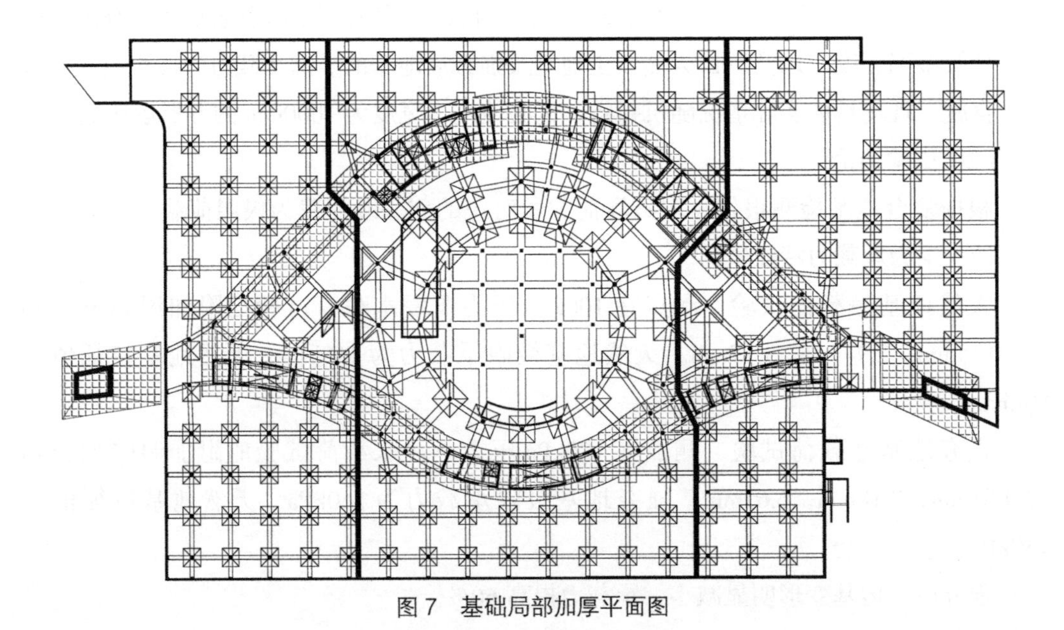

图 7 基础局部加厚平面图

根据新的基础方案，布桩方案做了如下调整：基坑开挖后填土层较薄（小于2m）及直接位于卵石层的区域，虽然承载力都能满足设计要求，但由于卵石层的压缩模量非常大，沉降量非常小，对地基的均匀性会产生不利影响，所以采用换填碾压，挖去约1.0m的卵石，然后再回填碾压二八灰土来协调建筑物的沉降差；剪力墙筒核心区域和柱底承台下，采用强夯后再打夯扩挤密桩，桩身材料为干硬性混凝土。其余区域采用强夯后打夯扩挤密灰渣土桩。

按新的基础方案和布桩方案再次进行了协同分析计算，基础最大沉降量25mm，最小沉降量10mm；基础底板最大倾斜角度0.147%；节点最大X方向弯矩473.8kN·m，最小X方向弯矩–213.9kN·m，最大Y方向弯矩524.9kN·m，最小Y方向弯矩–298.6kN·m；最大反力659.92kN；底板反力总和1718132.5kN。当满足了处理后复合地基承载力特征值的要求（主楼≥180kPa，裙房≥150kPa，核心筒及柱下承台≥300kPa）时，竖向最终沉降量≤30mm，地基变形倾斜角度不大于0.15%。

5 沉降观测

本工程按设计要求进行了沉降观测，第一次观测起始时间为2007年1月18日，至装修阶段，共进行了13次观测，换填区的沉降值为7.4mm，地基处理范围内的最小值8.8mm，最大值21.1mm，平均沉降16.96mm。

6 小结

本工程的地基处理方案采用强夯法、夯扩挤密桩法、局部换填分层碾压法相结合的方案，基础方案采用交叉梁筏式基础并在柱、墙下局部加厚底板的基础方案，沉降分析表明基础底板范围内没有出现明显沉降突变区域，建筑物后期沉降非常小，不必设置沉降后浇带，既减少了工程造价，又提高了施工速度，为上部结构的设计与施工提供了有利条件。

对于以建筑垃圾为主的杂填土地基，提出了一种经济实用的复合地基处理方法：采用先强夯，再用夯扩挤密桩作为复合地基增强体，有效地减少了环境影响，还充分利用了原有渣土，利于环保。经实践验证，该方法是切实可行的。

国家会议中心酒店工程复合地基设计①

【导读】国家会议中心酒店工程为大底盘多塔形式，高层建筑结构形式趋近于框架－核心筒结构，且核心筒部位荷载较为集中，对于高层建筑内部、高层建筑与裙房之间、高层建筑与地下车库之间的差异沉降控制严格，要求高层建筑物的平均沉降量控制在40mm以内。场地赋存多层地下水，土质条件复杂，经过对不同桩长、不同桩间距等多种方案的对比分析，基于变形控制设计原则，最终确定了安全、合理、经济的CFG桩复合地基设计方案。

1 工程概况

本工程用地面积为40738.76m^2，总建筑面积为263818m^2，其中地上201798m^2，地下62020m^2（不含11万伏变电站3182m^2）。四幢主体建筑檐高60m，裙房建筑檐高13~17m。地面建筑占地南北方向总长为398.2m，东西方向总宽为85.5m。

本项目的整体空间设计是将首二层的裙房区在室内以商业街的形式贯穿起来，在室外（三层景观平台）做成城市绿化广场，形成本项目商业及公共活动中心，开放式的城市屋顶园林坐落于商业裙楼之上，有效地将办公楼、酒店及商业餐饮连接起来，并且在此平台上，通过廊桥可直达隔街相望的会议中心。

本工程地上部分由A幢经济型酒店、B幢标准写字楼、C幢甲级写字楼、D幢五星级酒店四幢主体建筑及设有各类餐馆店铺的裙房建筑组成（图1）。主体结构采用现浇钢筋混凝土框架－剪力墙结构，基础形式为梁板式筏基，其中高层部分板厚0.80m，商业裙房和纯地下车库部分板厚0.50m。建筑物的设计室内地面标高（±0.00）为46.00m。拟建建筑物设计条件见表1。

2 地质条件

2.1 工程地质条件

根据本工程的岩土工程勘察报告，拟建场地自然地面标高约45.10m（44.25~45.60m）。

① 本实例由李伟强、袁立朴、孙宏伟编写，依据资料：第19届全国高层建筑结构学术会议论文“变形控制原则下的CFG桩复合地基方案优化设计”（作者：李伟强、张全益）以及相关工程资料。

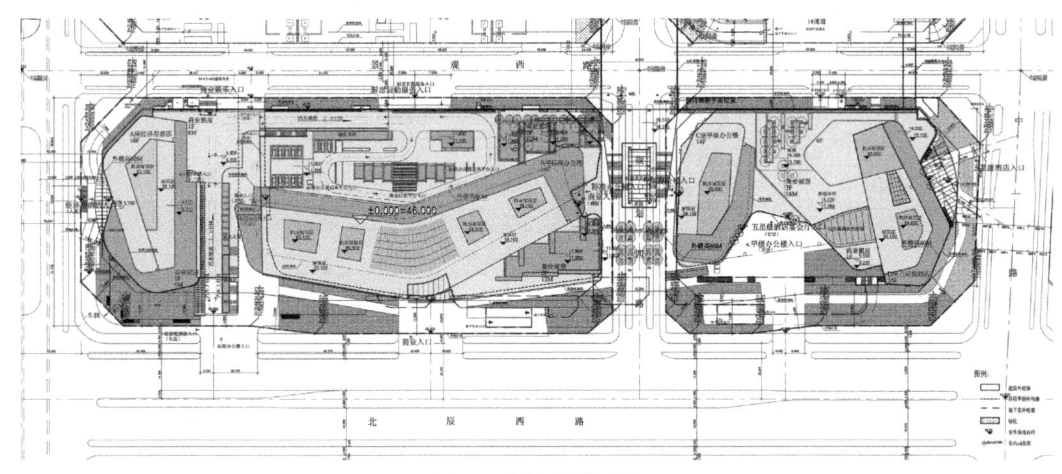

图 1 建筑总平面图

拟建建筑物设计条件 表 1

建筑物名称	建筑层数（地上 / 地下）	结构形式	反梁尺寸（m）	基础标高（m）	自天然地面以下基础埋深（m）	平均荷载（kPa）
A 幢	16/2	框架－剪力墙结构	1.20 × 2.00	32.75	12.35	346.7
B 幢	14/2		1.10 × 2.00	31.90	13.20	236.6
C 幢	14/2		1.10 × 1.60	32.75、34.60	12.35、10.50	268.0
D 幢	16/2		1.20 × 2.00	32.75、34.60	12.35、10.50	303.0
商业裙房	1~4/2	框架结构	0.60 × 1.40	34.60	10.50	119.3
纯地下车库	0/2					

绝大部分建筑物基底以下直接持力层为粉质黏土、重粉质黏土⑤层，粉质黏土、黏质粉土⑤$_1$层，黏土⑤$_2$层，砂质粉土⑤$_3$层，基底下厚 0.13~4.62m；指标高 29.98~33.63m 以下为粉质黏土、黏质粉土⑥层，砂质粉土⑥$_1$层，粉砂、细砂⑥$_2$层，重粉质黏土⑥$_3$层，厚 3.60~8.30m，本大层为夹层（基底标高为 30.00m 处）部分基底直接持力层；6 大层以下为黏性土、粉土为主的 7、8 大层，5、6、7、8 大层在建筑物基底以下厚度为 22~28m，是建筑物沉降的主要来源；8 大层以下为砂、卵石为主的 9 大层，其下为黏性土、粉土为主的 10 大层，最深钻探至标高 –5.36m，约地面下 50.50m。基底以下地层岩性及分布见表 2。

2.2 地下水位

根据勘察报告，工程场区 1959 年最高地下水位标高为 44.60~44.20m（由西向东逐渐降低），近 3~5 年最高地下水位为 44.60~44.30m（由西向东逐渐降低），勘察期间地下水位情况见表 3。

基底以下地层岩性及分布 表 2

成因年代	土层序号	土层编号	岩性	压缩模量 E_s（MPa）	层顶标高（m）	层厚（m）
一般第四纪沉积层	第 5 大层	⑤	粉质黏土、重粉质黏土	7.6	基底标高 31.90~34.60	0.13~4.62（基底下）
		⑤$_1$	粉质黏土、黏质粉土	14.3		
		⑤$_2$	黏土	17.0		
		⑤$_3$	砂质粉土	22.4		
	第 6 大层	⑥	粉质黏土、黏质粉土	13.3	29.98~33.63	3.60~8.30
		⑥$_1$	砂质粉土	26.5		
		⑥$_2$	粉砂 、细砂	74.0*		
		⑥$_3$	重粉质黏土	8.7		
	第 7 大层	⑦	粉质黏土、黏质粉土	15.8	25.04~26.90	5.50~9.50
		⑦$_1$	黏土、重粉质黏土	12.0		
		⑦$_2$	砂质粉土、黏质粉土	28.8		
		⑦$_3$	粉砂、细砂	87.0*		
	第 8 大层	⑧	粉质黏土、重粉质黏土	16.3	16.36~19.54	3.80~14.50
		⑧$_1$	黏质粉土、砂质粉土	25.3		
		⑧$_2$	粉砂、细砂	132.0*		
		⑧$_3$	黏土	13.0		
	第 9 大层	⑨	卵石、圆砾	195.5*	3.93~14.20	4.90~10.00
		⑨$_1$	细砂、粉砂	150.0*		
		⑨$_2$	粉质黏土、黏质粉土	18.6		
		⑨$_3$	砂质粉土	25.0*		

注：1. 表中带 * 的数据为经验值；
2. 表中压缩模量 E_s 是附加压力为 100kPa 时的压缩模量。

实测地下水位情况 表 3

序号	地下水类型	钻探中实测地下水水位	
		水位埋深（m）	水位标高（m）
1	台地潜水	5.10~7.40	37.82~40.06
2	台地潜水	8.30~11.70	33.34~36.89
3	层间水	16.20~19.80	25.28~28.71
4	承压水	30.40~33.20	11.86~14.73

3 复合地基方案设计

通过对设计条件及地质条件的分析，本工程具有下列特点：

（1）大底盘多塔形式，高层建筑与裙房之间、高层建筑与地下车库之间的差异沉降需要严格控制。

（2）高层建筑结构形式趋近于框架－核心筒结构，且核心筒部位荷载较为集中，其中 B 幢建筑标准层平面图见图 2。

（3）本工程基底以下主要压缩土层为黏性土、粉土层交互层为主的第 5~8 大层，总厚度达 25~28m，其中黏性土层压缩性相对较高。

（4）本工程基底以下主要压缩土层厚度分布不均，变化趋势为从 A 座向 D 座厚度逐渐减小（图 3）。

由于本工程的重要性，对变形方面的要求较为严格，设计要求高层建筑物的平均沉降量控制在 40mm 以内。

在综合考虑上述特点后，复合地基方案设计的核心思想是：在满足承载力要求的前提下，以变形控制为原则，对本工程 CFG 桩复合地基方案进行整体优化设计。

3.1 桩长的选择

通过地基基础协同作用分析方法对本工程天然地基方案的沉降分析结果，本工程基底以下主要压缩土层第 5~8 大层是高层建筑沉降的主要来源，也是 CFG 桩复合地基方案进行地基处理的主要土层。第 8 大层以下的第 9 大层（以砂卵石层为主）工程性质很好，是良好的桩端持力层，但若将桩端放置在该层，桩长将达到 25m 以上，该方案较为安全，但不够经济。若将桩端放置于第 8 大层中，又势必增加建筑物的总沉降量。同时，由于高层建筑结构形式趋近于框架－核心筒结构，核心筒部位与周边部位荷载相差较大，如何通过优化布桩进而调整高层建筑内部的差异沉降分布，是需要考虑的关键问题。

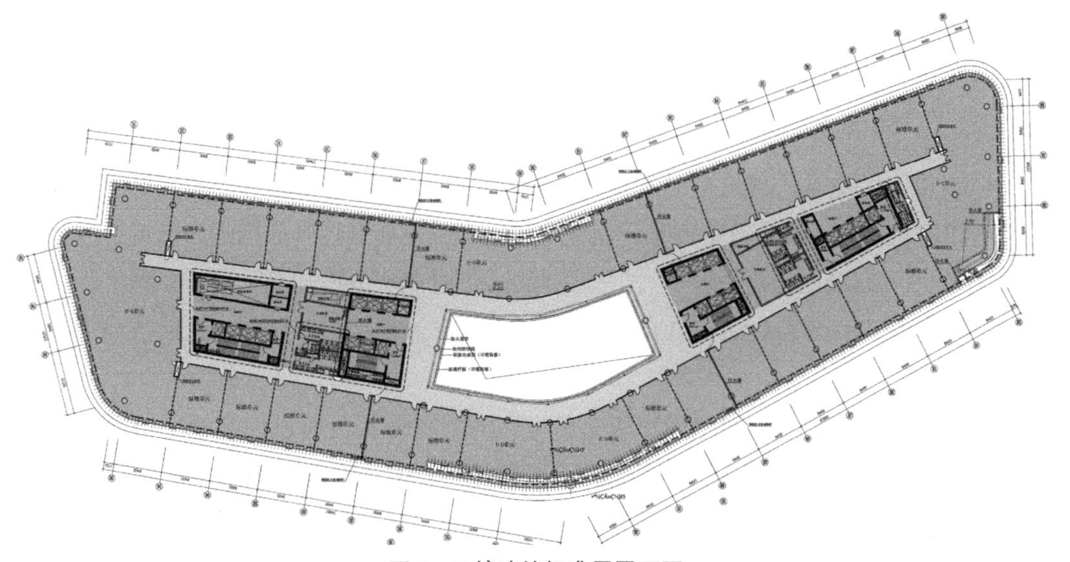

图 2　B 幢建筑标准层平面图

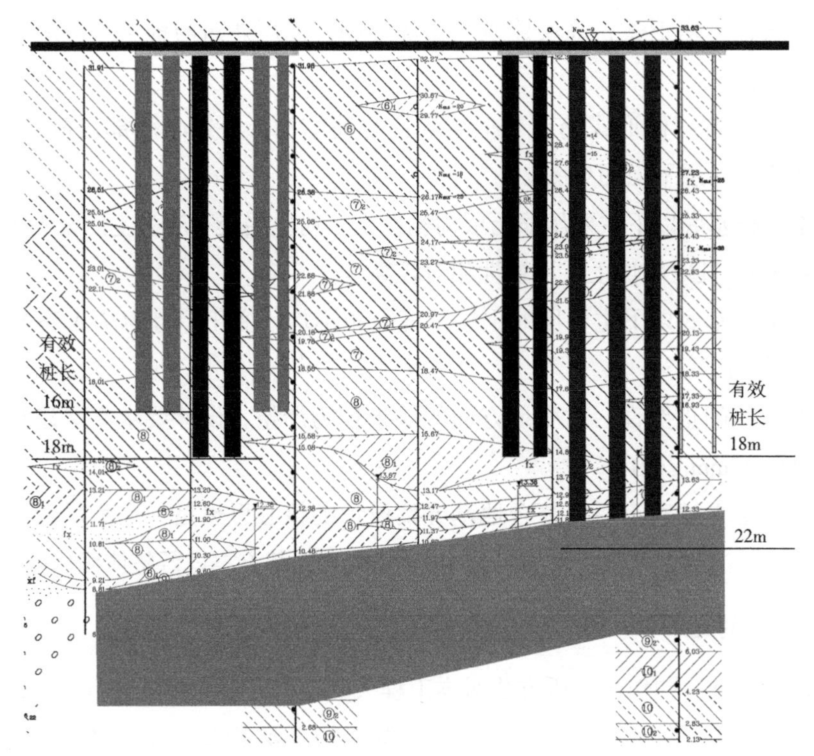

图 3 地层分布与增强体桩长配置关系示意

基于变形控制的设计原则，对不同方案进行沉降分析对比验证，在将沉降和差异沉降控制在设计要求范围之内的条件下，果断地缩短了桩长，选择第 8 大层作为本工程 CFG 桩地基处理方案的桩端持力层。同时，对核心筒和周边部位采用不同的桩长，以解决高层建筑内部差异沉降的问题。经过沉降分析与优化设计，本工程高层建筑复合地基增强体采用了 16m、18m、22m 三个桩长，比传统设计选择第 9 大层为桩端持力层缩短了桩长，节约了工程投资。

3.2 桩距的选择

CFG 桩复合地基的理论基础和优势就是由桩（增强体）和桩间土共同承担由基础传来的建筑物荷载。复合地基方案优化设计时，在满足变形控制原则的条件下，尽可能地拉大桩间距，以充分发挥桩间土的承载能力。经过沉降分析与优化设计，本工程高层建筑的复合地基采用了 1.4m 和 1.6m 两种桩间距，有效地减少了桩数，从而节约了工程投资。

经过对不同桩长、不同桩间距等多种方案的对比分析，通过地基基础协同作用分析计算总沉降量和差异沉降，最终确定了本工程的 CFG 桩地基处理方案，各楼座复合地基设计参数见表 4。

各楼座复合地基设计参数　　表 4

建筑物部位	A 幢		B 幢、C 幢		D 幢	
有效桩长（m）	18	22（核心筒）	16	18（核心筒）	18	22（核心筒）
（增强体）单桩承载力特征值（kN）	600	750（核心筒）	550	600（核心筒）	600	750（核心筒）
桩端持力层	第 8 大层（黏性土与粉土层交互）		第 8 大层（黏性土与粉土层交互）		第 8 大层（黏性土与粉土层交互） 核心筒：第 9 大层（砂卵石层）	
桩间距（m）	1.40		1.60		1.60	
面积置换率（%）	6.39		4.90		4.90	
桩数（根）	1012/234（核心筒）		B 座：2491/526（核心筒） C 座：828/232（核心筒）		862/143（核心筒）	
桩身强度	C25		C20		C25	
褥垫层	20cm 厚碎石 粒径 5~10mm					

3.3 沉降计算

经过地基基础协同作用分析，对四幢高层建筑采取 CFG 桩增加地基整体刚度、挖除高层建筑基底下黏性土局部换填级配砂石等措施后，建筑物的沉降、差异沉降得到了有效控制，各幢建筑的基底平均荷载、平均沉降量及最大沉降量见表 5。

沉降计算成果　　表 5

建筑物部位	基底平均荷载（kPa）	平均沉降量（mm）	最大沉降量（mm）
A 幢	346.70	40.1	55.8
B 幢	236.60	28.8	49.9
C 幢	268.00	32.9	52.5
D 幢	303.00	34.5	56.6

4 设计总结

本工程为大底盘多塔形式，高层建筑结构形式趋近于框架－核心筒结构，且核心筒部位荷载较为集中，因此本工程对于高层建筑内部、高层建筑与裙房之间、高层建筑与地下车库之间的差异沉降控制严格，设计要求高层建筑物的平均沉降量控制在 40mm 以内。场地赋存多层地下水，土质条件复杂，基于变形控制设计原则，经过对不同桩长、不同桩间距等多种方案的对比分析，最终确定了安全、合理、经济的 CFG 桩地基处理设计方案。

京棉新城高低层大底盘沉降控制地基设计①

【导读】本工程为典型的大底盘多塔建筑形式，高层与低层建筑层数相差明显，差异沉降控制要求严格。地基设计过程中，应用变刚度设计理念并贯穿于沉降控制地基设计始终，根据建筑布局、荷载分布、局部荷载差异等工程特点，对于天然均匀的地层，通过人为调整将其地基刚度变得“不均匀”，有针对性地采用了不同的地基方案，包括天然地基方案和CFG桩复合地基方案，从而实现了差异沉降的有效控制。

1 工程概况

本工程位于北京市朝阳区，地上由A座24层写字楼、B座11层写字楼、C座4层商业裙房组成，地下3层，各部分地下室相互连通且位于同一底板上，整个地下室，包括基础不设永久缝。建筑结构三维视图如图1所示。各楼座设计信息见表1。

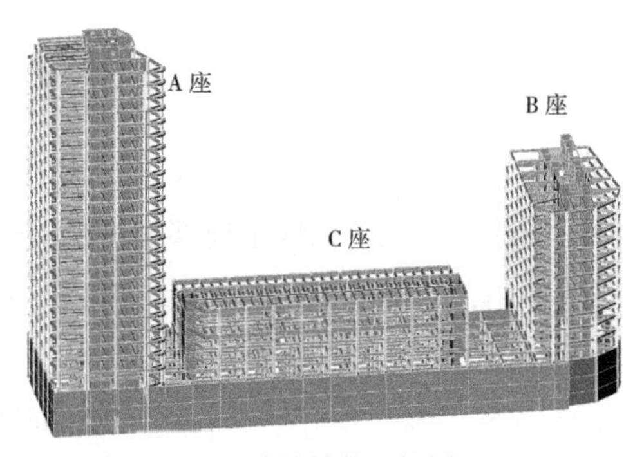

图1 建筑结构三维视图

各楼座设计信息 表1

楼号	A座写字楼	B座写字楼	C座商业裙房
地上层数	24	11	4
地下层数	3	3	3
建筑高度（m）	98.0	46.0	22.9
±0.00（m）	35.80	35.80	35.80
基底标高（m）	19.05	20.25	19.8
结构形式	框－筒结构	框－剪结构	框－剪结构
基础形式	梁板式筏基	梁板式筏基	梁板式筏基
天然地基承载力（kPa）	220	180	180

① 本工程地基基础设计分析由韩玲、李伟强负责，徐斌审定。

2 地质条件

根据地质勘察报告，本工程场区除①层为人工堆积层外，其他地层均为一般第四纪沉积层，基础位于第④层粉细砂层。人工堆积层主要为黏质粉土素填土，综合层厚1.5~3.6m。一般第四纪沉积层自上至下主要包括②层黏质粉土～砂质粉土、②$_1$粉质黏土、②$_2$粉砂层，本层综合层厚3.4~6.8m；③粉质黏土层、③$_1$粉砂层、③$_2$砂质粉土层，综合层厚1.3~5.1m；④粉细砂层、④$_1$粉质黏土层、④$_2$砂质粉土层，综合层厚4.8~8.0m；⑤圆砾层、⑤$_1$粉砂层，层厚1.5~5.1m；⑥粉质黏土层、⑥$_1$黏质粉土～砂质粉土层，综合层厚5.20~9.50m；⑦卵石层、⑦$_1$细砂层、⑦$_2$黏质粉土层、⑦$_3$圆砾层，综合层厚6.0~9.6m；⑧黏土～重粉质黏土层，层厚7.9~8.2m。基底以下地层分布如图2所示。土层物理力学参数参见表2。

土层物理力学参数 表2

地层编号	岩土名称	压缩模量 E_s（MPa）	侧阻力极限值 q_{sa}（kPa）	端阻力极限值 q_{pa}（kPa）
④	粉细砂	18.0	55	—
⑤	圆砾	25.0	130	—
⑤$_1$	粉砂	20.0	65	—
⑥	粉质黏土	10.0	65	—
⑥$_1$	黏质粉土～砂质粉土	18.0	70	—
⑦	卵石	35.0	140	2500
⑦$_1$	细砂	25.0	70	1200
⑦$_2$	黏质粉土	17.0	70	—
⑧	黏土～重粉质黏土	13.0	70	—
⑧$_1$	黏质粉土	20.0	75	—
⑨	卵石	45.0	160	3000

拟建场地在35.0m深度范围内有2层地下水，第1层地下水为潜水，静止标高为20.31~21.90m，位于基底标高以上，施工时采取抽排措施降至基底标高以下。第2层地下水为承压水，静止水位标高为10.25~11.52m。近3~5年地下水最高水位标高24.0m左右，抗浮设计水位标高为29.0m。

3 地基与基础设计

3.1 地基方案

本工程是大底盘多塔的形式，高层与低层建筑层数相差明显（图3），地基变形控

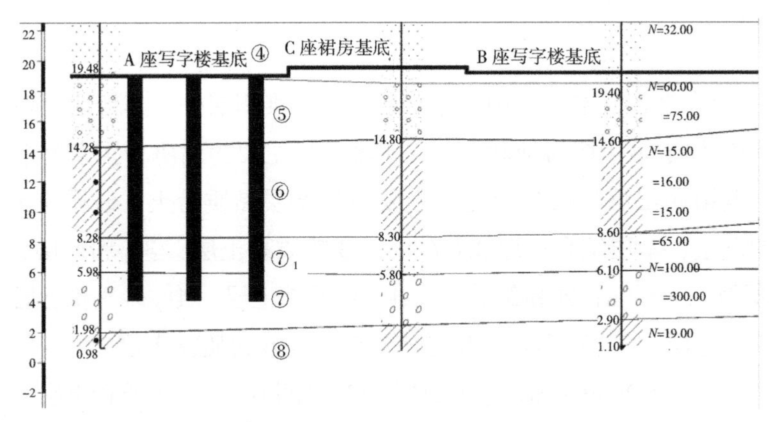

图 2　基底以下工程地质剖面示意图

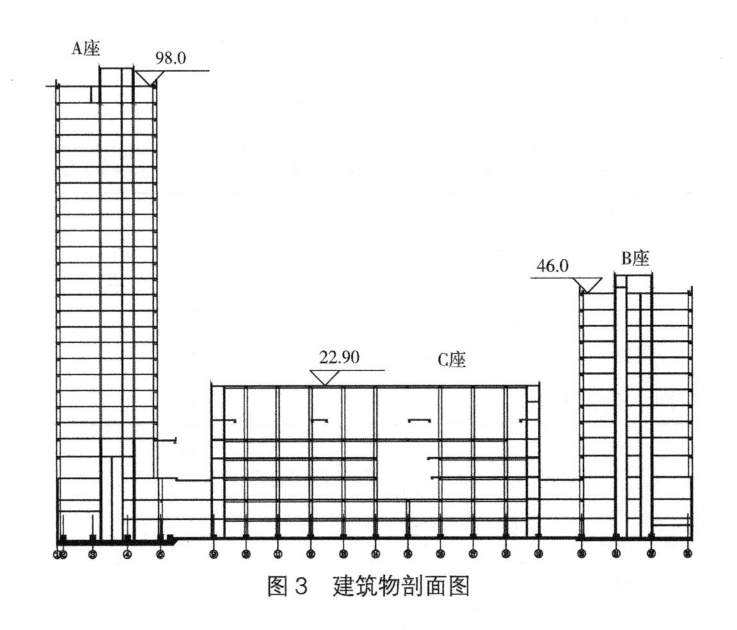

图 3　建筑物剖面图

制要求较为严格，确定地基方案时不仅应控制总沉降量，还应控制高低层建筑之间的差异沉降。

A 座核心筒范围内基底压力标准值为 720kN/m^2，核心筒外基底压力标准值为 590kN/m^2，虽然设置沉降后浇带，天然地基方案仍难以满足沉降控制要求。CFG 桩复合地基技术具有施工工效高、工程造价低的特点，已成为北京及周边地区应用最普遍的地基处理技术之一。因此，决定采用 CFG 桩复合地基方案减小高层建筑沉降量以满足差异沉降控制要求。

框架－核心筒结构中的核心筒传至基础的荷载大于周边框架传到基础的荷载，采用 CFG 桩地基处理时，不宜简单地按整栋楼平均基底压力考虑，应按核心筒和周边分块处理，通过调整桩径、桩长、桩距等改变地基支承刚度分布，使 A 座高层自身的沉降均匀，降低基础内力，从而减少高低层建筑之间沉降差异。

由于大面积地下室开挖，地下车库处于超补偿状态，使得相邻的高层建筑的基础侧限条件发生变化，经验算 B 座的天然地基承载力 f_a 值略低于基底压力值，仍按照相关规范中的以地基变形控制设计的原则，即以减少高层建筑总沉降量、差异沉降协调为主控设计原则，结合对场地地层条件、地下水条件的分析（包括基底以下地层分布、承载变形特性的分析），验证 B 座高层采用天然地基方案的可行性。

3.2 B 座天然地基可行性分析

考虑到 B 座高层采用天然地基方案的可行性，首先计算分析了 A 座高层采用 CFG 复合地基方案、B 座高层采用天然地基方案的地基沉降。由计算分析结果可见，B 座高层最大沉降量为 59mm，按相关规范规定满足天然地基方案沉降计算值 s_c 小于沉降最大允许值 s_{max}，且差异沉降量的计算值小于 0.002l，所以 B 座高层采用天然地基方案可行。

3.3 沉降控制措施

由图 4 看出，A 座高层最大沉降量为 98mm，且多处差异沉降量不满足规范要求，故需要采取沉降控制措施。在原地基处理方案原则不变的基础上，对原方案进行优化。对 CFG 桩地基处理方案优化与调整提出以下措施建议：

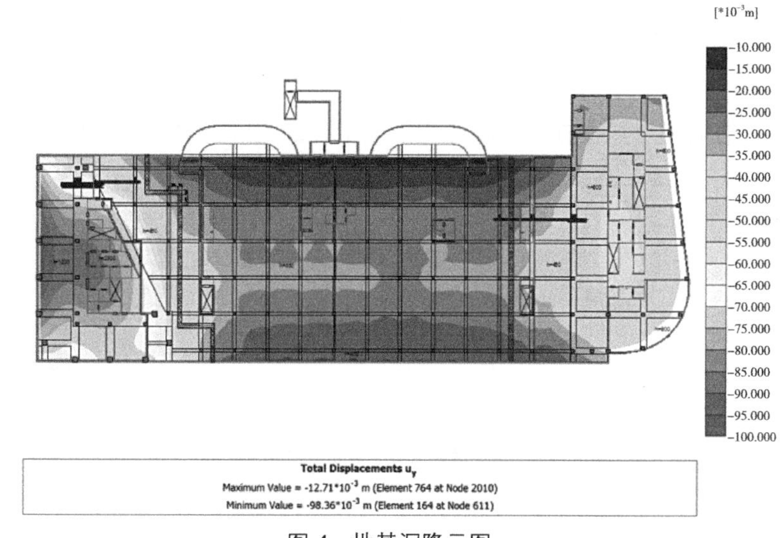

图 4　地基沉降云图

（1）A 座高层核心筒部分 CFG 桩径由原来设计的 ϕ600mm 改为 ϕ400mm，同时加密桩距；核心筒外范围内的桩长予以适当加长；布桩时核心筒范围的桩要适当外扩，且需保证外墙轴线下有布桩；

（2）A 座高层核心筒厚板适当外扩；

（3）A 座与 C 座相连接处厚板外扩；

（4）调整部分沉降后浇带位置。

调整前后 A 座高层复合地基方案如表 3 所示。

调整前后 A 座高层复合地基方案 **表 3**

A 座高层	原方案		现方案	
	核心筒	核心筒外	核心筒	核心筒外
桩径（mm）	600	400	400	400
桩长（m）	15.5	10.5	15.5	15.5
桩距（mm）	1500 × 1550	1600	1250 × 1350	1400~1600

3.4 最终地基与基础设计方案

A、B 座高层基础均采用梁板式筏基。C 座商业地上 4 层，轴网为 8.4m × 9.0m，中柱传至基底荷载设计值为 11340kN。基础形式若采用独立基础加抗水板，独立基础边长为 5.3m，厚度为 1.1m 才能满足设计要求。抗水板的厚度考虑抗浮，经验算，需要做到 500mm。若采用梁板式筏基，底板厚度为 500mm，地基梁为 800mm × 1300mm 即可。两种基础形式材料用量相近，从差异沉降控制方面应优先选择独立基础。但从施工角度看，抗水板下加聚苯板或石灰粉层施工繁琐，人工成本提高，从而确定 C 座多层商业采用梁板式筏基。

按调整后的地基与基础方案重新进行了本工程的沉降计算，A 座高层基础最终最大沉降量为 58mm，差异沉降量的计算值小于 $0.002l$，均满足规范要求（图 5）。

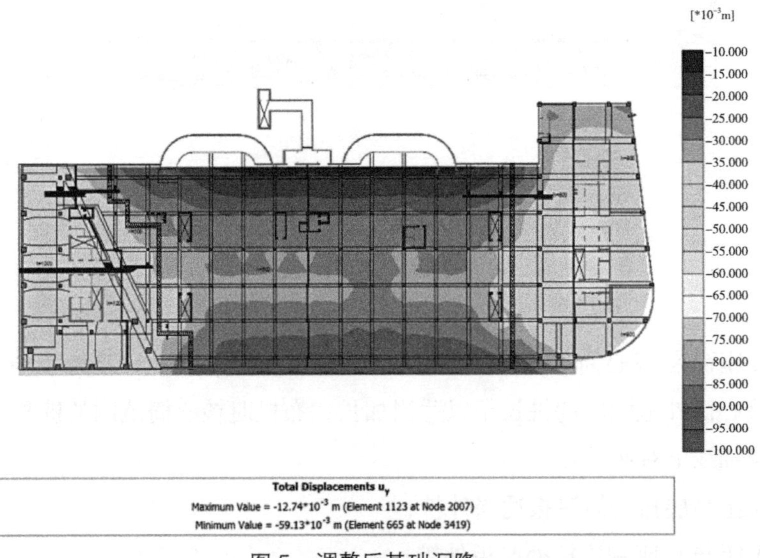

图 5　调整后基础沉降

4 沉降观测结果

本工程进行了系统的沉降观测，首层沉降点布设见图 6，从沉降观测数据来看，从首层至结构封顶，A 座高层周边沉降在 14.5~17.5mm 之间，B 座高层周边沉降在 4.6~6.9mm 之间，C 座多层周边沉降在 3.6~6.7mm 之间。考虑到地下结构施工期间的沉降和后期沉降，结合本地区经验，估算本项目长期沉降量 A 座高层周边在 30~35mm 之间，B 座高层周边在 15~20mm 之间，C 座多层周边在 8~12mm 之间，均满足沉降控制的设计要求。综合优化后沉降分析结果和实测结果，可以看出，本工程 CFG 桩复合地基设计方案取得了很好的处理效果。

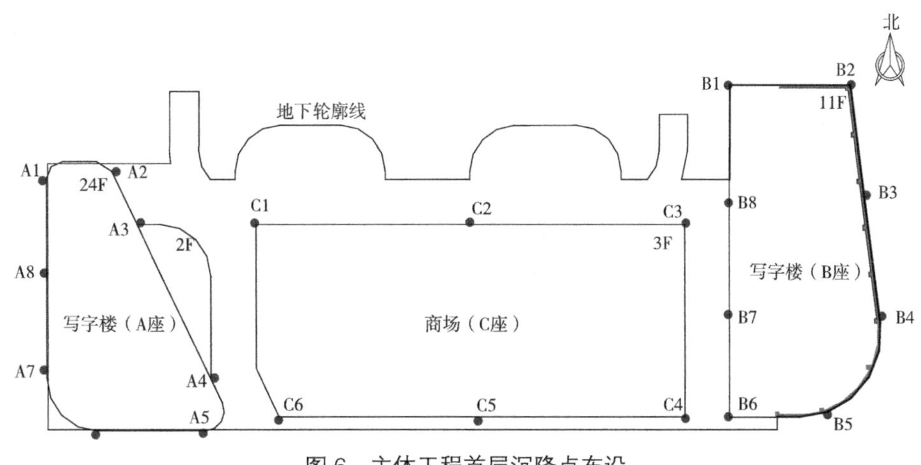

图 6 主体工程首层沉降点布设

5 结语

本工程为典型的大面积地下车库与多高层主楼相连的项目，两侧高、中间低。经过整体沉降分析，根据上部荷载情况，分别对三个主楼下的地基进行了不同的处理方式，即：A 座高层采用 CFG 桩复合地基、B 座高层和 C 座多层建筑采用天然地基，并合理优化基础形式、厚板范围以及沉降后浇带设置等措施，综合计算分析结果和实际监测结果可知，取得了良好的效果。B 座高层采用天然地基，省去了进行 CFG 桩地基处理的造价，而且为业主节约了工期，取得了很好的经济效益与社会效益。

在地基处理设计时，应根据建筑总体布局、总体荷载差异、局部荷载差异等工程特点，把天然均匀的地层，变得“不均匀”，从而满足结构对地基刚度不同的要求，把变刚度设计理念应用并贯穿于沉降控制地基设计始终。

高层建筑挖孔桩增强体复合地基设计实践

【导读】工程建设场地临近八宝山断裂带，地质条件复杂，在地基基础设计过程中，岩土工程师与结构工程师密切合作创造性地将干作业人工挖孔桩施工工艺与复合地基受力机理相结合，因地制宜，化被动为主动，最终确定了以挖孔桩为增强体的复合地基设计方案并付诸实践，经过实测验证此方案合理可靠。

1 地质条件

工程建设场地临近的断裂带为八宝山断裂带及其分支断裂（图1、图2），主断裂带位于拟建场地北侧约400m处，断裂的走向为北东向，倾向为东南，倾角34°~45°，性质为压扭的逆掩断裂。关于八宝山断裂的蠕动问题，尽管许多研究者的分析不尽相同，但多认为蠕动变形愈趋减小而稳定，因此本工程场地不存在基岩错动的问题。

根据岩土工程勘察资料，受断裂带影响场地内基岩埋深及岩性变化很大，岩体破碎、风化程度高，地质条件复杂。局部勘探钻孔发育小型岩溶洞穴，白云岩顶面差异

图1 建筑实景

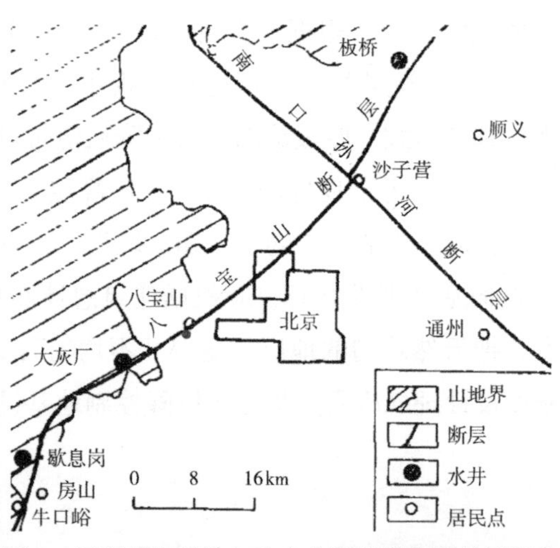

图2 工程建设场地与八宝山断裂带位置关系示意

化溶蚀较发育，风化壳充填红色黏土。本工程的典型地质剖面见图 3。基底下各层土物理力学性质指标见表 1，为进一步查明压缩性指标，补充完成了高压固结试验和旁压试验，相关指标见表 2 和表 3。

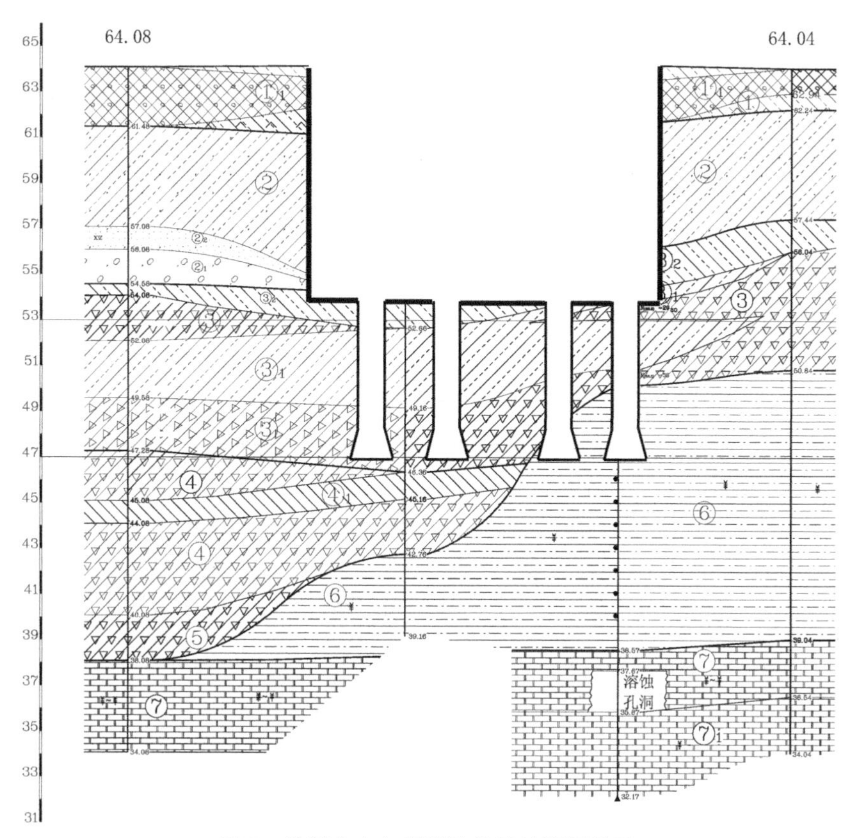

图 3　地层分布与增强体挖孔桩配置关系

基底下各层土物理力学性质指标　　表 1

地层编号与岩性	含水率 w（%）	密度 ρ（kN/m³）	天然孔隙比 e	塑性指数 I_P	液性指数 I_L	压缩模量 E_s（MPa）	侧阻力极限值 q_{sik}（kPa）	端阻力极限值 q_{pk}（kPa）	地基承载力值 f_{ka}（kPa）
③碎石混黏性土	24.9	1.94	0.74	—	—	12.8	65	—	240
③$_1$粉质黏土	23.5	1.98	0.70	11.6	0.48	12.0	55	—	220
③$_2$粉质黏土	24.1	1.97	0.71	12.4	0.46	10.4	50	—	200
④黏土混碎石	40.7	1.78	—	—	—	25.0	65	800	250
④$_1$黏土、重粉质黏土	34.9	1.79	1.11	21.7	0.39	18.1	40	400	200
⑤黏土混碎石	46.1	1.77	—	—	—	35.0	65	1000	280
⑥全风化砂质页岩	24.9	1.98	0.65	—	—	17.2	70	800	230
⑦强风化白云岩	—	—	—	—	—	70.0	—	—	500

高压固结试验指标 表2

层号	统计指标	试验成果指标			
		自重压力 P_z（kPa）	先期固结压力 P_c（kPa）	压缩指数 C_c	超固结比 OCR
③$_1$	平均值		226	0.172	1.20
	最大值	250	337	0.194	1.70
	最小值	150	182	0.144	1.02
	变异系数		0.22	0.10	0.18
	样本数		9	9	9
③$_2$	平均值		215	0.188	1.40
	最大值	175	368	0.215	2.50
	最小值	150	152	0.168	1.01
	样本数		5	5	5
④$_1$	平均值		448	0.349	1.10
	最大值	400	463	0.473	1.20
	最小值	375	419	0.260	1.05
	样本数		3	3	3
⑥	平均值		368	0.244	1.03
	最大值	375	380	0.299	1.06
	最小值	300	354	0.173	1.01
	样本数		3	3	3

旁压试验指标 表3

层号	钻孔编号	统计指标		初始压力 P_0（kPa）	临塑压力 P_f（kPa）	极限压力 P_l（kPa）	旁压模量 E_m（MPa）
		试验深度（m）	试验土质				
③$_1$	补 1–2	13.90	重粉质黏土	395	1235	1528	15.32
	补 2–1	10.40	粉质黏土	290	1160	1478	11.77
	补 3–1	11.70	粉质黏土	233	1183	1572	17.81
④$_1$	补 1–3	23.80	黏土	324	1151	1821	44.22
⑥	补 3–2	20.70	砂质页岩	333	1003	1512	23.19

2 工程概况

北京市石景山区某工程平面布置不规则，呈“Z”形布局，体形复杂，且高度较大，属于大底盘多塔楼建筑，地上 17 层、地下 3 层，结构类型框架－剪力墙，采用钢筋混凝土筏板基础（图4）。±0.00标高为66.00m，基础底板底面标高为–12.50~–13.00m，基础埋深 10.50~11.00m。

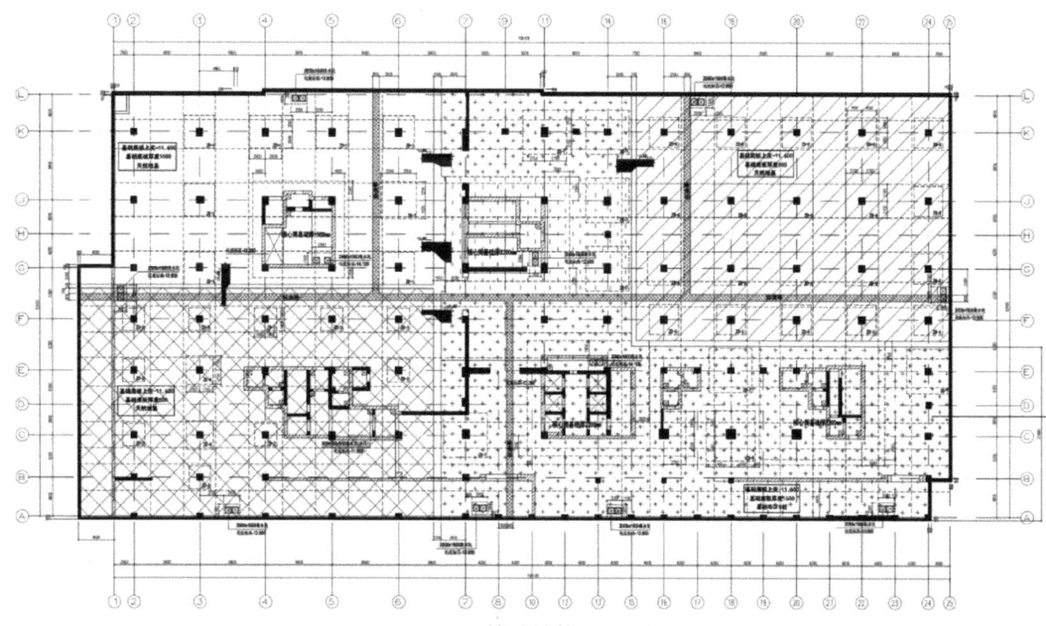

图 4　基础结构平面图

3　地基方案选择

设计之初，对于如此复杂的地质条件，建筑物的地基方案通常为人工地基方案，即桩基或复合地基，而复合地基方案最常用的是 CFG 桩复合地基，这两类方案各自都有优缺点。

（1）桩基方案：单桩承载力高，桩较长、进入硬层深度较大，机械成孔施工难度大；

（2）CFG 桩复合地基：长螺旋钻孔压灌 CFG 桩施工简单、成本低、质量可靠；但是长螺旋钻机在卵石、碎石、碎石土、风化基岩层等地层中施工稳定性差，钻进难度大，施工进度慢。

较之机械成孔，干作业人工挖孔具有如下特点：①成孔直径大，且能扩底，能充分利用土层桩端承载力，单桩承载力很高；②施工过程中可直观检验持力层位置和孔底虚土、残渣，确保桩端承载力的发挥；③施工设备简单，造价低，施工速度较快。

鉴于本场地当时的地下水位埋藏深，加之预判机械成孔工效制约条件多，在反复讨论过程中，最终形成了以大直径挖孔桩作为增强体的复合地基方案。

4　复合地基的设计

本工程所采用的人工地基形式是以干作业人工挖孔桩作为增强体的 CFG 桩复合地基方案，要求核心筒部分复合地基承载力达到 440kPa，非核心筒部分复合地基承载力达到 350kPa。基底持力层主要为第四纪坡洪积层碎石混黏性土③层及粉质黏土、重粉质黏土③$_1$层，局部为二叠纪全风化砂质页岩⑥层及全风化泥质页岩⑥$_1$层，综合考虑地基承载力标准值（f_{ka}）为230kPa。地基设计参数如下：

（1）由地质条件和土的物理力学指标可以看出，深部发育有溶蚀孔洞，因此桩端应该尽量远离溶洞。考虑到施工的可行性，选择④层或⑥层作为持力层，确定有效桩长为6.0m。人工挖孔桩桩身直径为800mm，混凝土护壁厚度为100mm，桩端扩底直径为1200mm，扩大头高度为800mm。

（2）增强体单桩承载力特征值R_a取值为1550kN，计算分析时根据类似地质条件下的经验，适当调整勘察报告中提供的侧阻力标准值和端阻力标准值。

（3）布桩间距为2.50m，桩身混凝土强度等级为C25。

（4）经核算，基础底板抗冲切满足要求。为进一步减少基础底板的反向应力集中，采用在桩顶上铺设50cm褥垫层的做法。

5 施工作业

作业流程：场地整平→放线、定桩位→挖第一节桩孔土方→支模浇灌第一节混凝土护壁、养护→在护壁上二次投测标高及桩位十字轴线→设置垂直运输架、安装辘轳、吊土桶→第二节桩身挖土→清理桩孔四壁、校核桩孔垂直度和直径→拆上节模板、支第二节模板→浇灌第二节混凝土护壁→重复第二节挖土、支模、浇灌混凝土护壁工序，循环作业直至设计深度→浇灌桩身混凝土→振捣密实。

采用间隔开挖。排桩跳挖的最小施工净距不小于3.6m。挖土由人工从上到下逐层用镐、锹进行，遇坚硬土层用锤、钎破碎，挖土次序为先挖中间部分后周边，按设计桩直径加2倍护壁厚度控制截面，允许尺寸误差3cm。每节的高度根据土质好坏、操作条件而定，一般以0.5~1.0m为宜。弃土装入活底吊桶或箩筐内。垂直运输，在孔上口安支架、用手摇辘轳吊至地面，吊至地面后用手推车运出。逐层往下循环作业，将桩孔挖至设计深度，清除虚土，检查土质情况，桩底应支承在设计所规定的持力层及设计标高上。现场施工作业场景见图5。

图5 挖孔桩施工

施工过程中发现，正如设计之初所预判，土岩掘进困难，如果采用常规的长螺旋钻机，成孔工效会受到极大影响。

6 复合地基的检测

工程结束后对复合地基进行了检测。由于单桩分担面积太大，达到6.25m^2，且复合地基承载力较高，对复合地基进行静载荷试验比较困难，因此重点进行单桩竖向抗压静载荷试验，共计检测 3 根。由图 6 单桩静载荷试验 P-s 曲线可以看出，单桩沉降变形小，最大加载值时各单桩的累计最大沉降量为 9.72~17.68mm，在加载值为 P=1550kN 时，各单桩的累计沉降量仅为 3.04~3.24mm。此外，抽取占总桩数 10% 的桩进行低应变动力试验，成果表明，检测桩均为 I 类桩，表明桩身完整性良好，进一步证明了该施工工艺的可靠性。

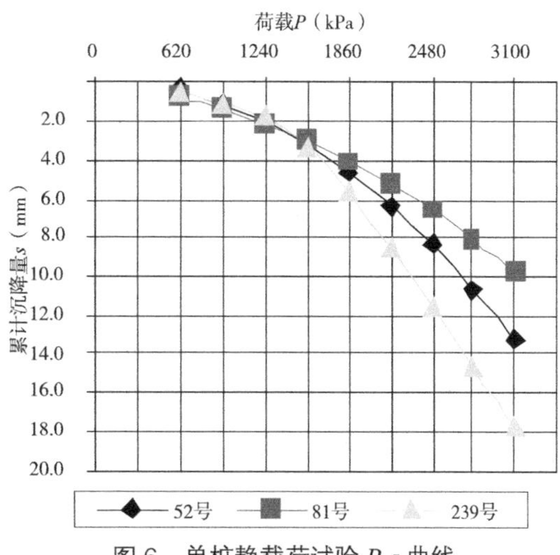

图 6　单桩静载荷试验 P-s 曲线

7　沉降观测成果分析

北京某公司对该项目从开工、竣工及使用进行了全过程的沉降观测，项目共布置沉降观测点 44 个，其中高层建筑的沉降观测点布置见图 7。

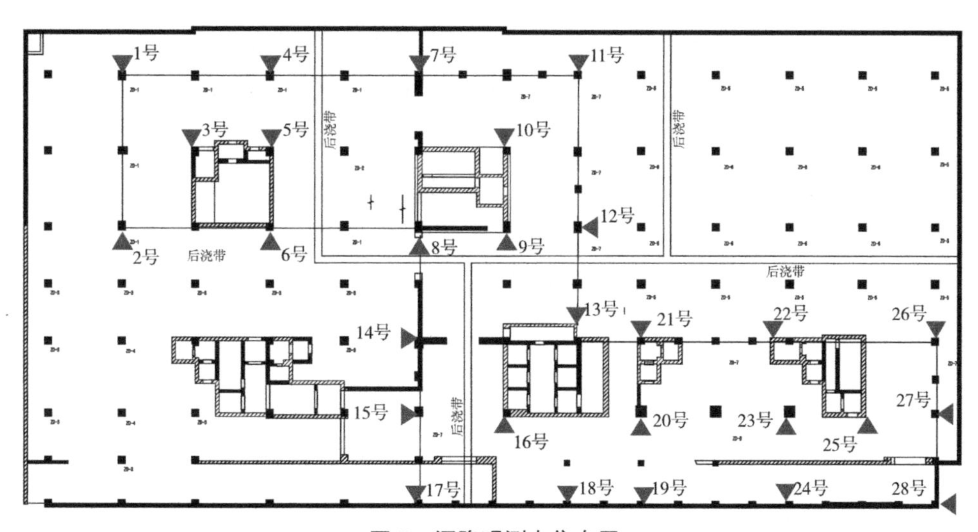

图 7　沉降观测点位布置

沉降观测时间从基础底板（2009 年 4 月 1 日）、结构封顶（2009 年 12 月 6 日）、工程竣工（2010 年 12 月 14 日）至工程使用阶段（2011 年 7 月 18 日）共进行 14 次沉降观测。最后一次沉降观测成果（总沉降量）见表 4。工程的沉降速率已经稳定，沉降观测已结束。

观测点总沉降量 表4

观测点号	总沉降量（mm）	观测点号	总沉降量（mm）	观测点号	总沉降量（mm）
1	-7.3	11	-20.0	21	-31.9
2	-9.5	12	-27.0	22	-30.3
3	-12.3	13	-30.8	23	-22.8
4	-12.1	14	-23.0	24	-33.2
5	-13.7	15	-23.0	25	-31.7
6	-17.6	16	-30.4	26	-24.5
7	-17.3	17	-23.2	27	-28.7
8	-31.8	18	-37.1	28	-28.6
9	-46.4	19	-38.9		
10	-29.8	20	-36.3		

8 结语

（1）采用干作业人工挖孔，避免了机械在碎石土中成孔的困难，提高了施工效率，并且能直接观察桩端持力层的土质情况和清理孔底虚土，有利于桩端承载力的发挥，有利于控制沉降。

（2）复合地基增强体为人工挖孔大直径桩（d=800mm），并且在桩端进行扩底形成的扩大头，大大提高了单桩承载力。超出了《建筑地基处理技术规范》JGJ 79—2002中的CFG桩单桩承载力计算公式适用范围，本工程参照桩基工程的单桩承载力计算方法进行计算，检测结果表明，计算结果与检测数据比较符合。

（3）以挖孔扩底桩为增强体，由于其承载力高且单桩影响面积大，复合地基的承载力检测可分别采用增强体单桩竖向抗压静载荷试验和桩间土的静载荷试验。

（4）通过沉降观测成果验证，采用挖孔桩增强体复合地基有效控制了建筑物的总沉降量及差异沉降。

北京国际文化硅谷园复合地基变刚度调平设计与分析①

【导读】北京国际文化硅谷园为大底盘多塔建筑形式，工程场区位于北京东北郊，地层以粉质黏土、粉土与砂土交互沉积为主，地下水位较高，裙房需要布设抗浮桩，同时主楼结构复杂，形成主楼复合地基＋裙房抗浮桩的形式，不仅需要考虑主裙楼之间的差异沉降，还需要考虑主楼内部的差异沉降，差异沉降控制更趋复杂。岩土工程师与结构工程师密切合作，设计选择合理的CFG桩持力层、采用不同的CFG桩桩间距、褥垫层厚度以调整地基刚度，并依据差异沉降计算分析优化调整抗浮桩的布置范围，实现了复合地基的变刚度调平设计。工程检验及沉降实测，验证了地基基础设计方案安全可靠。

1 工程概况

本工程位于北京市朝阳区将台乡，在东北五环路与机场高速公路交汇处的南侧，其东侧为酒仙桥东路，南侧距万红路不远，西侧为798艺术区，北侧为酒仙桥北路，工程地理位置见图1。

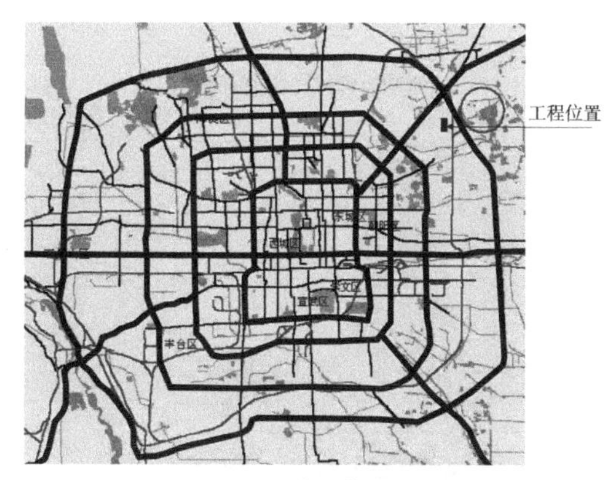

图1 工程地理位置示意图

本工程由4栋高层办公楼、3座商业、1座会展中心及地下车库组成，建筑效果图见图2。其中高层办公楼地下2层，地上13层，高60m，框架－核心筒结构形式。商业为框架结构，高6m，地上1层，地下2层。地下车库为框架结构，地下2层。基础形式均为梁板式筏形基础。地基基础设计等级为甲级。本工程±0.000为绝对标高35.00m，基底标高为主楼－12.47m、裙房及纯地下车库－11.87m，地基土为细砂/粉砂③层，局部为黏质粉土④层、重粉质黏土④$_3$层，地基土质相对软弱。

① 本实例依据《岩土工程技术》2022年第1期刊发论文“CFG桩复合地基变刚度调平设计与分析”（作者：卢萍珍、齐微、孙宏伟、方云飞）以及工程资料编写，由卢萍珍和孙宏伟统稿。

图 2　建筑效果图

本工程为典型的大底盘多塔建筑形式，结构体系复杂，基底平面荷载分布极不均匀，建筑平面内既分布有较高的集中荷载，还有大面积的超补偿性建筑，置于同一基础结构单元的各高层建筑与周边部位之间的差异沉降问题十分突出，不仅是主裙楼之间的差异沉降控制要求严格，主楼中空的内庭也增加了地基变形控制设计的难度。本文重点介绍北区的复合地基变刚度调平设计和分析的思路与成果，北区结构模型如图 3 所示，北区主楼标准层图示如图 4 所示。

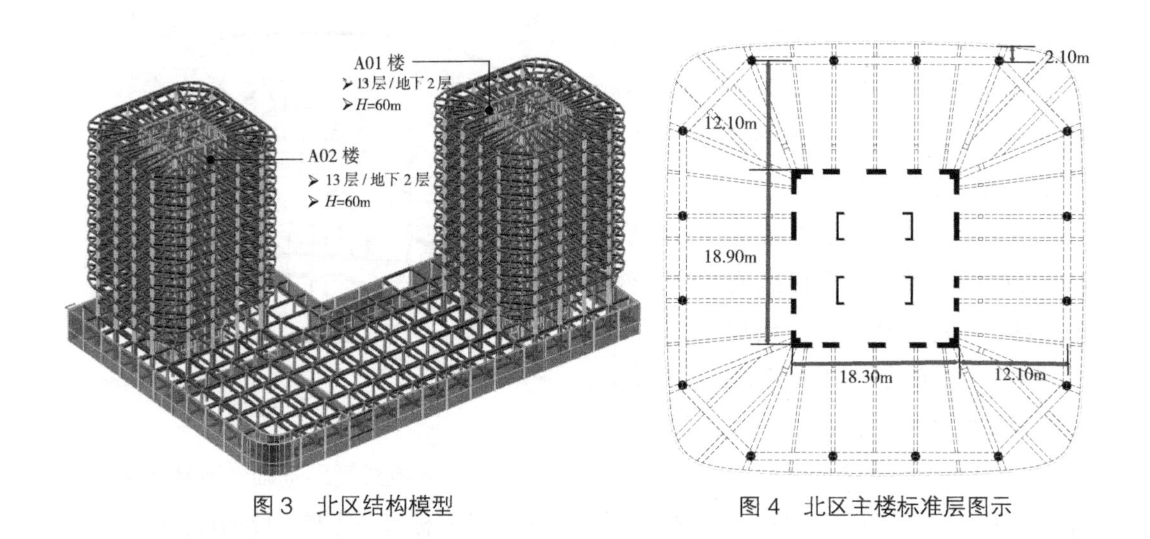

图 3　北区结构模型　　　　图 4　北区主楼标准层图示

2　地质条件

2.1　地层分布

拟建场地位于永定河冲洪积扇中下部，其第四纪沉积物主要为永定河冲洪积物。

以粉质黏土、粉土与砂土交互沉积为主。在本次钻探最大勘探深度45.0m范围内，可分为10个大层，其中场区表层为厚度0.5~3.3m的人工堆积层，其下为一般第四纪沉积层。各土层物理力学性质参数如表1所示。

各土层物理力学性质参数 表1

地层编号及岩性	天然快剪		压缩模量 E_s（MPa）	极限侧阻力标准值 q_{sik}（kPa）	极限端阻力标准值 q_{pk}（kPa）
	c（kPa）	φ（°）			
③细砂 / 粉砂	（0）	（30）	23.00	60	
③$_1$黏质粉土	16	28		55	
③$_2$重粉质黏土	31	15.2	5.37	45	
③$_3$粉砂 / 细砂	15.0	25.0	15	50	
④粉质黏土	27.86	18.64	7.5	55	
④$_1$砂质粉土	19.85	28.12	12.04	60	
④$_2$粉砂 / 细砂	0	30	25	60	
④$_3$重粉质黏土	32.17	11.5	5.87	50	
⑤粉质黏土	32	17.81	9.72	60	450
⑤$_1$黏质粉土	20	29.13	12.68	60	550
⑤$_2$粉砂 / 细砂			28.00	65	650
⑤$_3$重粉质黏土	36	10	6.88	55	400
⑥粉质黏土	32	21.5	12.58	60	600
⑥$_1$重粉质黏土			9.1	55	500
⑥$_2$砂质粉土				65	700
⑥$_3$粉砂			30	65	750
⑦细砂 / 粉砂			（32）	70	1000
⑦$_1$粉质黏土			11.19	60	650
⑦$_2$黏质粉土			18.15	65	750
⑧细砂			（35）	75	1200
⑧$_1$黏质粉土			（13）	60	800
⑨粉质黏土			14.3		
⑨$_1$黏质粉土			19.9		
⑨$_2$黏土			13.6		

2.2 地下水位

勘察期间（2015年9月中上旬）拟建场地33m深度范围内共揭露5层地下水，由上至下依次为上层滞水、潜水、层间潜水、层间潜水（具承压性）和承压水，场地地下水情况见表2。近3~5年最高水位标高为32.50m左右（不包括上层滞水）。拟建场地附近历年地下水位最高年份为1959年，水位标高接近自然地面。

根据本工程的当前设计条件，设防水位咨询报告给出的用于本工程的建筑抗浮设计水位标高按32.50m考虑。

场地地下水情况 **表2**

序号	地下水类型	地下水稳定水位（承压水测压水头）		主要含水层
		埋深（m）	标高（m）	
1	上层滞水（一）	1.10~3.20	31.02~32.82	
2	潜水（二）	4.60~6.60	28.02~29.99	细砂/粉砂③层
3	层间潜水（三）（具承压性）	12.00~18.60	15.70~22.52	粉砂/细砂④$_2$层、粉砂/细砂⑤$_2$层
4	层间潜水（四）（具承压性）	23.10~26.30	7.77~11.55	粉砂⑥$_3$层、细砂/粉砂⑦层
5	承压水（五）	28.50	5.97	细砂⑧层

本工程主楼因地基承载力不足采用CFG桩复合地基，裙房因抗浮需要布置抗浮桩。主楼结构体系与常见框架剪力墙结构不同之处在于，标准层有外悬挑（2.10m），且外框柱与核心筒距离较大（12.10m），同时局部外框柱邻近地下室外墙，基础底板没有外扩条件，导致局部框架下荷载集度明显增大。在岩土工程师与结构工程师的密切配合下，不断调整地基与基础刚度，完成的计算分析工作包括：岩土工程指标到工程所需参数的转化；考虑地基与结构相互作用的差异沉降变形计算分析；变刚度调平差异变形的地基设计方案分析；控制与协调不均匀沉降的工程措施分析与计算验证等，最终目标为使沉降分析结果满足变形设计要求，即地基处理后建筑物最终最大沉降不大于50mm，差异沉降不大于$0.001l$。

基于变形协调，考虑主楼基底应力的扩散，主楼厚板延伸到第一跨纯地下车库柱，同时在距离主楼框架柱一跨处起，根据纯地下车库各区域抗浮荷载及单桩抗拔承载力，进行纯地下区域抗浮桩布置。

最终地基基础方案中，裙房抗浮桩采用桩径600mm，桩长17.50m，桩身混凝土强度等级C35，单桩竖向抗拔承载力标准值R_{tv}=700kN，按裂缝控制计算，桩身配筋12⏀22。

各建筑部位CFG桩复合地基设计参数见表3、表4。为提高桩土应力比，有效控制差异沉降，本工程褥垫层整体厚度为150mm，局部框架柱下为100mm（如图4中斜线填充区域所示）。CFG桩及抗浮桩与地层相对位置关系如图5所示。平面布置如图6所示。

北区复合地基设计参数 表 3

设计参数	框架柱		主楼其他区域
	A01 号楼东西侧及 A02 号楼南侧	其他区域	
桩间土承载力特征值 f_{sa}（kPa）	130	130	130
设计复合地基承载力标准值 f_{spa}（kPa）	430	620	430
单桩竖向承载力标准值 R_v（kN）	850	850	850
桩顶标高（m）	−12.72/−12.62/−12.57/−12.67/−9.17		−12.62/−9.17
桩径（mm）	400	400	400
有效桩长（m）	21.0/23.0	21.0/23.0	21.0/23.0
桩身混凝土强度等级	C30	C30	C30
桩距（m）	1.50 × 1.50	1.20 × 1.20	1.50 × 1.50
实际面积置换率（%）	5.5	8.7	5.5

南区复合地基设计参数 表 4

设计参数	框架柱区域	主楼布桩范围内其他区域
桩间土承载力特征值 f_{sa}（kPa）	130	130
设计复合地基承载力标准值 f_{spa}（kPa）	550	490
单桩竖向承载力标准值 R_v（kN）	850	850
桩顶标高（m）	−12.62/−12.57/−10.27	−12.62/−10.27
桩径（mm）	400	400
有效桩长（m）	21.5/23.5	21.5/23.5
桩身混凝土强度等级	C30	C30
桩距（m）	1.20 × 1.40（局部有调整）	1.40 × 1.40（局部有调整）
实际面积置换率（%）	6.9	6.3
桩数（根）	777	969

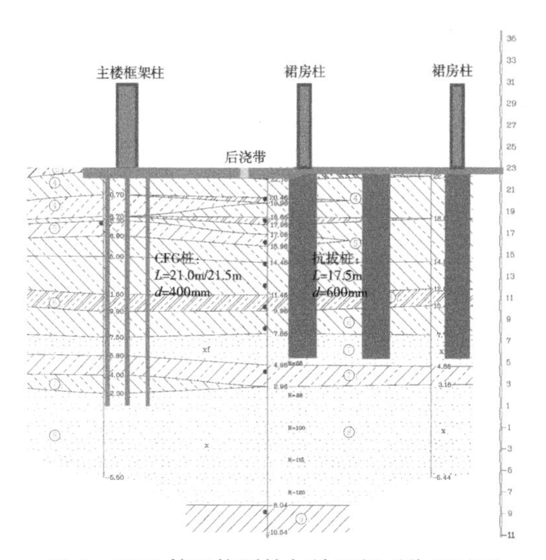

图 5　CFG 桩及抗浮桩与地层相对位置关系

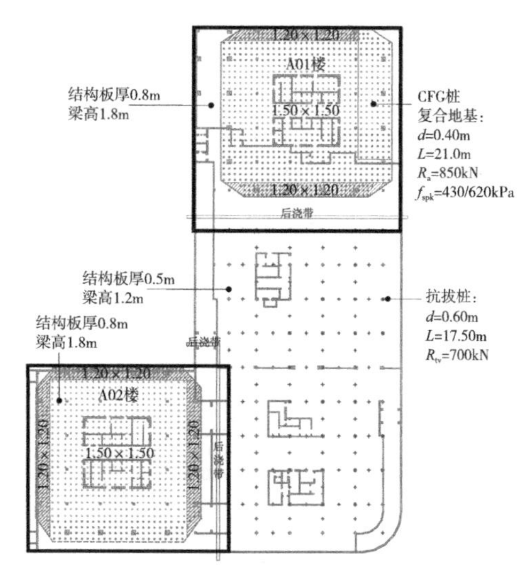

图 6　CFG 桩及抗浮桩平面布置

3 沉降分析

基于 CFG 桩及抗浮桩设计成果，进行沉降变形分析复核，并依据差异沉降计算分析结果调整复合地基设计方案，最终实现变调平设计。

本工程沉降变形计算采用国际岩土有限元软件 PLAXIS 3D 进行模拟。其中抗拔桩采用程序自带 Embedded Pile 单元。基础底板采用 Plate 单元；梁采用 Beam 单元。各土层物理力学性质参数见表 1。

目前关于 CFG 桩复合地基变形计算的数值方法大致有两种：一种为基于建筑地基处理技术规范的复合土层法；一种为桩体置换法。前者将桩间土和增强体综合考虑为复合土层单元，用复合土层的参数进行模拟计算；后者在模型中考虑了褥垫层，建模过程中采用特定的结构单元模拟复合地基中的增强体。本项目中 CFG 桩复合地基的数值模拟采用复合土层法。北区最终方案的有限元计算模型见图 7。

北区、南区的沉降计算结果分别见图 8、图 9。北区最大沉降量为 40mm，主裙楼之间差异沉降量计算值最大约为 0.09%l；南区最大沉降量为 35mm，主裙楼差异沉降计算值最大约 0.09%l。北区和南区的差异沉降均满足不大于 0.1%l 的规范要求。

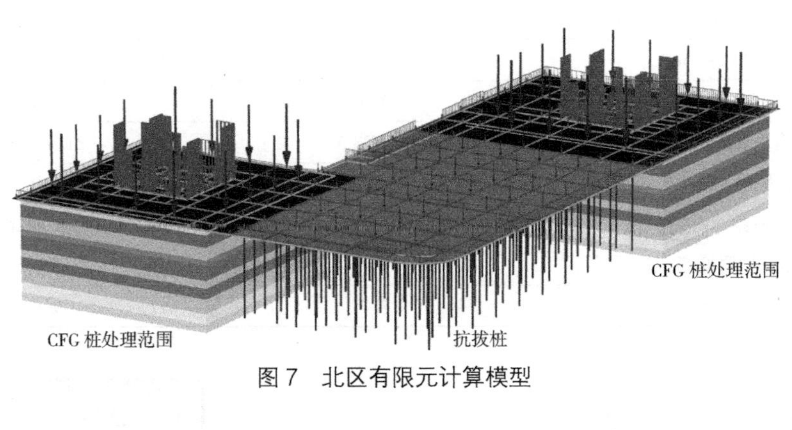

图 7　北区有限元计算模型

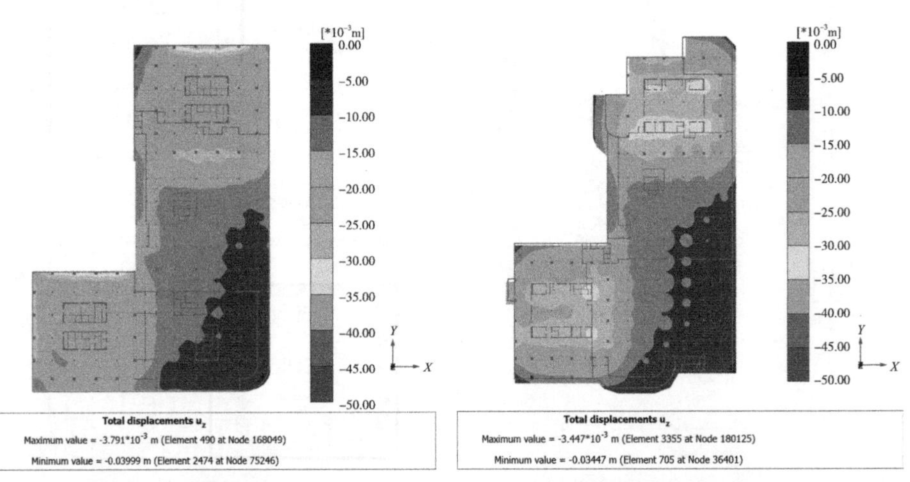

图 8　北区沉降云图　　　　图 9　南区沉降云图

4 工程检验

4.1 复合地基检验

根据检测报告，所检测的增强体单桩完整性检测满足设计要求。已有工程案例表明，当桩端持力层赋存地下水且具承压性时，易导致桩端部混凝土浇筑不密实或因扰动形成桩底虚土。因此本工程将增强体 CFG 桩的单桩承载力检验作为主控项目。

增强体单桩静载试验 *Q–s* 曲线见图 10，至最大加载荷载时，各桩顶累计沉降量为 9.73~15.16mm，加载至单桩承载力特征值时桩顶沉降为 2.44~4.28mm，其承载力均达到设计要求。

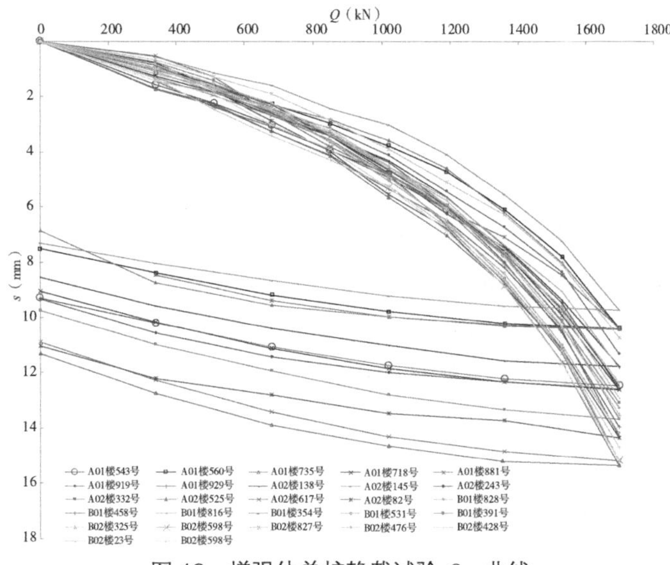

图 10　增强体单桩静载试验 *Q-s* 曲线

单桩复合地基承载力检测 *p-s* 曲线见图 11。复合地基按变刚度调平设计，故不同区域的静载试验加载量不同：

（1）至最大加载量 860kPa 时，最大累积沉降值为 16.84~20.14mm，加载至 430kPa（相当于复合地基承载力特征值）时，实测载荷板沉降值为 4.36~6.07mm，达到设计要求；

（2）至最大加载量 980kPa 时，实测沉降值为 16.04~19.23mm，加载至 490kPa 时，实测沉降值为 4.53~4.97mm，达到设计要求；

（3）至最大加载量 1100kPa 时，实测沉降值为 15.43~19.09mm，加载至 550kPa 时，实测沉降值为 4.32~5.59mm，达到设计要求；

（4）至最大加载量 1240kPa 时，实测沉降值为 15.83~19.62mm，加载至 620kPa 时，实测沉降值为 3.31~6.53mm，达到设计要求。

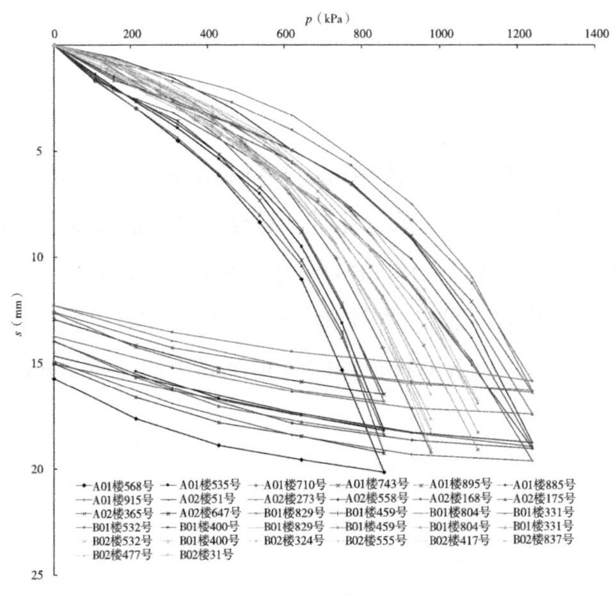

图 11　单桩复合地基承载力检测 p-s 曲线

4.2　抗拔桩检验

根据检测报告，所检测的抗拔桩均为 I 类桩，检测所得 Q-δ 曲线如图 12 所示。最大加载量 1400kN 对应的上拔量为 4.07~6.23mm。加载至单桩抗拔承载力特征值 700kN 时，桩顶上拔量为 1.38~1.49mm，满足桩基设计要求。

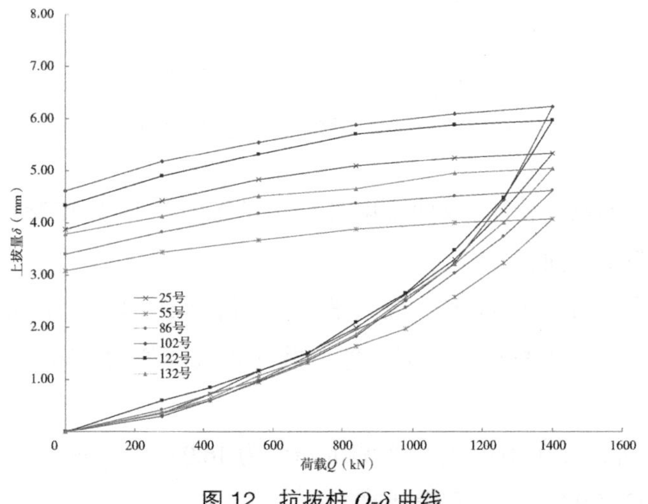

图 12　抗拔桩 Q-δ 曲线

4.3　沉降观测

本工程沉降观测因故从主楼地上 2 层开始。根据沉降观测数据，结构封顶后约 300d（第 15 期）测量到沉降等值线图如图 13 所示，其中最大沉降量在 A1 楼核心筒东南角，为 15.0mm；从地上 2 层开始到封顶后约 500d（第 16 期），未破坏的观测点沉降曲线如图 14 所示，最大实测变形量 15.4mm，沉降速率 ≤ 0.83mm/100d（J10 观测点），满足 1mm/100d 的稳定要求。假定基础底板到地上 2 层产生的变形与地上 2 层到沉降稳定呈线性发展关系，前者产生的变形为 s'，约为 5.6mm，则总的最大变形量约为 21.0mm，略小于核心筒处预测值 24.8mm。

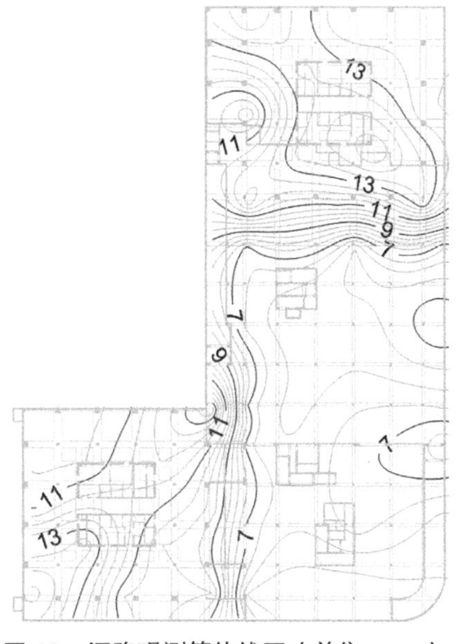

图 13　沉降观测等值线图（单位：mm）

5　结语

在岩土工程师与结构工程师的通力协作下，本工程开展了地基基础设计、计算和协同分析，最终采用了科学合理的结构刚度和地基刚度，在兼顾抗浮的前提下控制了差异沉降，减小了结构底板次内力，确保了工程安全，并提高了经济效益。主要结论包括：

（1）在主楼与纯地下荷载集度差异较大且纯地下结构存在抗浮需求时，进行地基基础的整体考虑、协同分析，有利于合理发挥有利要素，消除或规避不利因素，从而制定出科学、经济、合理的地基基础方案；

（2）可以通过对 CFG 桩复合地基采用变桩间距、变褥垫层厚度等措施达到变刚度调平设计的目标；

（3）工程检验及沉降观测成果资料表明，本工程复合地基变调平设计安全、合理。

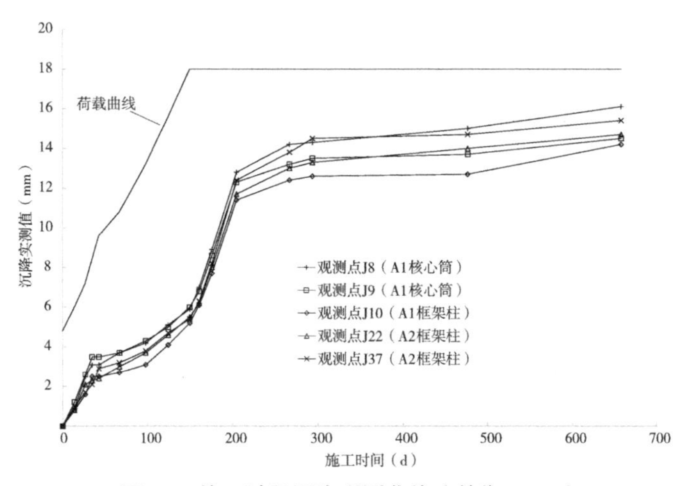

图 14　施工过程沉降观测曲线（单位：mm）

五、改建扩建

首都体育馆故馆新生

北京日报社综合业务楼接层基础大桩设计

天津百货大楼新商厦地下逆作法施工控制变形

奥体中心体育场改扩建工程基础加固

上海世博村E地块改扩建工程基础设计

深基坑与邻近既有建筑地基基础相互影响实例分析

既有砌体住宅装配化外套加固技术实践与旋进钢桩研发

首都体育馆故馆新生①

【导读】首都体育馆经历了社会经济发展的多个历史阶段，见证了时代变迁、技术发展，正所谓“非新无以为进”，“首体”期待年轻工程师们守正创新、不断进取。首都体育馆始建于1966年，于1968年建成，为当时国内最大、最先进的体育场馆。建设之时突出强调“自力更生”，突破常规、密切协作，完成了“天上”“地下”的设计创新，使之成为名副其实的综合性体育馆，2007列入《北京优秀近现代建筑保护名录（第一批）》。北京奥运会场馆改造工程“精打细算”，经多方案比选，最大限度地节省了投资，是一次名副其实的低成本改造。迎接2022冬奥会的扩建工程，深基坑开挖近接既有建筑，需要“统筹兼顾”管控工程风险，地基安检与岩土工程顾问咨询发挥了重要作用。致力于实现“在保护中发展、在发展中保护”，破解保护与发展的矛盾瓶颈，首都体育馆以故为新具有积极的指导与借鉴意义。

1 与时偕行

首都体育馆位于北京西直门外大街，始建于1966年，为当时国内最大、最先进的体育场馆，可进行乒乓球、羽毛球、排球、篮球、体操等多种比赛，比赛场内的地板可以移动搬走，放水结冰后，可进行短道速滑、冰球、花样滑冰等冰上体育项目比赛，是一座名副其实的综合性体育馆。首都体育馆已于2007列入《北京优秀近现代建筑保护名录（第一批）》。

“体育建筑的使用寿命是注重其物质层面，而其人文寿命，则更多偏重精神层面。由于见证了体育事业的进步和成就，记录了历史事件，反映了时代的经济、技术特点，因而具有人文意义和历史价值。千方百计延长其使用寿命，保护其人文寿命，更好地为社会和市民服务”②，首都体育馆堪称与时偕行的典范建筑。2008年北京奥运会排球比赛在首都体育馆举行，2022年北京冬奥会再次进行改造并在其北侧新建冬运中心和赛事中心。

---

① 编写依据：“首都体育馆”《建筑学报》1973年第1期（作者：北京市建筑设计院首都体育馆设计小组）、“推陈出新_迎接挑战——记工人体育场、首都体育馆、奥体中心体育馆改造”（作者：陈晓民、王兵）《建筑创作》2001年增刊以及“首都体育馆比赛馆结构抗震加固研究与设计”（作者：杨勇、陈彬磊、李文峰、苗启松）《建筑结构》2008年第1期。

② “综述：经营故韵放新声”（作者：马国馨）《故韵新声——改扩建奥运场馆》中国建筑工业出版社，2009年出版。

下文按“始建”“改造”“扩建”的时间顺序叙述，反映不断创新的历史进程以及地基基础的工程要点（图 1~ 图 3）。

图 1　建成时

图 2　改造后

图 3　扩建中

2　始建

1966 年 3 月 8 日，中央批复“为了准备第二届新兴力量运动会，同意在北京新建综合体育馆”。在此之前，为了做好准备工作，“立即从各设计室抽调张德沛、许振畅、闵华瑛、朱宗彦、刘振秀等进驻国家体委东办公楼进行首都体育馆的设计指导思想、设计任务书、用地规划方案和建筑方案的制订。不久设计院又增派熊明、刘永樑、虞家锡、唐佩苇、杨伟成、吕光大等进行扩大初步设计、施工图工作。办公室搬至北京体育馆训练馆半圆厅工作。”

周恩来总理、万里副市长亲自到现场选址。周总理、国家体委贺龙主任、北京市委领导亲自审查设计方案，最后由周总理确定现在实施的方案。建设程序打破常规，边勘测、边规划、边设计、边施工。

“从全院调动技术人员[①]，组成强有力的设计班子。如设计组长张德沛、虞家锡，工程主持人许振畅，建筑负责人熊明，结构负责人虞家锡，设备负责人杨伟成，电气负责人吕光大，都是院内对体育建筑有研究的专家。此外，组内对设计人员进行了细致的分工，职责明确，各设计人员尽职尽力。如建筑专业的平面：闵华瑛、殷殿茹；立面：刘永樑、张关福；活动地板：朱宗彦；吊顶：刘振秀；活动座椅：王惠德。结构专业的混凝土结构：高爽、何明；钢结构：汪熊祥、唐佩苇。设备专业的冷冻：李光京、施绍男；暖卫：葛炳乾、胡麟舟；空调：张文增。电气专业的照明：王谦甫；记时记分：劳安；音响：向斌南。”

① 设计与研究人员名单引自“首都体育馆四十年”《建筑创作》2010 年第 6 期（作者：周治良）。

“以研究所张莉芬、邱连璋为首的情报组，进行大量工作，收集了众多的技术资料，提供设计人员参考，情报工作及时而准确。研究所与有关单位还进行了大量试验工作，如钢网架模型风洞试验、足尺节点试验、实物组拼试验等，冰场做了地面做法试验、冷冻管道设置试验等，为完成设计提供了大量的依据。”

工程场地原址为一个池塘，为了争取时间，1966 年 4 月 15 日开始抽水，4 月底抽水完毕即开始大坑填土，每天填土 2800~3000m^3，填了几十万立方米。5 月 5 日设计组出打桩图一张，5 月 7 日开始打桩，三台打桩机，一个月完成 2800 多根混凝土桩。6 月 1 日开始混凝土结构工程。9 月 22 日吊装屋架钢结构，11 月 11 日吊装完毕。进度因“文革”有所延误，未能在 1967 年 6 月底前完工。经过大量测试和试运行，1968 年 5 月正式使用，总平面图、建筑剖面图见图 4、图 5。

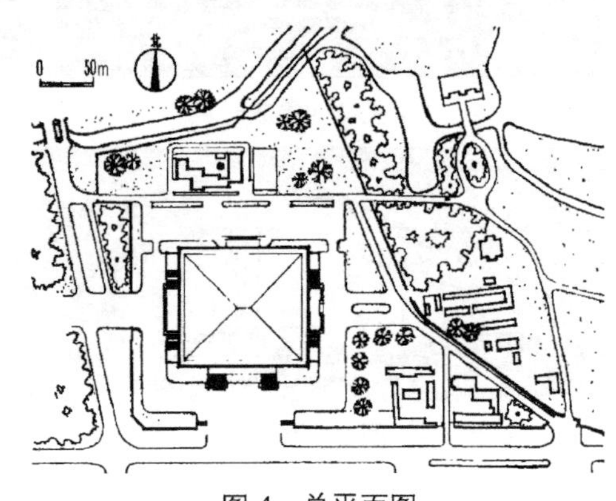

图 4　总平面图

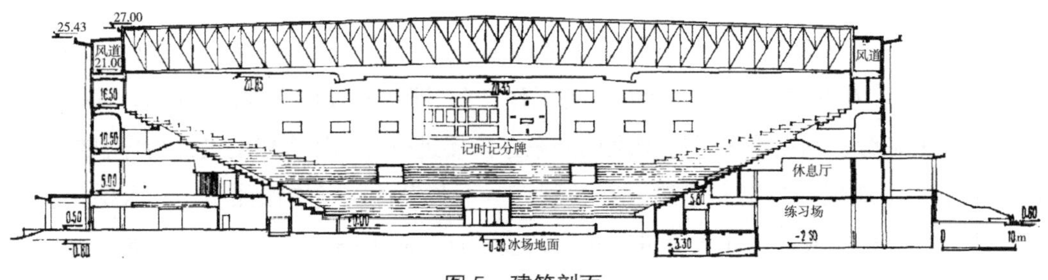

图 5　建筑剖面

“首都体育馆全部工程由我国自行设计、自行施工、自行制造，全部工程材料、机械都由我们自行生产。设计的各个方面都有创新。例如当时在设计上被称为‘天上’‘地下’的两项创新，受到各方称赞。所谓‘天上’，即 99m × 112m 的屋顶钢网架，技术要求高、计算复杂，当时世界上只有少数国家刚刚开始研究使用。所谓‘地下’，即我国第一个室内滑冰场。”冰场制冷系统采用低温氨液通过排管直接蒸发制冷系统。除冰上运动外，其他活动需要在冰场地面上铺设活动木地板，共分为 21 块，每块尺寸为 3.5m × 30m，采用大块活动地板，弹性好、拼缝少、地面平整，由机械传动，节约人力，安装拆卸工效高。各专业都进行了当时许多先进的创新设计，如活动看台、空心钢门窗、冰场地面做法、顶棚条缝送风、空调通风、照明方案、大型记分牌、扫冰车等。

“我院与建工部工业院金属结构室、数学所、建研院、华北金属结构厂共同研究，使用了电子计算机完成计算，在短时间就设计并建成这种大跨度屋架，采用互相交叉的杆件组成，空间双向受力体系，充分发挥了材料的潜力，整体性好，抗震性能好，安全可靠，同时结合我国实际情况，网架用型钢制作，节点用高强螺栓连接，全部结构由544榀、三种基本规格的小桁架拼装而成，安装简便，施工速度快，同时用钢量少，比一般钢结构节省钢材30%左右。当时美国加利福尼亚大学体育馆采取同样结构，但其屋架跨度91m、用钢量73.23kg/m²，而首都体育馆屋架跨度99m，用钢量为65kg/m²。”

3 改造

此次改造是一次名副其实的低成本改造，在改造之初就确定了节约资金、赛事中及赛后利用相结合的原则。在充分利用现有结构、功能布局及利用一切可利用现有资源的基础上，对现状进行补充和完善，使其在改造后能够满足奥运会及赛后运营的需要。

在整体抗震加固方面，将原有框架结构改造为框架－剪力墙结构，结合使用具有较大初始刚度的软钢阻尼器，彻底改善了结构的水平抗震能力并实现减震耗能的目的，工程应用的软钢型阻尼器作为一种位移型阻尼器，在小、中、大震三个阶段均可发挥作用，有效提高了地震作用下的结构安全性；在构件加固方面，采用大直径挖孔桩和条形承台加固基础，以满足剪力墙基础受力要求；采用增大截面或粘钢方法加固梁柱抗震承载力不足的构件；增加支座裙套防止支座在地震时发生塌落，对大跨屋架支座进行了抗震加固。经多方案比选，最大限度地节省了投资（图6）。

基础加固采用了人工挖孔大直径灌注桩，大直径桩具有承载力大、操作空间小的优点，比较适合工程的实际状况。典型的基础加固平面如图7所示。其基本思路为，利用一个新增承台将原有两个框架柱下桩基础和新增加的人工挖孔大直径桩合并为一体，考虑到增加承台上部钢筋比较容易，因此大直径桩尽可能设在原有承台之间。

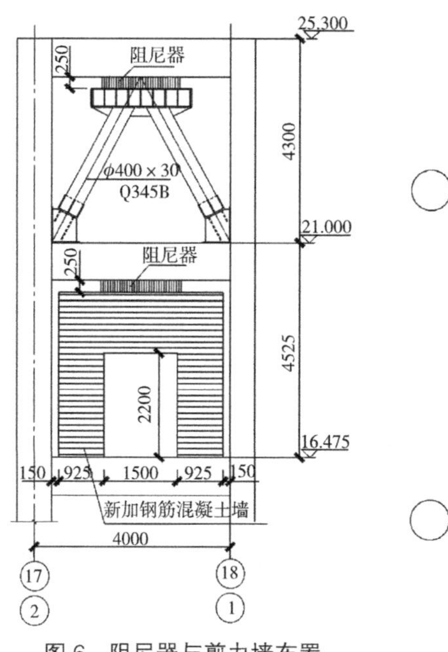

图6 阻尼器与剪力墙布置

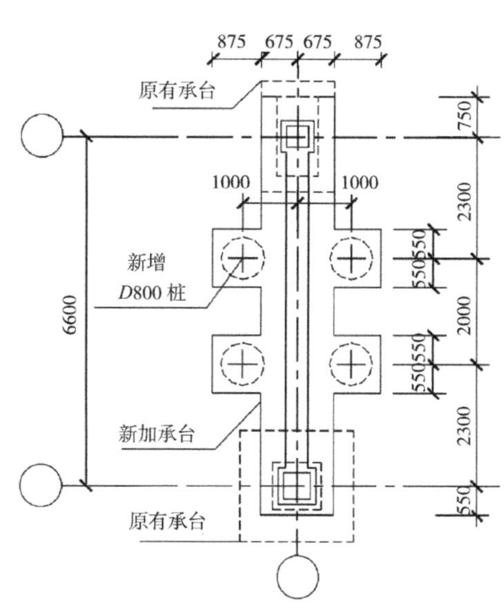

图7 基础加固平面

4 扩建

拟新建冬运中心赛事中心，地上 7 层（局部 8 层），结构形式为框架 - 剪力墙结构，地下 3 层，采用筏形基础。主体建筑高度 27.8m，总建筑面积 30590m²，其中地下建筑面积 22290m²（占比达 72%）。拟建赛事中心基坑深 7.9~17.6m。基坑南侧邻近首都体育馆，基坑上口线距首都体育馆承台边线 1.39~3.39m；距首都体育馆外墙边线 2.58~4.73m；东北侧邻近运动员公寓（首体宾馆），基坑距公寓外墙较近处为 9.13m。首都体育馆及运动员公寓，与其相邻新建赛事中心基坑的相对位置关系如图 8 所示。新建赛事中心基坑支护主要采用桩锚体系，即支护桩 + 预应力锚杆，支护桩主要桩径 800mm，根据基坑开挖深度的不同，护坡桩桩长在 9.05~20.8m 之间。局部邻近运动员公寓的基坑采用放坡 + 土钉。

图 8 赛事中心基坑与近接建筑位置关系

为了确保建筑安全与基坑稳定，需要考虑深开挖与近接建筑之间相互影响，依据分析计算（分析模型见图 9）确定建筑沉降以及基坑位移的变形控制要求，并有针对性地指导支护方案、监控方案，同时还需要加强在实施过程中的风险管控。

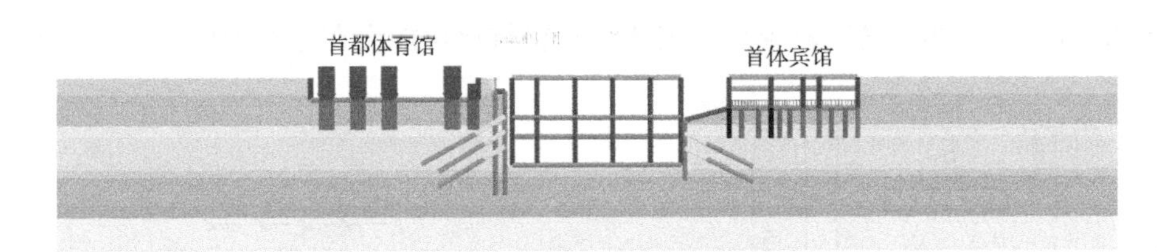

图 9 深开挖与近接建筑相互影响分析模型

4.1 建筑基础

根据收集到的原项目设计图纸，首都体育馆采用预制方桩，截面尺寸为 250mm × 250mm；桩长 6m，桩端位于砂卵石层，其桩尖承载力 450t/m²，桩顶标高 46.70m。桩基布置及桩身大样图见图 10、图 11；运动员公寓 ±0.000=50.500m，基础底标高为 -7.20m（绝对标高为 43.30m），基础采用人工挖孔桩，桩径 800mm，底部扩大为 1200mm、1600mm；桩端位于卵石④层（根据原项目图纸，桩端地基计算强度 2000kPa），桩长 6m，桩端标高 -13.20m（对应绝对标高 37.30m），桩基布置及桩身大样图见图 12、图 13。依据既有建筑基础形式与设计参数建立计算模型分析相互影响。

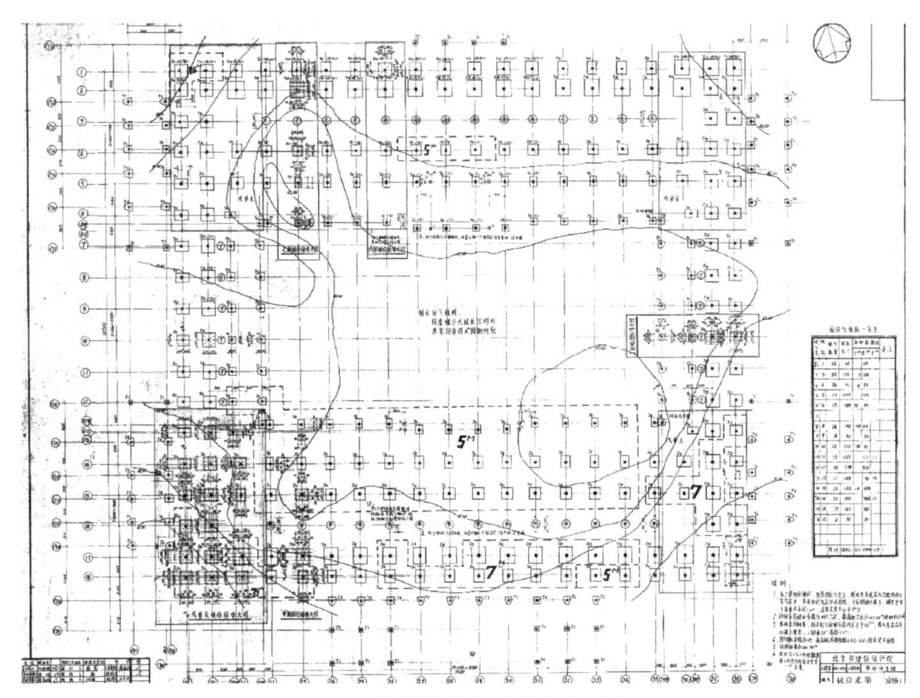

图 10　首都体育馆桩基布置示意

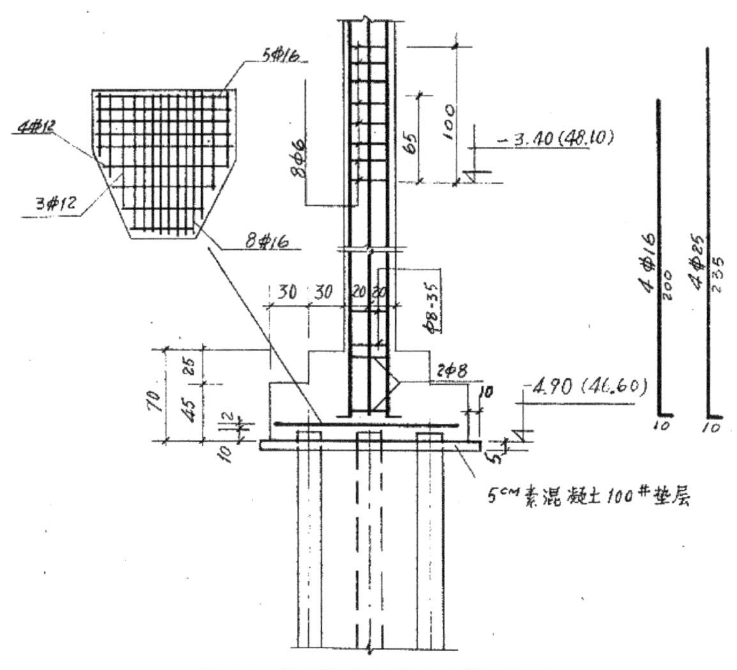

图 11　首都体育馆桩身大样图示意

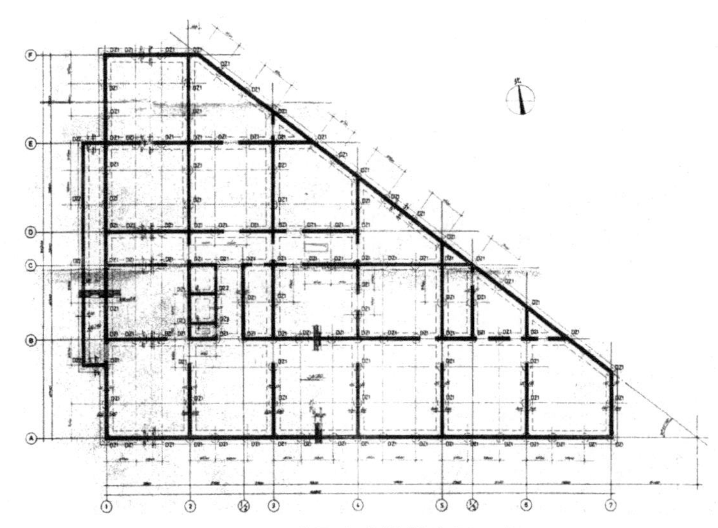

图 12　运动员公寓桩基布置示意

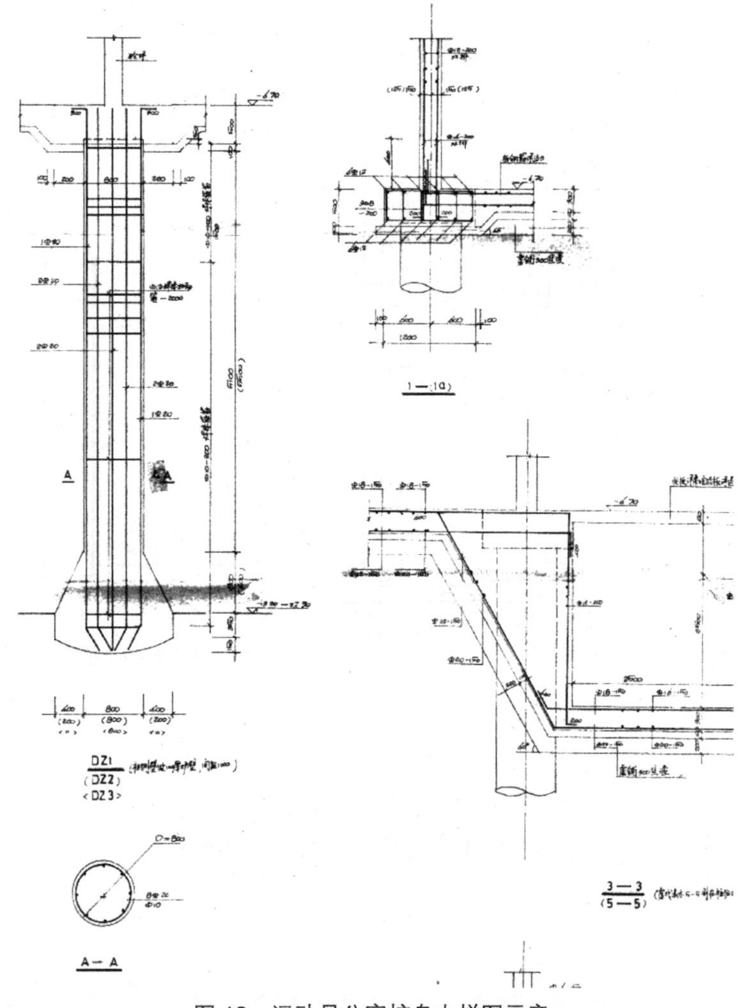

图 13　运动员公寓桩身大样图示意

4.2 风险管控

针对本项目特点，相互影响分析中着重关注基坑开挖对近接建筑的影响。同时，“按变形控制设计不仅要求围护体系满足稳定性要求，还要求围护体系变形小于某一控制值”，即关注围护体系的变形，并制定相应控制指标亦显重要。选择不同剖面进行分析计算，包括：基坑开挖卸载对既有建筑的影响；开挖卸载对基坑支护结构的影响；既有建筑对基坑支护结构变形的影响；新建建筑沉降变形对既有建筑的影响等。

基于前文所述变形监测控制项目及控制标准，制订基坑监测方案，包括支护结构的变形监测（边坡顶竖向位移及水平位移监测；护坡桩冠梁水平位移及深层水平位移监测），及周边建筑物的沉降监测、倾斜监测；周边地表、道路竖向位移监测等。监测及巡视频率严格遵照变形监测相关要求。

深基坑开挖引起的土体变形将对周边（尤其近接）建筑等产生影响。同时施工期间存在地面堆载、机械扰动等不确定因素，以及自然环境变化等不可预测因素。基坑围护结构体系及周边环境处于变化、不稳定状态，必须采取监测、风险巡视等手段及时获取相关数据和信息，发现风险隐患，并对隐患程度进行分析、判断、预警，以确保围护结构稳定及环境的运营安全。

根据监测数据，在基坑开挖过程中，基坑处于稳定状态，周边道路（地面）未出现裂缝、沉陷，近接建筑变形值（包括水平、竖向位移量及变形速率）均在预警范围以内，建筑与基坑均处于稳定状态。

北京日报社综合业务楼接层基础大桩设计[①]

【导读】用外套框架法在原有四层砖混结构的既有建筑上接建四层（局部五层）成为一幢八层（局部九层）办公楼，考虑到建设单位关于“在施工过程中不要影响原房屋的使用”这一要求，决定接层部分采用外套框架的结构形式，并按新建筑与老建筑完全脱开的原则进行构造设计，因地制宜采用大直径人工挖孔桩，为加强刚度，每两根桩加一根辅桩，三根桩组成一个三角形的承台，并沿纵向设置拉梁。

1 概况

北京日报社综合业务楼于20世纪50年代由北京市建筑设计研究院设计，面积6150m²，地上四层，地下一层，全长90m，分为三段，两翼进深16m，中间段进深18m，砖混结构，钢筋混凝土条形基础，现浇楼、屋盖。当时设计不考虑抗震。唐山地震时，房屋有轻微损坏，后对房屋进行了抗震加固。随着报社业务的日益发展，房屋不够使用的矛盾也逐渐突出，故决定在原建筑上加建四层办公用房。同时要求在施工过程中不要影响原房屋的使用。

对原建筑进行计算分析发现，在其上直接建四层办公楼，无论是竖向承载力还是抗震强度方面都是不允许的。考虑到建设单位关于“在施工过程中不要影响原房屋的使用”这一要求，决定接层部分采用外套框架的结构形式。但采用外套框架后，新老建筑为两种不同的结构体系，其振动特性相差甚远，因此按新建筑与老建筑完全脱开的原则进行构造设计。

1992年是北京日报建报四十周年，报社要求1992年8月接层改造完毕，9月底投入使用，连设计和施工总共只有一年的时间，工期很紧。为保证施工进度，在设计程序上只能是边设计边施工，而且是先出结构施工图。在结构做法上，除满足建筑要求，简化施工，争取工期等因素外，还要考虑保证建筑物的安全与降低工程造价等方面的要求。

2 结构

结构平面分为三部分，两翼为八层，跨度18.2m，中间部分九层，跨度20.2m，开

① 本实例的1概况、2结构、3基础均节选自“北京日报社综合业务楼接层结构设计简介”《建筑结构》1993年第6期（作者：程懋堃，寿光，张美励）。

间 3.75m（个别为 4m 及 6m），柱总高 33.1m（中间部分 35.5m）。因利用原屋面作为第五层楼门，柱下部高 20.6m，属“鸡腿型”结构。柱边与外墙边净距 300mm。图 1 为一至四层结构平面，结构剖面见图 2，横向为“鸡腿形”，纵向每层设梁拉结。

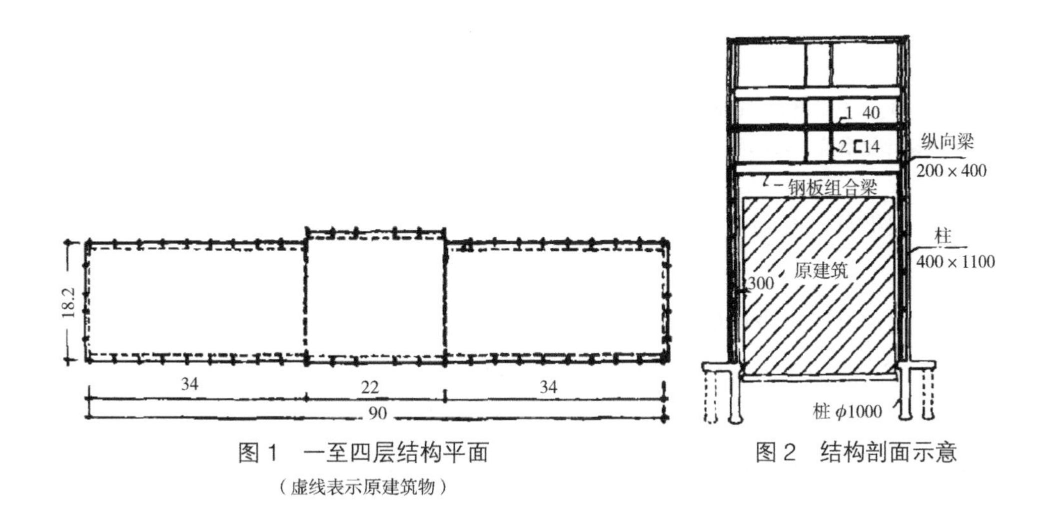

图 1　一至四层结构平面

（虚线表示原建筑物）

图 2　结构剖面示意

3　基础

由于地基土质较差，地面下为杂填土及砂黏填土，深达 10m 左右，因此基础采用大直径灌注桩（简称为“大桩”），桩径 800mm，后由于施工单位只有 1000mm 直径的模板，故桩径改为 1000mm。每柱一桩，桩深平均 10m 左右，持力层承载力标准值 1500kPa，桩底扩大至 1.3~2m。

桩位布置如图 3 所示。为加强刚度，每两根桩加一根辅桩，三根桩组成一个三角形的承台，如图 4 所示。承台高 800mm，纵向设置 400mm × 400mm 的拉梁。

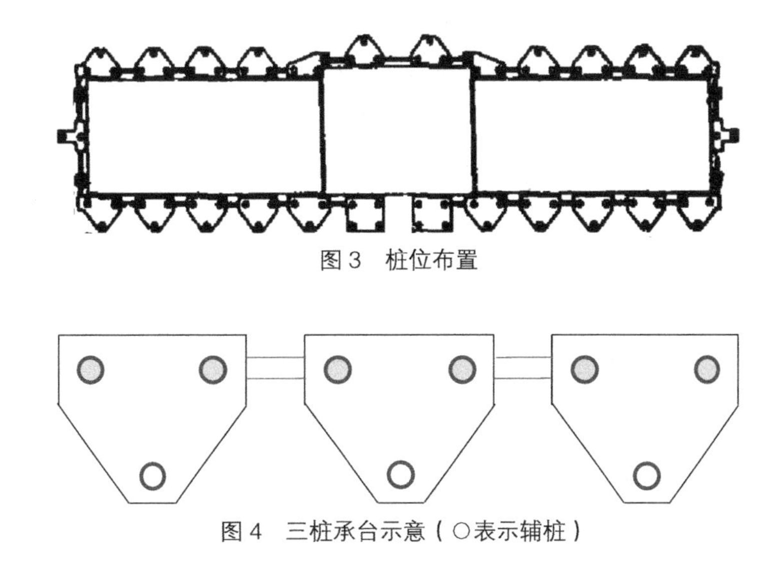

图 3　桩位布置

图 4　三桩承台示意（○表示辅桩）

先有实践，再有规范

想当初，北京日报社综合业务楼接层工程采用大直径灌注桩方案，当时的设计依据是“关于采用大直径灌注桩基础工程对勘察设计与施工的若干建议”，参考文献如下：

苏立仁，等.关于采用大直径灌注桩基础工程对勘察、设计与施工的若干建议，北京市建筑设计院、北京市勘察院，1986年。

后来，根据首都规划建设委员会办公室（88）首规办设字第134号、北京市城乡建设委员会（88）京建科字第177号和北京市科学技术委员会（88）京科城字189号文件的要求，由北京市建筑设计研究院、北京市勘察设计研究院等六个单位共同完成的《北京地区大直径灌注桩技术规程》(简称《大桩规程》) 通过了市规委、市建委和市科委共同组织的专家审定会，批准为北京市强制性标准，编号为DBJ 01—502—99。

《大桩规程》编制领导小组、主编单位、参编单位以及编制组成员如下：

《规程》编制领导小组成员：
北京市城乡规划委员会：刘永清　惠西宁
北京市城乡建设委员会：陈建军　游广才
北京市科学技术委员会：宋　锦　曹铁村
北京市建筑设计研究院：程懋堃　周炳章
北京市勘察设计研究院：袁炳麟　张在明
北京市城市建设设计研究院：王新杰
主编单位：北京市建筑设计研究院
北京市勘察设计研究院
参编单位：建设部综合勘察研究设计院
北京市城市建设设计研究院
北京市建筑工程研究院
北京市城市建设道桥工程公司

主　　编：程懋堃　袁炳麟
副 主 编：张乃瑞　杨桂芹　康素鑫
参编人员：(按姓氏笔画为序)
于连莹　龙亦兵　刘运亮　李玉玲
李善明　沈保汉　杨桂芹　袁炳麟
张子军　张乃瑞　顾宝和　康素鑫
程社基　程懋堃　戴亚萍

程懋堃设计大师常讲:“有些设计人员有一种误解，以为规范里没有的东西就不能设计。这种观点也是错误的。因为规范是根据过去的工程成果编成的，它只代表过去的成果，不能预见新事物的成长、新技术的诞生。所以，千万不能以‘规范上没有’而不让新技术、新体系、新结构产生。只有经过工程实践，再经过必要的试验研究，才能写出规范条文，所以应该是先有工程实践，再有规范。”①

---

① 摘自《创新思维结构设计——程懋堃设计大师文稿集》，中国建筑工业出版社，2015 年 10 月出版。

天津百货大楼新商厦地下逆作法施工控制变形①

【导读】天津百货大楼扩建工程是天津市重点工程之一，地处天津市最繁华市中心地区，距老百货大楼仅2.7m，新商厦需要进行深开挖，主楼挖深 −13.5m，裙房挖深 −12.5m，经过反复分析研究，最终设计方案为主楼正施（地下连续墙 + 四道锚杆），而裙房逆施，即以地下室楼板作为支撑的地下连续墙方案，严格控制围护结构变形以减少对老楼的影响，实践证明设计和施工是成功的。目前城市中心区的建设工程，面临愈发复杂的环境条件，地下工程难度大、风险高，更需要土木工程师有所作为，作为可资借鉴的工程实例，特刊此例。

1 工程概况

天津百货大楼新商厦为扩建工程，是天津市重点工程之一，新商厦建筑面积10万 m^2，西侧为主楼，主楼地面以上38层，高150m，东侧和老百货大楼之间为裙楼，地下室4层。新楼地下室开挖深度13.5m，裙楼地下室开挖深度12.5m。1994年开始施工，至1997年建成。

2 基础工程

本工程位于天津百货大楼老楼和工艺美术大楼西侧，距老百货大楼仅2.7m，天津百货大楼老楼（图1）原为英国人1926年所建，塔楼顶高61.4m，基础采用木桩，由当时的天津基泰工程公司施工。工程场地北邻多伦道，西邻新华路，南邻佳木斯道。此处正当天津市最繁华的市中心地区，周围楼房林立，给基础工程的设计和施工带来了很大困难。

图1 天津百货大楼实景

① 天津百货大楼扩建工程的地下围护工程设计《港工技术》1997年第1期（作者：傅爱珍、刘树勋）。

基坑围护采用地下连续墙（简称地下连续墙）。主楼采用“正施”，即先由地面向下逐层开挖，然后由基坑底向上逐层施工；裙楼侧采用“逆施”，即先施工 0 层楼板（即地面层楼板），然后向下逐层开挖，逐层施工，直到最底层，待地下室施工完之后，再由 0 层向上逐层施工（图 2、图 3）。

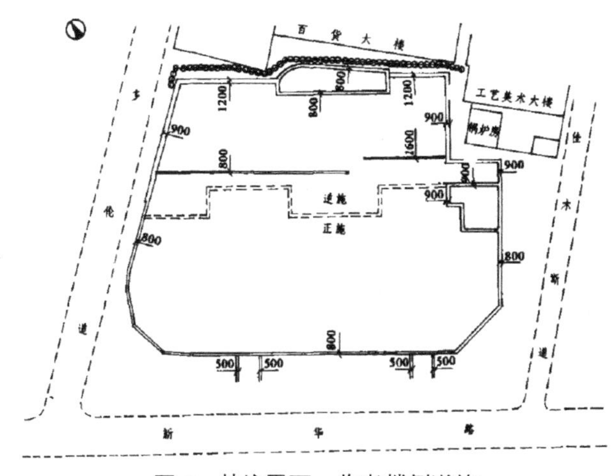

图 2　基坑平面：临老楼侧逆施

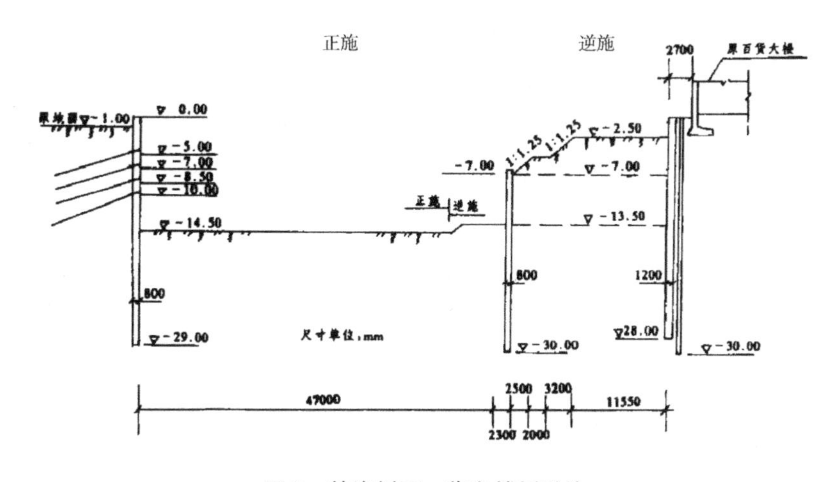

图 3　基坑剖面：临老楼侧逆施

在繁华市区进行深基坑的施工，受到周围建筑物和道路的制约，在百货大楼工程设计之前，天津市已有几个工程因围护工程结构的变形引起了周围道路和建筑物的裂缝，既造成经济损失又影响社会生活。

经调查和分析，基坑围护结构设计的关键乃是控制围护结构在基坑开挖过程中的变形。围护工程产生多大变形才会对基坑周围的构筑物产生不利影响，这与周围构筑物的形式及距离等有关。就本工程来说，逆施侧距老百货大楼很近，控制变形要严一点，所以地下连续墙刚度较大，再加用“逆施”楼板做支撑，将很好地限制变形。正施侧是道路，采用四锚地下连续墙，变形将会大一些。

根据北京市建筑设计研究院的图纸，逆施侧的地下室共四层，能作为支撑的有0层和-6.0m层，楼板厚27cm，混凝土强度等级为C40，板长64m。逆施侧的施工顺序如下：

第一次开挖到-2.5m，施工0层的楼板；

第二次开挖到-7.0m，施工-6.0m层的楼板；

第三次开挖到-13.5m，施工底板。

3 实施检验

到1995年底，正施侧已完成地上3层，逆施侧的地下部分已施工完毕，并开始地上部分施工，围护工程施工已顺利完成。

基坑开挖完工后，地下连续墙内侧已完全暴露，未发现墙体和锚杆孔处有漏水现象，周围楼房和道路未发现裂缝，说明设计和施工是成功的，基坑的开挖也是成功的。

【编者注】本文所述正施、逆施，目前常称作“顺作”“逆作”，如上海中心大厦、上海环球金融中心、上海明天广场采用的是主楼顺作、裙房逆作，深圳赛格广场、南京青奥中心超高层塔楼采用了全逆作的建造方式。

我国在深大基坑工程的实践中，逐步形成并成功推行了支护结构与主体结构全逆作法、半逆作法，主楼与裙楼顺逆结合法，中心与周边顺逆结合法等多种新的设计施工技术，倡导和推广了考虑时空效应的设计施工方法，均取得了显著的技术经济和社会环境效益。

主体建筑的地下结构与深基坑的支挡体系相结合的设计施工技术与建造方式，以两墙合一为例，需要考虑的关键技术问题主要包括地下连续墙竖向承重、地下连续墙与主体结构之间的变形协调、结构后浇带及沉降缝位置、地下连续墙的防渗漏、地下连续墙预留连通道位置设计以及地下连续墙墙体质量等方面。

奥体中心体育场改扩建工程基础加固[①]

【导读】国家奥林匹克体育中心体育场是2008年北京奥运会场馆改扩建项目，建筑面积由2万m^2增加至3.7万m^2，建筑高度由25.9m增高至43m，是整个奥体中心改扩建项目中改动量最大、投资最大和最复杂的项目之一。构件线切割方法首次在建筑结构改造中大规模地使用，保证了建筑基础和其他结构构件不受扰动。在原有的基础上采用钢结构技术进行扩建，配合钢结构设计的耗能支撑与阻尼减震，利用钢材的高强度与高韧性对地震作用进行吸收与消耗，从而减弱地震作用对建筑的破坏作用，不仅大大减轻了上部扩建部分的荷载，减少了混凝土的浇筑量，降低了基础的改造量和加固难度，因此大大缩短了建设工期。利用原有设施已不单纯是花不花钱的经济问题，而是如何统筹建设，可持续发展，合理利用的价值观、发展观的问题，是一种精神，一种理念，为了加强这种理念的宣传和弘扬，特刊此例。

1 工程概述

国家奥林匹克体育中心（简称奥体中心）体育场始建于1989年，是1990年亚运会主体育场，承担了田径、足球比赛等重大赛事，赛后成为全民健身和国家队训练的基地。原体育场占地约8.5ha，总建筑面积约为2万m^2，看台座席总数为1.8万座，总建筑高度为25.9m。原设计依据74~78规范，结构体系采用钢筋混凝土框架结构，分东西看台、东西高架平台和南北高架平台几部分，原建筑无地下室，基础形式均采用独立基础。图1为体育场改造前鸟瞰图。

图1 改造前的体育场

① 依据："国家奥林匹克体育中心体育场改扩建工程结构设计"《建筑结构》2008年第1期（作者：覃阳，刘立杰，高鹏飞，耿晋，宗海），以及《故韵新声》，中国建筑工业出版社2009年12月出版。

根据北京奥组委对比赛和训练场馆的统筹安排与规划，奥体中心体育场承担现代五项比赛中的马术和跑步两项比赛，为此必须对现有场馆和训练设施进行改造和补充。奥体中心体育场改扩建工程是整个奥体中心改扩建项目中改动量最大、投资最大和最复杂的项目之一。建筑面积有原来的 20000m^2 增加到 37000m^2，座席数量由 18000 座增加到 38000 座。

奥体中心体育场作为奥体中心建筑群中占地面积最大的一个单体建筑，本次改扩建面积比原有建筑面积增大近一倍，除了向空中发展外还不可避免地向四周扩张。为了不破坏奥体中心已有的环境景观，建筑体量不能无限制地扩大，建筑高度应尽量降低，不能因体育场扩建后的巨大体量破坏奥体中心建筑群的整体格局和北四环路的建筑景观效果。为此，在改建中为了控制体量，先去掉一些原有的上部看台，穿插叠加上新增的楼座看台，这样不仅控制了体育场体积的过度膨胀，而且有效地降低了建筑高度。把原有的高架平台与主体建筑连接起来，在平台下增加的空间里扩建出所需的功能用房。这样，首层建筑面积虽然增加了一倍，但建筑占地面积和平面轮廓没有改变。图 2 为体育场改造后鸟瞰图。

图 2 改造后的体育场

2 结构加固

原结构体系采用钢筋混凝土框架，加固结构体系研究中，结合各种改造加固手段的可行性及经济性，对比分析了钢筋混凝土框架及框架－剪力墙、钢筋混凝土框架－钢支撑及框架－耗能钢支撑四种结构体系，最终确定了钢筋混凝土框架－耗能钢支撑的结构体系，通过利用耗能器的减震作用，有效降低了对原结构的加固难度和加固量，整体结构抗侧刚度增强，是经济、有效的新型加固方法。屋面采用型钢－拉索钢罩篷，预应力索的使用有效控制了屋面竖向变形，使外挑型钢梁强度可以充分发挥，达到强度和刚度双控的优化设计（图 3）。

图 3 三维计算模型

2.1 看台结构

东西看台在原池座看台的基础上采用钢框架结构体系新增加了两层用房、楼座看台及型钢－拉索钢罩篷，总建筑高度达 43m；南北高架平台采用钢筋混凝土框架结构体系新建一层池座看台及高架平台，基础形式仍采用独立基础。

对于框架结构体系的改造工程，当后增加荷载相对较大时，原有结构的抗侧刚度和抗侧力构件均会存在严重超限问题，采取增设支撑或剪力墙等抗侧力构件是较为经济可行的方法，可以很大程度上减少对原有结构的改造加固量和加固难度，使最终整体经济性较优。

2.2 型钢－拉索钢罩篷

屋面结构体系主要由 20 榀跨度均匀变化的型钢－拉索屋架呈扇形布置组成，每榀屋架均生根于下部异形斜钢柱上，屋架间通过屋面纵向钢梁连接成整体结构。为了提高屋面平面内整体刚度，设置了横向和纵向十字拉杆水平支撑；为了提高屋面沿纵向的侧移刚度，确保罩篷纵向水平力有效地传递给下部钢柱，于屋架撑杆 1 平面内设置了四道纵向十字圆钢管支撑。屋面结构两端有较大的外挑飞檐，利用下部三层柱顶生根了 V 形圆钢管柱支撑，支托飞檐结构。每榀屋架主要由外挑变截面工字钢梁、拉索、圆钢管撑杆及异形钢柱组成，为了节约每榀屋架用钢量，由中部向两边随着外挑钢梁跨度的减小，钢梁梁高由 2500mm 减小到 1600mm，外挑钢梁的上下翼缘板采用变截面，腹板板厚变化，局部压应力较大处设置纵向加劲肋和短加劲肋。屋面结构用钢量为 $80kg/m^2$，包括屋面外挑钢梁及加劲板、屋面纵向钢梁及支撑、预应力拉索、屋架撑杆和与外挑钢梁连接的异形钢柱重量。屋面结构体系布置如图 4 所示。

大悬挑钢罩篷结构，预应力钢索的使用可以有效控制结构的竖向变形，使悬挑构件充分发挥其强度，降低用钢量。钢索预应力的大小应兼顾结构刚度、结构杆件及钢索受力要求进行反复试算确定。反吸风荷载工况下，结构杆件内力变化很大，甚至出现反号，钢拉索张拉力较小时会出现松弛，应予以控制。

为适合奥运会比赛的观赛要求，新的罩篷采用具有隔绝紫外线功能的多层聚碳酸酯板（俗称阳光板），使观众在炎炎烈日下感到舒适又不会产生压迫感，避免了如果采用金属板材会给比赛场地造成巨大阴影，有利于观赛和电视转播的效果，相对于玻璃板材，阳光板是轻质、高强且透光可调的理想材料。

3 基础加固

原结构基础采用独立基础加拉梁的形式（图 5、图 6），根据改造后的整体计算结果对原结构基础全部进行了验算。

计算结果表明：原结构轴Ⓐ柱独立基础由于 Y 向弯矩较大，独基在偏心荷载作用下

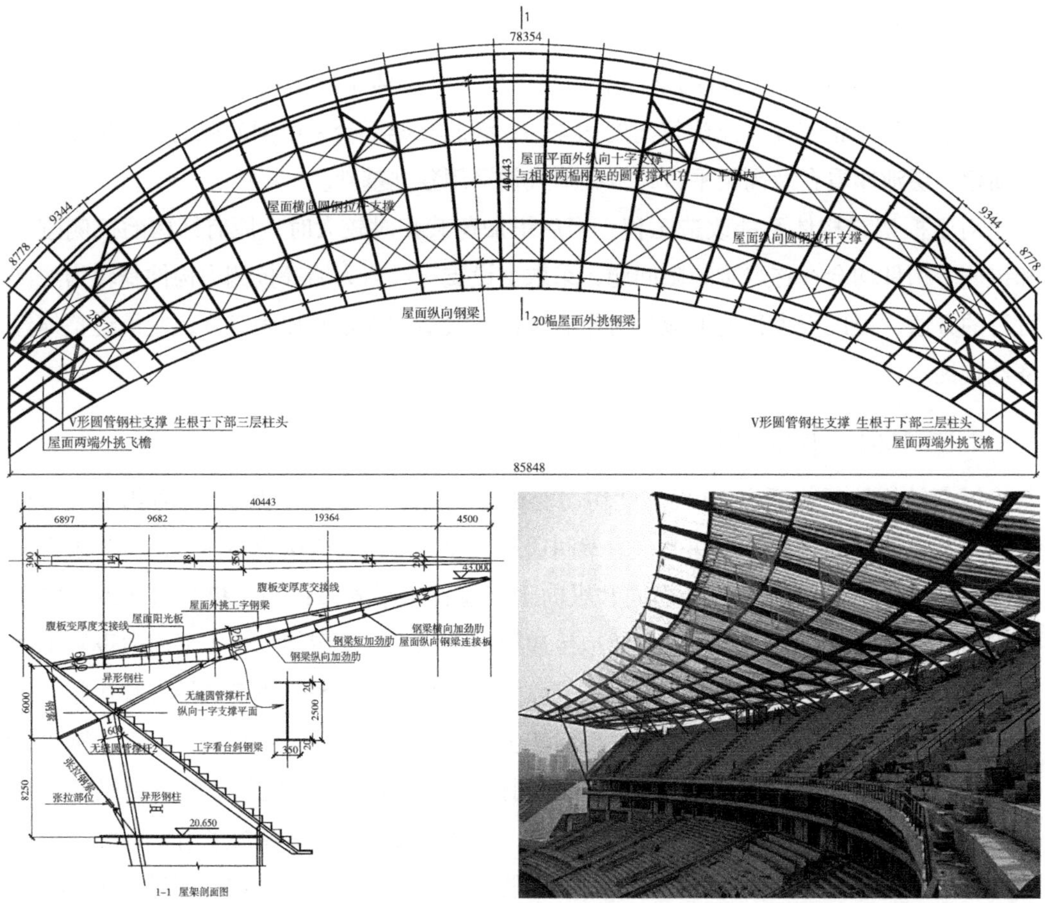

图4 屋面结构体系布置

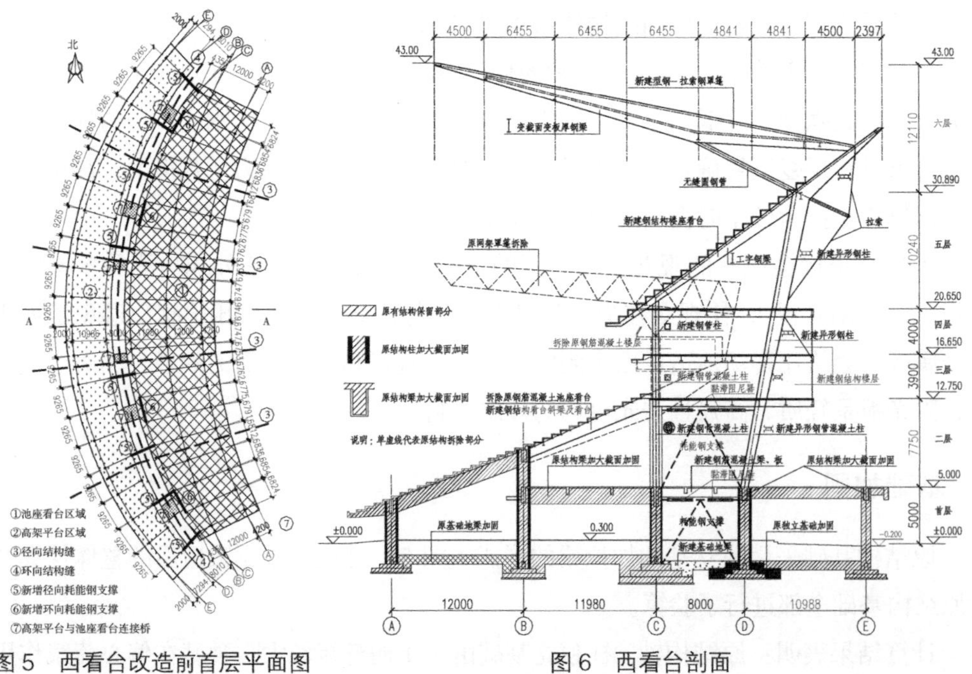

图5 西看台改造前首层平面图

图6 西看台剖面

基础底面边缘最大压力大于1.2倍修正后的地基承载力特征值，需加大基础底面积。由于加大基础底面积施工难度大，结合边缘最大压力超限较小，考虑径向地梁和独基共同作用分担基础 Y 向弯矩，采用了加固轴Ⓐ ~ Ⓑ径向地梁的方法进行了补强，加固大样见图7（a）；原结构设计之初曾考虑过后期加建，所以轴Ⓑ、Ⓒ、Ⓔ柱基础可以满足改造后的设计要求；原结构轴Ⓓ柱新增竖向荷载很大，原独立基础采用了加大基础底面积方法加固，加固大样见图7（b），同时于轴Ⓒ ~ Ⓓ新建了径向地梁。

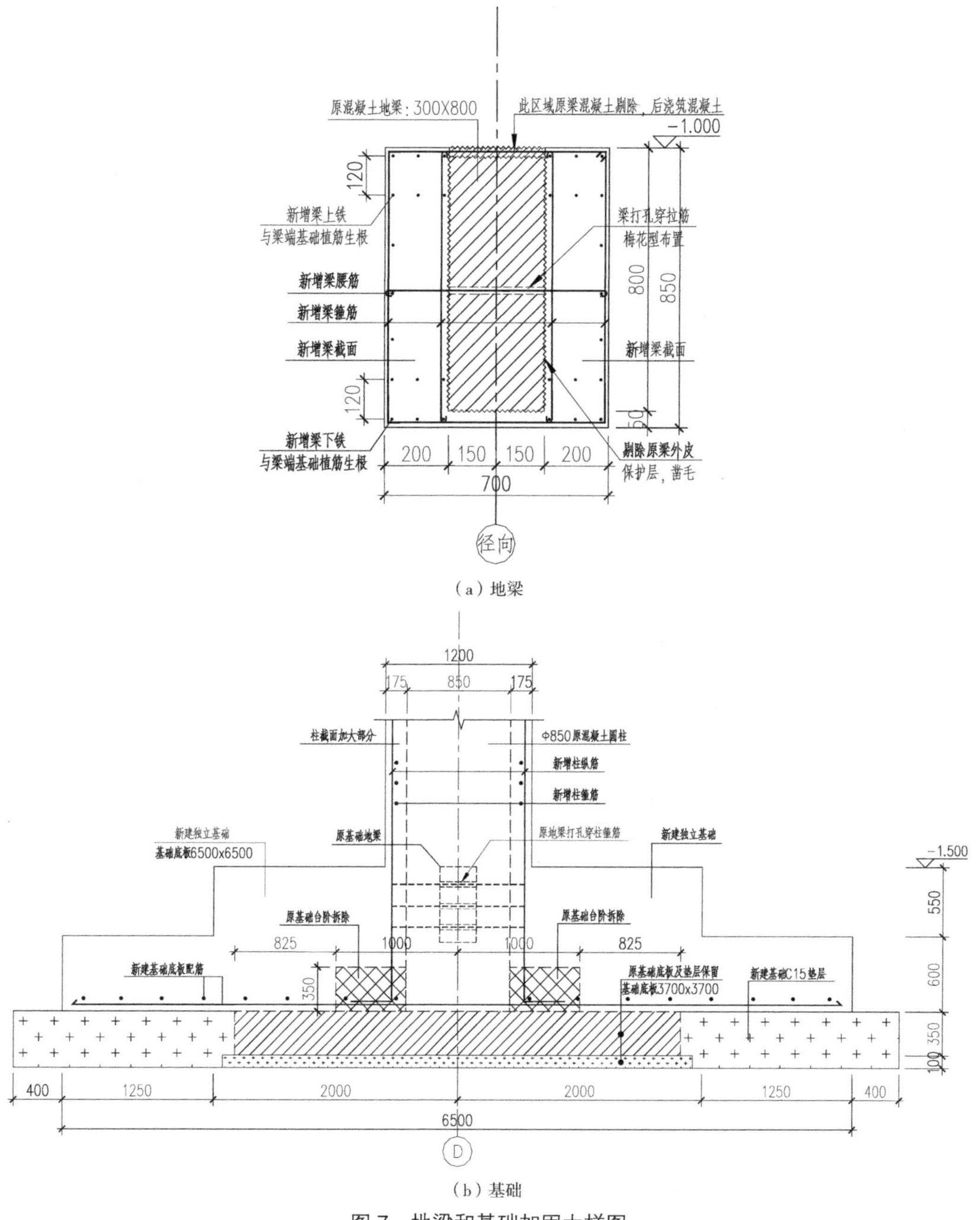

（a）地梁

（b）基础

图7 地梁和基础加固大样图

根据地勘报告，地基持力层土质为一般第四纪粉质黏土、黏质粉土②层，黏质粉土、砂质粉土$②_1$层，局部黏土、重粉质黏土$②_2$层，地基承载力标准值f_{ka}=150kPa。2005年3月下旬于钻孔中实测到2层地下水，第一层地下水位静止标高为37.92~38.08m，地下水类型为台地潜水，年变化幅度一般为3~4m；第二层地下水静止水位标高为28.47~30.61m，地下水类型为层间水，年变化幅度一般为1~2m。实测台地潜水水位低于基底砌置标高，对基础加固施工有利。

构件线切割方法首次在建筑结构改造中大规模地使用，保证了建筑基础和其他结构构件不受扰动。在原有的基础上采用钢结构技术进行扩建，不仅大大减轻了上部扩建部分的荷载，减少了混凝土的浇筑量，同时降低了基础的改造量和加固难度，使得建设工期大大缩短。

上海世博村 E 地块改扩建工程基础设计[①]

【导读】2010 年上海世博会世博村 E 地块改扩建工程的特点在于拆除后新建部分与保留改建部分紧邻，且新建部分基坑较深，改建部分原结构已使用较长时间等。因此确定新建部分结构形式、基础类型和改建部分上部结构改造加固标准与方法、地基基础处理方式等问题都是紧密相关、相互影响的。在通盘考虑了边坡支护、施工顺序等一系列相关因素后，新建部分采用钢筋混凝土框架－核心筒结构体系，其基础采用无挤土效应的钻孔灌注桩，改建部分的基础除与新建部分深基坑相邻处采用锚杆静压桩进行托换外，其余部分均采取措施实现了天然地基方案。

1 工程概述

2010 年上海世博会世博村 E 地块改扩建工程位于上海世博园浦东园区东南，在原港口机械制造厂金加工车间原址进行改扩建。由原厂房西北部分拆除后新建的塔楼（以下称新建部分）和对原厂房进行保留、改建的部分（以下称改建部分）组成（图 1）。

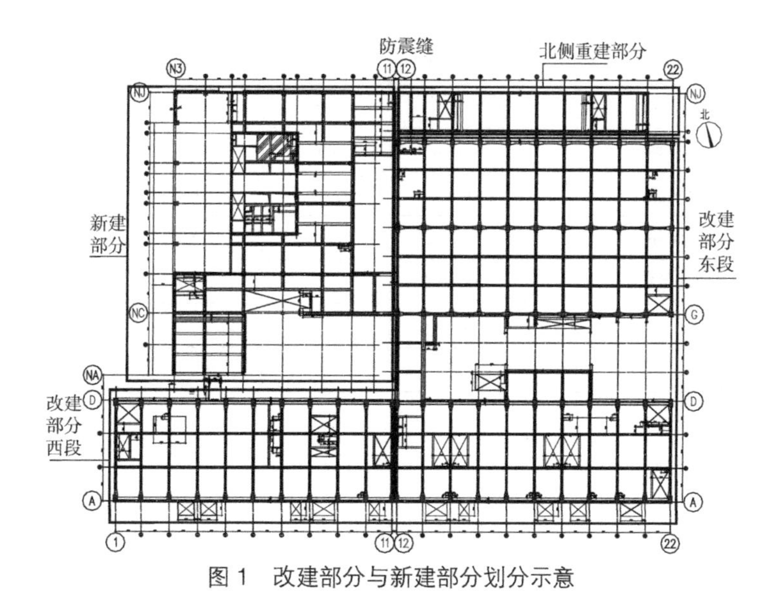

图 1 改建部分与新建部分划分示意

① 节选自“2010 年上海世博村 E 地块改扩建工程结构设计”（作者：范波，张胜，魏宇，王耀榕，张如杭）原文发表于《建筑结构》2009 年第 12 期。

二者在结构上相互独立，之间设防震缝。新建部分地下 2 层，地上 23 层，地上层 1、2 为裙房。结构体系为框架－核心筒结构，基础形式为桩筏基础。建筑面积约 46365m^2，檐口高度 93.70m，埋深约 10.50m。

改建部分无地下室，地上 2~3 层。原为单层排架结构，于 1961 年完成设计，竣工后作为港口机械制造厂金加工车间使用，期间对排架柱进行过改造。现顶层尽量保留原钢屋架，下面增设新柱、梁与原柱组成框架，从而形成顶层为排架、下部各层为框架的结构体系，基础形式为独立柱基及筏形基础。建筑面积约为 12915m^2，檐口高度为 12.50m。

2 地质条件

场地各土层自上而下的分布情况和新建、改建部分基础设计参数见表 1。地下水位按不利条件分别取高水位埋深 0.50m 及低水位埋深 1.50m。

地勘报告提供的岩土参数 **表 1**

层序	土层名称	层厚（m）	承载力特征值（kPa）	钻孔灌注桩设计参数		压缩模量（MPa）
				侧阻力 f_s（kPa）	端阻力 f_p（kPa）	
①$_1$	杂填土	1.50~2.40				
①$_2$	素填土	1.60~2.00				
②	粉质黏土	1.10~2.70	85	15		4.30
③	淤泥质粉质黏土夹黏质粉土	3.10~3.90	65	25		4.51
④	淤泥质黏土	7.30~9.30	60	20		2.01
⑤$_{1a}$	灰色黏土	1.00~2.90	70	30		2.92
⑤$_{1b}$	粉质黏土	5.50~7.60	85	35		4.17
⑥	粉质黏土	3.50~4.70	170	60	1100	7.30
⑦$_{1a}$	砂质粉土	7.70~8.80		85	2000	35
⑦$_{1b}$	草黄色粉砂	25.0~25.5		90	2800	65
⑦$_2$	灰色粉砂	11.0~11.5				80
⑨	灰色粉砂	未钻穿				90

3 基础设计

3.1 新建部分与改建部分基础的相互关系及边坡支护

工程新建部分的桩基选型、边坡支护与改建部分的基础选型是彼此密切相关的，从经营、使用的角度出发，新建部分的地下室外墙与改建部分原独立柱基边缘的间距应尽可能减小（实施方案两者最小间距东西向仅为 2.70m，南北向仅为 2.50m，并从新增

部分 ±0.00 以下设大悬挑构件支撑上部与改建部分紧邻的柱），但新建部分基坑开挖深度在 10.68~12.28m，原独立柱基的埋深小于 2.0m（图 2），必须有效控制基坑开挖引起的附加变形，这对新建、改建结合部位的结构设计方案及边坡支护方案均提出了很高的要求。

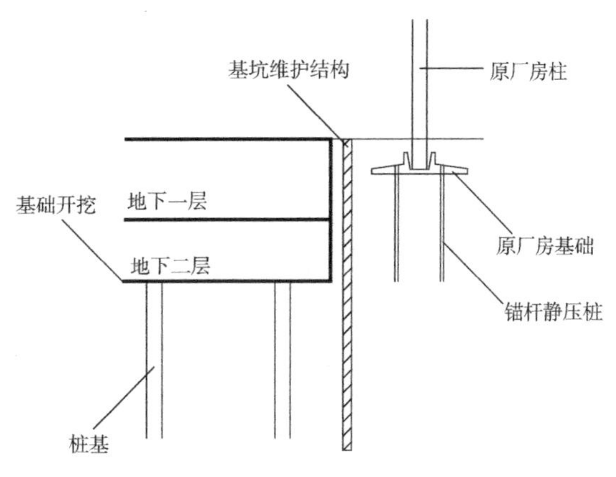

图 2　新建、改建地下部分关系示意

在方案阶段曾根据工程的实际情况，对当地常用的三种边坡支护方案，即地下连续墙、钻孔灌注桩加隔水帷幕、SMW（Soil Maxing Wall）工法，进行了技术经济比较。结论如下：由于地下连续墙工程造价较高，钻孔灌注桩加隔水帷幕占用地下空间较大，故 SMW 工法较适用于本工程。但 SMW 工法也存在一些问题，如设计过程中水泥土与型钢组合构件的受力机理尚不十分明确、整体刚度及构件强度设计值多是依据工程经验取值，施工方面应解决如何将围檩的施加方式与基坑开挖方式经济而有效地结合、如何确保型钢有效拔出及拔出对周围地面和工期的影响等问题。

专业支护公司最终采取的实施方案为 SMW 工法，围护结构采用 ø850 三轴搅拌桩，内插 H700×300×13×24 型钢，三轴搅拌桩间距 1200mm，桩与桩之间搭接 850mm，型钢长度为 21.00m/24.00m，三轴搅拌桩长度为 20.30m/23.30m。并特别加强了基坑东侧、南侧的围护结构刚度（H 型钢采用“密插”，其他两侧采用“插二跳一”），同时对改建部分与边坡相邻的柱基采用锚杆静压桩进行托换。至边坡施工结束即型钢拔出，基坑桩顶水平位移、改建部分原独立柱基的沉降均控制在 20mm 之内，保留的厂房建筑倾斜不大于 2.5‰，满足设计要求。

3.2　新建部分基础设计

根据上部结构和场地土层情况，新建部分应采用桩筏基础，桩基选型不但要考虑本身的合理性、经济性，而且要充分考虑在施工过程中对相邻改建部分的基础及其上部结构的影响。初步选择 PHC 桩（先张法预应力混凝土管桩）与钻孔灌注桩针对工程的具体情况进行方案比较（表 2），最终选用钻孔灌注桩，桩端持力层为⑦$_{1b}$草黄色粉砂层，桩长约 40m，直径 700mm，估算单桩竖向承载力特征值为 3252kN，筏板厚 1800mm；裙房部分的钻孔灌注桩作抗拔桩用，在裙房平面范围内基本上等间距布置，直径 600mm，桩长约 30m，估算单桩竖向承载力特征值为 920kN，使用阶段裂缝控制在 0.2mm 以内，筏板厚 1000mm。试桩结果表明，单桩竖向承载力估算值与桩基实际承载力匹配，可作为设计依据。筏板底标高 -10.50m，局部 -12.10m。验算桩基承载力、沉降及构件设计时均考虑了水浮力的影响。

新建部分桩基方案比较　　表 2

项目	PHC	钻孔灌注桩
造价	单方混凝土提供的承载力较高，造价约为钻孔灌注桩的 70%	相同条件下，造价较高
挤土效应	易产生挤土效应，必须考虑如何消除对改建部分的不利影响	无挤土效应
沉桩可能性	如采用⑦$_{1a}$层中上部土层作为桩端持力层，无困难；如进入⑦$_{1a}$层下部，有较大困难；如采用⑦$_{1b}$作为桩端持力层，难以成桩	沉桩无困难
桩身质量控制	应采取适当措施防止滞桩或桩身破坏，接桩工艺需严格控制	质量较易保证
工期	宜在东侧、南侧完成边坡支护后动工	可与边坡支护同时进行

因先行施工的相邻地块的钻孔灌注桩采用后注浆工艺发生了冒浆等问题，影响了工程进度，故业主要求不采用后注浆工艺。

3.3　改建部分地基基础设计

为在安全合理的前提下尽可能节省土建投资，除与新建部分深基坑相邻处采用将原柱基用锚杆静压桩进行托换外，其余部分均通过一系列措施实现了天然地基方案。难点在于如何将新增柱基与原有独立柱基之间的沉降差控制在规范允许的范围之内，从而确保基础的沉降及沉降差对上部结构无不良影响。

首先，新增柱下采用梁式筏板基础，并在该处采用架空层地面，以尽量降低该处的基底压应力及沉降，持力层为②层褐黄 ~ 灰黄色粉质黏土，埋深尽量与老基础持平。

其次，原有独立柱基的情况分为两种：一部分原有独立柱基满足改造后的承载力要求，经分析，原因在于该处原厂房的吊车运行荷载较大，原吊车梁产生的基底压应力甚至大于加层改造引起的基底压应力，需要特别注意的是，恰恰出于这个原因，该基础的沉降应已完成，这对于控制与相邻新增柱基的沉降差并非有利，所以将该基础与相邻新增柱基通过拉梁相连，借助构件的刚度调整相邻基础的不均匀沉降（图 3）；另一部分原有独立柱基不满足改造后的承载力要求，进行扩大底面积处理后，如果与相邻新增柱基过近导致沉降差或倾斜角过大，则采取同样方法处理。

3.4　施工顺序

改建部分与新建部分邻近处，首先采用锚杆静压桩对相邻处改建一侧第一排保留的独立柱基进行托换后，采用 SMW 工法完成新建部分的基坑围护、开挖（可同时进行钻孔灌注桩的施工），然后进行新建部分的地下室施工，至 ±0.00 后再开始改建部分的施工（包括改建部分新增柱基础的施工、部分原基础的加固）。

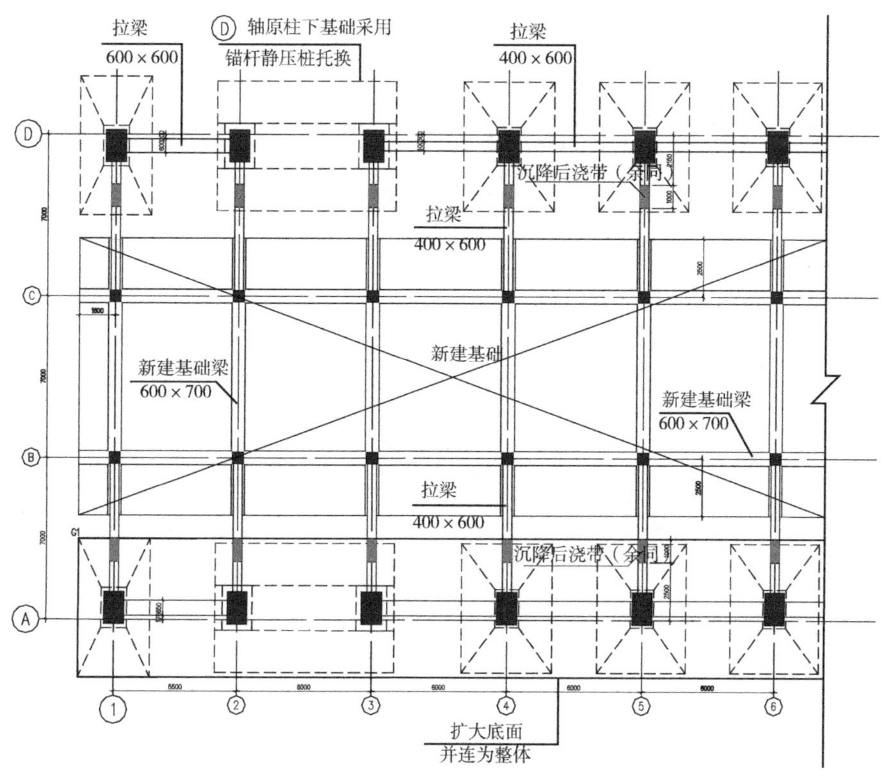

图3　改建部分西段基础示意

4　结语

工程的特点在于新建部分与改建部分紧邻，因此结构设计必须充分考虑其相互影响，包括对边坡支护、施工顺序等相关因素也应认真考虑并与相关单位充分协作。

从新建部分、改建部分的上部结构与地基基础选型，改建部分设计标准的确定，改建部分梁柱节点后锚固做法等一系列问题的处理可以看出，结构设计是充满了挑战与乐趣的发现问题、解决问题的过程。

工程在初始条件、地域特点等许多方面具有其特殊性，因此概念设计、方案比较后选定的实施方案也在一定程度上受到特殊因素的制约，故本文所叙述的内容，包括结构体系、计算原则以及一些具体问题的处理是针对本工程特点提出的，仅供参考。

深基坑与邻近既有建筑地基基础相互影响实例分析 ①

【摘要】城市更新与建筑改造愈发受到重视，工程场地往往位于城市中心建筑密集区内，越来越多地遇到深基坑邻近既有建筑物的情况。新建工程深基坑开挖过程中，既要保证基坑工程安全，也要保证周边既有建筑物的安全与正常使用，有效分析基坑与既有建筑的相互影响、提出风险控制措施非常重要。本实例为北京地区某改扩建项目，对邻近深基坑与既有建筑相互影响问题进行总结研究，运用有限元数值分析方法对既有建筑－邻近基坑－围护结构进行分析，提出设计施工过程中的风险控制措施，指导基坑支护设计与施工，保证了整个改造项目顺利实施，对于近接深开挖工况的风险防控、既有建筑地基安全检查有借鉴意义。

随着城市建设步伐的加快，北京地区旧城改造工程越来越多，建筑物周边环境变得越来越复杂，邻近既有建筑的深基坑支护工程面临着愈加严峻的考验。部分基坑具有开挖面积大、周边管线密集、地质条件差、工期紧等特点。对于此类基坑工程，如何保护基坑周边既有建筑、管线、道路的安全，是基坑支护工程的重要使命。因此当深基坑邻近既有建（构）筑物时，深基坑的变形控制是设计中尤其重要的一环[1-5]。

本文以北京地区某改扩建项目为背景，介绍整个项目设计过程中紧邻既有改建建筑与新建建筑基坑相互影响技术难点及解决方案。使用岩土工程分析软件 PLAXIS 进行数值分析，采用基于小应变土体硬化模型（HSS）的岩土模型[6-10]，对基坑开挖导致的既有建筑地基基础变形进行预测，指导基坑设计与施工工作，最后对建筑和基坑变形监测结果进行分析。

1 工程概况

1.1 项目概况

本工程包括既有办公楼改造加固及新建办公楼两部分。既有建筑地上 2~11 层，地下 2 层，新建办公楼包括 1 栋地上 8 层、地下 3 层办公楼，2 层报告厅及纯地下室，均采用框架－剪力墙结构，梁式筏板基础。

---

① 原文刊于《建筑结构》2016 年第 17 期（作者：李伟强，周萍，宋捷）。

新建报告厅与老楼结构上相连接，但其基底埋深低于现有办公楼基础埋深约10.00m，新建报告厅与老楼之间拟设置沉降缝。本工程建筑设计参数见表1，其建筑平、剖面图见图1、图2。

各楼座设计信息　　表1

楼号	既有办公楼	新建办公楼
地上层数	11	9
地下层数	2	3
建筑高度（m）	44	41.3
±0.00（m）	46.50	46.5
基底标高（m）	−7.80	−16.1，−15.3
结构形式	剪力墙结构	剪力墙结构
基础形式	筏板基础	筏板基础
天然地基承载力标准值（kPa）	—	260

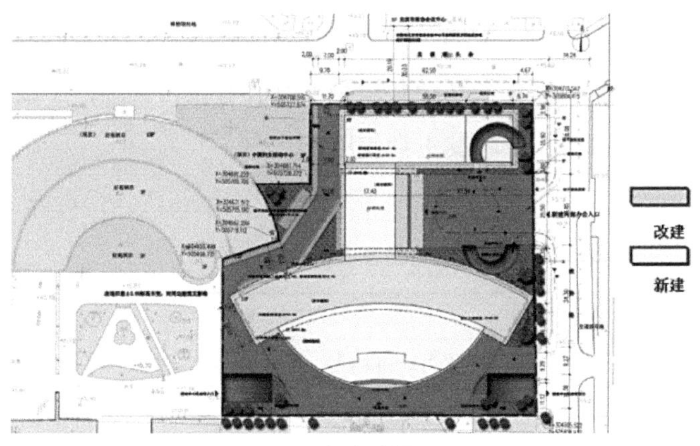

图1　改造后平面图

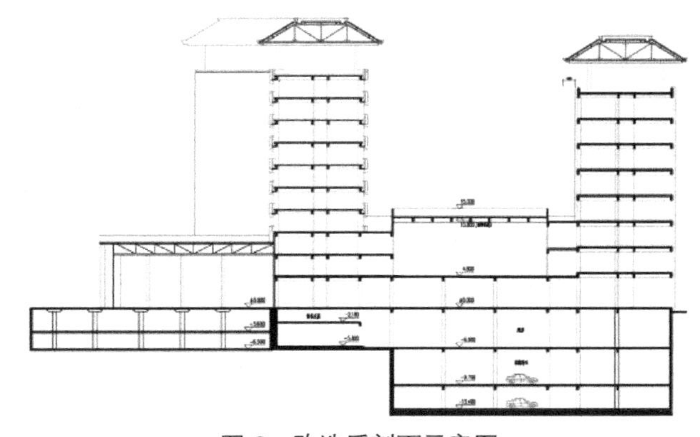
图2　改造后剖面示意图

1.2　工程地质、水文地质条件

根据岩土工程勘察，本工程地层主要分为人工堆积层及第四纪沉积层两大类。表层一般为厚约4.70~7.20m的人工堆积房渣土、碎石填土。人工堆积层以下为第四纪沉积的砂质粉土、粉质黏土、黏质粉土与卵石、细砂、中砂交互土层，工程地质剖面见图3，土层主要物理力学性质指标见表2。

本场地地下水位：第1层地下水为层间水，水位埋深18.90~19.60m；第2层地下水为层间水，水位埋深28.40~29.60m。

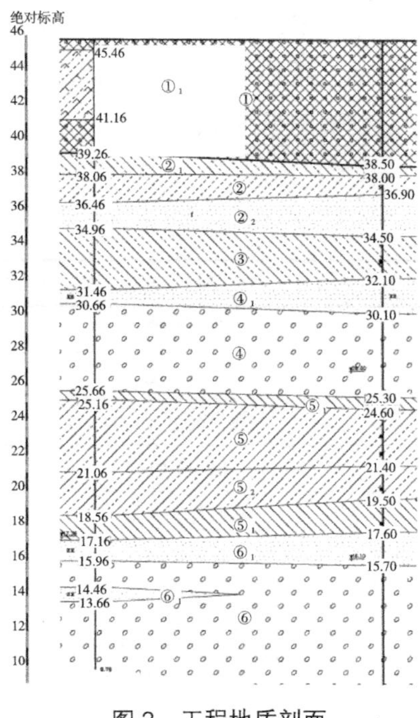

图3　工程地质剖面

1.3　工程特点

本工程新建办公楼基础埋深大于既有办公楼基础深度9.8m，新楼的深基坑对老楼的地基造成侧限削弱的影响，老楼的荷载对于新建筑的深基坑构成超载，影响边坡稳定，新楼深基坑侧壁的不稳定或位移过大，又会影响到老楼，而引起老建筑的不均匀沉降。所以新楼的基础开挖势必对既有建筑基础产生影响，如不加以控制会造成老楼基础变形过大，影响其正常使用。

土层主要物理力学性质指标　　**表2**

土层编号	岩土名称	天然快剪		压缩模量
		黏聚力 c（kPa）	内摩擦角 φ（°）	E_s（MPa）（P_0~P_0+100）
①	房渣土	0	8	15
②	砂质粉土	10	25	21.8
②$_1$	粉质黏土－黏质粉土	25	15	8.2
②$_2$	粉砂	0	28	22.5
③	黏质粉土－砂质粉土	15	20	14.6
④	卵石	0	36	62.5
④$_1$	细砂－中砂	0	30	32.5
⑤	黏质粉土－砂质粉土	30	34	22.5
⑤$_1$	黏土－重粉质黏土	50	21	16.2
⑤$_2$	粉质黏土－黏质粉土	36	12	19.7
⑥	卵石	0	40	90
⑥$_1$	中砂－细砂	0	35	57

注：引自岩土工程勘察报告。

因此对于相互影响的复杂问题，要在新楼建造过程中各阶段对老楼基础的影响进行详细的专项分析计算，通过结构或施工措施减少影响，确保老楼基础安全。

2 工程风险控制措施

2.1 以变形控制为基坑设计原则

目前基坑设计方法一般采用弹性地基梁法，这种方法以强度控制为主，软件建模时将围护周围土体和水，包括周边建筑全部等效为荷载作用在围护结构上进行计算，无法合理考虑周围建筑物的结构特征，也就不能准确分析对周围环境的影响程度。对这类基坑工程，不仅需要满足强度控制原则，也要满足周边环境等变形控制原则。

本工程在收集、整理和分析地质资料、原设计和现状调查、检测资料的基础上，应用岩土工程数值软件，通过地基土与结构相互作用，考虑基坑与建筑地基基础的相互影响，预测基坑开挖对既有建筑的影响，以指导变形控制原则进行基坑设计。

2.2 变形预测

由于深基坑与紧邻建筑相互影响的复杂性，一般很难通过解析解求得由基坑开挖引起的结构变形量，岩土工程数值计算软件为变形分析提供了很好的手段。

为确保深基坑施工期间邻近建筑物的安全性和正常使用的要求，根据既有建筑物地质条件、基础类型、结构形式等现状调查资料，采用数值计算方法计算既有建筑物的变形控制指标。通过不断调整基坑设计方案及施工方案直至满足其安全性为止。

2.3 施工期间变形监测

为了及时收集、反馈和分析建筑基础在基坑施工中的变形情况，实现信息化施工并确保施工安全，综合本工程周边环境状况及围护结构和支护体系的特点，本工程共进行如下几项基坑监测工作：既有建筑基础竖向位移变形监测，基坑水平、竖向位移变形监测，坑深层水平位移监测，基坑拟建建筑竖向位移变形监测，基坑锚杆内力监测等。

2.4 安全巡查

在施工期间对基坑工程及周围重要的管线、既有建筑、地面道路等实施现场巡视，排查现场危险源，用以评定该工程在施工期间的安全性及施工对周边环境的影响，并对可能发生的危及施工、周边环境安全的隐患或事故及时、准确地预报，以便及时采取有效措施消除隐患，避免事故的发生。

巡查内部包括：基坑有无超挖，围护部分土体有无明显变形，周边地面有无开裂，建筑物有无裂缝，管线有无渗漏等。

3 变形预测数值分析

3.1 基坑支护方案简介

本工程周边环境复杂，建筑物、管线多且距离较近，尤其是紧邻拟改建的既有办公楼，新老建筑部分位置相接，对基坑变形要求较高。为此需要采用适宜可靠的支撑及锚固体系平衡土压力和限制基坑变形，以保护既有建筑。

本基坑设计方案主要采用护坡桩和锚杆的支护体系来限制基坑位移。基坑支护剖面示意图如图 4 所示。围护桩直径 800mm，桩长约 12.0m，间距 1600mm。共设置 2 道预应力锚杆，锚杆成孔孔径 150mm，自由段长 5m，锚固段长 12m。

支护结构位移控制值较一般工程严格，其中桩顶水平位移控制值为 15mm，预警值为 10mm；桩顶沉降控制值为 15mm，预警值为 10mm；深层水平位移控制值为 15mm，预警值为 10mm。变化速率报警值均为 2mm/d。

3.2 数值分析模型

二维模型选取了南北典型剖面，见图 5。模拟新楼基坑开挖，预应力锚杆设置等过程，观察开挖至基底标高和新楼建设完毕时基坑回弹和再压缩的情况。

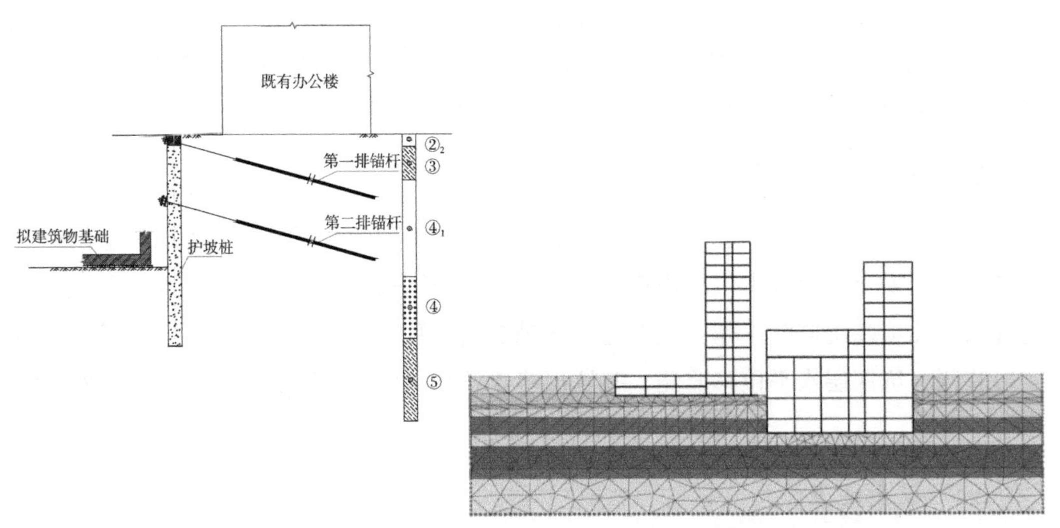

图 4 基坑支护剖面示意图

图 5 新楼与老楼二维模型

在此模型中，对线和面，根据结构模板图赋予不同的属性，包括结构尺寸和参数；其中，梁单元及柱单元是在线的基础上赋予属性，划分网格后，为 3 节点线单元，各节点有 6 个自由度，即平移自由度（u_x，u_y，u_z）和转动自由度（φ_x，φ_y，φ_z）。梁单元基于 Mindlin 梁理论，具有抗弯和轴向刚度特性；基础底板、各层楼板、墙用板单元来模拟，划分网格后，为 6 节点板单元，各节点具有 6 个自由度，即平移自由度（u_x，u_y，

u_z）和转动自由度（φ_x，φ_y，φ_z）。桩单元用 Embedded pile 单元，Embedded pile 是一类可以任意方向放置在土层中，且需要考虑桩侧摩阻力和桩端阻力的梁单元。

围护结构用板单元模拟，软件用板单元等效计算，其等效刚度计算方法参考文献[11]进行，如式（1）、式（2）及图 6 所示。

$$\frac{1}{12}(D+t)h^3=\frac{1}{64}\pi D^3 \tag{1}$$

$$h=0838D\sqrt[3]{\frac{1}{1+\frac{t}{D}}} \tag{2}$$

锚杆自由段采用 node-to-node anchor 单元模拟，锚杆注浆段采用 Embedded pile 单元模拟。地层参数按勘察报告提供的钻孔，选择最不利位置进行计算。模型的边界条件一致，前、后、左、右及底部均施加法向约束，顶面（地表）为自由界面。

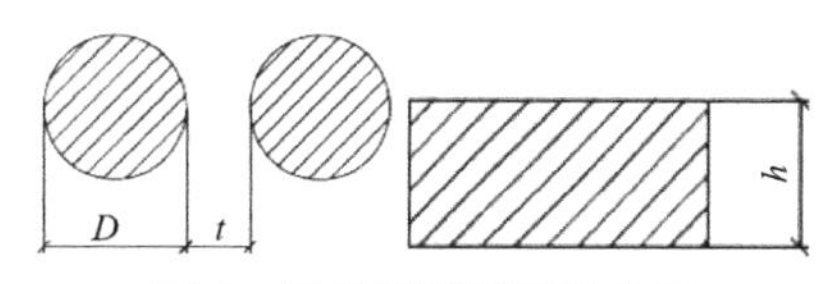

图 6　桩体刚度折算示意图

3.3　分析步序

为了精确地模拟和计算出新楼基坑开挖对老楼结构产生的影响，首先模拟新楼建造完毕并将位移清零，再模拟施工基坑围护结构，分层开挖、分步加预应力锚杆，分析加锚杆对老楼结构的影响，最后还模拟了施工至新楼结构完成时附加沉降对老楼结构的影响。整个分析步序见表 3。

分析步序　　表 3

步序	施工内容
第一步	施工护坡桩
第二步	开挖第一层土，加第一道锚杆
第三步	开挖第二层土，加第二道锚杆
第四步	开挖至基底
第五步	施工新楼至地面标高
第六步	施工新楼至结构封顶

3.4　变形分析结果

基坑开挖到底后南、北侧地面沉降见图 7，与连续墙的变形规律一样，随着开挖深度的增加，地表变形量逐渐增大。其影响范围约为墙后 45m，说明本工程深基坑的环境影响范围至少大于 1.5 倍开挖深度。

3.5 建筑基础变形

既有办公楼基础的沉降随着基坑的开挖逐渐增加，开挖至基坑底时沉降为1.82~2.45mm，基础底板最大水平位移1.97mm。随着建筑建造，附加荷载增加，最终建筑基础沉降量为4.70~5.00mm，满足设计要求。通过图8数据对比，变形预测值与实测值较为接近。

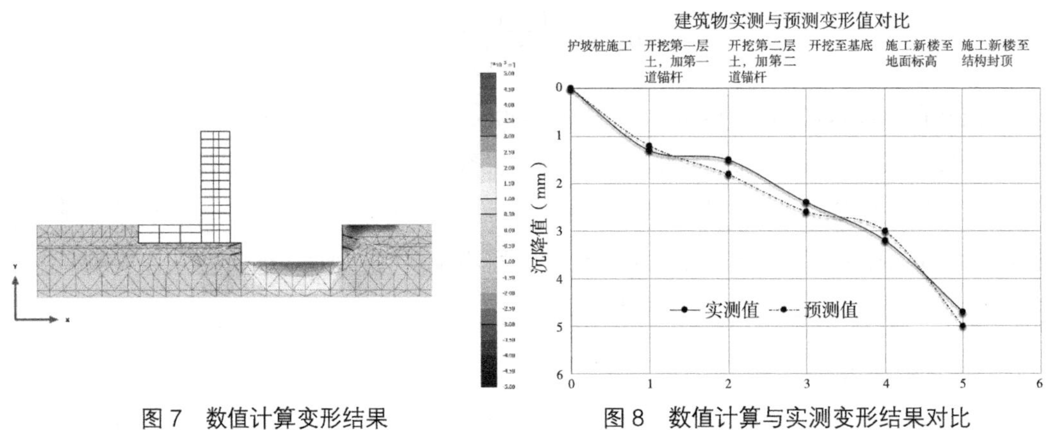

图7　数值计算变形结果

图8　数值计算与实测变形结果对比

4 结论

本工程基坑面临与既有办公楼相互影响问题，采用岩土工程数值计算软件，针对基坑工程开挖对既有办公楼的相互影响进行预测，判定基坑开挖对建筑物的安全与剩余变形能力，得出以下结论：

（1）通过数值软件预测基坑工程对既有建筑的影响程度，指导基坑以变形控制原则进行设计，对紧邻建筑等周边环境的保护是有益的。

（2）从建筑物的变形监测结果可以得出，既有建筑基础在施工期间的变形量未超过规范容许值，监测数值与数值计算预测数值基本一致，说明计算采用的基于小应变土体硬化模型（HSS）的岩土模型是基本准确的，所选用的计算参数是合理的。

（3）数值计算模型按实际基坑规模、周边建筑、基坑周边一定影响范围内的土体进行分析，可预测基坑对邻近建筑物的影响程度，该方法是分析相互影响工程较为理想的方法，可为类似工程提供借鉴。

（4）作为主体结构设计单位，有必要对基坑设计方案进行校核分析，针对计算结果对围护方案提出建议，指导后续施工、监测和应急预案，确保工程施工安全。

参考文献

[1] 李伟强，罗文林．大面积基坑开挖对在建公寓楼的影响分析[J]．岩土工程学报，2006，28

（S1）：1861–1864.

[2] 阚超，刘秀珍．某深基坑安全开挖引起临近建筑物较大沉降的实例分析 [J]. 岩土工程学报，2014.

[3] 李伟强，孙宏伟．邻近深基坑开挖对既有地铁的影响计算分析 [J]. 岩土工程学报，2012，34（S1）：419–422.

[4] 李伟强，薛红京，宋捷．北京地区复杂环境条件下超深基坑开挖影响数值分析 [J]. 建筑结构，2014，44（20）：130–133.

[5] 祝磊，彭建和，刘金龙．地铁车站深基坑建设对邻近建筑物安全的影响评估 [J]. 中国安全生产科学技术，2015，11（12）：85–92.

[6] 邵华，王蓉．基坑开挖施工对邻近地铁影响的实测分析 [J]. 地下空间与工程学报，2011，7（1）：1403–1408.

[7] 郑刚，李志伟．基坑开挖对邻近任意角度建筑物影响的有限元分析 [J]. 岩土工程学报，2012，34（4）：615–624.

[8] 梁志荣，陈颖，黄开勇．紧邻历史保护建筑深基坑设计实践及监测分析 [J]. 岩土工程学报，2014，36（S2）：483–488.

[9] 王卫东，王浩然，徐中华．基坑开挖数值分析中土体硬化模型参数的试验研究 [J]. 岩土力学，2012，33（8）：2283–2290.

[10] 尹宏磊，韩煊．深基坑开挖对邻近运营地铁的影响分析 [J]. 岩土工程学报，2012，34（S1）：608–612.

[11] 刘国彬，王卫东．基坑工程手册 [M]. 北京：中国建筑工业出版社，2009.

既有砌体住宅装配化外套加固技术实践与旋进钢桩研发[①]

【导读】既有砌体住宅装配化外套加固技术是北京市建筑设计研究院有限公司自主研发的创新结构加固技术，设计方法可靠、可实施性强、施工绿色文明、抗震节能一体化解决、综合造价相对较低，同时还能最大限度地避免入户施工，改善居民居住条件，解决民生难题，真正地践行了“建筑服务社会、工程保障民生”理念。现已成为北京地区老旧房屋抗震加固改造工作推进的首选技术。这项技术获得了多项国家发明专利，也得到了政府部门的大力支持与肯定，不仅将外套加固技术列入了北京市地方标准，也在北京地区 200 余栋住宅中进行了推广应用，累计加固面积已近百万平方米，“老楼穿铠甲”使居民开心、政府放心。为了让此项创新技术更好地为公众所知、为工程所用，造福广大民众，特刊此例。

2019 年举办的第二十届北京青年学术演讲比赛过程中，题为“老楼穿铠甲”的演讲从始至终得到了专家评委的好评与肯定，最终在决赛获得了一等奖。此番参赛使得青年工程师得到了宝贵的锻炼成长机会，同时也使得既有砌体住宅装配化外套加固技术再次受到了广泛的社会关注。

1 外套加固技术提出

北京地区于 20 世纪六七十年代建造了大量多层砌体住宅建筑，至今已使用了 40 余年，存在着结构材料老化、整体抗震性能差、居住舒适度低等一系列问题，亟需解决。这些砌体住宅多采用北京市建筑设计研究院有限公司编制的“64 住 2”“73 住乙”“74 住 1”及“76 住 1”等系列住宅标准图建造，典型建筑单元平面布置如图 1 所示。

依据房屋检测鉴定统计结果及走访调研情况，上述砌体住宅建筑主要特点如下：

1）抗震构造和承载力一般都不满足要求。仅对建筑外侧墙体加固（如在砌体结构

---

① 本实例编写所依据资料：“既有砌体住宅装配化外套加固技术与方法”《城市与减灾》2019 年第 5 期（作者：苗启松）、“砌体结构加固设计方法及试点工程”《建筑结构》2013 年第 18 期（作者：万金国、陈晗、李文峰、苗启松）、“既有建筑装配化外套加固成套技术研究与应用”《中国勘察设计》2018 年第 8 期（作者：苗启松、李文峰、閤东东）、“新型旋转钻进复合钢桩在抗震加固工程中的应用”《第十三届高层建筑抗震技术交流会论文集》（作者：方云飞、周建、孙宏伟、苗启松）。

外墙进行单面钢筋网砂浆面层法加固等），不能完全解决抗震承载能力不足的问题。

2）户型小、建筑内部使用面积紧张。以“74 住 1”甲单元为例，各户建筑面积约 $50m^2$，卫生间使用面积不足 $2.0m^2$。

3）施工扰民问题敏感。加固施工过程中产生的噪声、粉尘污染等问题，会对住户的日常生活造成较大影响，居民普遍抵制。

由于结构抗震性能较差，采用传统的砌体结构整体抗震加固方法，如“钢筋网砂浆面层加固法”“钢筋混凝土板墙加固法”等，需对建筑内部墙体同时进行加固，这就会造成建筑使用功能中断、原有内装修破坏、占用现有建筑内部使用空间等一系列问题，从工程可实施性角度而言，存在巨大困难。因此，北京市建筑设计研究院有限公司复杂结构研究院的工程师创造性地提出了一种基于装配式技术的综合加固体系，如图 2 所示，即在既有砌体结构两侧增设装配式“外套”结构，在砌体结构的横向和纵向分别外套和外贴预制钢筋混凝土墙，并在外套结构基础平台下设置旋转钻进钢桩，调整外套结构与既有结构之间沉降差。

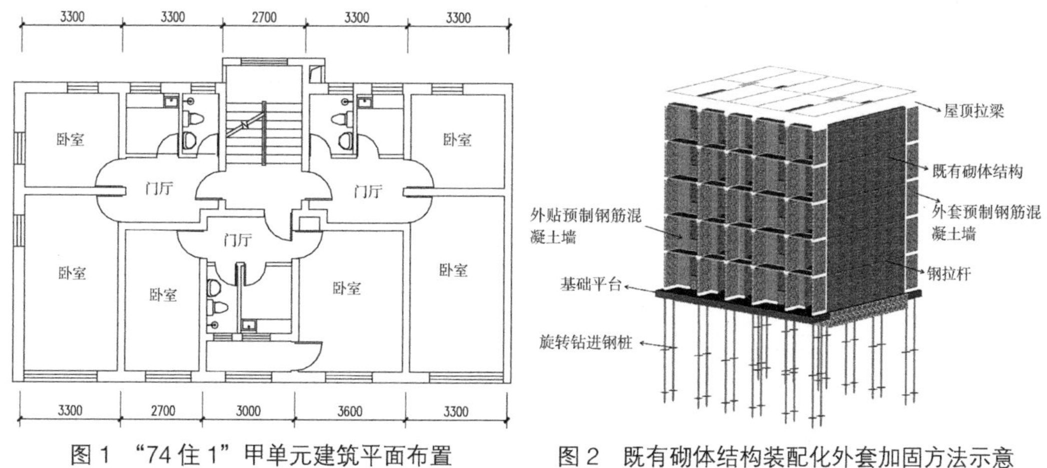

图 1 “74 住 1”甲单元建筑平面布置

图 2 既有砌体结构装配化外套加固方法示意

该技术具有以下优点：（1）安全可靠，抗震能力高；（2）现场湿作业少，施工周期快，对周围居民干扰小，环境影响小；（3）对住户干扰小，入户工作量小，居民不必搬出；（4）保温节能及外立面装饰改造一体化解决；（5）综合造价低，经济性好。这种体系化的整体式外套加固方案，改变了传统技术“头疼医头、脚疼医脚”的加固理念，通过附加延性及耗能更好的新结构，改善了老结构地震作用下的变形模式，从根本上改变了原结构抗震不利的动力特征。

2 足尺试验

为验证装配化外套加固后结构的抗震性能，选取“73 年乙”住宅标准图中的两个典型开间作为试验单元，在中国地震局工程力学研究所恢先地震工程综合实验室建造了5层、1 ∶ 1足尺砌体结构模型进行结构拟静力及拟动力试验，验证新老结构变形协调机理，为设计方法提供科学技术支撑，如图3~图5所示。

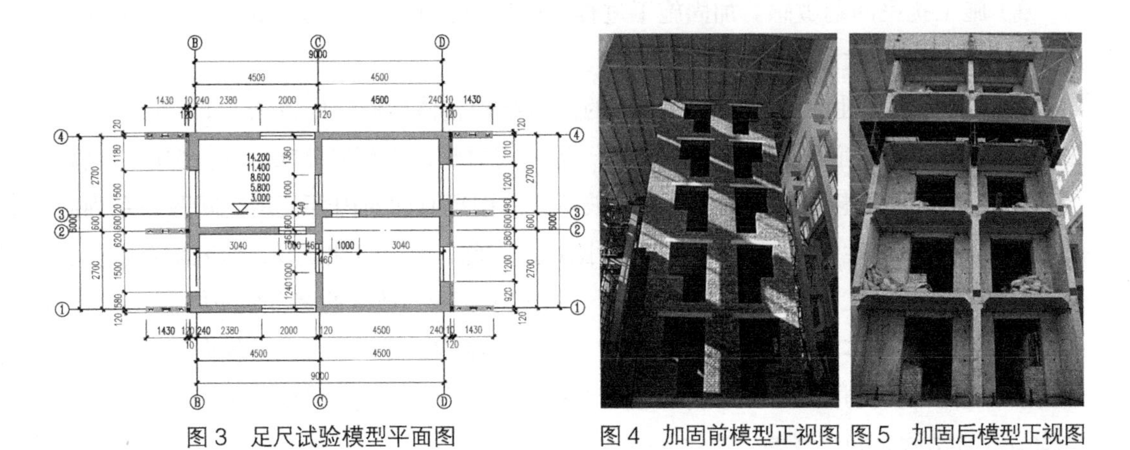

图3　足尺试验模型平面图　　图4　加固前模型正视图 图5　加固后模型正视图

拟静力试验及数值模拟结果表明，加固后的结构无论是横墙方向还是纵墙方向，结构的承载能力、抗侧刚度、耗能能力及延性均有显著提高（图6、图7，具体试验结果可见硕士学位论文“采用预制RC构件加固的砌体结构抗震性能研究”）。

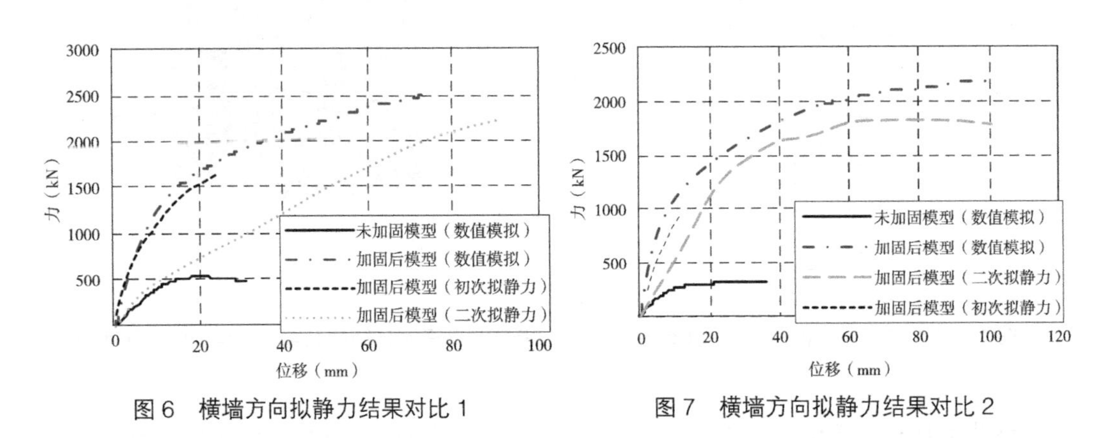

图6　横墙方向拟静力结果对比1　　图7　横墙方向拟静力结果对比2

足尺模型的制作加工过程验证了外套加固法施工的可行性，主体结构加固构件均采用预制钢筋混凝土构件，整个加固过程仅历时1个月，现场湿作业量极小，能够实现不入户施工。外套加固极大地提升了原有砌体结构的抗震性能，改变了砌体结构地震作用下脆性破坏的特征，加固后的结构表现出良好的延性特征。

3　旋进钢桩

老旧小区施工场地狭窄、障碍物多，为与装配化外套加固法配合，减少现场湿作业，北京市建筑设计研究院有限公司研发了新型旋转钻进复合钢管桩（简称旋进钢桩），如图 8、图 9 所示。该桩型由钢桩与注浆体组成，钢桩为焊有叶片的钢预制桩，采用专用机械旋转钻进方式成桩（图 10），之后进行桩端、桩侧后注浆，从而形成一种新型的钢桩与注浆体组成的复合型桩基。

通过对旋转钻进复合钢桩的受力机理分析，结合承载性状现场试验研究及工程桩试桩成果，得出以下结论：(1) 该桩型承载力相对较高，施工机械化程度高，施工方便快捷、工期短、绿色环保；(2) 注浆前钢桩承载力相对较低，注浆后钢桩承载力明显提高（图 11），为最大限度发挥桩身强度、提高桩基承载力，需要配以注浆施工工艺。

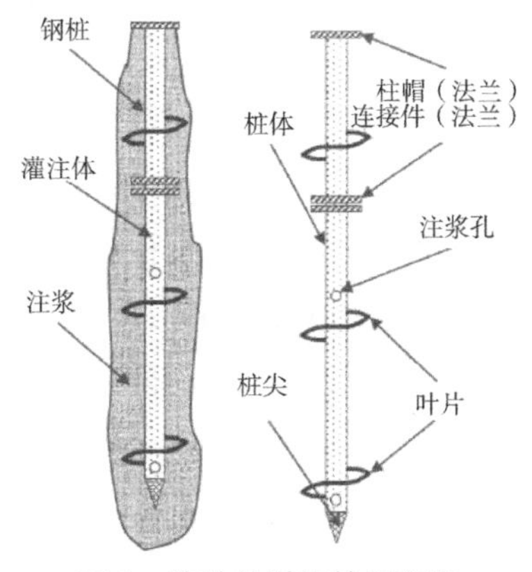

图 8　旋转钻进钢桩示意图

图 9　承载性状足尺试验研究

图 10　旋转钻进钢桩施工

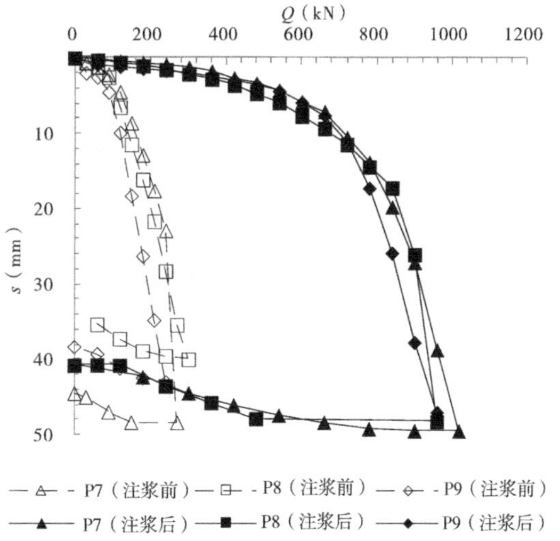

图 11　承载性状对比

4　工程应用

经政府部门协调，选定北京市朝阳区某栋砌体结构住宅楼作为外套加固方案实施的试点工程，如图 12 所示。该建筑建成于 1965 年，地上 5 层，建筑面积 3587.60m^2，预制楼板，横墙承重，未设置圈梁构造柱。经现场检测，首、二层砌体强度 MU10，砂浆强度 M2.5，三 ~ 五层砌体强度 MU7.5，砂浆强度 M1.0。经安全及抗震鉴定，该建筑抗震性能不满足要求，竖向安全性满足要求。

采用外套（预制构件）加固法进行抗震加固，从户型改善均好性角度考虑，建筑一侧挑出 1.5m，另一侧挑出 1.35m。左、中、右户套内净面积增加 9.97m^2、10.21m^2、9.48m^2，标准层每层建筑面积增加 187.40m^2，全楼共计增加 937.00m^2，加固后建筑平面布置见图 13。

加固改造时，原结构外纵墙上的窗下墙拆除，使新增外套结构部分与户内连通。本工程中，在原结构横墙位置外侧新增 200mm 厚钢筋混凝土剪力墙、在外纵墙外侧贴 140mm 厚钢筋混凝土纵墙，新增外扩部分楼板厚度 100mm。加固后端单元结构平面布置如图 14 所示。

主要加固项立面示意图及现场施工详见图 15~ 图 23，加固施工流程如下所述：（1）原有建筑悬挑阳台拆除；（2）旋转钻进钢管桩施工；（3）压浆锚杆施工，埋入原结构横墙基础放脚内；（4）现浇钢筋混凝土承台梁施工；（5）采用预制钢筋混凝土墙板对原有外纵墙进行加固，两者之间采用 CSA 无缝自流平灌浆材料相互粘结；（6）原有横墙两侧新增预制钢筋混凝土剪力墙；（7）屋顶位置新增钢筋混凝土拉梁；（8）钢结构坡屋顶施工。

图 12　试点工程加固前立面

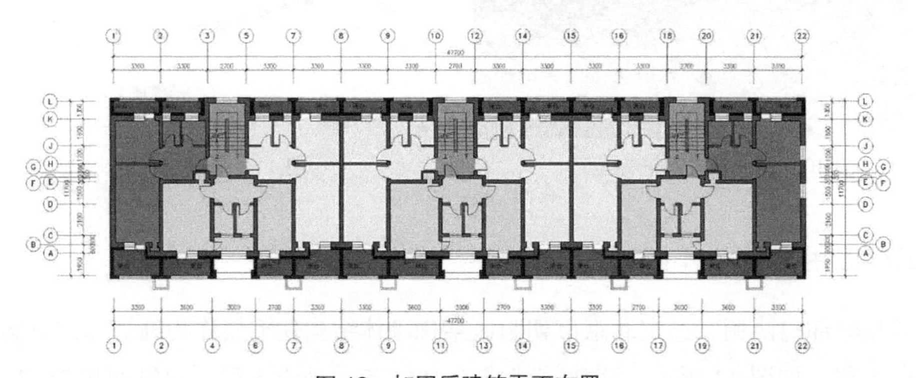

图 13　加固后建筑平面布置

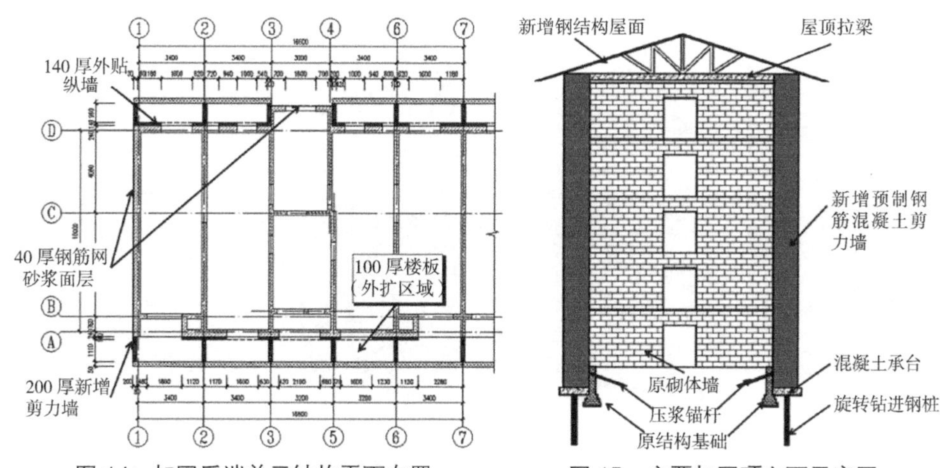

图 14　加固后端单元结构平面布置

图 15　主要加固项立面示意图

图 16　原有悬挑阳台拆除

图 17　旋转钻进钢桩施工

图 18　基础压浆锚杆施工

图 19　基础底板施工

图 20　基础承台梁施工

图 21　预制构件加固施工 1

图 22　预制构件加固施工 2

(a)

(b)

图 23　加固后建筑外立面效果图

实践证明，外套（预制）加固方法加固多层砌体结构具有方法可靠、可实施性强、施工速度快、施工绿色文明、抗震节能一体化解决、综合造价相对较低等优点，同时能避免入户施工，改善居民居住条件。

5　结语

装配化外套加固技术实现了既有砌体住宅抗震加固新突破，减少了对住户的干扰，提高了住宅品质，具体表现为：

（1）新型旋转钻进复合钢桩，成桩角度多样化、施工机械小型化、施工方便快捷；

（2）外套钢筋混凝土墙由工厂预制生产，产品质量高，规格精度高，构件现场安装，劳动强度小，湿作业少，施工周期快，环境影响小；

（3）结构整体加固施工对住户干扰小，入户工作量很少，居民不必搬出，解决居民搬迁周转问题，节省了大量安置费用；

（4）工程保温节能及外立面装饰改造一体化解决，不仅能显著改善建筑的热工性能，增加房屋舒适度，又对外立面进行了更新，改善了住宅使用性能和建筑物外观视觉效果；

（5）适当增加建筑使用面积，改善居民居住品质，深受居民欢迎，提升了政策亲和度，更容易推广。

该技术可提高房屋抗震能力，增加建筑使用面积，延长建筑使用年限，对缓解城市建设用地紧张、改善人民居住条件都具有现实意义。同时，将老旧建筑加固改造与工业化有机结合，也为我国现存的抗震危房提供一种切实可行且具有推广意义的解决方案。自 2011 年以来，装配化外套加固方法在北京市老旧小区抗震节能综合改造工程中得到广泛应用，应用面积近百万平方米，为提升北京城市抗震韧性水平、建设国际一流的和谐宜居之都提供直接、有效的安全保障。

六、援外工程

援赞比亚恩多拉体育场地基基础设计

塞内加尔国家剧院地基基础

援赞比亚恩多拉体育场① 地基基础设计

【导读】援赞比亚恩多拉体育场结构布置较为复杂，在建时为援外工程最大跨度建筑，主次拱交汇于同一支座，采用钢筋混凝土巨型柱墩基础，网架次拱支承于看台框架后端巨柱顶部，看台结构柱荷载差异大，根据荷载集度的不同，采用梁筏基础和柱下联合基础加拉梁的不同基础形式，通过残积土工程性质文献调研，结合勘察测试与试验成果指标，针对残积土工程特性进行了深入研究，全部采用天然地基并最终确定了基底砌置深度抬高的设计方案，通过施工阶段的现场载荷试验验证了地基分析与基础设计方案的合理性，节省了工期，节约了工程造价。

1 工程概况

援赞比亚体育场，位于赞比亚第二大城市恩多拉（NDOLA），可容纳4万余名观众，总建筑面积45208m^2，建筑实景见图1。本工程抗震设防烈度为6度，设计基本地震加速度为0.05g，设计地震分组为第一组，场地土类别为Ⅱ类场地，抗震设防类别为乙类。基本风压为0.5kN/m^2。

体育场看台由68榀现浇钢筋混凝土框架环绕场心组成，各榀框架高度随屋盖罩篷曲线高低变化。看台平面沿环向设置了4条永久结构缝，结构缝位于体育场场芯入口跨中央，缝两侧由主体结构悬挑。屋盖钢结构罩篷为东西对称月牙形造型网架结构，前端

图1 建筑实景

① 2013年获“中国建筑设计奖（结构设计）银奖”（龙亦兵、朱忠义、梁丛中、王荣芳、孙宏伟、秦凯、张玉峰）；本实例编写依据设计资料、科研报告、地勘报告及地基检测等工程资料。

主拱直接跨过体育场南北长向，跨度 288m，建筑高度 55.8m，本工程建设时为援外工程历史上最大跨度建筑。每侧罩篷前后进深最大处为 55m，网架后端次拱在中间区域设计有 20 个支点，位于看台框架后端钢筋混凝土巨柱顶部（图 2）。网架前后端主次拱在平面尽端交汇于同一支座，支座为钢筋混凝土巨型柱墩。

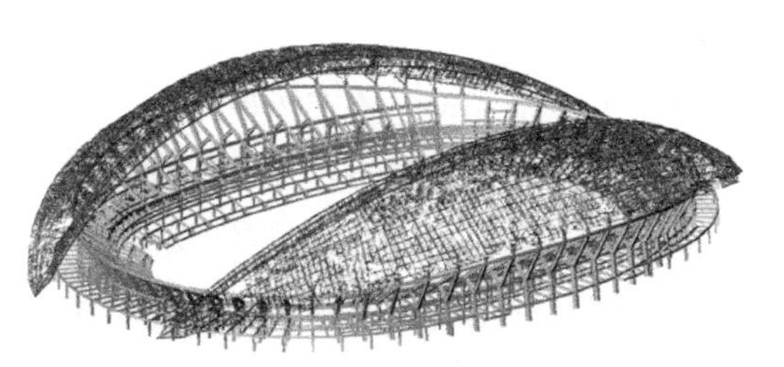

图 2 结构透视图

2 地质条件

根据地勘报告，本场地在勘探的 30m 深度范围内，自上而下分布有八个工程地质层：素填土①层，含砂粉质黏土②层，含砂粉质黏土②$_{a}$层，砾类土③层，砾类土层③$_{a}$层，残积土④$_{1}$层，残积土④$_{2}$层，全风化片麻岩⑤层，强风化片麻岩⑥层，强～中风化片麻岩⑦层，中风化片麻岩⑧层，中风化辉绿岩⑧$_{a}$层，代表性地质剖面见图 3。

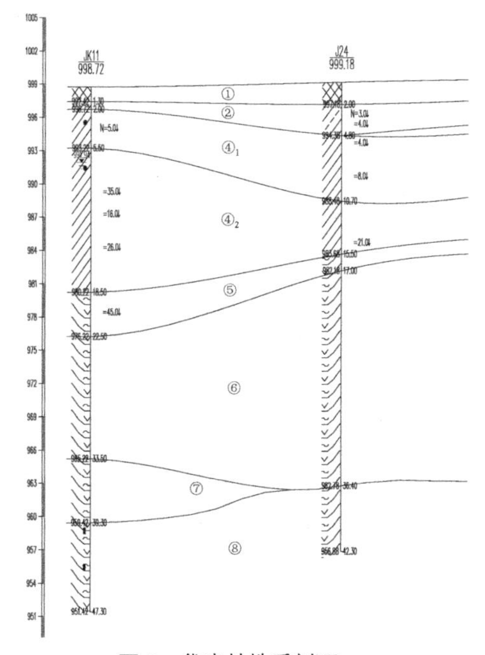

图 3 代表性地质剖面

根据勘探描述，②层呈可塑状态，②$_{a}$层呈可～硬塑状态，均为棕黄色，稍湿，含少量细小砂砾，含少量植物根系，有虫孔分布；③层松散（局部稍密），③$_{a}$层稍～中密，均为棕黄～棕红色，湿，欠均质，含砂黏性土充填，空隙发育；④$_{1}$层很湿，以软～可塑黏性土及稍密砂土为主，④$_{2}$层湿，以可～硬塑黏性土及中密砂土为主，均为棕褐色～灰黄色～灰绿色，含大量风化岩屑及细小砂砾，局部夹灰白色高岭土化斑点团块，土质不均，遇水易软化；⑤层棕褐色～暗紫色，强烈风化成密实砂土状，裂隙发育。

勘察期间测得孔隙型潜水初见水位埋深为 3.50~9.50m，稳定水位埋深为 4.25~12.60m。由于本地区雨期雨水充沛，水位季节性变化明显，地下水水位丰水期与枯水期年变化幅度在 2.5m 左右。

3 地基基础

3.1 地基方案

本工程 ±0.00=1001.55m，若以③$_{a}$层、④层为基础持力层时，因地基土质的变化，

基底标高分别为 –3.50m、–4.50m、–5.50m，相应的土方与基础工程的费用较高，工期较长，雨期施工难以保证质量。

仔细研读地勘报告，土的物理性质指标与力学指标汇总为持力层地基性质指标，列为表 1。根据有关残积土工程性质的文献研究，残积土不同于一般沉积的黏性土，不能机械地套用黏性土的评价标准，室内压缩模量指标不能作为地基承载力和地基沉降计算依据，原位测试指标更为可靠。经综合分析判断，将基底标高适当抬升是合理可行的。

地基性质指标 **表 1**

层号	岩性	室内试验指标		原位测试指标	
		固结 – 压缩试验		标准贯入试验	剪切波速试验
		E_{s2-4}（MPa）	E_{s4-8}（MPa）	N（平均值）	v_s（m/s）
④$_2$	残积土	9.61	18.46	15.0	252.3、254.7
⑤	全风化片麻岩	7.49	13.87	26.5	282.6~307.5
⑥	强风化片麻岩	天然单轴抗压强度平均值 0.76MPa		42.6	368.3~368.4

经过与勘察单位反复沟通，最终确定了基底标高设计优化方案：–5.50m 抬高 1.0m 至 –4.50m，–4.50m 抬至 –3.25m，–3.50m 抬至 –2.00m，根据经济所提供的初步估算：每抬高 1m，节省 400 万元费用。同时与勘察单位会商提出了碾压处理和现场施工时要防止地基因积水而受到软化扰动等相关要求，提出了通过平板载荷试验进行地基检测，在各方努力下，施工阶段开槽后浅层平板载荷试验得以实施，验证了设计阶段所做出的分析和判断的合理性。

由于钢结构罩篷次拱的 20 个支座支撑于巨柱的柱顶，因而巨柱的轴力较大，此外在看台下部框架柱大部分轴力也较大，如采用独立柱基形式会导致基础面积过大，为了增加基础整体性及调节巨柱与普通框架柱的不均匀沉降，本工程在巨柱及轴力较大的框架柱组成的区域采用整体梁式筏板基础，局部荷载较小的框架柱采用柱下联合基础加拉梁形式，基础总平面见图 4。拱脚支座设计对钢结构罩篷的影响很大，主要原因在于拱脚支座位移将对罩篷结构受力及变形产生影响，因此，拱脚基础方案在比选分析过程中进行了多工况的计算分析[①]。

3.2 拱脚基础设计

（1）大跨度拱脚基础常用设计方法：

工程中大跨度落地拱结构支座基础设计主要采用的形式有：

① 详细内容见“拱脚变形分析及其对拱形大跨度结构影响的设计研究”《建筑结构》2018 年第 20 期（作者：龙亦兵）。

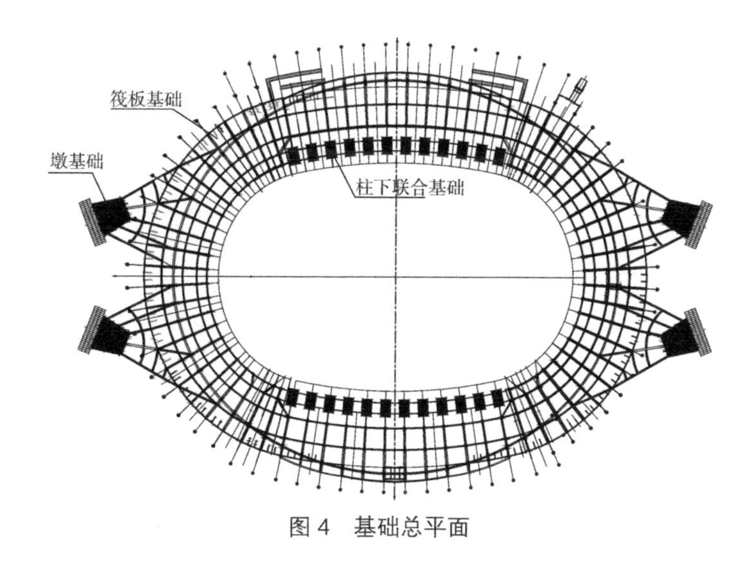

图 4　基础总平面

①斜桩基础：此种方案施工难度大，工艺水平要求高。赞比亚远离中国施工企业本土基地，不具备实施条件。

②拉杆方案：拱脚设置水平拉杆是结构设计中解决拱推力常用的方法，对于体育场这种大尺度建筑，有成功实施的先例，如南京奥体中心体育场。

援赞比亚体育场工程，由于场地存在坡度，两侧支座墩基础存在高差，施工难度大。另外对于援外工程，高强钢索的后期维护保养也存在很大未知因素。

③整体筏板（地梁）基础：2007 年落成的沈阳奥林匹克体育中心体育场即设计采用了钢筋混凝土闭合网格式条形基础，形成完整的地下混凝土结构承受上部拱结构推力，但此种方案需要有功能需求方具有经济性。

④重力抗推式基础：对于地质条件好的工程，可以采用重力抗推式基础，直接由地基土体承受罩篷拱结构竖向及水平荷载，重庆市袁家岗体育中心体育场为此类结构的典型。

（2）本工程拱脚基础设计方案确定：

分析比较上述几种方案，结合项目特点及当地技术条件，最终确定援赞比亚恩多拉体育场项目采用重力式箱形混凝土墩基础作为实施基础方案。

根据地质勘察报告，拱脚基础以残积土$④_2$层为基础持力层，地基承载力特征值为 200kPa。

为更好地解决拱水平推力问题，在墩基础水平抗推方向一定范围内，设计布置水泥压力注浆树根桩，进行地基处理加强土体抗推能力。基础设计见图 5、图 6。

（3）沉降计算分析

墩基础变形计算分析考虑地基土与基础相互作用，以便准确判断墩基础的变形量，为上部结构计算分析提供更为可靠的依据。

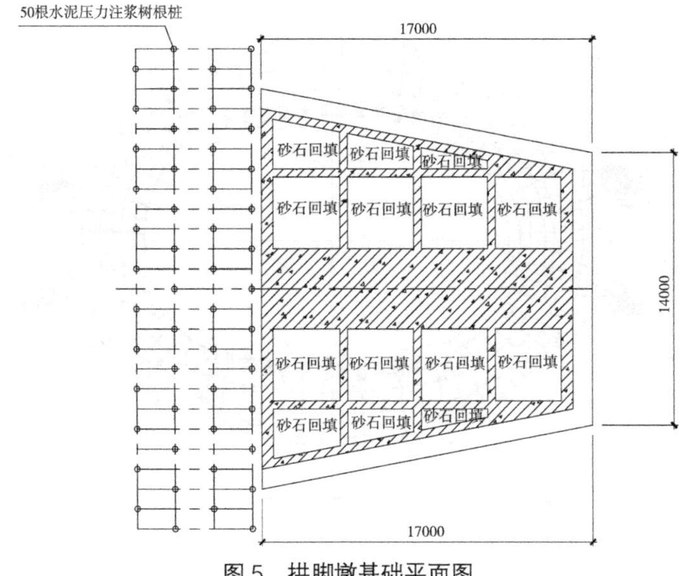

图 5　拱脚墩基础平面图

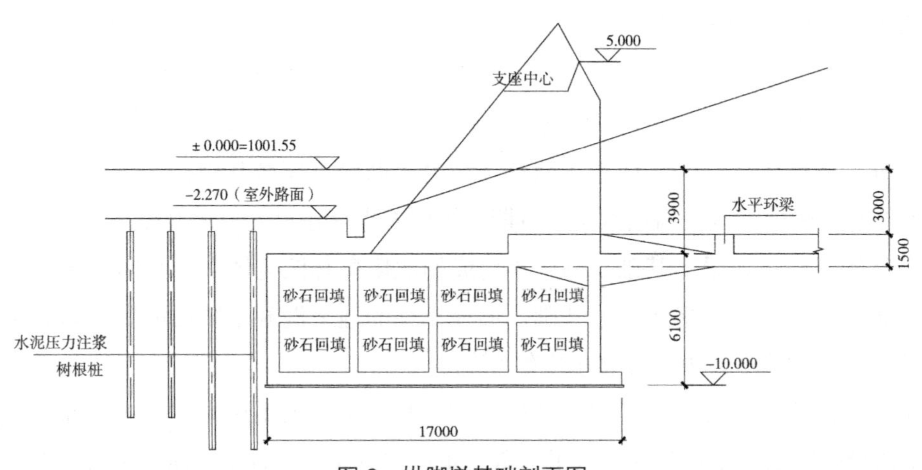

图 6　拱脚墩基础剖面图

本工程墩基础直接持力层为残积土④$_2$层。残积土是指母岩表层经风化作用破碎成为岩屑或细小颗粒后，未经搬运，残留在原地的堆积物。它的特征是颗粒表面粗糙、多棱角、粗细不均、无层理。残积土不同于一般沉积的黏性土，不能机械地套用黏性土的评价标准，室内压缩模量指标不能作为地基承载力和地基沉降计算依据，需要依据多种原位测试，收集实际工程数据，结合工程经验综合分析确定计算参数。

沉降计算模型见图 7（图中未显示墩基础顶板和侧墙）。为对比分析，在计算模型中分别模拟了墩基础抗推方向土体不处理和布置水泥压力注浆树根桩处理方案，后者计算模拟中将地基处理范围内土体替换为注浆体材料。

计算得出的墩基础沉降计算值为 15.7mm，墩基础抗推方向土体未进行处理的拱脚变形值为水平位移，约 6.2mm；采用水泥压力注浆树根桩处理后的拱脚变形值为水平位

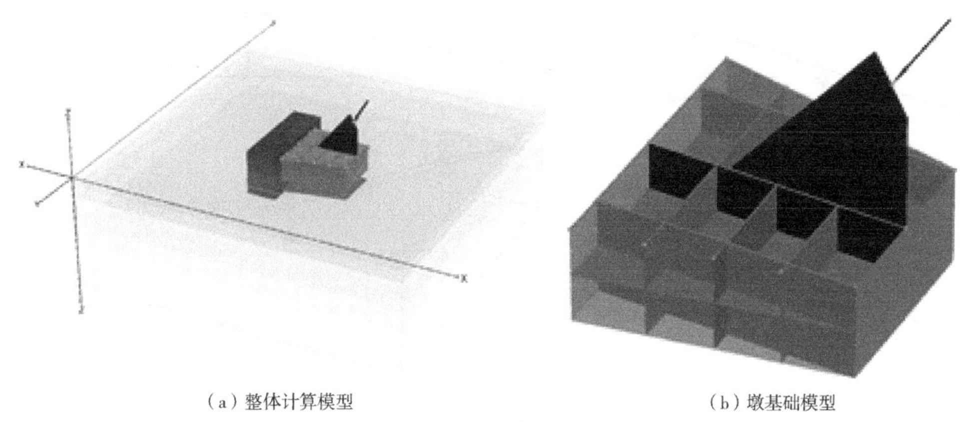

（a）整体计算模型　　（b）墩基础模型

图 7　沉降计算模型

移，约 2.9mm。可见，采用水泥压力注浆树根桩处理后，墩基础水平位移变形明显减小。经过结构计算分析，罩篷结构拱脚变形对主拱内力幅值及变形产生的影响不可忽视，其内力幅值绝对值虽然不大，但在反弯点处拱脚变形对主拱内力和变形影响显著，因此在设计时予以了特别对待。

4　地基试验

鉴于援外工程的特殊性，考虑到当地地质条件，为慎重起见，按设计要求进行现场载荷试验，获取地基土承载能力和变形特性的实测数据，用第一性资料验证地基方案的设计。在施工总包以及相关单位的大力支持下，平板载荷试验得以如期完成。图 8 可见墩基础基槽开挖后的现场情况，试验装置见图 9，载荷板尺寸为 700mm × 700mm。实测压力 – 变形曲线见图 10，检测结论：地基承载力特征值 f_{ka} 不小于 200kPa。由图 10 可知，地基承载力尚有潜力，验证了对于残积土工程性质的分析与工程判断的准确性。

图 8　地基检测试验现场

图 9　平板载荷试验装置

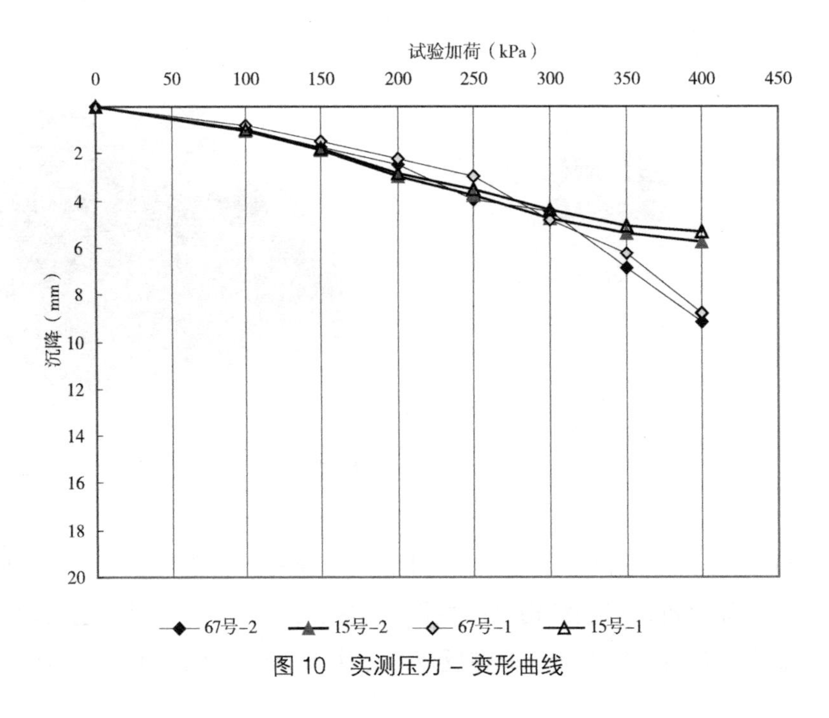

图 10　实测压力 - 变形曲线

5　结语

地基基础设计应全面分析地勘报告，特别是要仔细分析地基指标，对于地基评价建议要做到知其所以然，针对工程实际情况，在现有专业化分工条件下，特别是对于特殊的地质条件、复杂的工况条件，结构工程师、岩土工程师与地勘技术人员应更为紧密地合作，方能做好地基基础设计。地基基础设计应坚持因地制宜、就地取材、保护环境、节约资源和提高效益的原则。

塞内加尔国家剧院地基基础 ①

【导读】塞内加尔国家剧院是一座甲等特大型歌剧院，结构体型复杂，内部空旷、跨度大，结构方案采用框架－剪力墙体系，为减小质心与刚心的偏心距、增强结构的整体抗扭刚度，在观众厅舞台周围楼板缺失较多，高差较大的地方布置墙体。结构荷载集度相差很大、基底标高变化大，且拟建工程场址地层土质分布变化大，经反复比选，最终采用天然地基方案，根据工程场地的特殊性以两种性质截然不同的土层（②层细砂和③层残积土）作为联合持力层，采用梁板式筏形基础来调节基础的不均匀沉降，适当增加梁高以增加基础刚度控制沉降差异。

1 工程概况

塞内加尔国家剧院项目位于塞内加尔首都达喀尔中央火车站附近，是一座以歌舞剧表演为主，兼顾电影和会议使用功能的国家级剧院（图 1）。观众座席 1800 个，属于特大型甲等剧场。本工程由主楼（剧院）和配套建筑组成，主楼地下 1 层，地上 4 层。建筑总高度 29.10m（舞台区顶板标高），配套建筑为单层的机电用房。

由于剧场结构体形复杂、内部空旷、跨度大，结构形式采用现浇钢筋混凝土框架－剪力墙结构，主要柱网尺寸为 10m × 10m，剪力墙主要布置在楼板缺失较多，高差较大的舞台、观众厅四周。舞台、观众厅建筑剖面如图 2 所示，观众厅首层池坐标高

图 1 塞内加尔国家剧院

① 节选自“塞内加尔国家剧院结构设计”刊载于《建筑结构》2011 年 S1 期（作者：黄国辉、卫东、周文源）。

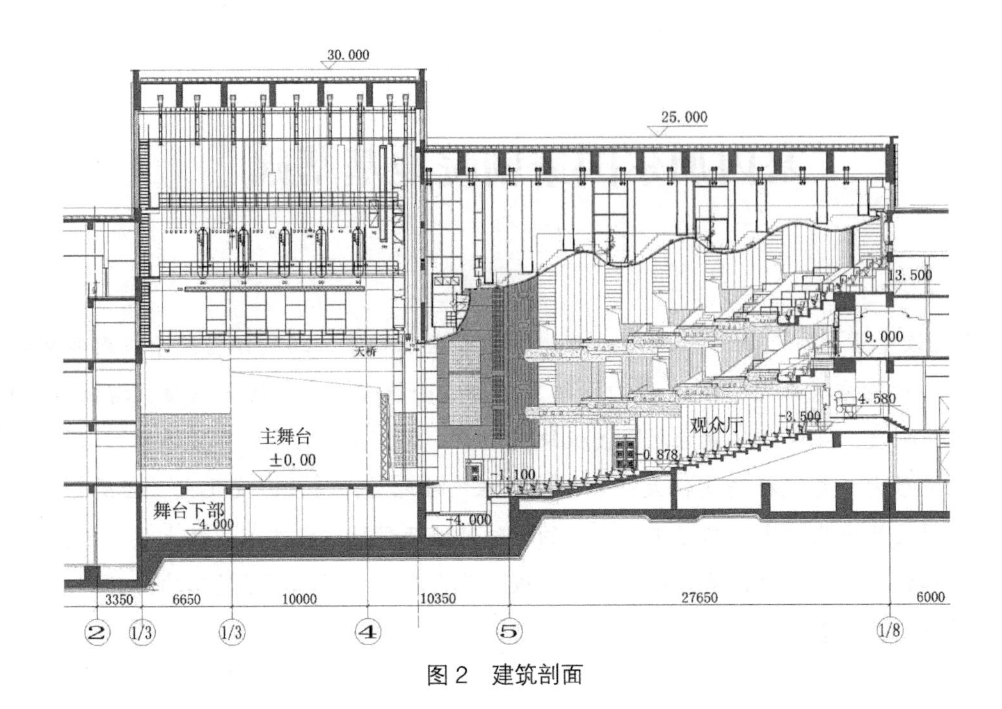

图 2 建筑剖面

由 -1.100m 升至 3.500m，变化的幅度较大。

根据中华人民共和国国家标准《建筑结构可靠度设计统一标准》GB 50068—2001，本工程建筑结构设计使用年限按 50 年设计，主楼（剧院）建筑结构的安全等级为一级，地基基础设计等级为甲级。抗震设防烈度为 6 度，设计基本地震加速度为 0.05*g*，抗震设防类别为乙类，设计地震分组为第一组，场地类别为Ⅱ类，特征周期为 0.35s 工程场址位于海陆交互相沉积地貌单元，距离海边较近，基本风压值为 1.0kN/m^2，地面粗糙度为 4 类。

2 地基与基础

2.1 地质条件

根据岩土工程勘察报告，拟建场地自然地面标高 3.01m，地下水类型为稳定孔隙型潜水，稳定水位埋深 1.54~1.66m，±0.00 标高为 4.56m，抗浮设计水位为 3.16m。建筑物观众厅及休息厅部分基底以下直接持力层主要为海陆交互相沉积的细砂②层，基底下厚约 2.44~5.13m；该部位自标高 -3.53~-0.84m 以下为残积土③层，厚约 0.60~12.80m。建筑物主舞台、侧舞台部分除局部有厚约 0.90~1.22m 的细砂②层外，其余基底持力层均为残积土③层，基底下总厚度约 0.79~11.81m。自标高 -15.11~-9.45m 以下为强风化凝灰岩④$_1$层，中风化凝灰岩④$_2$，最大厚度在 15.00m 以上。自标高 -13.02~-2.07m 以下强风化泥质灰岩⑤$_1$层，中风化泥质灰岩⑤$_2$层，最大厚度在 11.50m 以上。拟建场区残积土③层的分布极其不均，其土层厚度与层底标高的分布情况见图 3，残积土层下的

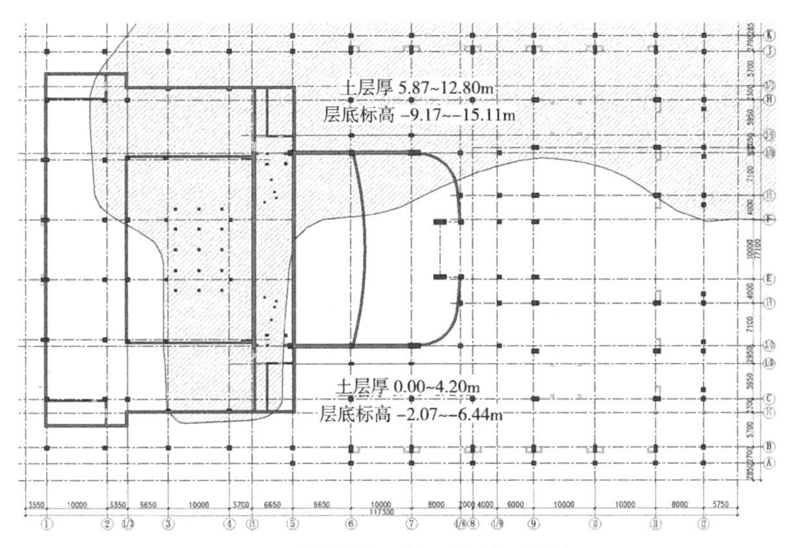

图 3 残积土层厚度与层底标高分布

基岩岩性分为两种，图 3 中阴影所示部分为凝灰岩，非阴影部分为泥质灰岩。基底以下地层岩性及分布情况见表 1。

基底以下地层岩性及分布 表 1

成因类型	土层编号	岩性	层标高（m）	层厚（m）
海陆交互相沉积层	②	细砂	（-1.10~-1.60）	（0.90~5.13）
	③	残积土	-3.53~-0.84	0.60~12.80
	$④_1$	强风化凝灰岩	-15.11~-9.45	最大厚度在 15m 以上
	$④_2$	中风化凝灰岩		
	$⑤_1$	强风化泥质灰岩	-13.02~-2.07	最大厚度在 11.5m 以上
	$⑤_2$	中风化泥质灰岩		

2.2 工程存在的问题

剧场结构体型复杂，跨度大，平面质量分布不均匀，荷载差异大，不同位置基底标高相差悬殊，一般来讲基础方案首选桩基。本工程最初基础方案考虑采用钻孔灌注桩，以$④_2$层中风化凝灰岩和$⑤_2$层中风化泥质灰岩为持力层。由于持力层标高起伏变化非常大，桩最短 5m，最长超过了 25m，直径 800mm 的钻孔灌注桩单桩承载力估算值最低仅有 1510kN，按此承载力进行桩基础的设计，基础底面积基本上需要满布桩，从经济的角度讲，此方案不具备可行性。另外，桩基持力层岩层为极软岩，岩芯虽较完整，但强度低，遇水极易软化，如果采用桩基方案，那么施工时为防止软化岩石，降低岩石的强度，必须保证清孔干净，并及时灌注，施工的难度很大。

2.3 解决方案

本工程地层土质分布极不均匀，荷载相差大，因此其地基基础方案能否使拟建建筑物的总沉降、差异沉降和整体倾斜得到有效控制并满足工程设计要求，是本工程地基基础方案决策的关键。通过与勘探部门的协商，决定选用天然地基基础方案，以②层细砂和③层残积土层联合作持力层，采用梁板式筏式基础。本工程委托北京市勘察设计研究院进行地基基础协同分析。在根据勘探报告、基础平面和荷载分布情况进行首次计算分析之后，发现由于观众厅、休息厅东西两侧风化残积土③层厚度变化巨大，上述部位相邻节点间有多处差异沉降超过3‰。针对差异沉降超限的部位、建筑物的荷载分布情况，先后多次对基础结构布置进行修改，最终满足了规范的要求。梁板式筏式基础的主要设计思路：基础筏板厚度按冲切控制，其上回填素土，基础刚度主要通过梁高的变化来调整；在部分沉降大的区域采用架空层，尽量降低基底的总反力，同时增加梁高，加强该部分基础刚度以减小沉降。通过地基基础的协同分析，一般基础梁截面高度为1800mm，局部沉降大的地方调整为2600mm，基础板厚取500mm，最大差异沉降为2.4‰，计算结果见表2，基础结构平面布置见图4。

基础沉降计算结果 表2

部位	基底平均荷载（kPa）	平均沉降量（cm）	最大沉降量（cm）
主舞台、排练厅	139.4	4.51	7.00
观众厅、休息厅	114.5	3.96	8.33

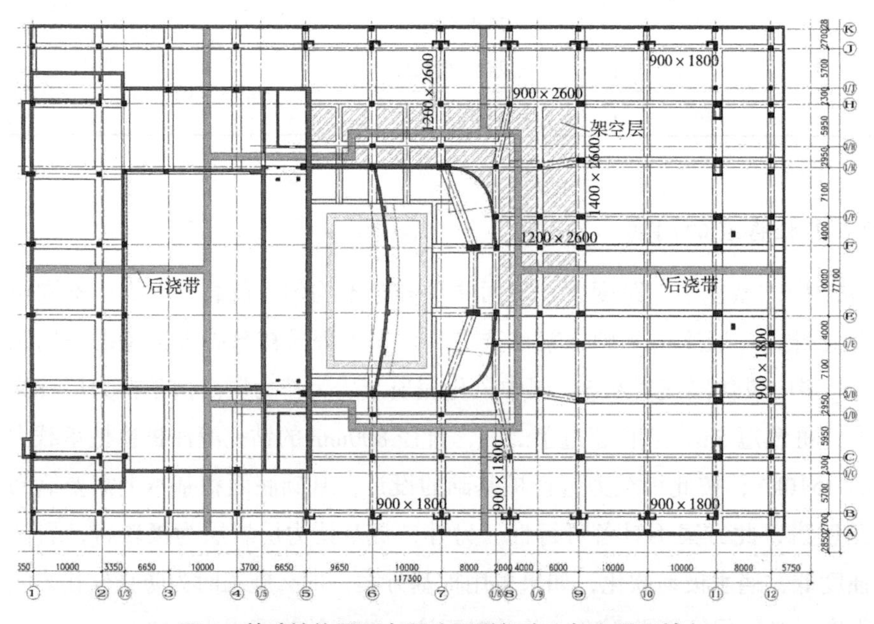

图4 基础结构平面布置（阴影部分为架空层区域）